TRAITÉ

DE LA

FABRICATION DES LIQUEURS

ET DE LA

DISTILLATION DES ALCOOLS,

CONTENANT

LES PROCÉDÉS LES PLUS NOUVEAUX
POUR LA FABRICATION DES LIQUEURS FRANÇAISES ET ÉTRANGÈRES,
FRUITS A L'EAU-DE-VIE ET AU SUCRE, SIROPS, CONSERVES, &c. ET ESPRITS PARFUMÉS,
VERMOUTS, VINS DE LIQUEUR,

SUIVI DU TRAITÉ DE LA FABRICATION

DES EAUX ET BOISSONS GAZEUSES

ET DE

LA DESCRIPTION COMPLÈTE

DES OPÉRATIONS NÉCESSAIRES POUR LA DISTILLATION DES ALCOOLS;

PAR P. DUPLAIS AÎNÉ.

Troisième édition, revue et augmentée

PAR DUPLAIS JEUNE,

DISTILLATEUR ET LIQUORISTE.

TOME PREMIER.

PARIS,

GAUTHIER-VILLARS, IMPRIMEUR-LIBRAIRE

DE L'ÉCOLE POLYTECHNIQUE, DE L'ÉCOLE CENTRALE DES ARTS ET MANUFACTURES,

SUCCESSEUR DE MALLET-BACHELIER,

Quai des Augustins, 55.

1866

TRAITÉ

DE LA

FABRICATION DES LIQUEURS

ET DE LA

DISTILLATION DES ALCOOLS.

PARIS. — IMPRIMERIE DE GAUTHIER-VILLARS,
rue de Seine-Saint-Germain, 10, près l'Institut.

TRAITÉ

DE LA

FABRICATION DES LIQUEURS

ET DE LA

DISTILLATION DES ALCOOLS,

CONTENANT

LES PROCÉDÉS LES PLUS NOUVEAUX
POUR LA FABRICATION DES LIQUEURS FRANÇAISES ET ÉTRANGÈRES,
POUR A L'EAU-DE-VIE ET AU SUCRE, SIROPS, CONSERVES, EAUX ET ESPRITS PARFUMÉS,
VERMOUTS, VINS DE LIQUEUR,

SUIVI DU TRAITÉ DE LA FABRICATION

DES EAUX ET BOISSONS GAZEUSES

ET DE

LA DESCRIPTION COMPLÈTE

DES OPÉRATIONS NÉCESSAIRES POUR LA DISTILLATION DES ALCOOLS;

PAR P. DUPLAIS AÎNÉ.

Troisième édition, revue et augmentée

PAR DUPLAIS JEUNE,

DISTILLATEUR ET LIQUORISTE.

TOME PREMIER.

PARIS,

GAUTHIER-VILLARS, IMPRIMEUR-LIBRAIRE

DU BUREAU DES LONGITUDES, DE L'ÉCOLE IMPÉRIALE POLYTECHNIQUE,
SUCCESSEUR DE MALLET-BACHELIER,
Quai des Augustins, 55.

1866

A M. A. DE LAFARGE,

Au château de Lapierre (Cantal).

Daignez, cher Monsieur, agréer comme témoignage de ma reconnaissance et de mon respect la dédicace de la nouvelle édition de ce Traité, que j'ai cherché à perfectionner et à rendre digne de vous.

DUPLAIS jeune.

TABLE DES MATIÈRES

DU TOME PREMIER.

PLANCHES I, II, III, IV, V et VI.

AVANT-PROPOS

DE LA DEUXIÈME ÉDITION.

En publiant, il y a deux ans à peine, la première édition de notre *Traité des Liqueurs*, nous avions pour but de présenter sous son véritable jour, et avec le plus de précision et de simplicité possible, l'art du liquoriste, dégagé de toutes les erreurs dont jusqu'à présent on l'a entouré.

Persuadé qu'on n'avait rien écrit encore qui pût éclairer et guider convenablement nos confrères dans leurs nombreuses opérations, nous leur avions spécialement offert cet ouvrage pratique, avec la seule ambition de leur être utile et d'asseoir sur des bases nouvelles une industrie que nous aimons et pratiquons depuis près de trente années, en qualité de chef de laboratoire ou de chef d'établissement, et qui prend chaque jour de plus grands développements.

Fils et élève d'un distillateur liquoriste auquel trente-cinq ans d'exercice avaient acquis une certaine réputation, nous pensions avoir l'expérience nécessaire pour traiter sérieusement la question.

L'œuvre que nous présentions au public était le résultat d'un travail consciencieux et de longues observations. Bannissant toutes les recettes inutiles, ou qui n'étaient pas d'un usage reconnu, pour n'admettre que celles qu'un bon liquoriste est obligé de savoir et d'exécuter lui-même, au besoin, nous avions tâché d'éclairer, par des observations et des raisonnements sur la théorie de l'art, la pratique, dont elle doit être la compagne inséparable.

Les dispositions particulières indispensables au liquoriste, la distillation et la fabrication des liqueurs, les connaissances spéciales qu'exige cet art et qui ne s'acquièrent qu'avec le temps et constituent seules le véritable artiste, nous les avions rappelées. C'était pour vulgariser ces connaissances que nous avions écrit notre livre, en ayant le soin d'écarter toutes les utopies, de montrer la véritable route à suivre et de décrire seulement ce qu'un usage journalier avait consacré.

Nous désirions enfin, avec notre Traité, que tout homme intelligent pût devenir distillateur liquoriste : tel était le but que nous voulions atteindre.

Nous croyons avoir réussi.

Mais aujourd'hui, l'art du liquoriste n'est plus empirique, comme avant les progrès de la chimie. De nos jours, en effet, on a mieux étudié la véritable manière de composer les liqueurs, on opère avec beaucoup plus d'économie et de facilité : de tous les arts chimiques, la distillation est un de ceux qui ont fait le plus de progrès et se sont le plus enrichis de nouvelles découvertes.

Une seconde édition était donc nécessaire, et la nature de nos travaux, les missions que nous avons remplies en organisant de nombreux établissements de liquoristes et de distillateurs qui fonctionnent d'après nos principes, nous avaient mis à même de la faire profiter des progrès réalisés.

En moins de deux années, du reste, notre première édition, bien qu'imparfaite encore, a été complétement épuisée. L'accueil flatteur qu'elle a reçu, les résultats heureux qu'elle a fait obtenir, les demandes et les encouragements qui, depuis, nous sont adressés de tous côtés, nous obligeaient à poursuivre notre œuvre.

Cette seconde édition, augmentée des procédés nouveaux, des recettes les plus récentes, et soumise à un examen sévère, a subi toutes les modifications, toutes les améliorations désirables. En pharmacie, le *Codex* est officiel et obligatoire. Pour notre spécialité, nous nous sommes efforcé de rendre aussi notre livre indispensable aux personnes qui fabriquent ou vendent des spiritueux, et d'en faire une sorte de *Codex du liquoriste.*

Parmi les augmentations de cette édition nouvelle, nous appellerons l'attention de nos lecteurs sur les analyses des quantités de sucre et d'alcool contenues dans les liqueurs françaises et étrangères d'origine véritable, qui ont de la réputation : les anisettes de Bordeaux et de Hollande, le curaçao de Hollande, les trois liqueurs de la Grande-Chartreuse, etc., etc.

Les recettes des vins de liqueur ont reçu de nombreuses additions.

Les eaux et boissons gazeuses, qui nous ont paru mériter une attention particulière, et qui peuvent être regardées comme une annexe obligée du commerce des liqueurs, y sont traitées largement; d'ailleurs, l'absence complète d'ouvrages sur cette intéressante matière nous engageait à joindre à notre Traité le résumé complet de leur fabrication et des appareils employés pour ce genre d'industrie.

La bienveillance accordée à notre première édition nous donne lieu d'espérer aujourd'hui, grâce à nos efforts, un semblable succès.

L'aridité du sujet qui nous occupe nous vaudra à juste titre l'indulgence de nos confrères qui, nous l'espérons, n'oublieront pas, en nous lisant, que notre œuvre est celle d'un industriel consciencieux et non celle d'un écrivain.

DUPLAIS AÎNÉ.

Versailles, le 15 octobre 1857.

AVANT-PROPOS

DE LA TROISIÈME ÉDITION.

Les deux premières éditions de ce Traité se sont rapidement écoulées. Ce succès légitime est dû à ce que l'auteur, notre regretté frère, avait su donner à son œuvre une simplicité et une précision parfaites, et à ce qu'il avait présenté sous une forme accessible à tous les diverses connaissances pratiques et théoriques dont la réunion constitue l'art du distillateur liquoriste.

Nous nous sommes fait un devoir de reprendre cette œuvre ; et comme l'art de la distillation est un de ceux qui progressent le plus rapidement, nous nous sommes efforcé de mettre cette nouvelle édition au courant de la pratique et de la science.

La tâche, nous l'espérons, n'aura pas été au-dessus de nos forces ; car nous avons coopéré aux deux premières éditions, et d'autre part nos travaux personnels en tout ce qui touche l'organisation des établissements de distillation et la fabrication elle-même nous ont permis de faire les changements et additions que comporte l'avancement de notre art.

DUPLAIS jeune.

Nota. — Les personnes qui désireraient nous consulter, et au besoin réclamer notre concours personnel, au sujet de l'installation de fabriques d'alcools, de fabriques de liqueurs et de distilleries, pourront nous adresser leurs lettres à la Librairie où s'édite cet Ouvrage, quai des Grands-Augustins, 55.

TRAITÉ

DE LA

FABRICATION DES LIQUEURS

ET DE LA

DISTILLATION DES ALCOOLS.

LIVRE PREMIER.
FABRICATION DES LIQUEURS.

CHAPITRE PREMIER.
HISTORIQUE DE LA DISTILLATION.

HISTORIQUE DE LA DISTILLATION, DE L'ALCOOL ET DE L'EAU-DE-VIE (1).

L'histoire de son pays étant utile à l'homme, nous croyons que celle de sa profession est nécessaire à tout industriel : c'est dans ce but que nous avons écrit cette Notice historique.

L'origine de la distillation se perd dans la nuit des temps. On trouve des traces de cette opération dans les siècles les plus reculés.

---

(1) Nous avons puisé nos documents historiques dans les ouvrages de chimie et distillation de MM. Chaptal, Girardin (de Rouen) et Lenormand.

Néanmoins, les anciens n'avaient à cet égard que des idées très-imparfaites : ils connaissaient, sans contredit, l'art d'élever l'eau en vapeur, d'extraire le principe odorant des plantes et des fleurs; mais leurs procédés étaient généralement vicieux, et les vaisseaux qu'ils employaient ne méritent pas le nom d'appareils.

Les premiers navigateurs des îles de l'Archipel remplissaient des marmites d'eau salée et en recevaient la vapeur, parfaitement pure et douce, dans de la laine ou dans des éponges placées au-dessus.

Dioscoride, médecin célèbre d'Anazarbe, en Cilicie, et contemporain de Tibère, indiqua le premier les appareils propres à la distillation sous le nom d'*ambic*; plus tard, au moyen âge, pendant la période florissante des alchimistes et des médecins arabes, on ajouta à ce mot la particule *al*, et on forma ainsi celui de *alambic*.

Les Arabes avaient en effet une connaissance exacte de la distillation, et tout porte à croire que cet art a dû prendre naissance chez eux. De tout temps ils se sont occupés d'extraire l'arome des plantes et des fleurs, et ont porté successivement leurs procédés en Italie, en Espagne et dans le midi de la France.

Avicenne, chimiste-médecin et philosophe arabe, né aux environs de Bokhara, vers l'an 980 de l'ère chrétienne, l'un des hommes les plus extraordinaires qu'ait produits l'Orient, compare, dans ses écrits, le rhume de cerveau à une distillation. « L'estomac, dit-
» il, est la cucurbite, la tête est le chapiteau, et le nez
» est le réfrigérant par lequel s'écoule goutte à goutte
» le produit de la distillation. »

Rhazès, fameux médecin de Carthage, et Albucasis, médecin arabe, ont décrit des procédés particuliers pour extraire le principe aromatique des fleurs. Il paraît qu'à cette époque on recevait généralement les vapeurs dans des chapiteaux que l'on rafraîchissait avec des linges mouillés. Le dernier, regardé comme le meilleur chimiste de son temps, a donné une description exacte des trois distillations connues des anciens sous les titres de *per ascensum, per descensum, et per latus.*

On ignore l'époque à laquelle on commença à distiller le vin pour en retirer l'*esprit* ou l'*alcool :* cette pratique remonte à des temps assez reculés ; pendant plusieurs siècles cela fut regardé comme un grand secret, et on attribuait à cet esprit de grandes propriétés.

Cependant, si l'histoire ne nous a point transmis le nom de l'homme industrieux qui, le premier, sépara l'alcool du vin à l'aide de l'*alambic*, elle a du moins conservé le nom de celui qui, le premier, a écrit sur cette matière : ce fut Arnault de Villeneuve, né à Villeneuve, en Provence, en 1240, professeur à l'Université de Médecine de Montpellier. Mais c'est à tort qu'on le regarde comme l'inventeur du procédé par lequel on obtenait alors l'alcool : on ne peut néanmoins lui refuser la gloire d'avoir fait les plus heureuses applications des propriétés de l'eau-de-vie et surtout du vin naturel ou composé, soit à la médecine, soit aux préparations pharmaceutiques. « Qui le croirait, dit-il, que
» du vin l'on pût tirer par des procédés chimiques
» une liqueur qui n'a ni la couleur du vin, ni ses
» effets ordinaires? Cette eau de vin, ajoute-t-il plus

» bas, est appelée par quelques-uns *eau-de-vie*, et ce
» nom lui convient, puisque c'est une véritable eau
» d'*immortalité*. Déjà on commence à connaître ses
» vertus : elle prolonge les jours, dissipe les humeurs
» peccantes ou superflues, ranime le cœur et entre-
» tient la jeunesse; seule, ou jointe à quelque autre
» remède, elle guérit la colique, l'hydropisie, la pa-
» ralysie, fond la pierre, etc. » (Arnaldi Villanovani
Praxis : *Tractatus de vino*, cap. *De potibus*, etc., edit.
Lugduni, 1586.)

Arnault de Villeneuve mourut en 1313, laissant un
élève digne de lui, Raymond Lulle (1), né à Majorque
en 1235, lequel connaissait l'eau-de-vie, et enseigna
les moyens de séparer la partie aqueuse de manière à
obtenir un produit plus fort en *esprit ardent* ou alcool.

---

(1) M. Girardin, professeur de chimie à Rouen, dit dans son *Traité de Chimie élémentaire*, p. 188 : « L'histoire de Raymond Lulle, un des plus
» célèbres alchimistes du moyen âge, est assez curieuse. Né d'une fa-
» mille noble et riche, il passa les années de sa jeunesse dans les fêtes
» et les plaisirs; l'amour le fit moine, chimiste et médecin. Éperdu-
» ment amoureux d'une jeune fille de Majorque, la signora Ambrosia
» de Castalla, qui refusait obstinément de céder à ses vœux, il la pressa
» tellement, qu'elle lui découvrit son sein que ravageait un affreux
» cancer. Raymond Lulle, frappé d'horreur, renonça au monde et
» entra dans un cloître à l'âge de trente ans. Là, il se livra à l'étude
» de la théologie et à celle des sciences physiques avec l'ardeur qu'il
» avait mise dans ses folies de jeune homme. Bientôt après, ayant conçu
» l'idée d'une croisade, il entreprit d'immenses voyages en France,
» en Angleterre, en Allemagne, en Italie et en Afrique, où il fut lapidé,
» prêchant le christianisme. Tout en voyageant sans cesse, il trouva
» le moyen d'écrire, dans presque tous les pays et souvent simulta-
» nément, sur la chimie, la physique, la médecine et la théologie.
» C'est sous Arnault de Villeneuve, professeur de médecine et alchi-
» miste non moins célèbre, qu'il apprit la médecine et la chimie. Ses
» contemporains l'avaient surnommé le *docteur illuminé*. »

Dans son ouvrage intitulé : *Testamentum novissimum*, il dit, p. 2, édition de Strasbourg, 1571 : *Recipe nigram nigrius nigro* (vin rouge) *et distilla totam aquam ardentem in balneo; illam rectificabis quousque sine phlegmate sit*. Il déclare qu'on emploie jusqu'à sept rectifications, mais que trois suffisent pour que l'alcool soit entièrement inflammable et ne laisse pas de résidu aqueux. Il parle dans ses ouvrages d'une préparation d'eau-de-vie qu'il appelle *quinta essentia*, d'où dérive le mot *quintessence*; il l'obtenait par des cohobations faites à une douce chaleur de fumier pendant plusieurs jours. Le premier appareil employé pour ces opérations fut l'appareil distillatoire en verre qui est encore en usage dans tous les laboratoires de chimie.

Michel Savonarole, qui vivait au commencement du xve siècle, nous a laissé un Traité (*conficienda aqua vitæ*), où l'on indique un nouveau procédé qui consiste à mettre le vin dans une chaudière de métal et à recevoir la vapeur dans un tuyau placé dans un bain d'eau froide.

La vapeur condensée coule dans un récipient. Il observe que les distillateurs plaçaient toujours leur établissement près d'un courant d'eau pour avoir de l'eau fraîche à leur disposition. Les anciens appelaient le tuyau contourné du serpentin *vitis*, par rapport à ses sinuosités. Ils employaient, pour luter les jointures de l'appareil, le lut de chaux et de blancs d'œufs, ou celui de colle de farine et de papier.

Savonarole ajoute que, de son temps, on a introduit l'usage des cucurbites de verre pour obtenir de l'eau-de-vie plus parfaite, et que l'on coiffait ces cucurbites d'un chapiteau que l'on rafraîchissait avec des linges mouillés. Il conseille d'employer de grands chapiteaux pour multiplier les surfaces. Il dit que quelques-uns rendaient le col qui réunit la chaudière au chapiteau le plus long possible, pour obtenir de l'eau-de-vie parfaite en un seul coup. Il ajoute qu'un de ses amis avait placé la chaudière au rez-de-chaussée et le chapiteau au faîte de sa maison; dans le nombre des moyens qu'il donne pour juger des degrés de spirituosité de l'eau-de-vie, il indique les suivants comme étant pratiqués de son temps :

1° On imprègne des linges ou du papier avec de l'eau-de-vie, on y met le feu; elle est réputée de bonne qualité lorsque la flamme détermine la combustion du linge ou du papier.

2° On mêle l'eau-de-vie avec l'huile pour s'assurer si elle surnage.

Savonarole traite au long des vertus de l'eau-de-vie et donne des procédés pour la combiner avec l'arome des plantes et autres principes, soit par *macération*, soit par *distillation*, et former par là ce qu'il appelle *aqua ardens composita*.

Matthiole et Jérôme Rubée ont écrit et fait beaucoup de recherches sur la *distillation*. Ce dernier nous apprend que, chez les anciens, ce mot n'avait pas une valeur analogue à celle qu'on lui a assignée depuis plusieurs siècles. Ils confondaient, sous ce nom générique, la filtration, les fluxions, la sublimation et autres opérations qui ont reçu de nos jours des dénominations différentes et qui exigent des appareils particuliers (Jérôme Rubée, *De distillatione*).

Jean-Baptiste Porta, Napolitain qui vivait vers la fin

du xvie siècle, a imprimé un Traité *De distillationibus*, dans lequel il envisage cette opération sous tous les rapports, en l'appliquant à toutes les substances qui en sont susceptibles.

Nicolas Lefèvre, le docteur Arnaud de Lyon (1) et le chimiste Glauber (2) au xviie siècle ont fait des améliorations utiles à cette industrie pour les appareils distillatoires.

Philippe-Jacques Sachs, dans un ouvrage imprimé à Leipsick, en 1661, sous le titre de *Vitis viniferæ ejusque partium consideratio*, etc., a donné un Traité complet et précieux sur la culture de la vigne, la nature des terrains, des climats et des expositions qui lui conviennent, la manière de faire le vin, la richesse des diverses nations dans ce genre, la différence et la comparaison des méthodes usitées chez chacune d'elles, la distillation des vins, etc.

Le savant jésuite Athanase Kircher, cet ennemi déclaré de la transmutation des métaux, a, dans un Traité de chimie publié en 1663, indiqué les différentes sortes de distillation pratiquées à cette époque.

« En premier lieu, dit-il, on subdivise la distillation en distillation par le feu, et en second lieu en distillation par la terre; puis ensuite la distillation par l'air et en dessous par l'eau; la distillation de côté par le feu, l'air, l'eau, la terre; la distillation par la réflexion du soleil et autres chaleurs.

» Aussi, d'après les changements des causes naturelles, on reconnaît dans la distillation trois genres :

---

(1) Voyez *Introduction à la Chimie ou à la vraie Physique*. Lyon, 1655.
(2) Voyez *Descriptio artis distillatoriæ novæ*. Amsterdam, 1658.

en haut, en dessous et de côté, et chacun de ces genres, pour le nombre des éléments, se subdivise en quatre. D'après cette convention, les différents modes de distillation sont au nombre de douze.

« La distillation est dite par le feu, lorsque les eaux ou les esprits résidant bien avant dans les parties terreuses passent par une très-grande chaleur à l'état d'huile en abandonnant les parties aqueuses.

« La distillation est dite par la terre ou, ce qui est la même chose, par le sable, les cendres, les marcs, le fumier, lorsque les petites molécules de la matière distillée que nous cherchons n'offrent pas une grande fermeté.

« La distillation par l'eau se fait de plusieurs manières, soit au bain-marie, soit à l'eau de mer.

« La distillation par l'air se fait particulièrement par un bain de vapeur, c'est-à-dire un bain qui arrive à la vapeur par la chaleur de l'eau.

« La distillation par en bas se fait soit immédiatement par le feu, soit par l'eau, soit par la terre.

« La distillation est dite par inclinaison, lorsqu'elle se fait de côté. »

Moïse Charas, dans sa *Pharmacopée*, imprimée en 1676, a décrit l'appareil de Nicolas Lefevre, et y a ajouté quelques perfectionnements ; il a adapté un réfrigérant au chapiteau. On peut voir encore, dans les *Éléments de Chimie* de Berchusen, imprimés en 1718, et dans ceux de Boerhaave, qui parurent à Paris en 1733, plusieurs procédés d'après lesquels on pouvait obtenir de l'alcool à un degré assez élevé par une seule chauffe.

Jusqu'au commencement du XVIIIe siècle la distillation fut dans l'enfance, car à cette époque l'alambic généralement usité se composait d'une cucurbite, d'un chapiteau à réfrigérant et d'un serpentin, appareil très-imparfait, qui exigeait plusieurs distillations pour obtenir de l'esprit et qui perdait beaucoup, comme degré et comme quantité.

Une amélioration importante fut faite en 1780, par Argand. Il conçut l'idée de faire tourner au profit de la distillation elle-même la chaleur employée à la vaporisation du liquide. Il inventa l'appareil *chauffe-vin*, avec lequel on pouvait faire une distillation continue.

La plus belle et la plus importante découverte fut celle d'Édouard Adam (1), qui en 1800 imagina d'appliquer l'appareil de Woulf à la distillation des vins et obtint ainsi, de prime abord, de l'alcool à tous les degrés de concentration exigés par le commerce. Il construisit alors un appareil distillatoire dans lequel il distillait en six heures 30 hectolitres 40 litres de vin, dont il retirait, par une seule distillation, de 4 hecto-

----

(1) Nous empruntons à M. Lenormand la note suivante, extraite de son *Traité sur la distillation* : Ce fut un Français qui donna naissance à la distillation des vins; ce fut encore un Français qui perfectionna cet art, ou, pour m'exprimer avec plus d'exactitude, qui renversa tout le système pratiqué jusqu'à lui, et lui en substitua un nouveau. Le chimiste le plus distingué du XIIIe siècle créa l'art de la distillation. Dès la première année du XIXe siècle, Édouard Adam, homme obscur, étranger à la science, ne connaissant point l'art qu'il entreprend de réformer, se fraye une route nouvelle, établit un nouveau système et arrive à pas de géant au but que les génies les plus exercés et les plus profonds n'avaient jamais pu atteindre par des travaux soutenus pendant plusieurs siècles. Que les Arnault de Villeneuve, les Raymond Lulle, les Porta, les Lavoisier, les Meusnier, les Fourcroy eussent fait une pareille découverte, on aurait admiré leur génie sans être surpris que leur science et l'habitude qu'ils avaient de manipuler les eussent con-

litres 40 litres à 4 hectolitres 36 litres d'esprit trois-six, c'est-à-dire à 33 degrés de Cartier.

Cet appareil était disposé de telle manière, que les vapeurs sortant de la cucurbite passaient dans une série de vases en forme d'œufs, chargés de vin, et s'y condensaient jusqu'à ce que le vin eût acquis la température de l'ébullition par suite du calorique abandonné par elles-mêmes. Ce vin ainsi échauffé et devenu plus alcoolique envoyait ses vapeurs de plus en plus riches en esprit dans une autre série de vases plus petits et vides, où elles déposaient, chemin faisant, leur partie la plus aqueuse (c'est ce que l'on nomme *flegme* ou *phlegme* dans les distilleries), dont la quantité allait sans cesse en diminuant de vase en vase.

Les parties les plus volatiles venaient enfin se condenser d'abord dans un serpentin rafraîchi par du vin, puis dans un autre rempli d'eau. Lorsque le vin de l'alambic était épuisé, on le laissait couler dehors au moyen d'un robinet placé au bas de la cucurbite, on le remplaçait immédiatement par le vin chaud des œufs

---

duits à des résultats aussi avantageux. Mais qu'un homme qui n'avait pas même les premières notions de l'art sur lequel il s'exerçait, qui n'avait jamais encore mis la main à l'œuvre pour faire la plus simple distillation, qu'un homme qu'on avait vu peu d'années auparavant vendre de la toile et de la mousseline, qu'un homme enfin tel que je viens de le dépeindre s'élève, pour son coup d'essai, avec la rapidité de l'aigle, au plus haut degré de la science, en pénètre les replis les plus cachés, et fasse en un instant ce que les génies les plus profonds n'ont pu faire en six siècles, voilà ce qui paraît invraisemblable, et nos neveux auront de la peine à croire un pareil prodige. Il ne cache pas la source dans laquelle il a puisé ses nouveaux procédés. « J'assiste » par hasard, dit-il, à une leçon de chimie, je vois fonctionner un » appareil de Woulf, et de suite je conçois la possibilité d'en faire » l'application à la distillation des vins. »

et du serpentin. De cette manière on tirait partie de tout le calorique latent des vapeurs, on obtenait plus de produit, et comme l'alcool n'était plus sur le feu, il ne contractait jamais ce goût de *feu* ou d'*empyreume* qu'offrent les eaux-de-vie obtenues par l'ancienne méthode. Enfin l'immense avantage de ce procédé était la facilité d'obtenir d'un seul coup, nous l'avons dit, tous les degrés de spirituosité.

Édouard Adam prit un brevet d'invention le 2 juillet 1801 et s'empressa de monter avec l'aide de capitalistes vingt brûleries ou distilleries dans le Midi. Plus d'un million fut engagé dans cette entreprise gigantesque.

Mais bientôt de tous côtés s'élevèrent des appareils calqués sur le sien; une suite de procès s'engagea entre Adam et ses contrefacteurs; ceux-ci gagnèrent, et le malheureux Adam (1), après avoir doté le Midi d'une industrie qui devait tant contribuer à la richesse de ce pays, mourut dans la misère et le dégoût à la fin de 1807. « C'est, dit M. Girardin, l'histoire de Lebon, de Leblanc, de Jacquart, et malheureusement de tous les inventeurs; ils sèment, mais il est bien rare que ce soient eux qui récoltent. »

---

(1) Quatre ans après la découverte d'Adam, Isaac Bérard, distillateur au Grand-Gallargues, homme simple et modeste, ayant tout l'extérieur d'un paysan, mais cachant sous son habit grossier un génie extraordinaire pour son état, Bérard construit un appareil d'une grande simplicité qui donne abondamment des produits d'une excellente qualité. Par une seule chauffe, il extrait du vin, comme Adam, non-seulement de l'eau-de-vie, du trois-cinq, du trois-six, du trois-sept, mais même du trois-huit, et à volonté, de manière qu'en tournant plus ou moins un robinet il obtient, par des moyens différents de ceux qu'avait employés Adam, le degré d'alcool qu'on lui demande. (Lenormand.)

Une réparation bien tardive de l'oubli et de l'injustice envers Édouard Adam a eu lieu il y a vingt-neuf ans. Le conseil municipal de Rouen, dans sa séance du 8 mai 1837, décida que l'on placerait, sur la maison où est né Édouard Adam, une inscription en son honneur qui rappelât ses titres à la reconnaissance publique. De nos jours cette reconnaissance va se manifester d'une manière plus large et plus digne encore. Le conseil d'arrondissement de Montpellier, dans sa dernière session de 1855, a émis le vœu qu'un monument fût érigé à Édouard Adam, dans la ville qui a vu ses travaux et a le plus profité de ses découvertes, et le conseil général de l'Hérault, s'associant avec le plus grand empressement à ce vœu, a décidé en principe l'érection de ce monument, remettant à la prochaine session à se prononcer sur les voies et moyens les plus propres à réaliser leur projet.

Néanmoins l'appareil d'Adam, quoique fort supérieur à tous ceux qui l'avaient précédé, offrait encore quelques inconvénients dans la pratique et laissait à désirer. On lui reprochait surtout de présenter quelques dangers, en raison de la pression déterminée par cette série de tubes plongeurs ; on lui reprochait encore d'exiger trop de temps et de trop dépenser pour parvenir à l'équilibre total des derniers vases. A la vérité on avait paré en grande partie à cet inconvénient en diminuant le nombre des vases et en les étageant de manière à pouvoir les vider les uns dans les autres. On voulut encore enchérir sur cette brillante application et l'on proposa diverses améliorations successives.

Ainsi, peu de temps après la triste catastrophe

d'Adam, Cellier-Blumenthal conçut l'idée de multiplier presque à l'infini les surfaces du vin soumis à la
distillation pour économiser du temps et du combustible. En conséquence, il fit circuler les vapeurs, qui
s'échappent de la chaudière, sous de nombreux plateaux placés les uns sur les autres, et contenant chacun une couche de vin d'environ 27 millimètres
d'épaisseur. Ces plateaux sont sans cesse alimentés
par du vin chaud qui coule de l'un à l'autre en laissant
évaporer l'alcool, le résidu se rend dans la chaudière
où se termine la distillation. Le vin dépouillé d'esprit
s'échappe sans interruption de la chaudière par une
ouverture latérale.

M. Ch. Derosne, de Paris, en 1818, a perfectionné
encore cet appareil à *distillation continue*, et en a fait
un des instruments les plus parfaits de notre époque.
Nous donnerons plus loin la description de cet appareil, ainsi que de ceux employés en ce moment par les
distillateurs brûleurs de vins, mélasse, fécule, betterave, etc. En 1813, époque où Cellier-Blumenthal
prenait un brevet de quinze années pour son appareil. Baglioni et Pierre Alègre en prenaient chacun un
de la même durée pour les alambics qui portent leur
nom. Celui du premier a longtemps été en usage dans
les environs de Bordeaux, et celui de Pierre Alègre
dans la Provence et aux environs de Paris, ce dernier
particulièrement pour la distillation des fécules et des
mélasses; mais ces appareils, il faut bien le dire, sont
inférieurs à ceux que l'on emploie aujourd'hui.

Il résulte de ce que nous venons de dire que la distillation n'a véritablement fait de progrès qu'à partir
de 1780, époque à laquelle Argand inventait le

chauffe-vin ; car jusque-là cette opération était longue, pénible et dispendieuse.

Nous ne donnerons pas la description de tous les brevets qui ont été pris pour la distillation des alcools, nous négligerons également la description de tous les appareils distillatoires qui ont été employés dans ce dernier siècle, et qui ne sont pas d'un usage commun. Notre but est de signaler ce qui est bon, il convient donc de ne parler que des appareils dont le mérite est incontestable.

La distillation n'a pas toujours été un art que chacun pouvait professer librement, il fallait certaines conditions pour l'exercer : les ordonnances et règlements de police qui ne permettent la distillation en général qu'à ceux qui ont obtenu des priviléges sont très-anciens et ont été très-souvent renouvelés.

Ce fut Louis XII, en 1514, qui érigea la communauté des distillateurs conjointement avec celle des vinaigriers et qui leur accorda le droit de faire de l'eau-de-vie et de l'esprit-de-vin. Vingt ans après, cette communauté fut séparée et l'on distingua les distillateurs des vinaigriers.

Le 5 avril 1639, un arrêt de la cour des monnaies établit la communauté des distillateurs en corps de jurande, et lui donna des statuts sous le bon plaisir du roi, comme il est dit. Voici cet arrêt complet et textuel ainsi que l'ordonnance royale qui l'approuve :

STATVTS ET RÈGLEMENS

Faits pour le mestier de distillateur d'eaux fortes, eaux de vie et autres eaux, esprits, huiles et essences.

1° Pour empescher les abus qui se commettent iournellement par plusieurs personnes, qui sans auoir serment en iustice prennent la liberté de tenir chez eux des fourneaux, et sous prétexte de médecine font eaux fortes et eaux de vie, et autres huiles et essences de souffre, alun, vitriol, salpêtre, et sel ammoniacle, seruant à la distillation et altération de l'or et de l'argent : et mesme font eaux régales, auec les quelles ils diminuent les monnoyes d'or et les affoiblissent en leurs poids, tantot d'vn quart, ou d'vn cinquième plus ou moins, sans en altérer la figure, le mestier de distillateur d'eaux fortes, eaux de vie et autres eaux, huiles, essences et esprits, sera juré en cette ville, fauxbourgs et banlieüe de Paris.

2° Que les maistres du dit mestier seront obligez de tenir bons et fidels registres contenant les noms, surnoms, demeures et qualitez de celles ou ceux à qui ils vendront de l'eau forte, et iceux representer en la dite cour tous les mois, et toutes fois et quantes qu'il plaira à la cour l'ordonner, et ne pourront en vendre plus de deux liures à la fois sans permission de la cour, sinon aux maistres de la monnoye et aux affineurs.

3° Qu'il n'y aura que douze maistres du dit mestier, tant en cette ville de Paris, que faux-bourgs et banlieüe d'icelle : et que nul ne pourra exercer le dit mestier, faire ou vendre les dites eaux fortes, eaux de vie, et autres eaux, huiles, et essences et esprits, n'y tenir fourneaux, et vstancilles propres à le faire, s'il n'est receu maistre du dit mestier, fors et excepté le maistre particulier de la monnoye et les affineurs, les quels seront maintenus dans le pouuoir de faire l'eau forte seulement.

4° Que la dite cour députera de temps en temps deux

des officiers d'icelle, pour visiter les maistres du dit mestier sans aucuns frais.

5° Que les dits maistres seront tenus de donner aduis à la dite cour de tous ceux qu'ils sçauront auoir fourneaux propres à fondre en leurs maisons, ou faire les dites eaux fortes, huiles, essences, sans permission de la dite cour.

6° Que les dits maistres ne préteront leurs fourneaux à qui que ce soit, sous prétexte de médecine ou autrement, sauf à ceux qui en auront besoin pour faire quelques opérations de médecine à se pouruoir suiuant les ordonnances par deuers la dite cour, pour auoir permission de faire les dites opérations chez l'vn des maistres du dit mestier.

7° Que défenses seront faites à toutes personnes de faire eaux régales seruans à affaiblir les monnoyes sans altérer la figure.

8° Que chacun des dits maistres ne pourra faire les opérations du dit mestier, n'y tenir les fourneaux à ce néressaires qu'en vne maison seulement qui ne soit point à l'écart n'y en lieux trop éloignez, et qu'il sera tenu de désigner à la cour, et mesmes luy donner aduis quand il changera de demeure pour aller faire les dites opérations en autre lieu, et ne pourront tenir leurs dits fourneaux qu'en lieux faciles à visiter.

9° Qu'il y aura touiours deux jurez et gardes du dit mestier auec deux des plus anciens bacheliers, sçauoir, vn ancien et vn nouueau : et que pour cet effet élection se fera par chacun an par les maistres du dit mestier qui fera le serment en la dite cour et non ailleurs, et exercera coniointement auec l'ancien, en sorte que chacun d'eux exercera la dite charge de juré l'espace de deux ans, et que pour la première fois seulement il en sera éleu deux, sçauoir vn pour deux ans, et l'autre pour trois ans.

10° Que les jurez feront toutes les semaines leurs visites, tant sur les riches, que sur les panures : et d'icelles feront bons procès verbaux, contenant les maluersations qu'ils y auront trouuez, dont ils seront tenus de faire bon et fidel rapport à la dite cour, sans qu'il leur soit loisible s'accorder

auec les contreuenans, à peine de cinquantes liures d'a-
mende pour la première fois, qui doublera pour la seconde.

11° Que les jurez feront leurs visites sur tous ceux qui
se meslent de distillation, alchimistes, et autres personnes
qui tiennent fourneaux, font eaux de vie, eaux fortes, esprits, huiles et essences, fors et excepté sur les maistres
de la monnoye, et affineurs; et contre les contreuenans à
ces statuts et réglemens, les dits jurez pourront faire toutes
saisies et tous exploits que peuuent faire tous autres jurez
d'autre mestier en cas semblable, et auront les dits jurez
le tiers des amendes et confiscations qui prouiendront des
saisies par eux faites, et des rapports qu'ils seront tenus
faire à la dite cour.

12° Et pour empescher que les contreuenans à ces articles ne puissent par des conflits de iurisdictions affectez se
soustraire aux yeux de iustice, et aux peines qu'ils auraient
méritées, que toutes causes, procès et différends meus et
et à mouuoir pour raison du dit mestier, circonstances et
dépendances, contre les maistres du dit mestier, compagnons, apprentifs, ou autres personnes de quelque qualité
ou condition qu'ils soient, seraient iugez en la dite cour;
auec défenses à tous autres iuges d'en connoistre, et aux
parties de se pouruoir ailleurs; à peine de nullité, cassation
de procédure, et de cinq liures d'amende.

13° Item, que les maistres du dit mestier seront tenus
de trauailler de bonne lie et bassière de vin, et de vin fusté
et non aigre, non puant, en toutes les opérations qui se
peuuent tirer du dit vin, lies et bassières, et faire bonne
grauéle, le tout conformément aux réglemens qui seront
sur ce faits par la dite cour; et pour empescher les abus et
maluersations qui se peuuent commestre au dit mestier seront faites défenses d'en faire de pied de bac, bière et de lie
de cidre; et à tous distillateurs de les composer de plusieurs drogues qui seront nommées cy après; scauoir poi-
ure long et rond, gingembre, et autres drogues non con-
uenables au corps humain, sur peine de confiscation des
dites marchandises, et de deux cens liures d'amende.

14° Item, tous les maistres auront visitation sur tous transports de marchandises du dit mestier qui soient amenées en cette ville de Paris, tant par eau que par terre : par marchands forains et autres, les quels ne les pourront vendre n'y exposer en vente qu'auparauant la dite visitation n'ait été faite par les dits maistres jurez du dit mestier, lesquels les dits marchands forains et autres seront tenus d'aduertir sur peine de confiscation des dites marchandises et deux cens liures d'amende.

15° Item, pourront les dits maistres acheter de toutes sortes de personnes les lies et bassières de vin, et vin fusté, non puant et non aigre, propre à faire de l'eau de vie.

16° Item, pour obuier aux abus et monopoles qui se pourroient commettre à l'achapt des dites marchandises qui pourroient estre amenées en cette ville et faux-bourgs de Paris, par marchands forains, auront les dits maistres du dit mestier vn bureau commun, auquel lieu ils seront tenus d'exposer en vente les dites marchandises qui viendront de dehors, icelles préalablement visitées, deuant laquelle visitation et exposition ne pourront les dits maistres acheter, ni les marchands vendre d'icelles à peine de confiscation des dites marchandises, et de deux cens liures d'amende.

17° Item, s'il aduient qu'aucun maistre du dit mestier alloit de vie à trépas déloissant sa veufue, icelle veufue pourra tenir ouuriers à faire trauailler en sa maison, et compagnons qui auront fait apprentissage chez les maistres du dit mestier, pendant sa viduité seulement, sans qu'il luy soit loisible d'auoir aucuns apprentifs, sur peine de pareille amende.

18° Item, qu'il ne sera loisible à aucunes personnes de cette ville, faux-bourgs, banlieüe, autres que les maistres, de vendre et débiter les dites eaux fortes, eaux de vie et autres eaux, huiles, esprits, et essences, sur peine de confiscation des dites marchandises et vstancilles seruant au dit mestier et travail, et deux cens liures d'amende.

19° Item, que les maistres du dit mestier ne pourront

exiger des aspirans à la maîtrise plus de 60 liures de leur réception, pour tous les frais qu'il conviendra faire pour les affaires communes du dit mestier, et 8 liures pour droit de chaque juré.

20° Item, à l'advenir nul ne pourra estre receu au dit mestier, sinon qu'il ait esté apprentif chez vn des maistres par l'espace de quatre ans pour le moins, duquel temps il ne se pourra racheter, et qu'il n'ait atteint l'aage de vingt-quatre ans, et trauaillé deux ans chez les maistres en qua-lité de compagnon.

21° Item, si l'vn des dits apprentifs obligé par le dit temps de quatre ans s'enfuit hors du logis de son maistre, celui qui aura obligé le dit apprentif sera tenu et obligé de le représenter, le rendre au service de son dit maistre, ou iustifier comme il aura fait recherche d'iceluy dans la ville, faux-bourgs et banlieüe de Paris, et faute de pouuoir par luy représenter le dit apprentif, sera tenu le dit maistre de le déclarer aux jurez du dit mestier, ensemble le jour de la fuite du dit apprentif, et leur mettre entre les mains les dites lettres d'apprentissage, pour en estre par les dits ju-rez fait bon et loyal registre; quoy fait, pourront les dits maistres se pouruoir d'un autre apprentif, et iceluy faire obliger pour pareil temps de quatre ans. Et ne pourra aucun maistre du dit mestier tenir aucun compagnon du dit mes-tier, qui soit obligé à vn autre maistre, pendant le temps de son obligé, sans le consentement du dit maistre, ains sera tenu de le luy rendre et remettre entre les mains.

22° Item, seront tenus les maistres du dit mestier en prenant apprentifs, de les faire obliger par acte passé au greffe de la dite cour, pour le dit temps de quatre ans sans discontinuation du dit service, et mettre les lettres de la-dite obligation dans trois iours pour le plus tard, à compter du iour de leur datte entre les mains des jurez, pour estre par eux enregistrées.

23° Item, les apprentifs ne seront receus maistres du dit mestier, qu'ils ne sçachent lire et écrire, et seront exami-nez par les jurez, après lequel examen s'ils sont trouuez suffisans, seront receus à faire chef-dœuure par devant les dits jurez, en présence de l'vn des conseillers de la dite cour qui sera à ce commis : lesquels après leur estre apparu, tant par le dit examen que par le dit chef-dœuure, de la capacité des dits apprentifs, et qu'ils sçauront lire et écrire : ensemble de leur breuet d'apprentissage et qu'ils auront seruy le dit temps de quatre ans, les présenteront à la dite cour, en laquelle ils seront de nouveau examinez, avant que d'estre receus à faire le serment de maistre du dit mestier.

24° Item, que les fils de maistre de chef-dœuure qui auront seruy au dit mestier, soit leurs pères ou autres maistres, ne seront tenus de monstrer aucunes lettres d'apprentissage pour parvenir à la maitrise, pourveu qu'ils soient aagez de vingt-quatre ans, et qu'il soit apparu de leur capacité.

25° Item, nul maistre du dit mestier ne pourra tenir plus d'un apprentif, le quel sera obligé à luy pour le temps et espace de quatre ans.

La covr, sous le bon plaisir du roy, a ordonné et ordonne, que les présens réglemens tiendront lieu de statuts et réglemens pour le mestier de distillateur d'eaux fortes, d'eaux de vie, et autres eaux, esprits, huiles et essences, et que les maistres d'iceluy seront tenus de les regarder et observer inuiolablement à l'aduenir sans y contreuenir en aucune manière que ce soit.

Signé par collation :

De Laistre.

ORDONNANCE ROYALE

Approuvant l'arrêt de la Cour des Monnaies, relatif aux Statuts en corps de Jurande du métier de distillateur.

Lovys par la grace de Dieu, roy de France et de Navarre : à tous présens et à venir, salut. Après auoir fait voir en nostre Conseil, les articles, règles et statuts dressés pour la vocation, art et mestier de distillateur et faiseur d'eau-de-vie et d'eau forte, et de tout ce qui provient de lie et bassière de vin pour l'vtilité publique, cy attachés sous le contre-scel de nostre chancellerie avec l'aduis de notre lieutenant civil, et nostre procureur au Chastelet de Paris, du 3ème octobre 1634. Pour l'emologation des dits articles, cahier et transcrit pour l'érection du dit mestier en mestier juré en nostre dite ville de Paris, pour estre regy et gouuerné selon les dits articles d'ordonnance : ensemble les arrests de nostre parlement de Paris, des septième septembre 1624, premier feurier 1631, et sixième auril 1634, donnez entre les exposans et les maistres vinaigriers aussi cy attachez, de l'aduis de nostre dit Conseil avons confirmé et approuvé, confirmons et approuvons les dits articles et statuts, pour estre gardez et observez de poinct en poinct, et en tant que besoin est ou seroit, créé et érigé, créons et érigeons par ces presentes signées de nostre main, le dit art ou mestier de faiseur d'eau-de-vie et d'eau forte en mestier juré à l'instar des austres mestiers de nostre ditte ville de Paris, auec défense à toutes personnes de contreuenir aux dits statuts, à peine de tous dépens, dommages et interrests. Si donnons en mandement à nostre preuost de Paris, ou son lieutenant ciuil, que de nos presentes lettres de confirmation de statuts, et création de mestier en mestier juré, ils fassent, souffrent et laissent iouyr et vser les exposans pleinement et paisiblement et perpétuellement, sans qu'il y soit contreuenu : car tel est nostre plaisir, et afin que ce soit chose ferme et stable à tousiours, nous auons fait mettre nostre scel à ces dites présentes, sauf en autre chose notre droict et l'autruy en toutes.

Donné à Paris au mois de januier, l'an de grâce 1637 et de nostre règne le vingt-septième.

Signé LOVYS.

Par le roi,
De Loménie.

En exécution des quels arrests, ordonnances et réglemens de la dite cour, se présentèrent au bureau d'icelle les nommez Michel Chautié, François Noilgeuile, Jean Messier, Jean Belleguise, François Petit et Jean Estienne, qui furent receus maistres et prestèrent le serment au bureau de la dite cour, le dix neuuième mars 1640 et seizième auril suivant; les nommez Cardon-Sesmery, Nicolas Grund, Jean et Charles Girard, furent pareillement receus, et firent serment au bureau de ladite cour, ainsi qu'il se iustifie par les registres d'icelle.

Louis XV, par arrêt contradictoire de son conseil, rendu le 23 mai 1746, ordonne que les distillateurs demeureront immédiatement soumis à la juridiction des juges ordinaires, en ce qui concerne la préparation des drogues et des remèdes, et à la cour des monnaies en ce qui concerne les métaux et la confection des eaux fortes propres à leur dissolution; par ce même arrêt, il est fait défense aux distillateurs-limonadiers de s'immiscer dans aucune des opérations appartenant à la chimie. En 1753, la communauté des distillateurs faisait corps avec la communauté des limonadiers, et les droits de réception étaient fixés à 600 livres. La Révolution française vint niveler toutes les professions, et les distillateurs, comme les autres, furent obligés de suivre la loi commune.

HISTORIQUE DU VIN ET AUTRES BOISSONS.

La culture de la vigne et la fabrication du vin remontent à la plus haute antiquité. Ainsi que le dit Chaptal, « les arts les plus simples doivent être présumés les plus anciens, et la simplicité de celui-ci a dû faire concourir de très-bonne heure le hasard et la nature à l'enseigner aux hommes. »

« Les uns veulent qu'Osiris, surnommé Dionysius,
» parce qu'il était fils de Jupiter, et qu'il avait été
» élevé à Nysa, dans l'Arabie Heureuse, ait trouvé la
» vigne dans le territoire de cette ville, et qu'il l'ait
» cultivée : c'est le Bacchus des Grecs. D'autres, attri-
» buant cette découverte à Noé, pensent que ce pa-
» triarche est le type de l'histoire du Bacchus des
» Grecs, et peut-être même du Janus des Latins, car
» le nom de ce dernier dérive d'un mot oriental qui
» signifie *vin*. » (Chaptal.) Quoi qu'il en soit, c'est
de l'Asie que nous est venue la vigne, d'où l'on tira
le vin. Cette précieuse liqueur a passé de l'Asie dans
la Grèce, et de là en Italie. Les Gaulois en ont eu,
suivant Plutarque, la première notion par un Toscan
banni de sa patrie, et qui, voulant les engager à la
conquérir, chercha à leur faire goûter le vin de son
pays pour leur donner une idée de ses productions.
Pline dit qu'un Helvétien, après avoir passé quelques
années à Rome, imagina le premier qu'il ferait un
commerce avantageux des vins d'Italie en les trans-
portant dans les Gaules.

En parcourant les anciennes histoires, on voit que
l'empereur Domitien, tyran aussi singulier dans sa
façon de penser que barbare de son caractère, prétendit que la culture du blé dans les Gaules serait plus
utile à l'Empire en général que celle du vin, et qu'en
conséquence de ce faux raisonnement il fit arracher
toutes les vignes. Cette ordonnance eut son exécution,
pendant près de deux cents ans, mais enfin, vers la fin
du IIIe siècle, le sage et vaillant Probus rétablit la paix
et les vignes dans notre pays. Qui pourrait croire que
les vins de Paris acquirent alors de la réputation, et

et que ceux de Suresne et de Nanterre passèrent pour
excellents? C'est ce qu'atteste l'empereur Julien, qui
ne cesse d'en faire l'éloge. On parla, peu de temps
après, des vins d'Orléans, mais bientôt ils cédèrent le
pas à d'autres provinces plus éloignées.

Les Francs, loin de détruire les vignes, eurent grand
soin d'en multiplier les plants, lorsqu'ils se furent
rendus maîtres des Gaules. Charlemagne en recom-
manda la culture dans ses domaines; et depuis ce
prince jusqu'au XVIe siècle, tous les règlements de nos
rois ont été favorables à la culture des vignobles et à
la fabrication des vins. Dès le IXe siècle, ceux de
Bourgogne avaient quelque réputation : on les enle-
vait pour l'Allemagne. Ceux des bords de la Moselle
étaient achetés par les Frisons. Du temps de Philippe-
Auguste, on portait beaucoup de nos vins en Angleterre. En 1372, Froissart dit « *qu'il passa du royaume*
« *d'Angleterre en Guyenne, à Bordeaux, bien deux*
« *cents voiles en toute une flotte de nefs de marchands*
« *qui allaient aux vins.* » Ce commerce prospéra jusqu'en 1571, époque où Charles IX, pensant comme
Domitien, ordonna d'arracher une partie des vignes
de la Guyenne.

En recherchant quels ont été les inventeurs des
tonneaux, nous nous assurerons que nous en avons
l'obligation aux Gaulois Cisalpins, et qu'avant eux les
Romains déposaient le vin dans de grands pots de
terre (1), ou dans des outres faites de peaux de bêtes

---

(1) On appelait ces pots *amphores*. Ils avaient deux anses et ser-
vaient de mesures de capacité pour les liquides chez les Grecs et les
Romains; ils contenaient environ trente-huit litres de notre époque.

(communément de bouc) qui souvent communiquaient à la liqueur un goût désagréable. Charlemagne, dans ses *Capitulaires*, recommande aux régisseurs de ses domaines de conserver son vin dans de bons barils, *bonos barrillos*, cerclés de fer.

Nous ne nous dispenserons pas, dans ce chapitre, de traiter des premières boissons dont usèrent nos pères, avant que les Romains leur eussent apporté la vigne. Nous voulons parler de l'hydromel.

Les Gaules, couvertes de forêts, abondaient en essaims d'abeilles, qui fournissaient une prodigieuse quantité de miel sauvage, que nos ancêtres recueillaient, et dont ils composaient une liqueur forte et enivrante, par le moyen de la fermentation dans l'eau. Telle fut longtemps leur boisson, qui s'appelait dès lors hydromel. Vers le XVᵉ siècle, temps où les abeilles domestiques avaient pris la place des sauvages, et où l'abondance du vin avait fait oublier l'usage de cette liqueur, on inventa un hydromel vineux, peut-être même ne fit-on que renouveler cette boisson, qu'il est impossible que les Gaulois n'aient pas fabriquée. Un ouvrage du XVᵉ siècle nous apprendra la manière de le faire et de le conserver comme du vin.

Les moines de l'abbaye de Cluny se régalaient à certains jours avec de l'hydromel aromatisé, où il entrait de la bétoine et d'autres herbes, et ils appelaient cette liqueur *potus dulcissimus*. Le marc d'hydromel trempé d'eau était distribué aux valets de l'abbaye et aux paysans.

La bière était une boisson de nos pères. Pline nous atteste qu'ils en buvaient de son temps. Nous trouvons dans Diodore de Sicile que les Égyptiens avaient deux sortes de bière : l'une forte, appelée *zichès*; l'autre douce, qu'ils nommaient *curmi*. Les Gaulois conservèrent cette division qu'ils tenaient sans doute des Phocéens : leur bière forte portait aussi le nom de *zitu*, et la douce était nommée *cervisia* dont on a fait le vieux mot français *cervoise*. Julien l'Apostat n'aimait pas la bière et particulièrement celle des environs de Paris : il nous reste une épigramme grecque de cet empereur où, apostrophant la bière, il dit à peu près : « Qui es-tu? Non, tu n'es point le vrai Bacchus : le fils de Jupiter a l'haleine douce comme le nectar, et la tienne est comme celle d'un bouc. »

Le cidre est une boisson qui fut d'abord imaginée en Afrique et dont les Biscayens, qui commerçaient dans cette partie du monde, apportèrent la connaissance dans leur patrie. Ensuite les Normands ayant conquis la Neustrie et faisant commerce avec les Biscayens, ils apprirent d'eux la manière de faire le cidre.

Il paraît que le poiré est originaire de la Normandie. Fortunat, dans la *Vie de sainte Radegonde*, reine de France qui, étant veuve, menait une vie très-pénitente, dit que cette princesse ne buvait que de l'eau et du poiré, qui était alors la boisson des pauvres.

Enfin, nous terminerons cette Notice historique en parlant du prunelet, boisson composée d'eau et de prunes des baies, fermentées, à laquelle, après une disette, fut réduit le peuple de Paris en 1420.

Nous avons cru devoir faire précéder l'historique des liqueurs par ceux que nous venons de décrire, comme exposés indispensables de ce dernier, ce qui expliquera suffisamment pourquoi notre deuxième volume ne contient aucun document historique.

HISTORIQUE DES LIQUEURS.

Les anciens peuples connaissaient et faisaient grand usage des liqueurs, lesquelles d'abord furent prises comme médicaments ou comme confortatifs; ensuite elles parurent propres à exciter l'appétit et à aider la digestion. Ces liqueurs avaient simplement pour base le moût de raisin, ou le vin, qu'on aromatisait suivant les propriétés qu'on avait attribuées à chacune de ces liqueurs.

Hippocrate, ce prince de la médecine, fut celui qui créa la première liqueur aromatique dont l'usage a été adopté par presque toutes les nations, et que l'on a toujours appelée *hippocras*, laquelle n'était composée alors que de vin, de cannelle et de miel; elle fut perfectionnée dans la suite plus particulièrement par Alexis, Piémontais. Cette mixtion, si vantée par nos anciens romanciers, a été très-longtemps fort à la mode : on la servait dans tous les grands repas et à toutes les collations. Louis XIV affectionnait beaucoup cette liqueur; la ville de Paris lui en faisait présent, chaque année, d'un certain nombre de bouteilles, et ses officiers de bouche se mirent à la fabriquer en ri-valité avec les distillateurs de la capitale. Sous le règne de Louis XV, il subsistait encore à la cour quel-ques restes de cet ancien usage.

Pline, Galien et Dioscoride suivirent bientôt l'exemple d'Hippocrate; ils employaient des vins dans lesquels ils faisaient infuser de l'hysope, de l'absinthe, du calamus, du myrte, de la sauge, du romarin, de l'anis, etc., etc. Le roman de Florimond en parle sous

le nom de *vin d'herbes*, et il en est question aux xe,
xie et xiie siècles. Tout ce qui nous en reste est le vin
d'absinthe, qu'en Italie on appelle *vermut* et qui est
un excellent stomachique. Suivant le témoignage de
Pline, les vins auxquels on ajoutait le suc de quelques
fruits étaient connus des Gaulois, et ils étaient dans
l'usage d'introduire dans les vins nouveaux des bourgeons ou des baies de lentisques pour les rendre plus
agréables au goût. Pline dit également (*Hist. nat.*,
l. xxxvii, st. 28) que les boissons où il y a de l'absinthe empêchent que l'on n'ait des nausées sur mer.
Il fait mention de jeux qui se célébraient au Capitole
où, entre autres prix, on donnait à boire au vain-
queur une boisson mêlée d'absinthe, comme source
de santé.

Arnault de Villeneuve et Raymond Lulle inventè-
rent la première liqueur à base d'alcool connue, qu'ils
nommèrent *eau divine* et *admirable* : c'était tout simplement de l'eau-de-vie mélangée avec du sucre ; on
la considérait alors comme médicament ; et, pendant
plusieurs siècles, elle fut regardée comme telle ; plus
tard on ajouta à l'eau divine du citron, de la rose,
de la fleur d'orange. Le couvent des religieuses du
Saint-Sacrement, rue Saint-Louis, au Marais, à Paris,
avait, en 1760, la réputation de préparer l'eau divine
d'une façon supérieure, en lui donnant une saveur
d'une délicatesse extrême.

Vers l'an 1520, Théophraste Paracelse, professeur
de chimie, à Bâle, imagina plusieurs liqueurs qu'il
appela grand arcane, grand et petit circulé, et entre
autres le fameux *élixir de propriété*.

Le médecin Brouaut, en 1636, conçut l'idée d'ex-

traire les huiles essentielles des drogues, par le moyen
de l'eau-de-vie, à dessein d'en composer des liqueurs
que généralement on administrait comme potions cordiales. Les citations suivantes de Brouaut lui-même,
sur les liqueurs aromatiques et plus particulièrement
sur l'eau-de-vie des anciens, sont très-curieuses;
l'énergie de son style est assez bizarre, aussi sommes-
nous persuadé que nos lecteurs ne seront pas fâchés
de les trouver ici (1).

« Voulez-vous donc orner ce ciel (l'eau-de-vie) de
» puissantes estoilles ? faites luy tirer les teintures de
» toutes les choses qui seront propres pour la générale
» conseruation de la vie longue ; ou bien pour la spé-
» ciale guarison de chacune maladie.

» Quant à la générale conseruation, vous prendrez
» les confortatifs des parties nobles, comme *du cerueau,
» du cœur, du foye, de l'estomach, du poumon, des
» reins, de la rate* ou autres, et ne vous sera besoin de
» faire vn grand amas des appropriez à chacun; mais
» il suffira de choisir celuy qui sera le plus haut en
» degré de vertu, comme pour le cœur, vous pren-
» drez le *saffran,* le *macis;* pour le cerueau : le *musc,*
» le *uitriol* préparé; pour les NERFS et le CHEF : la
» *lauende,* la *primerole,* la *sauge,* le *romarin;* pour
» l'ESTOMACH : la *menthe,* le *cyperus,* le *girofle,* la
» *canelle;* pour le FOYE : l'*agrimoine,* les *racines apé-
» ritiues;* pour la RATE : le *tamarin;* pour les REINS :
» la *pierre indaiguë;* pour la SEMENCE : les *figues,* le
» *satyrion;* pour les VENINS : l'*angélique;* pour le
» POUMON : la *régalisse,* la *terre sigillée.*

____

(1) *Anatomie du vin et de l'eau-de-vie,* p. 100 et suiv.

» Car les médicaments plus SIMPLES sont les meil-
» leurs, et le grand nombre ou emoncelement de re-
» mèdes en vn corps ne fait iamais bon ny loüable
» effet, et nature s'exerce plus gaillardement à la
» réception de peu, qu'a l'importunité de plusieurs
» qui luy donnent trop de surcharge et empesche-
» ment. »

L'eau-de-vie, employée au commencement du
xIIIᵉ siècle comme médicament, passa insensiblement
sur les tables et devint bientôt la boisson la plus fa-
vorite du peuple. Alors les Italiens, plus que les autres
nations, s'efforcèrent de la rendre agréable. Ils trou-
vèrent le moyen de lui donner une plus grande valeur
pour l'usage des classes aisées. Ils distinguèrent ces
nouvelles boissons sous le nom de *liquori* et ils les ré-
pandirent chez les nations étrangères. Les Français
furent les premiers qui en prirent l'usage, surtout en
153a, époque du mariage de Henri II, alors duc d'Orléans, avec Catherine de Médicis. Cet événement attira
en France une multitude d'Italiens, qui introduisirent
dans ce pays les mets délicats usités dans leur patrie,
et qui enseignèrent la manière de les préparer. Ils furent les premiers qui fabriquèrent et vendirent dans
Paris des liqueurs fines. La première qu'ils firent connaître fut le *rossoli*, dont la rose était le parfum do-
minant ; on ne peut précisément dire quelle est l'éty-
mologie du mot *rossoli*, qui devint bientôt général
pour signifier tous les ratafias : peut-être ce mot est-
il dérivé de la plante *ros solis* qui entrait, avec plusieurs autres, dans la composition de cette liqueur. Le
rossoli, nommé *populo*, était fort estimé sous les règnes
de Henri III et Henri IV ; les ratafias de cerises et d'œil-

lets, ainsi que plusieurs autres liqueurs, furent inventés pour réchauffer la vieillesse du roi Louis XIV.

Enfin, vers le commencement du dernier siècle, tandis que les distillateurs de Montpellier s'exerçaient à composer la liqueur appelée *eau d'or* à dessein de faire allusion à l'or potable des anciens chimistes, les Américains fabriquaient le fameux ratafia de *cédrat* qu'ils ont appelé *crème des Barbades*, la Dalmatie faisait connaître son *marasquin* de Zara, Amsterdam son *curaçao*, Bordeaux acquérait une réputation universelle pour l'*anisette*. Le médecin Garus nous donnait l'*élixir* qui porte son nom, Colladon de Genève son *eau cordiale* et Bouillerot inventait l'*huile de Vénus*.

Depuis, les liqueurs ont beaucoup varié, la diversité des noms demandés par le public s'est considérablement accrue de nos jours; aussi les distillateurs se sont-ils multipliés de tous côtés : ceux de Paris, la Villette, Lyon, Bordeaux, la Côte Saint-André, Limoges, Orléans, Rouen, Amiens, etc., rivalisent entre eux pour les prix et les qualités; de nos jours, les religieux de l'ordre de Saint-Bruno qui résident au monastère de la *Grande Chartreuse*, près de Grenoble, fabriquent trois élixirs : blanc, jaune et vert, qui sont en grande réputation; la liqueur hygiénique de Raspail jouit également de la faveur du public.

CHAPITRE II.

LABORATOIRE ET APPAREILS DISTILLATOIRES.

DE LA DISTILLATION EN GÉNÉRAL.

La distillation est une opération chimique qui a pour but de séparer à l'aide du feu les parties les plus légères ou les plus solubles d'un corps, en les convertissant à l'état de vapeur pour les condenser ensuite et les recevoir à celui de liquide, et ce, au moyen de leur contact avec un corps froid, lequel leur fait perdre le calorique qu'elles contenaient. Elle demande beaucoup de soins et d'habileté.

On connaît plusieurs manières d'appliquer la chaleur à la distillation et de favoriser l'ascension des vapeurs, suivant le liquide qu'on distille. De cette application, on dit qu'une distillation se fait à *feu nu*, au *bain-marie*, à la *vapeur* et au *bain de sable* ou à la *cornue*, de même que, suivant l'objet qu'on veut distiller, varient le degré de température et la manière de l'appliquer ; nous aurons occasion de parler plus loin de ces diverses opérations.

La distillation s'exécute dans des appareils dont la forme et la disposition sont appropriées à la nature des liquides ou des substances qu'on veut lui soumettre ; tout ce que la terre produit peut être son objet et est de son ressort, mais principalement, pour les distillateurs et les liquoristes, les fleurs, les plantes, les fruits, les grains, les racines, et tous les corps qui contiennent un principe féculent, sucré ou aromatique.

Cette opération peut rendre et a rendu de grands services; elle a été pendant très-longtemps le seul moyen d'analyse qu'employaient les anciens chimistes, lesquels ont toujours distingué trois sortes de distillations, qu'on a désignées sous trois dénominations différentes, savoir : *per ascensum*, *per descensum*, et la troisième *per latus*.

La distillation *per ascensum* est celle qu'on fait ordinairement dans les alambics. Le feu ou la vapeur est placé sous l'appareil qui contient la matière qu'on soumet à la distillation. La chaleur fait élever les vapeurs, elles se condensent en liquide dans le serpentin, ce liquide coule par le bas de ce dernier vase.

La distillation *per descensum* a lieu lorsqu'on met le feu au-dessus de la matière qu'on veut distiller; les vapeurs qui se dégagent des corps, ne pouvant s'élever comme dans la distillation ordinaire, sont forcés de se précipiter dans le vase inférieur placé à ce dessein.

Exemple : on pose un linge sur un verre à boire, on place sur ce linge, qui doit être un peu lâche, des clous de girofle concassés; on met par-dessus cet appareil un plateau de balance qui joint le plus exactement qu'il est possible les parois du verre; on remplit de cendres chaudes la partie concave du plateau de balance : la chaleur, agissant sur le girofle, en dégage de l'eau et de l'huile volatile qui se rassemble au fond du verre : c'est ce que l'on nomme distiller *per descensum*.

1.

La distillation qu'on nomme *per latus*, ou par le côté, est celle qu'on fait dans une cornue : le feu est placé sous l'appareil, les vapeurs s'élèvent perpendiculairement, entrent dans le col de la cornue, s'y condensent et distillent par le côté; il est évident qu'il n'y a point de différence essentielle entre cette distillation et celle *per ascensum*.

De ces trois opérations différentes il n'y a que la première qui soit en usage chez les distillateurs et liquoristes.

L'objet de la distillation pour le distillateur brûleur ou *fabricant d'alcool* est d'isoler les parties spiritueuses d'un liquide quelconque, qui préalablement est arrivé à la fermentation vineuse ou alcoolique.

Le liquoriste, au contraire, ne distille jamais que dans le dessein de retirer soit par l'eau, soit par les alcools, les parfums des substances aromatiques ; en un mot, il aromatise les liquides, il lui arrive très-rarement de distiller isolément de l'eau ou de l'alcool.

DU LABORATOIRE, DES MAGASINS ET DES CAVES.

Le laboratoire du liquoriste doit être assez vaste pour que le travail puisse se faire facilement, construit de bonnes murailles, voûté ou plafonné, suffisamment élevé pour que les flammes, dans le cas d'incendie, ne puissent atteindre que difficilement le plafond. Il doit être bien aéré, éclairé par le haut autant que possible, pavé en grès ou, ce qui est préférable, dallé en pierre.

Il est de la plus grande urgence d'avoir à sa disposition une fontaine ou un puits, qui puisse fournir la quantité d'eau nécessaire : il en faut beaucoup pour entretenir la propreté des vaisseaux, et plus encore pour rafraîchir les alambics, au besoin arrêter promptement un incendie qui se déclarerait dans l'établissement : pour cela, un réservoir est indispensable; il faut qu'il soit assez grand pour contenir toute l'eau dont on a besoin dans la journée, et même davantage; il doit être rempli chaque soir. On doit faire construire une cheminée ayant un tuyau large et bien percé, et donner au manteau de cette cheminée la forme d'une hotte renversée et très-évasée sous laquelle doivent être placés les fourneaux à l'usage des bassines et chaudières.

Les magasins aux liqueurs devront être, autant que possible, de plain-pied avec le laboratoire. Il est essentiel qu'ils ne soient pas humides; ils seront carrelés ou bitumés, et auront constamment une température de 12 à 15 degrés centigrades.

Les magasins aux eaux-de-vie et autres spiritueux devront avoir à peu près la même température que celui des liqueurs : cela est de la plus grande urgence, car la chaleur augmente le volume des liquides et le froid produit l'effet contraire. Ce magasin ne sera éclairé qu'à demi et le sol salpêtré.

Les caves doivent être situées au nord, et avoir une profondeur de 5 à 6 mètres; la voûte sous la clef possédera 4 mètres environ de hauteur, et sera chargée de 1 mètre à 1 mètre et demi de terre; car plus une cave est profonde, mieux cela vaut. Sa température doit être constamment de 10 à 12 degrés centigrades, et il convient, à mesure que la chaleur de l'atmosphère monte au-dessus de ces degrés, de fermer une partie des soupiraux, comme aussi de les ouvrir à mesure que la température diminue, sans cependant pour cela faire entrer un froid supérieur à 10 degrés au-dessus de zéro.

L'humidité doit être constante, sans y être trop forte : l'excès détermine la moisissure des tonneaux, bouchons, etc.; la sécheresse dessèche les fûts et occasionne une perte de liquide. Il faut éviter la réverbération du soleil, qui, variant la température d'une cave, en altère les propriétés. La lumière doit y être très-modérée; car si une lumière vive dessèche, une obscurité presque absolue pourrit et occasionne l'accident qu'on nomme vulgairement *coup de feu*, lequel se termine le plus souvent en faisant éclater les fûts.

Les caves seront autant que possible à l'abri des secousses déterminées par le passage des voitures sur le pavé, et le voisinage des ateliers à marteau. L'un et l'autre excitent dans les liqueurs, comme dans les vins, des oscillations qui les font déposer, soit dans les fûts, soit dans les bouteilles.

Un ordre parfait et une grande propreté doivent exister dans toutes les parties du laboratoire, des magasins, des caves, et dans toutes les opérations du liquoriste. Sans ordre, le travail est confus, et vous entrave à chaque instant; sans la propreté, point de bons produits, car les substances de premier choix ne donnent que des résultats médiocres; puis, en été, on sera assailli par les mouches. Pour éviter tous ces inconvénients, il est nécessaire d'assigner à chaque objet la place qu'il doit occuper journellement, de l'y remettre et de le rincer chaque fois que l'on s'en est servi; de récurer tous les soirs, si le temps le per-

met, les ustensiles dont on a eu besoin dans la journée.
On doit visiter fréquemment les alambics, voir s'il
faut qu'ils soient réparés ou étamés; on doit aussi
laver tous les jours le laboratoire pour n'y laisser séjourner aucune matière capable d'attirer les mouches,
engendrer la malpropreté ou exhaler de mauvaises
odeurs. Le combustible, les sucres, le noir animal,
les plantes et les ingrédients seront placés dans des
locaux très-secs, excepté le charbon de terre, qui peut
être mis à la cave.

DES APPAREILS DISTILLATOIRES.

La distillation s'opère au moyen d'appareils de diverses formes et de divers systèmes. On emploie à cet
effet des alambics à *distillation simple* et à *distillation
continue*.

Les alambics à distillation simple sont les seuls
employés par le liquoriste : on en distingue quatre,
dont voici les noms :

Alambic à col de cygne.
    »   à tête de More ou Maure.
    »   à colonne.
    »   en verre qu'on appelle *cornue* ou *retorte*.

L'alambic à COL DE CYGNE est composé de cinq pièces
principales, et de cinq dites accessoires.

1° La CUCURBITE (1) ou chaudière (*fig*. 1, *Pl. I*)
est en cuivre étamé et entre dans le fourneau. Sa capacité varie suivant celle de l'alambic. Aux trois quarts

---

(1) Du mot latin *cucurbita*, courge.

environ de sa hauteur, cette pièce est saillante ou bombée et forme un rebord qui vient poser sur le fourneau. Une DOUILLE, *a*, en cuivre, avec un bouchon, *b*, à vis, est placée sur ce rebord et sert à introduire du liquide en remplacement de celui qui s'évapore, sans arrêter la distillation. L'ouverture de la cucurbite est renforcée à l'extérieur par un cercle-collet, *c*, en cuivre tourné, pour supporter le bain-marie ; elle est garnie de deux anses, *d*, afin de pouvoir la manier avec facilité. Une GRILLE ronde (*fig.* 2, *Pl. 1*), en cuivre étamé, percée de petits trous, se pose dans le fond de son intérieur. Cette grille est formée de deux parties, qui sont réunies par des charnières : elle est aussi garnie d'un anneau, *a*, afin de faciliter sa sortie de la cucurbite. Plusieurs pieds, *b*, la supportent et l'éloignent d'environ 8 à 10 centimètres du fond de cette dernière.

2° Le BAIN-MARIE (*fig.* 3, *Pl. 1*) est un vase en cuivre, étamé à l'intérieur seulement ; il est supporté par la cucurbite, dans laquelle il entre ; à son ouverture se trouvent également deux cercles-collets, *a* et *b*, en cuivre tourné, qui viennent joindre exactement, l'un avec celui de la cucurbite, l'autre avec celui du chapiteau. Le bain-marie est muni aussi de deux anses, *c*, et d'un couvercle avec poignée (*fig.* 4, *Pl. 1*), qui le ferme hermétiquement. Ce couvercle ne sert que lorsque le bain-marie est employé pour une infusion.

3° Le CHAPITEAU (*fig.* 5, *Pl. 1*) est une pièce en cuivre dont l'intérieur est étamé. Ce vase a la forme d'un entonnoir élégant renversé ; ses deux orifices sont garnis chacun d'un cercle-collet, *a* et *b*, en cuivre tourné ; l'un s'adapte soit au bain-marie, soit à la cucurbite, et l'autre reçoit le col de cygne. Une douille, *c*, semblable à celle de la cucurbite et pour le même usage, se trouve placée aux deux tiers de la hauteur du chapiteau.

4° Le COL DE CYGNE (*fig.* 6, *Pl. I*) est un long tuyau en cuivre formant le demi-cercle et garni à chaque bout d'un cercle-collet, *a* et *b*. Il sert à mettre en rapport l'alambic avec le serpentin. Le MANCHON (*fig.* 7, *Pl. I*) est une pièce en étain ou en cuivre avec petits cercles en laiton, qui sert à relier le col de cygne avec le serpentin, lorsqu'on distille au bain-marie.

5° Le RÉFRIGÉRANT OU SERPENTIN (*fig.* 8, *Pl. I*) consiste en un long tuyau d'étain ou de cuivre étamé courbé en hélice, *a*, dont les pas, *b*, sont soutenus par des tringles perpendiculaires, *c*, d'étain ou de cuivre qui y sont soudées : l'extrémité supérieure du serpentin qui vient se joindre au col de cygne, par un cercle-collet, *d*, a la forme d'une sphère aplatie, *e*, et s'appelle *lentille*. Le tout est renfermé dans un *seau, f*, de cuivre, garni de deux poignées, *g*, au bas duquel il y a une canelle. L'eau chaude du réfrigérant coule par un tuyau ou *trop-plein, h*, qui est placé dans le haut de ce vase. L'intérieur du seau reçoit un long entonnoir (*fig.* 9, *Pl. I*) en cuivre qui le dépasse un peu et qui sert à conduire l'eau fraîche au fond. Il porte le nom d'*entonnoir à rafraîchir*. Le *bec à corbin* (*fig.* 10, *Pl. I*) s'ajoute à l'extrémité inférieure du serpentin, afin de mettre ce dernier en rapport avec le récipient. (On nomme *récipient* le vase qui reçoit le produit de la distillation ; ce vase est en verre ou en cuivre, au gré du liquoriste.) Le réfrigérant repose sur un massif en briques ou sur un tréteau en bois de chêne solidement établi.

L'appareil à col de cygne est généralement celui qui est employé pour la confection des esprits parfumés et leur rectification.

L'alambic à TÊTE DE MORE OU MAURE est composé de pièces semblables à celles de l'alambic à col de cygne, à l'exception du chapiteau, qui en diffère complétement. Ce chapiteau (*fig.* 11, *Pl. I*) est en étain ou en cuivre ; il se pose sur la cucurbite ou sur le bain-marie. Un long col latéral ou *bras*, *a*, sert à diriger les vapeurs dans le serpentin. Une douille en cuivre, *b*, avec un bouchon, *c*, à vis de même métal, se trouve placée au sommet du chapiteau ; deux cercles-collets, *d* et *e*, garnissent également les extrémités de cette pièce.

L'appareil à tête de Maure est employé de préférence pour la distillation des huiles volatiles et des eaux aromatiques, ainsi que pour l'extrait d'absinthe suisse.

On emploie avec avantage, pour la distillation des eaux aromatiques, le *bain-marie percé* (*fig.* 12, *Pl. I*). Ce vase percé de trous sert à contenir les substances que l'on veut soumettre à une chaleur plus forte que celle que l'on pourrait communiquer à l'aide du bain-marie ordinaire. Le *bain-marie percé* ne plongeant pas dans l'eau bouillante, et les substances qu'il contient étant soumises à l'action seule de la vapeur, on évite ainsi le contact avec les parois de l'alambic, et l'on n'a point à redouter de voir ces substances brûler ou s'attacher, comme il arrive quelquefois quand elles sont en grande quantité dans la cucurbite.

M. Soubeiran, directeur à la pharmacie centrale

de Paris, a imaginé un système de distillation à la vapeur pour les eaux distillées, en employant pour cet usage les alambics simples : voici en quoi consistent les additions de ce savant distingué.

Un tuyau mobile, *a* (*fig.* 13, *Pl. I*), de cuivre et en forme d'anse ayant un robinet, *b*, qui le traverse, sert à mettre en communication la vapeur de la cucurbite avec le bain-marie; un autre tuyau, *c*, de cuivre recourbé, vient se joindre avec lui et descend intérieurement le long des parois, se recourbe et s'ouvre vers le milieu du fond du bain-marie. Un diaphragme, *d*, criblé de trous, porté par plusieurs pieds qui le tiennent soulevé au-dessus de l'orifice du conduit à vapeur et muni de deux anses pour l'introduire ou l'enlever à volonté, sert à placer dessus les plantes ou les fleurs que l'on veut distiller. Par ce système, on peut remplacer l'usage du bain-marie percé, et on obtient également une distillation à la vapeur, puisque les substances ne sont point en communication directe avec l'eau de la cucurbite et que leur isolement est complet.

L'alambic à colonne, comme les précédents, se compose d'une cucurbite, d'un chapiteau, d'un col de cygne et d'un réfrigérant. La colonne *a* (*fig.* 14, *Pl. I*), proprement dite, est la seule pièce qui diffère : sa hauteur varie suivant la force de l'appareil ; la partie qui vient se poser sur la cucurbite est fermée par un diaphragme fixe, *b*, percé d'une grande quantité de trous, lequel supporte lui-même quatre ou cinq autres diaphragmes *c*, munis d'anses, qui se posent les uns sur les autres, étant chargés chacun d'une couche de plantes ou de fleurs.

Une amélioration très-importante vient d'être ajoutée à l'alambic à colonne par M. Egrot. Cet habile constructeur d'appareils distillatoires a imaginé de mettre, entre la cucurbite et la colonne, un intermédiaire auquel il donne le nom de *vase extractif appliqué à la distillation*. Par son procédé, on obtient simultanément et séparément les bons et les mauvais produits, sans que ces derniers nuisent aux autres.

Ainsi, dit M. Egrot, dans l'alambic ordinaire, si l'on place entre la cucurbite et la colonne à fleurs un *vase extractif*, nommé ainsi parce qu'il rejette hors de l'appareil les produits fixes ou non distillables, il est certain que des vapeurs s'élevant de la cucurbite pour passer à travers les plantes contenues dans la colonne et de l'arome desquelles elles s'emparent, une petite quantité s'y condense entraînant avec elles la couleur et d'autres parties visqueuses de la plante, qui, au lieu de tomber dans la cucurbite, comme auparavant, tombent dans le vase extractif, qui rejette au dehors ces produits fort souvent contraires à la distillation.

Ce sont donc là les produits visqueux colorés, tombant auparavant dans la cucurbite ou qui, sous l'action d'une ébullition réitérée quelquefois pendant une heure ou deux, se volatilisaient, donnant des goûts de flegmes, nuisant au bon goût du produit de distillation; ou bien, ce liquide bourbeux coloré s'attache aux parois de la cucurbite, la détame et brûle le fond ; enfin, si un distillateur ou parfumeur se trouve pressé de distiller, ce qui arrive dans le moment où les fleurs donnent, l'avantage que vous aurez, avec le vase extractif, de ne pas changer le liquide de la cucurbite, puisque lui-même ne change pas de nature, vous fait gagner beaucoup de temps : cela se conçoit, puisque l'on peut distiller avec le même liquide pendant toute une journée, en ayant seulement soin d'ajouter à chaque opération une quantité de liquide égale à celle distillée ; tandis que dans l'état actuel des choses, on est obligé de vider, rincer, remplir de liquide froid la cucurbite et attendre que ce dernier soit arrivé au point d'ébullition à chaque opération. (*Voyez*, à la fin du volume, *Description du vase extractif de* M. Egrot, *Pl. IV.*)

L'appareil pour distiller à la CORNUE, ou RETORTE, est composé de trois pièces en verre (*fig.* 15, *Pl. I*) : de la *cornue*, *a*, d'une allonge, *b*, qui est un tube renflé au milieu et ouvert par les deux bouts, et d'un ballon, *c*, servant de récipient. Cet appareil, très-fragile, est employé rarement; on lui substitue souvent l'alambic en cuivre, dit *d'essai*, qui ressemble aux alambics simples et dont la grandeur varie depuis un litre jusqu'à six.

La forme des appareils distillatoires a beaucoup changé depuis un siècle, principalement celle du chapiteau. Cette pièce du reste paraît presque inutile, et moins elle aura d'élévation, plus elle sera convenable : on peut même la remplacer avec avantage par un simple tuyau mettant en communication la cucurbite avec le serpentin. L'usage du chapiteau étant de contenir une certaine quantité de vapeur, il serait plus simple de la faire engager de suite dans le serpentin, où elle est attirée par la fraîcheur du réfrigérant. Cette observation est tellement vraie, que tous les distillateurs d'alcool ont supprimé le chapiteau.

Les alambics simples auxquels on appliquera la vapeur comme moyen de chauffage devront recevoir cette vapeur dans un double fond et non dans un serpentin intérieur, ainsi que le reçoivent les alambics à distillation continue; car alors, s'il en était ainsi, les substances à distiller pourraient s'attacher aux parois des contours de ce serpentin et mettraient obstacle à la transmission de la chaleur dans le liquide, et conséquemment retarderaient l'opération.

Par l'application de la vapeur à la distillation, l'usage du bain-marie devient complètement inutile.

De la construction des appareils distillatoires dépend souvent la qualité des produits. On devra s'attacher à les faire construire ou les choisir dans les meilleures conditions, et à cet égard nous recommandons la fabrique de M. Egrot, de Paris. Ses appareils, construits d'après les plus stricts principes de la distillation, sont à la fois solides et gracieux : leur prix n'est véritablement pas en rapport avec les grands avantages qu'ils procurent. Aussi n'hésitons-nous pas à dire que M. Egrot a porté son art au dernier degré de perfection.

DES VASES ET USTENSILES.

Après les alambics, qui font le sujet du paragraphe précédent, et les aréomètres et thermomètres, dont nous parlerons dans le deuxième volume (*Distillation des alcools*), il nous reste à traiter des vases et ustensiles dont doit être pourvu le laboratoire d'un liquoriste.

Plusieurs *bassines* en cuivre rouge, de diverses grandeurs, tant pour la fonte ou la clarification des sucres que pour la confection des sirops et des fruits au liquide et autres usages. Ces bassines doivent être plus larges que profondes, de manière à offrir une plus grande évaporation; le fond doit être bombé et en demi-sphère (cette forme est appelée vulgairement *cul-de-poule*), afin de présenter plus de surface au feu et pour éviter que le sucre ou les autres matières ne s'attachent aux parties rentrantes et ne puissent brûler (*fig.* 1, *Pl. II*). Les bassines destinées au blanchiment et à la confection des fruits doivent, au contraire, être de forme aplatie, de façon que les fruits ne puissent s'écraser.

Viennent ensuite les *filtres* (*fig.* 2, *Pl. II*) : ils doivent être en cuivre étamé et de plusieurs dimensions, munis de leurs couvercle et robinet, garnis à l'intérieur de petits crochets placés de distance en distance pour accrocher la chausse. Ces filtres ressemblent à de grands entonnoirs fermés ; ils doivent être posés sur un bâti en bois de chêne, sous lequel se trouve une cuvette garnie en cuivre étamé, afin de recevoir le liquide, dans le cas où ce dernier viendrait, par l'inattention du liquoriste, à couler par-dessus le vase destiné à le recevoir.

Plusieurs *filtres* pour la décoloration des sirops. Ce filtre très-simple, portant le nom de l'inventeur, Dumont, consiste en une caisse présentant une pyramide tronquée et renversée (*fig.* 3 et 4, *Pl. II*). Cette caisse est en bois, garnie à l'intérieur de feuilles de cuivre étamé soudées entre elles ; à sa partie inférieure est un robinet, *a*, destiné à l'écoulement des sirops ; un peu au-dessus est une ouverture qui reçoit un cylindre ou tube, *b*, creux, appliqué à l'extérieur du filtre, et servant à l'évacuation de l'air contenu dans l'appareil. Le filtre, dans son intérieur, reçoit deux diaphragmes carrés, *c* et *d* : ces diaphragmes sont en cuivre étamé et de grandeur différente. L'appareil est rendu complet par un couvercle, *e*, destiné à le fermer et à empêcher le refroidissement. Nous indiquerons, à l'article de la *Clarification des sucres*, la manière d'employer ce filtre.

Plusieurs *conges* de diverses grandeurs pour opérer le mélange des liqueurs. Ce qu'on appelle *conge* (*fig.* 5, *Pl. II*) est une espèce de fontaine en cuivre étamée en dedans, ayant une échelle, *a*, qui indique la quantité de liquide se trouvant dans l'appareil, et munie d'un robinet, *b*, et d'un couvercle, *c*.

Une grande *sébile* en bois (*fig.* 6, *Pl. II*), cerclée et garnie en fer avec deux poignées, soutenue à la hauteur de 1 mètre environ du sol par quatre cordes, *a*, attachées au plafond, laquelle sébile est mise en mouvement avec un boulet de canon, *b*, en fer, du poids de 10 à 12 kilogrammes, et sert à broyer les amandes pour le sirop d'orgeat. Il existe à Paris plusieurs mécaniques pour le même objet; nous les connaissons presque toutes et nous sommes assuré par nousmême qu'elles sont inférieures à la *sébile*. Nous devons dire cependant que nous avons vu à Orléans, chez MM. Viale et Cⁱᵉ, liquoristes en gros, un moulin semblable à ceux employés par les moutardiers, lequel servait à broyer les amandes et donnait d'excellents résultats. Nous en parlerons à l'article *Sirops d'orgeat*.

Un *cylindre* ou *brûloir* pour torréfier le café et le cacao, un *moulin* à café; un *mortier* en pierre ou en marbre, avec pilon en bois, un petit *mortier* en cuivre.

Un grand *mortier* en fer pour piler les substances dures, avec une sorte de poche en peau, laquelle est attachée autour du mortier et percée par le fond pour laisser passer le pilon (*fig.* 7, *Pl. II*).

Des *tamis* en crin et en soie pour passer les liquides, un *siphon* à robinet et une *pompe* dite *bat-beurre*, en fer-blanc, pour dépoter les eaux-de-vie et liqueurs en tonneaux, et un petit *siphon*, soit en verre, soit en fer-blanc, pour les petites opérations; un *récipient florentin* en verre, des entonnoirs en cuivre étamé, en fer-blanc et en verre de plusieurs grandeurs; un *puisard* ou *pochon* et son *plateau* pour verser sur les filtres et remplir les brocs. Ces deux pièces doivent être étamées; le puisard doit contenir 3 litres et avoir une *échelle* dans son intérieur.

Une *presse* (*fig.* 8, *Pl. II*) avec son seau pour presser les fruits et le marc de cassis; il faut avoir aussi un plateau de rechange pour les marcs d'orgeat. Une grande *table* en chêne pour le service du laboratoire; sous cette table un grand *tiroir* dans lequel se trouvent les *forets*, *pinces* diverses, *couteaux* à sucre et à zester, *râpes* à liége, etc.

Le liquoriste doit avoir, selon l'importance de sa fabrication, une certaine quantité de *tonneaux* et *barils* en bois de chêne, cerclés en fer, munis de canelles en cuivre, recouverts de peinture à l'huile, tant pour les garantir de l'humidité et des piqûres de vers que pour éviter l'évaporation à travers les pores du bois : la peinture qui les recouvre n'est pas un ornement inutile. Ces tonneaux doivent reposer verticalement sur des chantiers, afin de tenir moins de place.

Le laboratoire doit être abondamment pourvu de *spatules* plates, en bois de chêne, pour remuer les mélanges; *poêlons à bec* et autres, *écumoires*, *terrines* et *cruches* en grès, de diverses grandeurs; *brocs* en fer-blanc, bois et cuivre; *dames-jeannes* garnies en osier; *flacons*, *balarucs*, *bocaux* et *bouteilles* de verre, *terrines* en terre vernie, *tubes* pour peser les liqueurs et sirops, une espèce de boîte en fer-blanc ayant plusieurs compartiments garnis en drap noir, que l'on nomme *musique*, et qui sert à ranger les instruments de pesage ; *bascule*, *balance* et *poids* assortis, *mesures* en étain pour le mesurage des liquides.

Un grand assortiment de *chausses* de diverses grandeurs, ainsi que d'*étamines*, est nécessaire. La chausse est une sorte de poche de drap ou autre étoffe de laine, terminée en forme conique et qui sert à filtrer les liqueurs ; on l'accroche dans l'intérieur du filtre en cuivre étamé. L'étamine est un morceau de laine, carré et bordé par un ruban de fil avec des œillets, de distance en distance, lequel se place sur un *carrelet* en bois, garni de crochets, et sert à passer les sirops.

Nous ne saurions trop recommander aux liquoristes, quelle que soit l'importance de leur commerce, l'emploi de la vapeur pour chauffer leurs conserves. L'appareil dont ils devront se servir se compose d'une armoire en chêne, garnie de feuilles de zinc ou de cuivre (ces dernières sont préférables), ayant plusieurs tablettes en fer. Ces tablettes sont à jour, se composent de barreaux placés à deux doigts de distance l'un de l'autre, et servent à recevoir les bouteilles ou les bocaux. La porte se ferme au moyen de deux verrous, et possède au milieu une ouverture vitrée, derrière laquelle on place un thermomètre, afin de savoir combien il y a de degrés de chaleur dans l'intérieur. Au bas de l'armoire se trouve un robinet par lequel s'écoule la vapeur condensée en eau. La vapeur s'introduit dans cette armoire par le bas, et au moyen du tuyau d'une petite chaudière portative à vapeur, ayant un flotteur en verre, un manomètre et une soupape de sûreté comme les grandes chaudières.

DES FOURNEAUX.

Les fourneaux doivent, après les alambics, fixer l'attention du liquoriste. De leur bonne construction dépend en partie le succès de ses opérations. On doit donc apporter toute l'attention possible pour leur établissement, car, indépendamment de la question économique du combustible, se présente aussi celle de la qualité des produits.

Un fourneau se compose : 1° du foyer; 2° de la grille; 3° du cendrier; 4° de la cheminée.

Du foyer. — On appelle foyer l'espace qui sépare le fond de la cucurbite de la grille, en un mot celui dans lequel on place le combustible. Les parois du foyer doivent être disposées de manière à refléter le plus possible le calorique : il faut pour cela qu'il soit petit et construit de telle sorte, que le fond de la cucurbite reçoive toute l'action du feu, et que la flamme et l'air circulent dessous, avant de passer sur les côtés. L'espace du foyer sera donc proportionné strictement à la grandeur de l'appareil et au combustible que l'on emploiera; il sera aussi disposé de telle façon, que le feu, après avoir *léché* le fond de l'appareil, puisse circuler autour au moyen d'une cheminée tournant un certain nombre de fois en spirale : par cette disposition on utilise la chaleur qui passe dans la cheminée, le liquide est chauffé d'une manière égale et l'air ne s'échappe qu'après être dépouillé d'une portion importante de la chaleur qu'il entraîne.

La porte du foyer doit clore le plus exactement possible, pour ne point donner accès à l'air atmosphé-

rique, celui-ci ne devant pénétrer que par la coulisse
du cendrier. On obtient une fermeture hermétique en
remplaçant la porte par une ouverture ronde, bouchée
par un tampon en tôle, dont l'intérieur est rempli de
grès ou de cendres.

De la grille. — La grille est destinée à recevoir le
combustible : c'est par son intermédiaire que la combustion s'opère; elle tient le combustible en suspension, afin que l'air le traverse aisément et facilite ainsi
l'activité et l'uniformité de la chaleur.

Les barres de la grille doivent être mobiles, en fer
ou fonte, très-fortes, mais étroites; elles seront sup-
portées sur des barres de fer très-solides, parce que
toutes les grilles d'une seule pièce et dans un châssis
sont sujettes à se déjeter et difficiles à nettoyer. Ces
barres, pour l'usage du bois, seront placées horizontalement et cintrées en quart de cercle, pour que la
braise retombe toujours au milieu de la grille et en-
tretienne la combustion, tandis qu'au contraire elles
seront droites et longitudinales pour l'usage de la
houille. L'espace à observer entre les barres, ainsi que
le nombre et la grosseur de celles-ci, seront subordonnées à la grandeur du foyer ainsi qu'à la nature du
combustible.

Enfin la grille sera établie dans le foyer sous la
moitié antérieure du diamètre de la cucurbite, de sorte
que cette partie reçoive l'action directe de la chaleur;
et, comme le courant d'air tend toujours à emporter
la flamme et la chaleur vers la cheminée, on obtiendra le calorique en aussi grande abondance que possible.

Du cendrier. — Le cendrier, à part l'usage que son nom indique, est destiné principalement à fournir l'air qui sert à activer la combustion. Ses dimensions sont à peu près indifférentes, surtout pour l'usage du bois ; cependant, il est nécessaire qu'il ait assez de profondeur et d'élévation pour contenir les cendres d'une journée de travail sans être encombré. Le cendrier doit être fermé hermétiquement par une porte-coulisse qui permette de régler le tirage de la cheminée, et qui excite ou ralentisse au besoin la combustion. L'emploi de la houille commande impérieusement l'usage de cette coulisse.

De la cheminée. — La cheminée sert à conduire hors du laboratoire la fumée et les vapeurs qui proviennent de la combustion ; elle procure également l'ascension de l'air, qui, en raison de sa pesanteur spécifique, s'évapore et fait continuellement place à l'air atmosphérique qui s'introduit par le cendrier ; voilà pourquoi on dit que plus une cheminée est haute, plus elle a de tirage. Partant de ce principe, on aura une combustion d'autant plus rapide, et une température d'autant plus élevée, que l'on donnera plus de hauteur à la cheminée.

Les fourneaux seront construits en belles briques de bonne qualité, celles dites *réfractaires* doivent être employées de préférence ; elles seront liées au mortier d'argile et de sable. L'avantage de cette construction est d'acquérir au feu plus de solidité, et de conserver une plus grande quantité de chaleur. Les fourneaux seront aussi garnis extérieurement de cercles en fer et de briques apparentes ; leur hauteur ne devra pas excéder 85 à 90 centimètres, afin de ne pas être obligé de monter dessus lorsqu'on voudra luter les alambics, et de pouvoir facilement enlever les bassines à sirops et fruits.

En raison de leur importance pour le travail, les fourneaux doivent être construits par des hommes habiles et expérimentés connaissant parfaitement la théorie de la chaleur et son application.

CHAPITRE III.

DU COMBUSTIBLE.

La production de la chaleur, pour la distillation et les opérations relatives aux liqueurs, s'opère au moyen de divers combustibles dont les principaux sont le bois, la houille ou charbon de terre, et quelquefois le coke : quant au charbon de bois et à la tourbe, ils ne sont employés que dans les localités où il est difficile de se procurer les premiers, soit par leur rareté, soit par leur prix excessif. Du choix et de l'emploi de ces divers combustibles résulte, pour le distillateur-liquoriste, une économie importante. On doit donc s'attacher à employer à prix égal ceux qui, par leur nature, doivent produire la chaleur la plus durable et la plus intense.

Le chauffage au moyen du bois n'est pas celui qu'on doit préférer, ni le moins dispendieux : la chaleur que produit ce combustible est bien inférieure à celle donnée par le charbon de terre. L'embrasement du premier, sans doute, est plus prompt et produit une flamme plus vive, mais il est moins facile de conduire le feu qu'avec la houille; cependant, comme il y a beaucoup de contrées où le bois se vend à très-bas prix et où le charbon de terre, par contre, est fort cher, nous indiquerons les bois qu'on devra prendre de préférence :

1° Le chêne. 3° Le charme.
2° Le hêtre. 4° L'orme.

Le *chêne* est le roi de nos forêts. Il l'emporte sur tous les autres arbres de France pour la beauté de son port, la grosseur de son tronc, la dureté et la solidité de son bois. Celui qui croît sur la lisière des forêts est généralement meilleur que celui de l'intérieur.

Le *hêtre*, après le chêne, est un des plus beaux arbres de nos forêts; il acquiert quelquefois une hauteur et un diamètre fort considérables; son bois est blanc, plein et dur, mais les vers s'y mettent facilement.

Le *charme* est un arbre qui croît volontiers en compagnie du chêne. Ordinairement court et mal proportionné, il est de peu d'apparence; cependant son bois est blanc, très-dur et compacte.

L'*orme* est un bel et grand arbre qui vient beaucoup mieux en plein air que dans l'épaisseur des forêts; son bois est plein, dur et liant, sa couleur est jaunâtre : on l'emploie généralement pour le charronnage.

L'état suivant, qui mentionne les quatre sortes de bois le plus communément employés pour le chauffage, peut servir de guide; il indique les degrés de chaleur produits par la combustion, en supposant une même quantité de bois convenablement sec, et brûlant pendant une heure.

Bois de chêne de 40 ans...... 108 degrés.
    —   80 ans...... 90   »
Bois de hêtre de 40 ans...... 96   »
    —   80 ans...... 87   »
Bois de charme de 30 ans...... 76   »
    —   60 ans...... 82   »
Bois d'orme de 30 ans...... 59   »
    —   80 ans...... 57   »

Les bois de chauffage se divisent en deux espèces :
le bois neuf et le bois flotté.

Le bois neuf est celui qu'on a charrié par terre et
transporté sur des bateaux depuis la forêt jusqu'au
lieu de consommation. C'est celui auquel on donnera
la préférence. Le bois flotté est celui qu'on fait arriver par trains sur les rivières flottables, d'où lui vient
le nom qu'il porte. Il est inférieur au précédent.

On remarquera que le bois qui est dur et qui n'a
pas séjourné dans l'eau produit le meilleur chauffage ;
les morceaux de bois *rondins* faisant infiniment plus
d'usage que les morceaux fendus, on n'emploiera ces
derniers que pour allumer le feu. De cet emploi résultent régularité de chauffage et économie de combustible.

Il est d'usage d'acheter le bois à la mesure ou au
poids : ce dernier mode est employé dans le but de
remédier aux abus auxquels donne lieu le premier ;
malheureusement il arrive souvent qu'on est encore
plus trompé par le pesage que par le mesurage :
l'ignorance dans laquelle se trouvent la plupart des
acheteurs sur les rapports du poids à la mesure facilite ces abus.

Le tableau suivant, résultat d'expériences sérieuses

faites sur des bois à brûler de bonne qualité et suffisamment desséchés, pourra être utile aux consommateurs.

POIDS D'UN DOUBLE STÈRE DE BOIS NEUF.

(Une voie.)

Chêne de choix	1102 kilogrammes.
— cadet	950 »
— ordinaire	886 »
— pelard	804 »
— flotté	835 »
Hêtre de choix	870 »
— ordinaire	818 »
Charme de choix	850 »
— ordinaire	804 »
Orme	802 »

La *houille*, ou charbon de terre, est, de tous les
combustibles, le plus précieux et le plus abondant; il
est aussi celui qui présente le plus d'avantages par la
faiblesse de son prix, relativement à la grande quantité de calorique qu'il produit. Aussi toutes les questions industrielles aboutissent-elles à cette matière
première : chemins de fer, navigation, éclairage, production des fers, des laines, du coton, usines de tous
genres, etc., tous tiennent à la houille.

La houille est une pierre noire, opaque, sèche, plus
ou moins brillante, assez tendre et fragile, brûlant rapidement avec une flamme d'un blanc jaunâtre, accompagnée d'une fumée noire, répandant alors une
odeur bitumineuse particulière, se ramollissant, se
gonflant et s'agglutinant par la chaleur, et donnant
pour résidu une matière charbonneuse, d'un aspect
métalloïde, dure, légère et âpre au toucher, qui se

convertit en une cendre grisâtre mêlée de scories vitreuses qu'on peut évaluer au moins à 3 ou 4 pour 100.

Ce combustible contient, outre le *carbone* qui en forme la majeure partie, une matière bitumineuse et volatile. Par analogie, il offre la même composition que les substances végétales, c'est-à-dire qu'on y trouve du *carbone*, de l'*hydrogène* et de l'*oxygène*; il contient également un peu d'*azote*, car il donne de l'ammoniaque à la distillation.

On distingue, pour la pratique, deux variétés principales de houille.

1° La *houille grasse*, ou *charbon de terre collant*, qui brûle plus facilement, donne une flamme blanche et longue, se gonfle, fond en quelque sorte et s'agglutine par la chaleur, en laissant peu de résidu après sa combustion. Elle contient beaucoup de matières bitumineuses.

2° La *houille sèche* ou *maigre*, plus lourde, brûlant moins facilement, sans se fondre ni s'agglutiner, et laissant beaucoup de résidu, produisant une flamme bleuâtre et une fumée sulfureuse, donnant plus de cendres. Elle contient peu de matières bitumineuses.

La France possède aujourd'hui 46 bassins houillers répandus dans 34 départements. On donne le nom de *bassins* à l'ensemble des gîtes de houille d'une même contrée. Les plus importants sont ceux de la Loire (houille de Saint-Étienne, de Rive-de-Gier), du Nord (houille d'Anzin, de Raismes, de Denain), du Creuzot et de Blanzy (Saône-et-Loire), d'Aubin (Aveyron), d'Alais (Gard), de Litry (Calvados et Manche), de Brassac (Puy-de-Dôme et Haute-Loire), de Decize (Nièvre);

puis après viennent ceux d'Épinac, Fins, Commentry, Rodez, etc.

La Belgique et l'Angleterre fournissent aussi une grande quantité de houille ; celles de Mons et Newcastle sont réputées de qualité supérieure.

Le tableau suivant, résultat d'analyse de quelques houillères de France et de l'étranger, peut être considéré comme régulateur, et servir au besoin.

HOUILLES GRASSES.

Bassins houillers d'extraction.	Charbon.	Cendres.	Matièr. volat.
	SUR 100 PARTIES.		
Anzin (Nord).................	71,5	3,5	25,0
Brassac (Puy-de-Dôme......	77,1	5,8	17,1
Creuzot (Saône-et-Loire)....	65,4	3,4	31,2
Decize (Nièvre).............	61,1	8,9	30,0
Raismes (Nord).............	70,4	4,0	25,6
Saint-Étienne (Loire)........	67,3	2,1	30,6
Mons (Belgique).............	71,5	5,0	24,5
Newcastle (Angleterre).......	54,4	3,5	42,1

HOUILLES SÈCHES.

Blanzy (Saône-et-Loire).....	54,3	6,1	39,6
Commentry (Allier)..........	60,8	6,2	33,0
Denain (Nord)..............	86,3	4,3	9,4
Épinac (Saône-et-Loire).....	54,2	6,2	39,6
Charleroy (Belgique)	80,1	5,2	14,7
Durham (Angleterre)........	82,0	5,2	13,0

Il existe encore un grand nombre de variétés de houille, que les bornes de ce Traité ne nous permettent pas de citer : nous avons dû indiquer seulement les principales.

La houille se vend au kilogramme, à l'hectolitre ou à la voie. Le mesurage entraine avec lui le bris des blocs en morceaux plus petits, qui tiennent bien plus de place et occasionnent souvent des vides qui peuvent varier jusqu'à la moitié de la capacité de la mesure; le pesage ne peut prévenir le mouillage par les vendeurs, toutefois ce dernier système est préférable.

En général, 1 hectolitre de houille grasse bonne qualité, mesuré ras en morceaux ordinaires, pèse de 80 à 85 kilogrammes; un morceau cubant la même quantité de litres pèserait 140 kilogrammes, c'est-à-dire un tiers en plus que le mesurage avec de la *gaillette*.

Le *coke* est le résidu ou le charbon de la houille, entièrement privé de la matière bitumineuse de cette dernière. Selon la houille qui le fournit, il est pulvérulent ou en masses *frittées*, ou en morceaux boursouflés et caverneux. Dans ce dernier cas, il est gris avec des reflets métalliques d'acier, et brûle sans peine jusqu'à sa complète destruction; il peut avantageusement remplacer le charbon de bois.

Le *charbon de bois* est le résidu que laissent toutes espèces de bois qui ont éprouvé une décomposition complète de leurs principes volatils par l'action du feu. Ce combustible est noir, cassant, sonore et peu solide; il brûle facilement et dégage une très-grande quantité de chaleur : on doit préférer le charbon compacte et lourd à celui qui est léger.

La *tourbe* est le produit qui résulte en partie de la décomposition des plantes sous l'eau; cette matière est brune ou presque noire; elle brûle peu facilement d'abord, mais une fois enflammée, la combustion s'opère bien; elle donne peu de flamme et produit une chaleur douce, mais répand une odeur très-désagréable.

APPLICATION DE LA CHALEUR A LA DISTILLATION.

La chaleur est l'agent principal de la distillation;
il est intéressant d'examiner et de connaître les lois
suivant lesquelles le calorique se transmet à travers
les corps.

On appelle *calorique* un fluide qui est le principe de
la chaleur, de manière que la chaleur est l'effet et le
calorique est la cause.

Le calorique est un fluide impondérable, comme a
lumière, généralement répandu dans la nature; sa
présence nous est manifestée par la sensation de la
chaleur qu'il fait éprouver à nos organes: invisible,
éminemment élastique, il tend à se mettre en équilibre dans tous les corps, les pénètre plus ou moins
facilement, les dilate, les décompose, les fait passer
de l'état solide à l'état liquide, de l'état liquide à l'état
gazeux, qui peut s'en séparer et les ramener par là de
l'état gazeux à l'état liquide, et de celui-ci à l'état solide, enfin qui jouit de la propriété de se combiner
en différentes proportions avec chacun d'eux, pour
les élever à la même température.

Les corps dans lesquels la chaleur pénètre facilement ont été nommés *bons conducteurs*; ils sont, en
les plaçant dans l'ordre de leur conductibilité : l'argent, l'or, le cuivre, le platine, le fer, le zinc, l'étain,
l'acier et le plomb.

Les corps que la chaleur ne pénètre que difficilement ont été appelés *mauvais conducteurs*; les gaz, les
liquides, la porcelaine, la terre des poteries conduisent
beaucoup moins qu'aucun des métaux ci-dessus; le

charbon, les bois secs, le verre sont d'une conductibilité presque nulle.

Pour expliquer clairement les effets du calorique,
citons quelques exemples : le mercure dans son état
naturel est fluide; si on le chauffe dans une cornue, le
calorique s'y accumule, alors il s'évapore sous la
forme gazeuse; le prive-t-on de la plus grande partie
de son calorique par un froid artificiel, il devient solide. C'est par le même moyen que l'eau prend ses
trois formes : liquide, solide et gazeuse. Cependant,
les effets du calorique ne sont pas toujours aussi
marqués, tous les corps n'ayant pas pour lui la même
affinité. Ainsi nous pouvons tenir un charbon embrasé
par le bout qui ne l'est pas, sans nous brûler, tandis
qu'il nous est impossible de garder dans la main un
morceau de fer ou de cuivre dont l'autre extrémité
est rougie au feu, en supposant la longueur du morceau de métal égale à celle du charbon. C'est encore
par cette raison que l'alcool entre en ébullition à une
température inférieure à celle exigée pour l'eau.

La liste suivante indique le point d'ébullition de
différents liquides, en degrés centigrades.

Éther sulfurique	35,5
Ammoniaque liquide	60,2
Alcool pur	78,4
Alcool à 90 degrés	80,1
Alcool à 85 degrés	81,1
Alcool à 59 degrés	85,8
Alcool à 45 degrés	88,9
Eau pure	100
Sirop de sucre	105
Eau saturée de sel marin	106
Eau saturée de sel de nitre	114
Eau saturée de carbonate de potasse	135

Essence de térébenthine...................... 155°
Acide sulfurique.............................. 3o5
Huile de lin.................................. 3i5
Mercure...................................... 35o

Le calorique, en s'accumulant ou en s'interposant entre les molécules des corps, leur fait éprouver une dilatation très-variable. On peut en apprécier les effets dans la marche du thermomètre. Nous avons dit aussi que les corps tendaient à se mettre en équilibre ; de là les sensations de chaleur et de froid. On comprend, d'après ce principe, que la chaleur d'un corps ne passe dans un autre qu'à l'aide d'un point de contact ; voilà pourquoi un marbre bien poli est très-froid ; car les points de contact étant très-multipliés, ils enlèvent à la fois une quantité de calorique proportionnée à la surface touchée.

On conçoit, par la même raison, qu'en soumettant un liquide dans une chaudière à l'action du calorique, il se chauffera d'autant plus rapidement que la chaudière présentera plus de points de contact à la chaleur fournie par le combustible, et qu'elle sera construite d'une manière bonne conductrice du calorique. Voilà pourquoi une chaudière doit être large et peu profonde, si l'on veut obtenir une prompte vaporisation du liquide qu'elle renferme.

Parmi les moyens de produire de la chaleur, le plus usité et le plus utile, c'est la combustion : cette dernière résulte de l'emploi des divers combustibles dont nous avons parlé déjà (voyez *Du combustible*). C'est aussi à l'aide des parties qui constituent un fourneau que cette combustion s'opère et que l'on recueille la chaleur pour l'appliquer aux divers corps que l'on veut chauffer (voyez *Des fourneaux*).

Arrivant maintenant à la chaleur qu'il convient d'appliquer aux opérations du liquoriste, nous dirons, ainsi qu'on l'a vu plus haut : l'eau exige pour bouillir et se vaporiser plus de chaleur que l'alcool ; le chauffage et la vaporisation des liquides sont toujours en proportion des surfaces de chauffe ; un mélange d'eau et d'alcool prend, pour se chauffer, la même quantité de chaleur que chacun de ces deux liquides en prendrait isolément, c'est-à-dire que, le point d'ébullition de l'alcool et de l'eau étant, le premier de 78 degrés et le second de 100 degrés, celui de deux parties égales mélangées sera de 89 degrés.

Une des conditions essentielles dans l'application de la chaleur est de produire celle-ci en grande quantité et avec le moins de frais possible. Il est évident que la distillation à feu nu présente des inconvénients ; aussi les grands établissements doivent inévitablement employer la vapeur pour toutes les opérations relatives à la fabrication des liqueurs, sirops et conserves ; par elle, ils obtiendront des résultats supérieurs en qualité et une économie de combustible que l'on peut aisément évaluer à plus de moitié sur le prix de revient du chauffage ; ils éviteront aussi, pour les conserves, la casse qui se produit ordinairement en les mettant sur le feu dans une bassine avec de l'eau. Nous pouvons affirmer que, dans les circonstances ordinaires, aucun vase contenant une conserve quelconque chauffée à la vapeur ne se cassera.

Plusieurs établissements de liquoristes en gros ont

été montés d'après les principes que nous venons d'émettre.

La *Pl. III* représente un laboratoire de liquoriste disposé à la moderne et chauffé par la vapeur. Nous devons à l'obligeance de M. Egrot ce plan remarquable, ainsi que les dessins de toutes nos planches; l'explication du laboratoire sera l'objet d'un article particulier à la fin du volume.

CHAPITRE IV.

DISTILLATION ET RECTIFICATION.

DES CONDITIONS DE LA DISTILLATION APPLIQUÉE AUX LIQUEURS.

Le liquoriste, après avoir nettoyé avec soin toutes les pièces de l'alambic, s'assurera s'il ne leur reste aucun goût : il est essentiel que le serpentin soit bien rincé à l'eau chaude, tant pour retirer l'odeur de la distillation précédente que pour s'assurer que rien n'en bouche les contours ; car il pourrait arriver que, par une circonstance imprévue, ces contours fussent bouchés, et, dans ce cas, une explosion serait inévitable. Il est à remarquer que si ce nettoyage était fait, sans qu'on eût vidé au préalable l'eau contenue dans la bâche où se trouve le serpentin, cette opération deviendrait nulle, en ce sens que, l'eau chaude se refroidissant au fur et à mesure de son parcours, on ne pourrait obtenir le résultat désiré, et le goût de la distillation précédente ne disparaîtrait pas.

Lorsqu'on voudra faire une distillation à *feu nu*, on mettra sur le fourneau la cucurbite, on posera la grille au fond de son intérieur, afin d'empêcher les substances de brûler ou de s'attacher, ce qui pourrait donner un mauvais goût ; si l'on distille des plantes sèches, il faut avoir soin de ne pas en mettre une trop grande quantité ; la chaleur et le liquide les faisant gonfler, il peut arriver que, dépassant le *lut*, elles facilitent la perte du liquide et occasionnent un incendie. Pour obvier à cet inconvénient, nous conseillons de couper les plantes en menus morceaux, ce qui tiendra moins de place dans la cucurbite, ou dans le bain-marie, et permettra en même temps aux plantes de mieux s'imprégner pendant le cours de la distillation. Il est urgent de ne remplir la cucurbite qu'aux deux tiers environ avec le liquide ; on la couvre de son chapiteau, auquel on adapte le réfrigérant et le serpentin, le premier rempli d'eau froide, et à l'extrémité duquel on met un récipient pour recevoir le liquide à mesure qu'il distille ; on bouche hermétiquement les douilles de la cucurbite et du chapiteau, afin qu'il ne sorte aucune vapeur : on lute les jointures avec de la pâte un peu forte, faite avec de la farine délayée dans de l'eau ; on applique cette colle sur la partie que l'on veut luter, et on y étend des bandes de papier fort ou des rubans de fil de la largeur de deux doigts que l'on enduit de cette même colle des deux côtés ; on applique ces bandes sur les jointures de l'alambic déjà encollées d'avance, en ayant soin de les faire joindre parfaitement.

Tout étant ainsi disposé, on allume le feu sous la cucurbite en faisant attention de ne pas le pousser trop fort, surtout au commencement de la distillation ; on augmente ensuite progressivement, et selon le besoin ; lorsque les premières gouttes sortent, on le tient plus modéré afin que les vapeurs du liquide puissent avoir le temps de se condenser et qu'il n'y ait pas de *coup de feu*.

La distillation doit être conduite de manière que le

liquide coule également et uniformément. On obtient
ce résultat en dirigeant le feu avec intelligence : les
variations qu'on apporte dans la chaleur qu'on applique à la cucurbite accélèrent ou ralentissent la
distillation ; l'opération du chauffage doit être sur-
veillée avec attention, surtout lorsqu'on distille à feu
nu. On opère convenablement lorsqu'on entretient un
filet moyen, car si l'on distillait goutte à goutte, on
pourrait ne retirer qu'une eau ou qu'un spiritueux
très-peu chargé de principe aromatique : le feu poussé
avec force fait monter les *flegmes* avec l'eau ou avec
l'esprit et l'huile volatile, ce qui rend le liquide
détestable et lui donne le goût d'*empyreume*. Il arrive souvent même que, par un *coup de feu* forcé,
le liquide de la cucurbite passe en nature dans le serpentin et entraîne avec lui les substances destinées à
l'aromatiser.

L'eau du réfrigérant dans laquelle le serpentin se
trouve plongé doit être souvent rafraîchie ; car les
vapeurs qui passent dans l'intérieur du serpentin sont
condensées successivement en parcourant toujours de
nouvelles couches d'eau fraîche ; et, si l'on négligeait
cette opération, l'eau s'échauffant par trop donnerait
également une odeur empyreumatique au liquide. On
observera en hiver, lorsqu'il gèle très-fort, de ne pas
laisser d'eau dans le réfrigérant après une opération :
la dilatation de l'eau par le froid pourrait forcer ou
faire crever le réfrigérant et toutes les pièces du serpentin.

On ne doit jamais abandonner l'alambic, principalement lorsqu'on distille de l'esprit, parce que les vapeurs spiritueuses sont plus promptes à partir que

l'eau, et qu'il pourrait arriver que le liquide vînt à sortir par les jointures et se répandît sur le fourneau, ou glissât le long de la cucurbite et s'enflammât par son contact avec le feu; dans ce dernier cas, il faut jeter immédiatement de l'eau sur le feu du foyer pour l'éteindre, ainsi que sur le fourneau, entourer les jointures de l'alambic avec un linge mouillé et ne s'en approcher qu'avec un autre également mouillé mis sur la bouche et sur le nez, car il est dangereux de respirer ces vapeurs enflammées.

S'il arrivait que l'on fût couvert d'esprit enflammé, il faudrait sur-le-champ s'entourer d'une toile mouillée qu'à tout événement on doit toujours avoir prête; à défaut, il faut aussitôt se laisser tomber sur le sol, le visage faisant face à la terre, et appeler à son secours.

Il arrive souvent que les personnes couvertes d'esprit enflammé courent en appelant du secours. Le feu se trouve activé par le courant d'air produit par cette fuite, et occasionne des brûlures qui la plupart du temps sont mortelles. La Villette (Seine), où se trouve un assez grand nombre de distillateurs-liquoristes, a été le théâtre de plusieurs événements de cette nature.

La distillation à *feu nu* jouit de l'avantage d'une plus grande promptitude dans sa marche; mais elle offre, dans beaucoup de cas, l'inconvénient d'altérer les produits d'une manière plus ou moins sensible, et cela tient à l'inégale répartition de la chaleur : il arrive fréquemment que le liquide se dessèche et se brûle sur les bords supérieurs de la chaudière, ou bien que quelques débris solides des corps soumis à la distillation viennent s'appliquer sur les parois et faciliter en ce point l'accumulation de la chaleur, en interrompant la communication avec le liquide qui en modérait l'élévation.

La distillation au *bain-marie* s'opère de la façon suivante. La *cucurbite* étant placée sur le fourneau, on aura soin d'en sortir la grille qui sert pour distiller à *feu nu*, on mettra la moitié de sa contenance d'eau dedans, on placera le *bain-marie* en faisant attention que l'eau de la cucurbite ne monte pas à plus de cinq centimètres au-dessous de la naissance de sa douille. On mettra le *bain-marie* contenant le liquide et les ingrédients dans la cucurbite, on couvrira avec le chapiteau que l'on fera joindre avec le serpentin, on lutera et allumera le feu, en se conformant aux prescriptions indiquées pour la distillation à *feu nu*.

La distillation au *bain-marie* ne demande pas autant de soin que celle à *feu nu* ; mais, néanmoins, il faut avoir la précaution de rafraîchir souvent le réfrigérant et de ne pas tirer plus de liquide qu'il ne convient.

Par la distillation au *bain-marie* on obtient des produits plus purs et plus légers que ceux de la distillation à *feu nu*, c'est-à-dire que les esprits sont plus forts en degrés, que leurs parfums sont plus suaves et qu'ils n'ont jamais le goût d'empyreume.

L'emploi du bain-marie permet aussi d'éviter l'action destructive de la chaleur sur les liquides et les substances à distiller. Il est toujours avantageux, pour la qualité des produits, d'y avoir recours, à moins que le degré d'ébullition du liquide à distiller ne soit le même ou ne soit inférieur, et d'une quantité importante, à celui qui sert de bain-marie. Exemple : on voudrait obtenir une eau aromatique au moyen de la distillation au bain-marie : la transmission du calorique agissant sur deux liquides de même degré serait lente et insuffisante pour déterminer dans la cucurbite une ébullition convenable, et la distillation marcherait avec tant de difficulté, qu'il deviendrait extrêmement dispendieux de la pousser jusqu'à la fin. Si, au contraire, on voulait distiller des huiles volatiles au bain-marie, n'ayant que de l'eau dans la cucurbite pour la transmission du calorique, cela deviendrait impossible : on pourrait, dans quelques circonstances, employer l'huile ou autres liquides pour servir de bain-marie, afin de produire un degré supérieur à celui du liquide à distiller, mais il peut arriver aussi que ces corps, se concentrant de plus en plus, changent de nature et de point d'ébullition, et qu'alors on n'obtienne qu'un résultat imparfait. Cependant il est avantageux, dans plusieurs cas, d'employer ces agents : on est certain du moins qu'on n'excédera pas un degré donné de chaleur et que la température sera toujours uniforme dans toutes les parties du liquide.

La distillation *à la vapeur* doit être conduite de la manière suivante :

On commence par remplir d'eau les trois quarts de la chaudière à vapeur, on s'assure que la soupape de sûreté, le flotteur et le manomètre fonctionnent bien ; puis on allume le feu sous le fourneau afin de porter l'eau à l'ébullition pour produire la vapeur. Aussitôt que le manomètre indiquera la pression convenable (une et demie à deux atmosphères), on ouvrira à peu près au quart le robinet du tuyau qui conduit la vapeur sous la cucurbite, de façon à échauffer graduellement le liquide à distiller ; on l'ouvrira ensuite à moitié, puis entièrement lorsqu'il sera nécessaire. Quant à l'alambic, on le dispose et le conduit comme dans les distillations *à feu nu* ou au *bain-marie*.

Il faut avoir soin de nettoyer souvent la chaudière à vapeur : l'eau en se vaporisant forme un dépôt, principalement lorsque les eaux qu'on emploie sont *calcaires* ou *séléniteuses*; dans ce dernier cas, il faudra mettre dans la chaudière soit de la farine, de la fécule, ou des pommes de terre : on est assuré par ce moyen que le *tartre* ou le *calcin* ne se formera pas et que la chaudière n'aura point à en souffrir.

La distillation *à la vapeur* est, sans aucun doute, préférable aux autres distillations sous un triple rapport : 1° économie de combustible; 2° produits de qualité supérieure; 3° facilité de travail; cependant les frais importants que nécessite l'application de la vapeur font que ce genre de distillation ne peut en quelque sorte être employé que dans de grands établissements.

On trouvera, dans notre deuxième volume (*Traité de la distillation des alcools*), une description plus complète de la distillation à la vapeur, ainsi que des appareils destinés à la produire.

La distillation au *bain de sable*, ou *à la cornue*, n'est guère en usage que dans les opérations chimiques : le liquoriste ne l'emploie que très-rarement; néanmoins nous croyons nécessaire d'en dire un mot.

On place la cornue dans une chaudière de tôle remplie de grès pulvérisé, on lui ajuste l'allonge ainsi qu'au ballon : ce dernier doit être placé dans un vase rempli d'eau froide et recevoir continuellement un filet d'eau sur des linges qui doivent l'envelopper, de façon que les vapeurs se condensent aussitôt leur arrivée dans le ballon ; puis on lute convenablement et on allume le feu. On peut aussi distiller au bain-marie avec la cornue. Dans ce cas, celle-ci est plongée dans une bassine contenant de l'eau qu'on porte à l'ébullition.

Le *lut* (1) pour les alambics de cuivre est le même que pour la cornue. Il se compose de bandes de papier ou de toile enduites de colle de farine ou d'amidon délayé. Les luts *gras, terreux, albumineux* et *de chaux* ne sont employés que par les chimistes.

DE LA RECTIFICATION.

Nous avons déjà dit que le liquoriste ne distille jamais de l'eau-de-vie qu'à dessein de lui associer quelques substances aromatiques, car la distillation à l'effet d'obtenir de l'esprit 3/6 n'est pas essentielle pour les liqueurs. Or, les aromates qui peuvent se lier à l'eau-de-vie ou à l'esprit, par la voie de la distillation, étant de différentes espèces, soit à cause du tissu qui les renferme, soit à cause de leur nature huileuse ou résineuse, il en résulte que la pratique de distiller doit varier en proportion. Si l'aromate est très-subtil, comme celui des feuilles et des fleurs, ou encore si l'on désire que l'esprit n'en conserve qu'une petite partie, la distillation au bain-marie est préférable ; si au contraire ces aromates sont tenaces ou pesants, il n'y a que la distillation à feu nu qui puisse les déta-

---

(1) Du latin *lutum*, boue, enduit qui devient solide en séchant. Il sert à fermer les jointures des appareils distillatoires et à empêcher les vapeurs alcooliques ou autres de s'échapper.

cher; encore faut-il observer de laisser passer une partie des flegmes vers la fin de l'opération. Ces flegmes, qui exigent ordinairement un degré de feu plus fort, sont seuls capables de volatiliser de pareils aromates; mais comme, dans cet état, le liquide est souvent âcre, sans être pour cela empyreumatique, il est indispensable de le redistiller au bain-marie afin qu'il ne monte avec l'esprit que les parties les plus subtiles de l'aromate une fois détachées.

La *rectification* consiste à verser dans le bain-marie d'un alambic le liquide déjà distillé, et à y ajouter une certaine quantité d'eau qui, dans cette circonstance, donne occasion à l'huile volatile trop abondante de se rapprocher en globules et de se séparer de l'esprit dans lequel elle est évidemment. Elle a pour but aussi de séparer des liquides aromatisés les goûts âcres et empyreumatiques qu'ils peuvent avoir contractés, ou bien encore des flegmes qui auraient pu monter par suite d'une distillation poussée à l'excès. Pour bien conduire cette opération, il faut d'un côté surveiller le feu, et de l'autre rafraîchir souvent le réfrigérant.

La rectification est souvent confondue avec la *cohobation*.

Cohober une liqueur, c'est verser sur le résidu de la distillation le liquide déjà distillé, pour continuer l'opération que ce reversement n'a pas dû interrompre. Or, il est certain que la cohobation est plus nuisible qu'utile à pratiquer. Le long séjour des substances dans l'alambic exposé à la chaleur leur fait contracter une âcreté dont le liquide qui distille n'est pas exempt.

Il n'en est pas de même de la rectification : toutes les fois que l'on est obligé de distiller à feu nu, la rectification de la liqueur distillée est essentielle si l'on veut avoir un arome délicat.

Depuis quelques années, on emploie avec succès dans la fabrication des liqueurs et de la parfumerie une colonne dite à plateaux, pour la rectification des alcools ou leur concentration de degré.

Dans la fabrication des liqueurs, cette colonne est applicable quand il s'agit de distiller des marcs de cassis, des déchets de fruits à l'eau-de-vie, des flegmes et autres produits dont il peut être avantageux d'extraire l'alcool. Cette pièce se pose directement sur la cucurbite ou le bain-marie d'un alambic ordinaire. Voici la description de cette colonne, que M. Egrot construit d'une manière qui ne laisse rien à désirer. Nous allons indiquer aussi la manière de la conduire. (Voyez *fig.* 5, *Pl. V.*)

a, base de la colonne; à la partie inférieure de cette pièce se trouve coudé un cercle *cc*, qui s'ajuste parfaitement sur celui de la cucurbite ou sur le bain-marie.

b, première cuvette, soudée directement sur la base *a*. Il existe dans l'intérieur de cette cuvette un fond convexe, au centre duquel s'élève un tuyau de communication *d*. Ce tuyau soutient une deuxième cuvette, mais alors maintenue isolée : il existe également à l'intérieur de cette cuvette un fond convexe; à la partie latérale se trouve un trop-plein formé par un tuyau conique *f*, qui, partant de la partie supérieure sous le bord ou cercle, va plonger jusqu'au fond de la cuvette inférieure *b*. La colonne se termine par d'autres cuvettes exactement pareilles à celle-ci, si ce n'est que les trop-pleins se trouvent diamétralement opposés d'une cuvette à l'autre.

g, tuyau faisant suite au tuyau *d* et donnant issue aux vapeurs alcooliques qui ont circulé dans la colonne; une bride fixée à sa partie supérieure sert à le joindre au col de cygne, qui doit conduire les vapeurs dans un serpentin réfrigérant.

Lorsque l'on veut rectifier des alcools dont le goût est altéré, on place la colonne sur le bain-marie d'un alambic ordinaire (voyez *fig.* 3, *Pl. I*), on ajoute ensuite le col de cygne, en y joignant un tuyau ou long manchon présentant la même hauteur que la colonne et servant à mettre le col de cygne en communication avec le serpentin; puis on lute tous les joints avec un ruban et de la colle de pâte, et l'on chauffe l'appareil.

Le bain-marie, étant convenablement plein de liquide que l'on désire rectifier, se trouve chauffé par l'eau de la cucurbite et entre bientôt en ébullition. Les vapeurs alcooliques produites s'élèvent sous le premier fond de la cuvette *b* et passent par le tuyau de communication *d* dans le fond de la deuxième cuvette, qui se trouvant ressortie au dehors forme avec le fond intérieur, qui est convexe, une cavité dans laquelle circulent les vapeurs; cette cavité est appelée vulgairement *lentille*. La même cavité se représente à la base de chaque cuvette, et les vapeurs ayant une marche ascendante ont à passer dans toutes les lentilles où, recevant une réfrigération réglée par le robinet *h*, elles se dépouillent de leur huile essentielle et empyreumatique, et augmentent en degré. L'eau s'écoulant par le robinet *h* tombe d'abord sur la cuvette supérieure, laquelle s'emplit et se vide sur celle inférieure par le trop-plein *f*; cette seconde cuvette à son tour étant pleine se décharge sur celle qui lui est inférieure, et ainsi de suite jusqu'à ce que le liquide réfrigérant arrivant sur la première cuvette *b* sorte par le trop-plein *i*. Il est facile de comprendre que les vapeurs alcooliques s'engageant dans les contours de chaque plateau et rencontrant un liquide réfrigérant de plus en plus froid, à mesure qu'elles arrivent au-dessus, se dépouillent parfaitement; et que des produits inutilisables au premier abord trouvent facilement un emploi après cette rectification.

Cette colonne est d'un prix modique et tient peu de place. Dans la parfumerie, elle est généralement employée à remonter en degré les alcools du commerce et à les amener à un état presque anhydre (95 à 97 degrés).

DU CHOIX ET DE LA CONSERVATION DES SUBSTANCES AROMATIQUES ET AUTRES.

La qualité des liqueurs et autres produits du liquoriste dépend en grande partie du choix des substances que l'on emploie. On doit s'attacher à acquérir les connaissances qui peuvent guider dans leur achat et dans leur conservation. Nous indiquerons plus loin (*Dictionnaire des plantes, etc.*) le choix, la propriété, le pays de production et le moyen de reconnaître la falsification de chacune de ces substances; néanmoins nous allons donner quelques notions générales.

Des fleurs. — On choisira les fleurs qui ont le plus

d'odeur et de fraîcheur; il faudra non-seulement qu'elles soient fraîchement cueillies, mais encore que ces fleurs soient bien nourries et bien sèches; on devra rejeter celles qui ont été cueillies par un temps de pluie, ou qui ont été mouillées afin d'en augmenter le poids ou de les faire paraître plus fraîches : le mouvement de fermentation que produit cette humidité détruit une grande partie du parfum des fleurs, et donne naissance à une odeur herbacée désagréable.

Des fruits. — Les fruits qui ont le plus de saveur et de couleur devront être préférés; on évitera avec soin d'employer ceux qui ne seraient pas frais ou qui auraient été échauffés par le transport ou par une cueille faite dans de mauvaises conditions, c'est-à-dire par un temps de pluie. Une trop grande maturité leur serait également nuisible. On choisira les fruits dont l'enveloppe est saine et bien tendue : ce signe extérieur est une preuve de qualité.

Des plantes. — Il y a deux sortes de plantes, les fraîches et les sèches.

Les plantes fraîches seront cueillies par un temps sec et clair, après le lever du soleil, afin que la rosée ou l'humidité soit dissipée; on choisira celles qui sont saines et dans la plus grande vigueur. Les plantes aromatiques de nos climats, cultivées, lorsqu'elles sont bien exposées, sont plus odorantes et rendent plus d'huile volatile que celles croissant sans culture.

Lorsqu'on voudra faire sécher les plantes pour les conserver, on les mondera des herbes étrangères et des feuilles noires, mortes ou fanées; les grosses tiges seront aussi supprimées, puis on les étendra, en couches minces, sur des claies en bois ou en osier, en ayant soin de les retourner de temps à autre, jusqu'à ce qu'elles soient parfaitement sèches. Il faut observer de ne pas mettre les plantes en trop grande quantité sur les claies, car alors elles pourraient fermenter et faire jaunir les feuilles; on évitera aussi, pour cette opération, d'exposer les plantes à l'ardeur du soleil, surtout celles destinées aux colorations, mais bien dans un endroit chaud, soit un grenier, soit une étuve.

Les plantes sèches seront conservées enveloppées dans des feuilles de papier, par paquets de moyenne grosseur, à l'abri de l'humidité, afin d'empêcher qu'elles ne moisissent.

Des semences, racines, bois et autres drogues. — Ces substances, en général, sont achetées sèches par le liquoriste; on choisira les semences dont les pellicules seront pleines et bien tendues, les racines saines et bien sèches, les bois durs et pesants.

Toutes les substances en partie se détériorent par l'humidité, c'est donc principalement cet inconvénient fâcheux que l'on doit éviter. On obtiendra le résultat désirable en les conservant dans un endroit sec et dans des boîtes bien fermées, tant pour les garantir de la poussière que des influences de l'air.

L'importance du choix des substances aromatiques ou autres est des plus grandes : il est impossible d'obtenir de bons produits, si ces substances ont subi la moindre altération. On devra donc s'attacher à la qualité d'abord, sans avoir égard au prix d'achat, lequel souvent diffère fort peu de celui des substances inférieures. 10, 20 ou 30 centimes de plus par kilogramme, qui sont fort peu de chose pour le liquoriste, mettent la plupart du temps le négociant à même de livrer convenablement. Ainsi donc, point de lésinerie sur le prix d'achat des substances aromatiques ou autres, et, comme conséquence, *qualité première*.

CHAPITRE V.

DE L'EAU.

Parmi les substances qui se tiennent à l'état liquide sur la surface de la terre, l'eau occupe le premier rang par son abondance et son utilité. Indispensable à l'existence des êtres vivants, elle sert de boisson à l'homme et aux animaux : sans le secours de l'eau, les plantes ne pourraient végéter, les semences ne pourraient germer ; la plupart des minéraux ont été formés dans son sein. Enfin, sans ce liquide, il n'y a pas d'être organisé possible, et si, par un hasard malheureux, il disparaissait de la surface du globe, tout rentrerait dans le chaos qui a marqué l'enfance des mondes.

L'eau est une substance liquide, transparente, incolore, sans odeur ni saveur, et très-peu compressible, contenant en volume 1 partie d'oxygène sur 2 d'hydrogène, et en poids 88,90 d'oxygène sur 11,10 d'hydrogène.

L'eau se présente à nous sous trois états différents : *liquide, gaz* ou *vapeur, solide*.

Liquide. — L'eau, dans cet état, constitue ces masses plus ou moins considérables, qui couvrent près des trois quarts de la terre, sous les noms de *mers, fleuves, rivières, torrents, ruisseaux*, pour les eaux courantes, et sous ceux de *lacs*, *étangs*, *marais*, pour celles stagnantes.

Gaz ou vapeur. — L'eau existe toujours dans l'atmosphère à l'état de gaz ou vapeur. Invisible d'abord, elle passe ensuite par différents autres états et forme les brouillards, les nuages, la pluie et la rosée ; combinée avec une grande quantité de calorique, elle se vaporise en augmentant considérablement de volume.

Solide. — L'eau passe de l'état liquide à l'état solide de deux manières : 1° par l'abaissement de température ; 2° par sa combinaison avec des sels ou d'autres matières.

Dans le premier cas, elle comprend la *glace* qui se trouve perpétuellement sur le sommet des hautes montagnes, et celle qui se forme en tous lieux lorsque la température baisse au-dessous de zéro ; puis la *neige* et la *grêle* qui tombent de l'atmosphère dans certaines circonstances. Dans le second cas, elle se solidifie en se combinant avec un sel : on l'appelle *eau de cristallisation*. Versée sur d'autres matières, par exemple sur du plâtre, de la chaux, elle se combine si intimement avec eux, qu'elle n'est plus appréciable ni à la vue ni au toucher.

Comme l'eau a la propriété de dissoudre une certaine quantité de gaz et beaucoup de sels et d'oxydes, celle des *sources*, des *rivières* et des *étangs* renferme souvent beaucoup plus de deux éléments. On peut y trouver de l'acide carbonique, de l'argile, du fer, des débris de végétaux en décomposition, des terres calcaires, du sulfate de chaux, etc. Ces matières, quoique en petite quantité, suffisent pour la rendre mauvaise à boire ou à employer dans les liqueurs. La présence des sels calcaires, si communs dans les eaux de *puits*, les rend *dures* et *crues*; elles caillebottent le savon ou le concentrent en flocons, durcissent les légumes et ralentissent la digestion au lieu de l'accélérer. Dans les conditions fâcheuses que nous signalons, quand on est dépourvu d'eau de bonne qualité, il faut la faire bouillir, puis la décanter après son refroidissement et la filtrer.

On reconnaît facilement dans les eaux la présence de la chaux ou des combinaisons de cet oxyde, notamment du sulfate de chaux connu vulgairement sous les noms de *gypse*, de *sélénite*, de *plâtre*, etc., au moyen d'une solution d'*oxalate d'ammoniaque* (1 gramme dans 30 grammes d'eau distillée). Voici comment on emploie ce réactif : on verse quelques gouttes de la solution indiquée dans l'eau que l'on suppose contenir de la chaux; s'il y a précipitation, on continue d'en ajouter jusqu'à ce qu'une addition nouvelle ne trouble plus l'eau. Le précipité qu'on obtient doit présenter les caractères suivants : tenu en suspension, si l'on agite le liquide, il paraît cristallin, et les reflets de la lumière entre ses parties très-déliées lui donnent une apparence nacrée. Recueilli sur un filtre, lavé et séché, si on le soumet à l'action de la chaleur, il se décompose en laissant un résidu formé de carbonate de chaux ou d'oxyde de calcium, selon le degré de température auquel on l'a porté.

De toutes les eaux potables, la plus pure que nous fournit la nature est celle que l'on peut recueillir de la pluie en rase campagne dans de larges vases, mais seulement après que l'air a été purifié, par quelques ondées, des matières terrestres que les vents emportent quelquefois à des hauteurs considérables. L'eau des pluies qui passe sur les toits et que l'on recueille au moyen des gouttières n'est pas pure, à beaucoup près : elle est chargée de *sélénite*, qu'elle a dissoute des tuiles ou du plâtre qui se trouve sur le faîte des maisons.

L'eau est l'intermédiaire de toutes les préparations du liquoriste ; il devra s'attacher à ne se servir que de celle dont la pureté et la limpidité seront le plus irréprochables. Il est donc indispensable qu'elle soit filtrée avant d'être employée dans les opérations diverses.

FILTRATION ET CONSERVATION DE L'EAU.

On exécute la filtration de l'eau par divers procédés.

Celui le plus communément usité se fait au moyen d'une fontaine filtrante en pierre; mais l'eau, quoique parfaitement claire après son passage à travers la pierre tendre qui la filtre, ne se purifie pas des odeurs qu'elle peut avoir.

Le filtrage par le papier, avec ou sans chausse, donne exactement le même résultat.

Les qualités antiputrides et décolorantes du charbon de bois sont mises avantageusement à profit pour rendre potables les eaux les plus sales et les plus corrompues, pour leur enlever les matières organiques ou odorantes qui en altèrent le goût ou en troublent la transparence. A l'effet d'utiliser ces propriétés, on construit des filtres dépurateurs, dont l'emploi est indispensable, et dont la forme varie à l'infini. Nous donnons ici la description d'un de ces filtres.

6.

Une cuve cylindrique (*fig.* 9, *Pl. II*), garnie à l'intérieur de feuilles de plomb soudées entre elles. Cet intérieur est divisé en trois capacités différentes *a*, *b*, *c*, par deux cloisons fixes : la première est garnie à son centre d'une tête d'arrosoir *d*, percée d'un grand nombre de trous; elle est environnée d'une éponge destinée à retenir les parties les plus grossières des matières suspendues dans l'eau; la deuxième est également percée de petits trous cylindriques. La première capacité reçoit l'eau impure, la deuxième deux couches de sable *ff*, séparées par une couche de charbon; la troisième, l'eau épurée qu'on fait couler par le robinet. Il existe contre les parois du vase deux petits tubes *g*, *h*, destinés à faire dégager l'air enfermé dans les espaces *b*, *c*, à mesure que l'eau y pénètre.

Ce filtre peut servir pendant six mois sans qu'il soit nécessaire de le nettoyer. Au bout de ce temps, le charbon doit être changé; il peut être employé aux usages de la cuisine après qu'on l'aura fait sécher.

L'eau épurée par le charbon se trouve privée d'air, que ce dernier absorbe en même temps que les gaz putrides. Il faut donc agiter cette eau pendant quelques instants, afin de lui restituer l'air qu'elle a perdu pendant la filtration.

On conservera indéfiniment l'eau filtrée par le charbon dans des réservoirs fermés de plomb ou de zinc, ou dans des tonneaux bouchés, en ajoutant dans ces derniers 2 ou 3 pour 100 d'alcool à 85 degrés.

EAU DISTILLÉE.

Dans la nature, il est impossible de rencontrer l'eau parfaitement pure. On est donc obligé d'avoir recours à la distillation pour la purifier. On y parvient par le procédé suivant, et on se sert pour cela de l'appareil à tête de Maure dont nous avons donné la description précédemment (p. 40).

On met dans la cucurbite une certaine quantité d'eau ; on place dans le fourneau ce vase, auquel on adapte le chapiteau, et au bras du chapiteau on ajoute le serpentin. Après avoir luté les jointures de l'alambic avec des bandes de toile ou de papier imbibées de colle de farine, on emplit d'eau froide le réfrigérant (seau du serpentin), puis on procède à la distillation pour retirer environ les trois quarts de la quantité d'eau employée. L'eau réduite en vapeur par l'ébullition passe dans le bras du chapiteau et de là dans le serpentin, où elle se condense par son contact avec l'eau froide du réfrigérant et est reçue dans le récipient. Ce dernier vase ne doit pas fermer exactement, car la grande quantité d'air et de vapeurs très-raréfiées qui se dégagent de l'alambic avant et pendant la distillation pourraient le faire rompre ou nuire au succès de l'opération. Les premiers produits qui passent à la distillation doivent être rejetés, parce qu'ils peuvent contenir de l'ammoniaque, de l'acide carbonique ou les résultats de quelque décomposition : ils pourraient de plus entraîner des substances étrangères. On remarquera qu'un serpentin qui n'a pas servi depuis longtemps donne de l'eau chargée d'oxyde de plomb, la première fois que l'on s'en sert pour distiller ce liquide.

L'eau distillée n'a ni odeur ni saveur, elle est parfaitement claire et limpide; à l'abri du contact de l'air, elle se conserve indéfiniment sans contracter aucune odeur désagréable et sans se troubler.

La saveur fade et le sentiment de pesanteur que fait éprouver à l'estomac l'eau distillée la rendent impropre comme boisson. La distillation, en même temps qu'elle sépare l'eau des matières étrangères, lui fait perdre l'air qu'elle contenait et la rend indigeste; cependant on peut lui rendre sa vertu naturelle en l'agitant fortement au contact de l'air.

L'eau distillée peut être demandée au liquoriste par des personnes qui s'occupent de chimie, ou lui servir à lui-même dans diverses circonstances. On reconnaîtra sa pureté lorsqu'elle ne sera pas troublée par le nitrate d'argent, par l'acétate de plomb, ni par les eaux de chaux et de baryte.

CHAPITRE VI.

DES EAUX AROMATIQUES.

EAUX AROMATIQUES DISTILLÉES.

Sous cette dénomination sont compris tous les produits aromatiques qu'on obtient en employant l'eau simple pour dissolvant.

Les eaux aromatiques distillées doivent leurs propriétés à la présence d'une certaine quantité d'huile volatile qu'elles enlèvent à la substance d'où elle provient. Cependant plusieurs d'entre elles ne doivent pas uniquement leur odeur et leurs propriétés à ces huiles volatiles : on connait en effet plusieurs plantes ou parties de plantes qui fournissent, par leur distillation avec l'eau, des produits d'une odeur différente de celle que possède l'huile volatile de cette même substance. Exemple : l'eau distillée de fleurs d'oranger, dont l'eau ne ressemble point à celle du néroli ; il en est de même pour l'eau de valériane et quelques autres. Si l'on observe en outre que beaucoup de plantes très-aromatiques, le réséda, la tubéreuse, le jasmin, ne contiennent cependant pas d'huile volatile, il en faut conclure que ces corps ne sont pas toujours la cause de l'odeur des végétaux. C'est d'après ces considérations que les anciens admettaient dans chaque corps un principe odorant particulier, auquel ils donnèrent le nom d'*arome*, et que Boerhaave appelait *esprit recteur*.

Les eaux aromatiques distillées servent à la composition des liqueurs, auxquelles elles donnent un parfum et une finesse qu'on n'obtient pas par l'emploi des esprits aromatisés.

La distillation des eaux demande beaucoup d'attention et de soins; la conduite du feu influe aussi sur les qualités des produits obtenus, lesquels souvent sont de mauvais goût ou d'une odeur empyreumatique. Il faut cependant éviter de laisser languir l'opération, ne pas opérer sur de trop grandes masses et ne pas omettre de changer l'eau du serpentin. La conservation des eaux aromatiques deviendrait impossible, si, pendant la distillation, une partie de la *décoction* passait dans le récipient. Il faut éviter aussi de trop entasser les substances dans le fond de la cucurbite et de laisser manquer l'eau dans cette dernière.

Les règles à suivre sont celles-ci :

1° Les végétaux ou les parties de végétaux que l'on destine à la distillation doivent avoir été récoltés à l'époque de l'année où leur odeur est pleinement développée. Il est nécessaire ensuite de leur faire présenter le plus de surface possible : à cet effet, on râpe les bois, on concasse les racines et les écorces ; mais les plantes aromatiques doivent être employées simplement incisées, pour qu'il ne se perde aucune portion de leur principe odorant. On aura enfin le soin de laisser macérer pendant quelque temps les bois, les racines et les écorces sèches dont le tissu est très-serré, afin de laisser à l'eau le temps de les pénétrer.

2° Si la substance est peu odorante, il convient de cohober souvent, c'est-à-dire de passer à plusieurs reprises le liquide obtenu de la première distillation sur une nouvelle quantité de matières.

3° Si, au contraire, la substance est odorante, on doit en mettre dans l'alambic une quantité suffisante pour que l'eau soit complétement saturée.

4° L'alambic doit toujours contenir assez d'eau pour que les substances en soient baignées jusqu'à la fin de la distillation. Plus les substances sont succulentes, moins il faut d'eau.

5° Il faut éviter que rien ne passe de la cucurbite dans le récipient.

6° Dans la crainte que les substances ne se ramollissent au point de former une pâte au fond de la cucurbite, elles doivent être soutenues à l'aide de la grille ou mieux encore du bain-marie percé.

7° Il faut porter rapidement l'eau à l'ébullition et l'y maintenir jusqu'à la fin.

8° Le serpentin doit être rafraîchi le plus souvent possible.

9° Les substances fraîches seront préférées aux substances sèches, elles donnent un produit plus suave et plus odorant : il y a toutefois quelques exceptions qui seront indiquées.

10° On doit recevoir les eaux aromatiques dans un récipient en verre qui a la forme d'une carafe dont le col va en se rétrécissant vers le sommet ; à la base se trouve un bec qui s'élève le long du corps principal du récipient, mais qui ne monte pas aussi haut que son col. Par cette construction, l'huile volatile, ordinairement plus légère que l'eau, se rassemble dans le col, et l'eau sort par l'extrémité du bec, à mesure que la distillation marche. On appelle ce récipient *récipient florentin* (*fig.* 10, *Pl. II*), du nom de la ville où il a été inventé. On enlève ensuite avec une *pipette* en verre (*fig.* 11, *Pl. II*) l'huile volatile qui surnage.

11° Il est indispensable de filtrer les eaux aromatiques après leur distillation, pour en séparer le peu d'huile volatile qui peut y être en suspension et qui les rendrait âcres et peu agréables.

Contrairement à l'opinion des anciens, il ne faudra pas négliger l'emploi du sel marin, qui est nécessaire pour la distillation des eaux aromatiques et des huiles volatiles tirées des fleurs. Ses effets sont : d'aiguiser l'eau et de la rendre plus capable de pénétrer et de diviser les matières végétales, d'empêcher la fermentation de s'établir quand on opère sur des substances sèches qui doivent être soumises à une macération préalable, et enfin d'augmenter la température de l'eau et de faciliter ainsi le passage d'une plus forte portion d'huile volatile.

Une expérience a été faite, il y a quelques années, par un chimiste distingué, M. Couerbe.

« J'ai traité, dit-il, par l'acide sulfurique, des ma-
» cérés de fleurs de roses, de tilleul, de sureau, de
» fleurs d'oranger. Ces divers macérés n'avaient,
» avant l'addition de l'acide, qu'une faible odeur,
» mais elle s'est fortement développée par leur mé-
» lange avec l'acide sulfurique. A ce phénomène, je
» me suis rappelé avoir lu dans un ouvrage fort an-
» cien (*Magni Alberti liber secretorum de virtatibus*

» *herbarum, lapidum et animalium*, 1478) que pour
» avoir promptementde l'eau de roses odorante, il suf-
» fisait de mettre dans une bouteille d'eau ordinaire
» quelques fleurs de roses et d'y ajouter un peu
» d'huile de vitriol, de passer ensuite au bout d'un
» quart d'heure, ce qui, essayé antérieurement, m'a-
» vait très-bien réussi. J'avais en effet l'odeur et la
» couleur de la rose. J'ai donc appliqué ce moyen à la
» distillation en mettant dans une cornue des fleurs
» de roses, de tilleul, d'œillets, de sureau, à l'aide
» d'une eau ordinaire et aiguisée d'huile de vitriol :
» le produit que j'ai obtenu était un liquide très-suave,
» nullement acide, sans odeur sulfureuse, et ne pré-
» cipitant pas par des dissolutions caustiques. Je ne
» sais si par le temps il n'éprouvera pas quelques
» changements dans ses principes. Peut-être, au con-
» traire, que cette sorte de mucosité, qui se forme
» même dans les eaux distillées inodores, ne prendra
» pas naissance. »

On remarquera que lorsqu'on distille une plante
sèche avec de l'eau, l'huile volatile, ayant subi une
altération par son contact prolongé avec l'oxygène de
l'air, en est devenue moins soluble ; par conséquent,
on devra en obtenir davantage. Le même effet a lieu
lorsqu'en employant une plante fraîche on commence
la distillation avec de l'eau froide ; l'oxygène contenu
dans l'eau se porte sur l'huile volatile, l'altère et la
rend insoluble. Par conséquent, elle se séparera encore dans ce cas ; mais au contraire, si l'on se sert
d'eau bouillante pour commencer la distillation, ou,
ce qui revient au même, si l'on suspend les plantes
fraîches au milieu de la vapeur d'eau, l'huile volatile

alors n'est pas altérée et se dissout complétement dans l'eau qui distille.

Par la même raison, les huiles volatiles les plus altérables devront donner les eaux distillées les moins chargées, et réciproquement. C'est en effet ce qui semble arriver pour les eaux de cannelle, de girofle et de menthe ; leur aspect trouble indique que l'huile volatile n'y est dissoute que très-imparfaitement, tandis que la limpidité de l'eau de roses et l'intensité de son odeur prouvent évidemment qu'elle contient beaucoup d'huile volatile en dissolution. Cette huile volatile de roses est en effet une des moins altérables.

On peut conclure, d'après cela, que le mode de distillation, l'état sec ou frais des plantes, la quantité ou la température de l'eau, ne sont pas des circonstances indifférentes dans la préparation des eaux distillées et des huiles volatiles : elles peuvent beaucoup influer sur la qualité et la quantité des produits.

La distillation des eaux aromatiques s'opère indistinctement au moyen des alambics à tête de Maure ou à colonne. Avec le premier, il convient de se servir du bain-marie percé pour les substances qui seront indiquées ; l'application du système Soubeiran avec ce même alambic offre une supériorité sur le bain-marie percé. Le second sera préférable en y joignant le vase extractif appliqué à la distillation, de M. Égrot, dont nous avons déjà fait connaître les avantages (p. 42).

La distillation à la vapeur est préférable pour les plantes dont l'odeur est douce et agréable ; les produits peuvent être employés tout de suite, parce qu'au moment où elle vient d'être préparée, l'eau distillée ainsi obtenue n'a pas ce goût empyreumatique connu sous le nom de *goût de feu*, que les eaux faites avec plus de soin, mais à feu nu, conservent pendant assez longtemps.

On devra employer de préférence la vapeur pour les plantes suivantes :

Absinthe, — Anis, — Carvi, — Citronnelle, — Fenouil (semences), — Genièvre, — Hysope, — Lavande, — Mélilot, — Mélisse, — Menthe, — Oranger (fleurs), — Rose (fleurs), — Sauge, — Serpolet, — Thym.

La distillation de la substance au milieu de l'eau réussit mieux, au contraire, avec les matières qui suivent :

Amandes amères, — Cannelle, — Girofle, — Macis.

CONSERVATION DES EAUX AROMATIQUES DISTILLÉES.

Les eaux aromatiques distillées s'altèrent assez promptement; il faut les renouveler aussi souvent que possible. On doit les conserver dans des vases opaques et les tenir dans un lieu frais et peu accessible aux rayons de la lumière qui les décompose.

On doit aussi avoir soin de boucher exactement les vases qui contiennent des eaux aromatiques distillées. C'est une grande erreur de croire qu'il leur faut de l'air. A cet effet, on se servira de papier ou de parchemin, car l'expérience prouve que si on les bouche avec du liége, elles prennent en peu de temps un goût de moisi. On peut, cependant, conserver, un an et même plus, de l'eau de fleurs d'oranger dans une bouteille fortement bouchée, sans qu'elle contracte aucune qualité désagréable; mais sitôt qu'on l'en-

tame, il faut rejeter le liége et ne plus se servir que
de papier.

Généralement, après la distillation, les eaux aromatiques n'ont pas une odeur bien suave, elles ont toutes
un goût empyreumatique qui disparaît avec le temps.
On peut leur faire perdre tout de suite ce goût en les
exposant dans un bain de glace; cependant, si le froid
donne de la qualité aux eaux aromatiques, il est utile
d'empêcher qu'elles ne gèlent pendant l'hiver. Les
eaux, en dégelant, restent quelques jours troubles;
mais elles finissent par s'éclaircir en laissant précipiter un sédiment assez considérable, qui a encore une
partie de l'odeur de la plante dont on s'est servi pour
la confection de l'eau. Si, dans cet état, on sépare
l'eau du précipité, on ne lui trouve plus qu'une faible
odeur du végétal, agréable à la vérité, mais de peu de
durée.

Presque toutes les eaux aromatiques distillées, au
bout de quelques jours, présentent des flocons mucilagineux, qui restent en suspension ou se précipitent;
il est donc nécessaire de les filtrer souvent. Puis il
arrive aussi que les eaux se gâtent au bout d'un an,
parce qu'on les tire à trop grand feu et en trop grande
quantité, ce qui fait monter dans le récipient une partie des mucilages de la plante. Cet inconvénient n'arrive pas quand on distille avec soin. Lorsque les eaux
aromatiques distillées deviennent troubles par suite
de cet accident, on peut les éclaircir en y jetant huit
ou dix gouttes de vinaigre pour chaque litre d'eau et
filtrant ensuite.

On rétablit assez convenablement la limpidité des
eaux aromatiques distillées devenues troubles par

suite de la décomposition occasionnée par les causes signalées plus haut, en ajoutant à chaque litre d'eau avariée 2 grammes de borax et autant d'alun de Rome. Il résulte de la réunion de ces deux sels un précipité floconneux qui clarifie et décolore un peu ces eaux; mais ce procédé ne peut être appliqué que dans la parfumerie, parce que cette addition, toute minime qu'elle soit, laisse cependant quelque chose d'étranger qui peut modifier le caractère de ces eaux aromatiques. Il est certaines eaux, et particulièrement celle de fleurs d'oranger, qui deviennent très-acides par leur décomposition; dans ce cas, le moyen que nous venons d'indiquer serait insuffisant : il conviendrait alors d'employer la magnésie, environ 2 grammes par litre, suivant le degré d'acidité. On préviendrait ce genre d'altération en ajoutant d'avance un peu de cette base, mais il faudrait alors en employer 4 grammes, la magnésie étant presque insoluble dans l'eau non acidulée.

Un moyen de parer à tous les inconvénients attachés à l'emploi et à la conservation des eaux aromatiques distillées est celui que nous allons indiquer. Après avoir distillé une eau aromatique quelconque avec tous les soins qu'exige cette opération, on la reverse immédiatement dans la cucurbite, après avoir nettoyé celle-ci, et on procède à une nouvelle distillation qui doit s'opérer très-lentement. Lorsque l'eau qui distille devient trop faible, on arrête l'opération et on conserve seulement le premier produit dans des flacons bien bouchés. Les eaux de fleurs d'oranger, d'hysope, de mélisse, de menthe, ainsi préparées, restent en bon état pendant quatre à cinq années.

Manière d'enlever l'odeur d'une eau aromatique.

M. Davies, droguiste à Chester, ayant fait par hasard un mélange de parties égales d'huile de ricin et d'eau de menthe poivrée, observa que l'odeur et la saveur de cette dernière avaient diminué graduellement, au point que ces qualités disparurent entièrement dans l'espace d'un jour ou deux.

Le même effet est produit avec les autres eaux distillées ou les huiles volatiles mêlées à de l'eau, dans la proportion d'une goutte sur 60 grammes d'eau. Quant à l'huile d'olive substituée à celle de ricin, elle ne diffère presque en rien au goût et à l'odeur.

Cette observation, donnée comme neuve, n'est pourtant pas sans exemple, puisqu'on sait fort bien que les huiles fixes sont meilleurs excipients des huiles volatiles que l'eau. Ainsi, quand on mêle à une huile fixe une eau chargée d'huile volatile, cette dernière est facilement reprise par l'huile fixe. Si cette huile n'est pas sensiblement imprégnée d'odeur et de saveur, c'est parce que l'huile volatile s'y trouve bien plus masquée que dans l'eau.

RECETTES POUR LES EAUX AROMATIQUES DISTILLÉES.

Les petites opérations pour la distillation des eaux aromatiques sont infiniment préférables aux grandes, ce qui expliquera pourquoi nos recettes indiquent de petites quantités. On observera aussi de retirer toujours à part 3 à 4 litres en plus de la quantité désignée, afin d'obtenir tout le parfum contenu dans les substances : ce dernier produit doit être reversé sur une nouvelle distillation.

Les doses que nous donnons peuvent ne pas produire toujours les mêmes résultats. La qualité des eaux aromatiques distillées dépend de la saison dans laquelle les fleurs, les plantes, etc., ont été récoltées. Plus la saison est chaude, plus leurs parfums se développent; dans les années froides et pluvieuses, elles contiennent moins d'odeur. C'est au liquoriste à discerner s'il doit conserver ou augmenter les doses des recettes pour avoir constamment des eaux aromatiques de même qualité. On peut encore au besoin fractionner les produits, et de cette façon avoir des eaux invariables. Quant à nous, les bases de nos recettes sont fixées sur une récolte favorable.

EAU DE FLEURS D'ORANGER.

Fleurs d'oranger nouvellement cueillies
   et mondées de leurs calices........ 5 kilogrammes.
Eau commune..................... 40 litres.
Sel commun...................... 500 grammes.

Après avoir mis l'eau et le sel dans la cucurbite, allumer le feu sous le fourneau pour porter le liquide à un point voisin de l'ébullition. A ce moment, verser tout de suite les fleurs d'oranger dans le bain-marie percé ou dans celui d'un alambic à la Soubeiran; ajuster le chapiteau sur la cucurbite et sur le serpentin, luter les jointures et poser le récipient florentin sous le bec du serpentin pour recevoir le produit; puis procéder à la distillation pour retirer 20 litres d'*eau de fleurs d'oranger simple*.

Si l'on voulait obtenir cette eau *double* ou *triple*, on

retirerait le tiers ou la moitié de la quantité indiquée, ou on reverserait l'eau distillée sur une nouvelle quantité de fleurs en rapport avec la qualité qu'on voudrait obtenir.

Cette distillation doit être conduite rapidement, afin de laisser le moins de temps possible les fleurs en contact avec la chaleur, qui altère le produit.

Nous l'avons déjà dit et l'expérience l'a prouvé : l'eau de fleurs d'oranger, ainsi que d'autres eaux aromatiques distillées de la manière que nous indiquons, c'est-à-dire en ne mettant les fleurs dans l'alambic qu'au moment où l'eau va entrer en ébullition, est beaucoup plus claire que celle obtenue lorsque les fleurs sont mises dans l'alambic l'eau étant froide.

Il est à remarquer que l'eau de fleurs d'oranger est plus agréable et plus suave lorsqu'on n'emploie que les pétales des fleurs : le calice et les organes de la fructification lui donnent un goût d'amertume assez prononcé.

L'eau de fleurs d'oranger, entre autres principes, contient souvent, même en sortant d'être distillée, de l'acide acétique libre, qu'on peut, si on le juge convenable, saturer en mettant dans la cucurbite 15 grammes de magnésie calcinée par chaque kilogramme de fleurs.

Une température froide, supérieure à 3 degrés au-dessous de zéro, solidifie l'eau de fleurs d'oranger, qui néanmoins reste limpide après sa congélation: mais, si l'on observe attentivement, on y remarque une infinité de petites molécules très-déliées nageant dans le liquide, et qui finissent par se précipiter contre les parois du vase, et y former une incrustation de couleur rouge-brune, indissoluble dans l'eau. Ce sédiment paraît être de l'huile volatile résinifiée.

L'eau de fleurs d'oranger gelée a une odeur plus agréable qu'auparavant; mais cette odeur est très-fugitive : deux mois au plus peuvent la faire aigrir et la gâter complétement.

Les eaux de fleurs d'oranger du commerce qui viennent de la Provence, en tonneaux ou en estagnons, sont, le plus souvent, le produit de la distillation, non-seulement des fleurs, mais encore des feuilles et des fruits de l'oranger. Ces eaux, que les épiciers et autres débitants vendent à très-bas prix, ont une odeur analogue à celle de la feuille d'oranger lorsqu'on la pile ou qu'on la brise avec les doigts; leur saveur est d'une amertume assez forte et n'a rien d'agréable. On peut facilement apprécier par la dégustation la différence qui existe entre ces eaux et celle préparée avec les fleurs seules. Cependant, pour adoucir ces imitations d'eaux de fleurs d'oranger, quelques personnes ne se font aucun scrupule d'y ajouter de l'acétate de plomb. Nous n'avons pas besoin de faire remarquer combien cette pratique est blâmable et le danger qu'il y a de se servir d'une eau ainsi préparée. On reconnaît facilement cette falsification en versant dans l'eau soupçonnée quelques gouttes de dissolution d'acide tartrique (15 grammes d'acide tartrique dans 30 grammes d'eau). Il se forme un précipité abondant.

Ainsi que nous l'avons dit plus haut, l'eau de fleurs d'oranger contient souvent de l'acide acétique à l'état de liberté, dont quelquefois la quantité est assez importante pour être sensible au goût et au papier de tournesol. Lorsque ces eaux se trouvent en contact avec du cuivre, ce qui a lieu pour celles qui nous arrivent en estagnons du Midi, elles contractent une saveur métallique désagréable et peuvent avoir un effet fâcheux sur la santé. On reconnaît la présence du cuivre dans l'eau de fleurs d'oranger par l'addition de quelques gouttes d'ammoniaque liquide, qui, dans le cas de la présence d'un sel cuivreux, détermine dans la liqueur une belle couleur bleue.

L'eau de fleurs d'oranger est d'un grand usage pour la fabrication des liqueurs ; elle est également employée fréquemment dans l'économie domestique, et entre aussi dans une multitude de préparations pharmaceutiques.

Moyens de reconnaître la qualité de l'eau de fleurs d'oranger.

Les acides nitrique et sulfurique jouissent de la propriété de communiquer à l'eau de fleurs d'oranger une couleur rose plus ou moins intense, suivant que cette eau est plus ou moins chargée d'huile volatile de fleurs d'oranger. Voici comment on opère avec l'acide sulfurique : on verse dans un verre à pied une quantité donnée d'eau de première qualité, et dans un autre verre une même quantité de l'eau qu'on veut essayer ; puis on ajoute dans chaque verre une égale quantité de gouttes d'acide sulfurique. On examine ensuite les teintes, et l'on juge, par l'intensité de l'eau essayée, si sa qualité se rapproche de celle qui sert de type à cet essai.

L'acide sulfurique concentré opère avec plus de

promptitude. L'eau de fleurs d'oranger bien préparée, mise en contact avec cet acide, développe en quelques minutes une belle couleur rose. En y ajoutant l'acide en plus grande quantité, la couleur paraît plus promptement avec une nuance plus foncée; et en rendant la quantité d'acide égale au volume de l'eau, il se produit une belle couleur rouge qui se conserve intacte pendant deux ou trois jours; la couleur passe au cramoisi si l'on chauffe légèrement le mélange ou si l'on emploie 2 parties d'acide sur 1 d'eau.

Il importe de faire observer que la couleur se développe plus promptement en versant l'eau sur l'acide qu'en ajoutant celui-ci en petites portions.

La couleur produite par l'acide nitrique dans l'eau de fleurs d'oranger disparaît lorsqu'on la sature par un alcali, et elle reparaît de nouveau par un excès d'acide.

EAU DE ROSES.

Pétales de roses récentes.......	20 kilogrammes.
Eau commune	40 litres.
Sel commun..................	1 kilogramme.

Distiller à la vapeur (bain-marie percé) pour retirer 20 litres de produit, et suivre les mêmes règles que pour l'eau de fleurs d'oranger.

On peut également préparer d'excellente eau de roses avec des fleurs conservées dans le sel. On pile les fleurs dans la proportion de 2 parties contre 1 de sel, et, dans cet état, on peut les conserver plus de six mois. Les roses deviennent brunâtres, mais néanmoins donnent une eau dont la suavité ne laisse rien à désirer.

La fermentation a été mise en usage, il y a quelques années, par plusieurs chimistes, pour obtenir l'eau de roses. M. Cénodella, entre autres, en a publié le procédé ; voici en quoi il consiste : introduire dans la cucurbite les pétales et les étamines des roses avec la quantité d'eau nécessaire, la couvrir de son chapiteau, laisser le tout en macération pendant quelques jours, jusqu'à ce qu'il se développe une odeur vineuse, et en ayant soin de remuer de temps en temps le mélange; distiller ensuite pour obtenir une eau de roses très-odorante. M. Cénodella ajoute qu'une pareille quantité de roses distillées par le procédé ordinaire a donné une eau moins aromatique.

Cette manière d'obtenir l'eau de roses n'est pas nouvelle : on en trouve la description dans la plupart des anciens ouvrages de chimie, notamment dans l'*Antidotarium bononiense* (édit. de Venise, 1766). Mais, néanmoins, nous ne pourrions affirmer qu'elle donne un bon résultat. Du reste, le temps que demande ce procédé, à l'époque où l'on distille les roses, nous paraît être un obstacle assez grave et l'un des motifs qui nous ont empêché d'en faire l'essai.

L'eau de roses distillée avec des fleurs sans être mondées de leurs calices porte une odeur désagréable et une saveur herbacée. Composée dans les conditions voulues, elle est employée avec succès pour la fabrication de diverses liqueurs; la médecine l'emploie comme véhicule de plusieurs potions et collyres.

On reconnaît la présence des sels cuivreux dans l'eau de roses par le procédé que nous indiquons à l'article *Eau de fleurs d'oranger*.

EAU D'ŒILLETS.

Fleurs d'œillets mondées de leurs calices..	10 kilogrammes.
Eau commune...........................	40 litres.
Sel commun.............................	250 grammes.

Distiller pour retirer 20 litres.

Même manière d'opérer que pour les eaux précédentes.

EAU D'ABSINTHE.

Feuilles, sommités et petites tiges fraîches d'absinthe.................................	20 kilogrammes.
Eau....................................	40 litres.
Sel....................................	250 grammes.

Couper ou hacher les tiges de la plante en morceaux d'environ 20 à 25 centimètres de longueur. Après vingt-quatre heures de macération, distiller rapidement, pour obtenir moitié de l'eau employée.

Lorsqu'on a de grandes quantités d'absinthe à distiller, on supprime la macération.

Les premières parties de l'eau qui distille sont blanches, laiteuses, et entraînent avec elles une certaine quantité d'huile volatile, qui se sépare et vient surnager sur l'eau distillée dans le récipient florentin.

Lorsque l'opération est terminée, on enlève cette huile avec la pipette.

On obtient de la même manière les eaux aromatiques de :

Citronnelle, — Marjolaine, — Rue, — Origan.

EAU D'HYSOPE.

Sommités fraîches et fleuries d'hysope ...	10 kilogrammes.
Eau....................................	40 litres.
Sel....................................	250 grammes.

Introduire les sommités et l'eau dans la cucurbite, puis, après macération, distiller pour obtenir 20 litres de produit.

On obtient, en suivant la même méthode, les eaux de :

Lavande. — Mélilot.

EAU DE MENTHE POIVRÉE.

Menthe poivrée fraîche en fleurs.........	10 kilogrammes.
Eau...................................	40 litres.
Sel...................................	250 grammes.

Distiller après macération pour retirer 20 litres.

On prépare de la même façon les eaux de :

Mélisse citronnée, — Menthe crépue, — Romarin, — Sauge. — Serpolet, — Thym.

EAU DE THÉ.

Thé impérial..........	1 kilogramme.
Thé hyswin...........	500 grammes.
Thé pékao	500 grammes.
Eau..................	40 litres.

Mettre ensemble dans la cucurbite les trois sortes de thé, verser dessus l'eau qui doit être bouillante, boucher hermétiquement et laisser infuser pendant trois ou quatre heures, puis distiller vivement pour obtenir 30 litres.

EAU D'ANIS.

Semences d'anis vert, sèches et pilées.	5 kilogrammes.
Sel...................................	250 grammes.
Eau	40 litres.

Distiller après macération, pour retirer 20 litres.

L'eau du réfrigérant doit être tiède, afin que l'huile

contenue dans l'eau qui distille ne puisse se concréter et n'empêche pas l'air de circuler dans les contours du serpentin. Cette concrétion ayant lieu, la distillation ne pourrait continuer.

L'eau distillée sur les semences d'anis n'est pas altérée par la congélation, car on lui rend toute sa qualité en l'exposant à un degré de chaleur supérieur au froid qui en avait séparé l'huile volatile; mais si l'on sépare l'eau qui surnage des cristaux qui sont formés par le froid, on s'aperçoit qu'elle a perdu son parfum.

On préparera de même les eaux de :

Aneth (semences), — Badiane, — Carvi (semences), — Fenouil (semences), — Genièvre (baies).

On observera pour ces eaux la précaution indiquée pour l'eau d'anis à l'égard du réfrigérant.

EAU DE CORIANDRE.

Coriandre sèche et pilée (semences)..	10 kilogrammes.
Eau.................................	40 litres.
Sel.................................	250 grammes.

Distiller pour retirer 20 litres, en faisant préalablement macérer pendant vingt-quatre heures.

On prépare ainsi les eaux de :

Angélique (semences), — Chervi (semences), — Daucus de Crète.

EAU DE CAFÉ DE MOKA.

Café moka.............	3 kilogrammes.
Eau..................	40 litres.

Torréfier légèrement le café jusqu'au degré vulgairement appelé *robe de capucin*; puis, étant chaud, le pulvériser grossièrement et laisser infuser pendant vingt-quatre heures. Distiller pour obtenir la moitié de l'eau employée.

On prépare de la même manière les eaux de :

Café martinique, — Cacao caraque.

Cohober deux fois pour le cacao. Distiller lentement.

EAU DE CANNELLE.

Cannelle de Ceylan pulvérisée........ 2 kilog. 500 gr.
Eau................................. 40 litres.
Sel .... 1 kilogramme.

Cohober une fois.

Faire macérer pendant vingt-quatre heures, distiller ensuite à feu nu, sans bain-marie percé, en faisant bouillir doucement jusqu'à ce qu'on obtienne un produit de 20 litres.

On prépare de même les eaux de :

Cannelle de Chine, — Cascarille (bois), — Girofle, — Macis, — Muscades, — Sassafras, — Rhodes (bois de).

Il est à remarquer que l'eau de cannelle est toujours un peu trouble. Cet effet est dû à la suspension prolongée de l'huile volatile, laquelle, étant plus pesante que l'eau, tombe au fond du vase. Quand on se sert de cette eau, il faut agiter le vase qui la contient.

Après la distillation des eaux ci-dessus désignées, on aura soin que l'eau du réfrigérant soit tiède, afin que les huiles volatiles qui auraient pu figer et s'arrêter dans le serpentin puissent descendre. Si l'on négligeait cette précaution, on perdrait une partie du produit principal.

EAU D'ANGÉLIQUE.

Racine d'angélique sèche et concassée.	2 kilog. 500 gr.
Eau...............................	40 litres.
Sel...............................	500 grammes.

Faire macérer pendant vingt-quatre heures, distiller pour obtenir 20 litres de produit.

On prépare de la même manière les eaux de :

Aunée, — *Calamus aromaticus*, — Cardamome.

EAU D'AMANDES AMÈRES.

Amandes amères............	5 kilogrammes.
Eau bouillante.............	40 litres.
Sel.......................	500 grammes.

Après avoir tiré l'huile fixe des amandes par expression, réduire en poudre le tourteau, le diviser dans l'eau bouillante, distiller pour retirer 20 litres.

Cette eau demande à être employée avec beaucoup de prudence, à cause de l'acide hydrocyanique qu'elle contient en certaine quantité.

On prépare de la même façon les eaux de :

Noyaux d'abricots, — Noyaux de cerises, — Noyaux de pêches.

EAU DE CITRON.

Les zestes de 80 citrons frais.	
Eau.......................	40 litres.
Sel.......................	250 grammes.

Distiller pour retirer la moitié de l'eau employée.

Même manière d'opérer pour les eaux de :

Bergamotes, — Cédrat, — Oranges douces, — Oranges amères.

EAU DE FRAMBOISES.

Framboises fraîches et mondées......	12 kilogrammes.
Eau...............................	40 litres.

Distiller avec précaution, afin d'empêcher les fruits de s'attacher à la cucurbite, et sans faire macérer. Retirer 20 litres de produit.

Suivre la même méthode pour les eaux de :

Abricots, — Prunes, — Coings et autres fruits.

EAU DE MARASQUIN.

Merises bien mûres....................	20 kilogrammes.
Framboises bien mûres et mondées...	4 kilogrammes.
Feuilles de merisier..................	1 kilog. 500 gr.
Noyaux de pêches......................	250 grammes.
Iris de Florence en poudre............	1 kilogramme.
Eau...................................	40 litres.

Faire macérer le tout dans l'eau pendant vingt-quatre heures (les fruits devront être écrasés), puis distiller avec précaution pour obtenir 20 litres de produit.

Cette recette est excellente, et l'eau de marasquin obtenue par sa composition peut rivaliser avec celles qui sont vendues comme provenant de la Dalmatie, mais qui en réalité viennent du midi de la France.

EAU DE NOIX VERTES.

Noix vertes................	11 kilogrammes.
Eau........................	40 litres.

Prendre les noix vertes *morveuses*, c'est-à-dire à peine formées, les piler convenablement, puis distiller sans faire macérer pour obtenir 20 litres d'eau. Observer les mêmes précautions que pour l'eau de framboises.

DES EAUX AROMATIQUES NON DISTILLÉES.

Les eaux aromatiques non distillées sont les contre-façons de celles distillées ; on les livre toujours dans le commerce sans faire connaître leur origine et avec l'intention de faire croire qu'elles ont passé par l'alambic. Comme il peut arriver que le liquoriste ait besoin d'acheter des eaux aromatiques, par suite de l'épuisement de sa provision, pour le prémunir contre cette fraude, nous allons indiquer les moyens employés par les falsificateurs et la manière de reconnaître la ruse.

Ces eaux se préparent de deux manières :

1° En versant sur du sucre en poudre une huile volatile quelconque, triturant ensuite, ajoutant par petites parties l'eau que l'on veut aromatiser, agitant fortement le mélange et filtrant, après trente ou quarante minutes de repos.

2° En versant également sur du carbonate de magnésie une huile volatile et opérant de la même façon que précédemment. Cette dernière méthode est préférable, le carbonate de magnésie ayant la propriété de faciliter à un haut degré la suspension dans l'eau des huiles volatiles en général.

Les eaux aromatiques ainsi fabriquées ont un parfum moins agréable que celles distillées. A cause de la difficulté de pouvoir se procurer de bonne huile volatile, elles ont aussi le défaut de ne pas être aussi franches de goût. Elles peuvent cependant se conserver assez longtemps, excepté celles préparées à l'aide du sucre, qui sont très-susceptibles de fermentation.

On reconnaîtra facilement ces eaux aromatiques factices. Elles développent beaucoup moins de parfum lorsqu'on les verse dans l'eau, elles ne sont pas mucilagineuses ni grasses au toucher et sentent toujours une odeur un peu herbacée : l'eau de fleurs d'oranger préparée avec l'essence de néroli n'a pas à beaucoup près la suavité de celle distillée avec les fleurs.

A part les caractères ci-dessus, on reconnaîtra infailliblement les eaux aromatiques factices en employant les moyens que nous allons signaler.

Lorsqu'on agira sur une eau aromatique soupçonnée d'avoir été fabriquée à l'aide du sucre, on fera évaporer ce liquide à siccité, et au lieu d'obtenir un mucilage et des matières extractives, on aura au contraire une substance sucrée qui, jetée sur des charbons ardents, répandra en se boursouflant une odeur de caramel.

Si, au contraire, on opère sur une eau aromatique préparée par le carbonate de magnésie, on fera dissoudre d'une part du carbonate d'ammoniaque dans de l'eau distillée, puis, d'une autre part, on fera dissoudre également du phosphate de soude dans de l'eau distillée; on filtrera ces deux dissolutions qui devront être assez concentrées. Les deux réactifs préparés ainsi que nous l'indiquons, on mettra l'eau aromatique dans un verre à pied de forme conique, que l'on aura soin de n'emplir qu'à moitié; on versera dans cette eau de la dissolution de carbonate d'ammoniaque, on ajoutera en excès de la dissolution du phosphate de soude; si l'eau essayée contient du carbonate de magnésie, elle se troublera et il se formera,

au fond du verre, un précipité blanc (phosphate am-
moniaco-magnésien), ce qui n'a pas lieu dans une eau
aromatique distillée.

On peut encore reconnaître la présence du carbonate de magnésie dans une eau aromatique en la faisant bouillir et ajoutant un peu d'une dissolution
concentrée d'hydrochlorate d'alumine : il se formera
alors un précipité qui donnera naissance à un carbonate d'alumine.

CHAPITRE VII.

DES HUILES VOLATILES OU ESSENCES.

Les huiles volatiles, appelées vulgairement *essences*, sont des produits immédiats des végétaux; leurs caractères diffèrent entièrement des *huiles fixes* ou *grasses*, sous le rapport des propriétés physiques et chimiques.

La plupart des huiles volatiles sont ordinairement liquides à la température ordinaire; quelques-unes d'entre elles sont solides ou en partie cristallisées; aucune d'ailleurs n'a le toucher gras et onctueux des huiles fixes, ni cette apparence qu'on considère ordinairement comme huileuse. Toutes ont une odeur très-vive et très-pénétrante, qui rappelle en général la substance dont elles proviennent, mais elle n'est jamais aussi suave. Généralement vénéneuses, leur saveur est âcre, irritante et caustique.

La lumière altère la couleur des huiles volatiles d'une manière remarquable; elle jaunit celles qui sont incolores, fonce ou détruit celles qui sont colorées : l'huile volatile de camomille, par exemple, dont la couleur bleue devient jaune. Exposées au contact de l'air, elles changent de couleur, perdent leur odeur, s'épaississent et finissent par se solidifier. Les huiles volatiles s'enflamment subitement par l'approche d'un corps en combustion et brûlent avec une flamme très-vive et très-épaisse. Extrêmement solubles dans l'alcool, et fort peu dans l'eau, elles n'entrent en ébullition qu'à 150 degrés centigrades et se distillent alors sans altération. Lorsqu'on les chauffe avec de l'eau, elles se volatilisent à une chaleur qui n'excède pas 100 degrés centigrades, et souvent fort au-dessous. Il est à remarquer que leur volatilité est ordinairement en raison inverse de leur densité, de façon que les plus denses sont les moins volatiles.

Le froid fait éprouver des changements notables aux huiles volatiles; il les congèle, mais à des degrés différents; plusieurs deviennent solides à quelques degrés au-dessus de zéro, d'autres conservent leur liquidité à plusieurs degrés au-dessous.

En vieillissant, les huiles volatiles éprouvent des changements de couleur et de consistance qui leur sont très-défavorables; elles se troublent, déposent et deviennent tellement acides, qu'elles rongent les bouchons de liége des vases qui les contiennent. Lorsque ces accidents se présentent, il convient de rectifier les huiles immédiatement.

Les huiles volatiles jouissent de la propriété de s'unir aux huiles fixes et de dissoudre les résines, la cire et le caoutchouc; elles sont en général plus légères que l'eau, mais il en est quelques-unes qui sont plus pesantes que ce liquide; les plus légères sont aussi les plus volatiles.

Les huiles volatiles résident dans tous les organes des plantes, mais elles abondent surtout dans les feuilles et les fleurs. D'après l'avis de bon nombre de chimistes distingués, ce n'est pas elles qui constituent

I.   8

le parfum ou l'odeur exhalée par ces organes, elles servent simplement de véhicule à la matière odorante ou à l'*arome* dont la nature est encore inconnue. Boerhaave a ainsi défini ce principe odorant :

« Cet esprit, dit-il, agit sur nos organes de l'odorat et du goût; il est agile; il est le fils du feu, et il produit divers effets incroyables. Uné, retenu et comme lié dans les huiles, il leur communique une odeur singulière et assez efficace, qu'on ne trouve pas ailleurs; mais dès qu'il en est chassé tout à fait, il les laisse presque sans force et telles, qu'à peine peut-on les distinguer entre elles. Or, comme une chaleur douce suffit pour que cet esprit s'exhale de plusieurs huiles et se dissipe dans l'air, les huiles qui le perdent ainsi sont alors sans activité et incapables de produire les effets qu'elles produisaient auparavant. »

M. Robiquet a publié sur l'*arome* un article remarquable que nous empruntons aux *Annales de Chimie et de Physique*, 2ᵉ série, t. XV, p. 27 :

« Les anciens chimistes pensaient que l'odeur des substances aromatiques était due à un principe particulier, auquel Boerhaave donna le nom d'*esprit recteur*. Macquer prétendit ensuite que ce principe ou esprit particulier n'était pas le même pour tous les corps odorants, et en distingua d'acides, d'alcalins et d'huileux. Lorsque les chimistes français s'occupèrent de régulariser le langage chimique et d'établir la nomenclature moderne, ils donnèrent le nom d'*arome* à ce prétendu principe qu'on regardait comme la cause essentielle de l'odeur; dans l'ensemble systématique des corps, on le rangea au nombre des produits immédiats des végétaux. Fourcroy reconnut plus tard que rien ne démontrait d'une manière positive l'existence de ce corps qu'on avait admis sur la foi des anciens; il prétendit même que les odeurs étaient le résultat de la dissolution dans l'air d'une portion du corps odorant lui-même, et que l'intensité de ces odeurs dépendait du plus ou moins de volatilité de ce corps. Malheureusement cette théorie, séduisante par sa simplicité, ne s'accorde pas avec les faits connus. En septembre 1820, j'ai publié quelques considérations sur l'arome, et, sans prétendre ramener aux anciennes idées, je crois avoir démontré que, dans beaucoup de circonstances différentes, l'odeur qui émane d'un corps n'est pas uniquement due à une volatilisation d'une partie de ce corps dans l'espace, mais bien à une combinaison réelle d'une substance souvent inodore par elle-même avec un produit très-volatil qui lui sert de véhicule. C'est ainsi que le musc, l'ambre, le tabac et tant d'autres substances ne manifestent leur odeur qu'à l'aide de l'ammoniaque. Le musc bien desséché au bain-marie n'est plus odorant, et l'eau qui s'en est dégagée est ammoniacale. Qu'on l'imprègne d'une nouvelle quantité d'ammoniaque en le laissant séjourner dans les latrines, comme le font quelquefois les parfumeurs, ou que cette ammoniaque provienne d'une décomposition spontanée, l'odeur reparaîtra avec toute son intensité primitive. L'ammoniaque n'est pas le seul véhicule odorant : j'ai cité, dans les observations ci-dessus mentionnées, l'exemple de l'huile essentielle de quelques crucifères, et particulièrement celle du *Sinapis nigra*. Là ce n'est pas à coup sûr de l'alcali volatil qui sert à l'expansion, puisqu'on sait au con-

8.

traire que les acides donnent plus de force et de montant à la moutarde. Ce n'est pas non plus l'huile qui, par elle-même, communique cette odeur si vive et si pénétrante ; car, en la laissant séjourner pendant quelque temps sur des surfaces métalliques bien décapées, elles se ternissent profondément, et souvent l'huile devient presque inodore. Je présume que ces phénomènes sont dus à la présence du soufre ; mais il s'y trouve combiné d'une manière qui nous est encore inconnue. Si, comme le pensait Fourcroy, les plantes aromatiques devaient leurs odeurs à l'expansion de l'huile essentielle qu'elles contiennent, comment se fait-il alors que certaines plantes très-odorantes, telles que l'héliotrope, la tubéreuse, le jasmin, etc., ne fournissent pas d'huile essentielle ? Et comment expliquer que certaines essences n'ont, pour ainsi dire, aucune analogie d'odeur avec les plantes ou portions de plantes qui les ont produites ? Certes, et quoi qu'on en ait dit, le néroli ne représente pas du tout l'odeur de la fleur d'oranger, qui se retrouve, au contraire, dans l'eau distillée de cette fleur.

» Tout ce que nous venons de dire démontre, ce me semble, que si d'un côté on a eu raison de reléguer l'arome au nombre des êtres imaginaires, de l'autre on ne saurait être satisfait d'une théorie qui laisse tant de lacunes. Il faut donc attendre que l'expérience vienne nous éclairer.

» Il résulte, selon moi, de tous les faits énoncés, que l'odeur qui se répand dans l'air ne doit plus être en général attribuée à une simple volatilisation ou émanation produite par le corps odorant lui-même ; mais bien, dans beaucoup de cas, à un gaz ou vapeur résultant de sa combinaison avec un véhicule approprié et susceptible de se répandre dans l'espace, suivant les lois connues. Relativement aux eaux distillées odorantes, ce sera, pour plusieurs d'entre elles, une pure dissolution de cette combinaison, et je supposerais volontiers, en me rapprochant de l'idée de M. Macquer, que les huiles essentielles doivent souvent leur odeur à la combinaison d'un véhicule variable avec une huile inodore. Ce serait résoudre un problème qui occupe depuis longtemps certains distillateurs qui regrettent de ne pouvoir duper à leur aise, et qui voudraient trouver une huile volatile inodore pour allonger les essences les plus rares et les plus chères. Je terminerai cette Note par une dernière observation : c'est que l'analyse de l'essence de térébenthine publiée par M. Houton-Labillardière (*Journal de Pharmacie,* t. IV), et celle de l'essence de citron que nous devons à M. de Saussure (*Annales de Chimie et de Physique,* 2ᵉ série, t. XIII), offrent une identité de résultat qui indique une composition semblable, et qui font voir que les différentes odeurs qui les distinguent tiennent à des causes qui influent bien peu sur leur nature entière. »

Comme on le voit, l'état de nos connaissances est encore bien imparfait en ce qui concerne la véritable nature du parfum des fleurs et des substances aromatiques, et cette matière si attrayante a été peu étudiée jusqu'à ce jour. Cependant l'un de nos éminents chimistes, M. Millon, Directeur de la pharmacie militaire centrale à Alger, a composé, en 1857, un travail très-intéressant, que M. le Maréchal Vaillant, Ministre de la Guerre, a présenté à l'Académie des Sciences. Dans ce Mémoire, M. Millon fait connaître une méthode nouvelle pour extraire le principe odorant des fleurs et des plantes, de laquelle il résulte que l'auteur substitue à la distillation, à l'expression ou à la macération dans l'huile, une double opération : 1° la dissolution; 2° l'évaporation. Il dissout le principe odorant dans le sulfure de carbone ou dans l'éther d'une part, et il évapore la dissolution sur un feu doux d'autre part. On obtient ainsi une substance butyreuse, assez semblable à l'essence de roses d'Orient, et cette substance reproduit dans toute sa pureté, son intensité et sa suavité, l'odeur primitive de la fleur ou de la plante.

Ce dernier produit présente le caractère chimique très-important d'être absolument inaltérable à l'air, ce qui le sépare complétement des huiles volatiles. Les *parfums* préparés par M. Millon se conservent des années entières dans des tubes ouverts, sans rien perdre de leurs propriétés spéciales. Cette inaltérabilité du parfum des fleurs et des plantes en présence de l'air constitue une découverte très-intéressante. Espérons que ces parfums, qui sont appelés à rendre de grands services aux parfumeurs, pourront aussi avant peu être employés avec succès par les liquoristes.

Quoi qu'il en soit, c'est dans de petites glandes ou utricules disséminées dans le tissu cellulaire des végétaux que sont renfermées les huiles volatiles. Pour extraire ces mêmes huiles des organes qui les contiennent, le moyen le plus usité est la distillation; cependant plusieurs sont contenues dans le zeste de certains fruits en si grande abondance, qu'on peut les retirer par simple expression ; d'autres enfin ne peuvent être obtenues qu'au moyen d'une macération dans une huile grasse. Nous mettrons successivement sous les yeux de nos lecteurs ces trois modes de fabrication.

Comme nous l'avons dit plus haut, les huiles volatiles s'altèrent très-facilement, il faut donc beaucoup de soins pour les conserver en bon état.

On devra les mettre au frais dans des vases bien remplis, bouchés hermétiquement et tenus dans l'obscurité. Il faut avoir soin également de les maintenir claires, car le mucilage agit comme dans les eaux aromatiques, quoique plus lentement, c'est-à-dire qu'il décompose le peu d'eau qui y existe ; d'où il résulte que, d'une part, il y a de l'essence résinifiée, tandis que, de l'autre, le mucilage se gâte lui-même et fait rancir l'huile.

HUILES VOLATILES OU ESSENCES PAR DISTILLATION.

La fabrication des huiles volatiles par distillation nécessite l'intermédiaire de l'eau à la température de l'ébullition, comme dans les eaux aromatiques. Le liquide, se réduisant en vapeurs, sert de véhicule à l'huile, plus légère et moins volatile que lui.

Pour ce genre de distillation, on observe les règles suivantes :

1° Distiller promptement ;

2° Diviser les matières autant que possible, pour faciliter la sortie de l'huile qui s'y trouve renfermée ;

3° Agir sur des quantités importantes, afin d'obtenir de forts produits et les avoir de meilleure nature ;

4° Charger la distillation avec de l'eau déjà distillée

sur la substance, et contenant par conséquent une certaine quantité d'huile volatile;

5° N'employer qu'une quantité d'eau suffisante pour empêcher les matières de brûler, et recharger à plusieurs reprises la première eau distillée sur une nouvelle quantité de substance;

6° Saturer l'eau de la cucurbite avec du sel marin, principalement pour les substances exotiques dont l'huile est plus pesante que l'eau. Par ce moyen, on augmente la densité du liquide et on l'oblige de prendre son ébullition à une plus haute température. L'eau ordinaire bout à 100 degrés centigrades, l'eau salée demande 106 degrés.

On se servira également, comme dans les eaux aromatiques, du récipient florentin, et on aura soin aussi de rafraîchir souvent l'eau du serpentin pour les huiles fluides, et de la tenir à 30 ou 40 degrés pour les huiles qui se concrètent facilement.

La distillation des huiles volatiles s'opère mieux dans les alambics à tête de Maure que dans les alambics à col de cygne. On peut d'ailleurs en graduer facilement la température, et il est moins difficile de purger un conduit droit de l'huile qui y adhère et lui communique son odeur, qu'un conduit contourné. On peut aussi se servir avec avantage de l'alambic à système Soubeiran.

Pour extraire les huiles volatiles, on emploie généralement les fleurs et les plantes dans leur fraîcheur; cependant il est des plantes sèches qui produisent davantage que les fraîches : quelquefois ces dernières n'en fournissent pas du tout. La mille-feuille et le baume des jardins, par exemple, présentent d'une manière très-remarquable ce singulier phénomène. On attribue cette cause à ce que, dans la plante fraîche, l'huile se trouve dans un état particulier de combinaison que la dessiccation détruit.

HUILES VOLATILES OU ESSENCES PAR EXPRESSION.

On retire par expression les huiles volatiles des substances qui en contiennent en grande quantité, et lorsque ces huiles sont presque à la surface de ces mêmes substances. Les citrons, les oranges, les cédrats, les bergamotes et tous les fruits analogues contiennent de l'essence dans l'écorce ou *zeste* qui les entoure sur leur pulpe acide. Pour obtenir l'huile volatile, on râpe toute la partie jaune ou verte superficielle de ces fruits, on l'enferme dans un petit sac de crin et on la soumet à la presse entre deux fortes glaces ou plaques d'étain fin; on la laisse éclaircir, puis on la décante.

L'huile volatile ainsi obtenue est plus suave que celle extraite par la distillation, mais elle se conserve moins longtemps; en outre, elle est moins pure et presque toujours louche, parce qu'elle est chargée de mucilage et d'un peu d'eau que la presse a fait sortir de l'écorce.

Les huiles par expression sont jaunes, très-odorantes, s'épaississent promptement, contractent avec le temps une odeur désagréable, graissent les étoffes et ne sont pas entièrement solubles dans l'alcool, tandis que celles obtenues par la distillation sont plus fluides, d'une odeur moins agréable, plus solubles dans l'alcool et se conservent plus longtemps.

Les huiles volatiles, nous l'avons déjà dit, s'altèrent et se dégradent dans certaines conditions. En vieillissant, les unes s'épaississent en totalité et d'autres en partie seulement; elles rancissent ou perdent leur odeur et quelquefois laissent déposer au fond des vases qui les contiennent une matière résineuse, dont la consistance et l'odeur approchent de la térébenthine, tandis que l'huile volatile qui surnage paraît n'avoir rien perdu de sa fluidité. Cette résine se dissout dans l'huile volatile lorsqu'on vient à l'agiter; elle ne s'en sépare plus et accélère considérablement sa défectuosité. Les huiles volatiles des semences parvenues à ce degré d'altération ne sont plus susceptibles de se cristalliser par un froid léger comme auparavant.

Les huiles volatiles légères, comme celles de lavande, de sauge, de citron, etc., éprouvent les changements dont nous venons de parler plus promptement que les huiles volatiles pesantes de cannelle, de girofle, de sassafras, etc. Il est facile de remarquer le commencement de l'altération des huiles volatiles, par l'action de leurs acides sur les bouchons de liége qu'ils corrodent et teignent en jaune, comme le ferait l'acide nitrique.

Les huiles volatiles devenues rances, et quoique fort détériorées, privées entièrement de leur odeur, de leur couleur, et presque sans fluidité, ne sont pas perdues sans remède. On peut les rétablir dans toute leur pureté, mais la rectification ordinaire est insuffisante, parce qu'elles sont alors privées de tout leur parfum. Nous allons indiquer les différentes manières de procéder à leur rectification et de leur rendre toutes leurs propriétés.

On met dans un alambic l'huile volatile qu'on veut rectifier avec une grande quantité de la même plante récente et un volume d'eau suffisant ; on procède à la distillation : l'huile volatile détériorée par la vétusté se rectifie ; elle se sature d'une nouvelle quantité de parfum et s'élève avec l'huile volatile que fournissent les plantes fraîches. De cette façon, l'huile volatile est entièrement renouvelée.

Lorsque l'huile volatile n'est pas tout à fait altérée, mais qu'elle commence à perdre sa couleur et sa limpidité, il suffit, pour la rétablir, de la verser dans une petite cornue de verre que l'on place dans un bain de sable sur un fourneau ; on adapte un récipient, et l'on procède à la distillation par une chaleur modérée et égale environ à celle de l'eau bouillante. L'huile volatile qui passe est limpide et presque sans couleur. On cesse la distillation lorsqu'on s'aperçoit que les gouttes commencent à se colorer ; ce qui reste dans la cornue est épais et ressemble beaucoup à la résine.

Toutes les huiles volatiles diminuent considérablement par leur rectification : les unes d'environ un tiers, et d'autres davantage, suivant l'état de dépérissement où elles se trouvent lorsqu'on les rectifie.

FALSIFICATION DES HUILES VOLATILES ET MOYENS DE RECONNAÎTRE LA FRAUDE.

La plupart des huiles volatiles que l'on rencontre dans le commerce sont falsifiées : le peu de bonne foi

de certains négociants, qui, pour augmenter leur bé-
néfice, ne se font aucun scrupule de tromper le public,
puis la majeure partie de ce dernier demandant du
bon marché quand même, sont les causes qui multi-
plient ces falsifications. Il importe donc au liquoriste,
s'il ne peut préparer lui-même les huiles volatiles, de
savoir au moins s'assurer de la fraude.

Presque toutes les huiles volatiles d'un prix élevé et
expédiées de l'étranger sont mélangées, les unes avec
des huiles volatiles de moindre valeur, les autres avec
des huiles volatiles d'autres substances, et auxquelles
on a fait perdre leur arome en les exposant à l'air ou
en les laissant vieillir, celles-ci avec des huiles grasses,
comme celles d'olive, d'amandes douces, etc., celles-
là enfin avec de l'alcool.

Voici le moyen de reconnaitre ces fraudes.

Falsification par les huiles grasses ou fixes. — Une
huile volatile qui contient de l'huile grasse est d'autant moins fluide que la proportion d'huile grasse est
plus grande ; puis, quand on l'agite fortement, on
voit les bulles d'air se réunir à la surface du liquide.

Le papier non collé est mis en usage pour découvrir le mélange fait avec une huile grasse ; on s'en sert
de la manière suivante : on verse sur la surface de ce
papier une ou deux gouttes de l'huile qu'on veut examiner ; on l'expose ensuite à l'air, on le chauffe légèrement. Si l'huile volatile est pure, elle se volatilise
complètement ; si elle est mêlée d'huile grasse, elle
laisse sur le papier une tache permanente qui lui
donne de la transparence.

On peut également être certain de reconnaitre la
falsification par l'huile grasse, en distillant dans une

cornue au bain-marie ces huiles falsifiées. La partie d'huile volatile passe dans la distillation, et l'huile grasse reste au fond de la cornue, parce qu'elle ne peut s'élever au degré de la chaleur de l'eau bouillante. On n'a point à craindre la falsification des huiles volatiles par les huiles grasses qui seraient mises dans l'alambic au moment où l'on distille les végétaux pour extraire l'essence, par ce motif que l'huile volatile entre en ébullition et se distille à un degré de chaleur bien inférieur à celui de l'huile grasse.

L'alcool est encore un excellent moyen pour constater cette sophistication. Il suffira, pour faire cet essai, de mettre dans un tube gradué un volume quelconque de l'huile volatile, d'y verser par-dessus huit volumes d'alcool pur et d'agiter. L'alcool dissout l'huile volatile et laisse intacte l'huile grasse qui vient se déposer au fond du tube et dont la quantité est indiquée, à quelques centièmes près, par la graduation.

Il arrive assez souvent qu'une partie de l'huile grasse indissoute adhère le long des parois du tube et diminue d'autant la quantité qui devrait gagner le fond ; dans ce cas, il est essentiel de faciliter sa précipitation par de légères secousses imprimées au tube en différents sens.

Falsification par l'alcool. — Ce genre de fraude altère beaucoup moins les huiles volatiles que le précédent ; il n'a pas, comme les huiles grasses, l'inconvénient de leur donner de la viscosité ; il les rend, au contraire, plus fluides et n'en change pas la couleur.

La falsification par l'alcool est certaine lorsqu'en mêlant l'huile volatile avec de l'eau, le mélange devient blanc et laiteux immédiatement, que l'alcool s'unit à l'eau, et que l'huile vient surnager à la surface.

Un moyen de déterminer d'une manière exacte la quantité d'alcool contenue dans une huile volatile est celui-ci : on prend un tube de verre gradué qu'on emplit d'eau jusqu'à la hauteur jugée convenable, on ajoute ensuite une même quantité d'huile volatile : une partie du haut du tube doit rester vide. Quand tout est ainsi disposé, on agite les deux liquides à plusieurs reprises, et, après un moment de repos, si l'huile volatile contient de l'alcool, on voit que le volume d'eau a augmenté et que celui de l'huile a diminué : la graduation du tube indique les proportions du mélange.

Le potassium jouit de la propriété de démontrer promptement la présence de l'alcool dans les huiles volatiles. Voici le procédé à l'aide duquel le liquoriste pourra employer utilement ce réactif. Il consiste à mettre dans une petite quantité d'huile volatile qu'on veut essayer un morceau de potassium gros comme la tête d'une épingle. Si l'huile contient un quart d'alcool à 90 ou 96 degrés, le potassium prend tout de suite une forme ronde, un aspect brillant et éclatant, et ressemble à un globule de mercure ; il s'agite, s'oxyde très-promptement et disparaît en moins d'une à deux minutes : un léger bruit accompagne toujours ces phénomènes. Lorsque l'alcool n'entre dans le mélange que pour un sixième, un huitième, un douzième et même un vingt-cinquième, les mêmes phénomènes ont lieu ; on remarque seulement que le potassium disparaît avec plus de lenteur et que le bruit est aussi

moins sensible si la proportion d'alcool est moins considérable.

Falsification par les huiles volatiles communes. — La
fraude dont il est le plus difficile de s'assurer est celle
qui consiste à mélanger dans certaines huiles volatiles
des huiles plus communes ou moins chères, telles que
celles de térébenthine rectifiée, de lavande, de romarin, etc. Cette falsification, contre laquelle viennent
échouer tous les essais chimiques, ne peut guère se
constater que par la comparaison avec une huile dont
la pureté est assurée. On remarque cependant, en
imbibant un linge ou un papier de ces sortes d'huiles
mélangées, que l'huile la plus fixe commence par se
dissiper, et que celle dont l'odeur est la plus pénétrante ne s'évapore qu'en dernier lieu, et peut ainsi
être distinguée, celle de la térébenthine mieux que les
autres.

RECETTES POUR LES HUILES VOLATILES OU ESSENCES.

Comme pour les eaux aromatiques, la quantité des
huiles volatiles ou essences est subordonnée à la saison
dans laquelle ont été cueillis les plantes, fleurs,
fruits, etc. Quant au rendement, les causes qui peuvent l'augmenter ou le diminuer sont si diverses, qu'il
est presque impossible d'établir des bases bien posi-
tives : la nature du sol, l'exposition, les bonnes ou
mauvaises saisons font varier le rendement dans des
proportions considérables.

Les détails dans lesquels nous sommes entré au
commencement de ce chapitre, relativement à l'extraction des huiles volatiles, nous dispensent de répéter

nos observations. Nous nous contenterons de faire connaître les recettes de l'huile volatile de roses et de celle
de cannelle, qui pourront servir de type, l'une pour les
huiles légères, l'autre pour les huiles pesantes. Nous
indiquerons aussi la recette de l'huile volatile d'a-
mandes amères, à cause du caractère particulier que
présente sa fabrication.

Au reste, on pourra consulter avec avantage, pour
la fabrication, le tableau des huiles volatiles ou essences susceptibles d'être employées par le distillateur-liquoriste, que nous donnons plus loin.

HUILE VOLATILE OU ESSENCE DE ROSES.

Pétales de roses récentes...	25 kilogrammes.
Eau commune.............	10 litres.
Sel commun...............	500 grammes.

Après avoir posé la grille dans la cucurbite, y mettre
les fleurs, ajouter l'eau, ajuster le chapiteau, luter,
puis distiller jusqu'à ce qu'il cesse de passer de l'huile
volatile; recevoir le produit, à mesure qu'il arrive,
dans un récipient florentin; enlever avec une pipette
l'huile qui surmontera l'eau aromatique, filtrer,
s'il est nécessaire, et conserver dans un flacon bien
bouché.

Il existe, pour l'huile volatile de roses, une falsification particulière, dont nous avons à dessein omis de
parler plus haut. Quelquefois l'huile volatile de roses,
venant de l'Orient, n'est autre qu'un mélange de blanc
de baleine, dissous dans une huile fixe, et auquel on
ajoute un peu d'huile volatile pure. Dans cet état, ce
mélange frauduleux offre les apparences de l'huile vé-

ritable, et, comme elle, reste congelé à la température de 10 degrés au-dessus de zéro.

Cette fraude est facile à reconnaître : lorsque, par une légère chaleur, l'huile est redevenue liquide, elle n'a ni la fluidité ni la mobilité de l'huile volatile de roses pure ; l'alcool n'en dissout qu'une faible partie, et elle laisse sur le papier qu'on en imbibe une tache que la chaleur ne dissipe pas entièrement.

A propos de l'essence de roses, nous empruntons à une brochure publiée à ce sujet, en 1804, par M. Langlès, un renseignement que nous croyons peu connu.

« Pourrait-on imaginer, dit ce savant orientaliste, qu'un procédé à la fois aussi simple et aussi répandu dans l'Orient, et même sur les côtes de l'Afrique occidentale, lequel est le résultat d'un autre connu depuis un temps immémorial (eau de roses), ne date pas de deux cents ans ? Cette opinion diffère beaucoup de celle de plusieurs savants. »

De toutes ses recherches dans les écrivains orientaux, il résulte qu'avant 1021 de l'hégire (1612 de l'ère vulgaire), l'essence de roses était complétement inconnue.

Dans une *Histoire des Grands Mogols*, de 1525 à 1677, la découverte de l'essence de roses est mentionnée de la manière la plus positive dans ces deux passages :

« L'essence d'eau de roses, que la princesse (Noûr-Djihân-Beygum) nomma d'abord *essence de Djihân-guyr*, ainsi que quelques autres parfums d'un moindre prix dont elle procura la jouissance aux hommes peu favorisés de la fortune, sont de son invention et de celle de sa mère. »

I.

« Au commencement de la fête parfumée du nouvel
an et de cette année du règne (de Djihânguyr) la mère
de (la princesse) Noûr-Djihân ayant présenté de l'essence d'eau de roses, qu'elle avait extraite, et le prince
l'ayant trouvée agréable, il jugea à propos de donner
à cette découverte son nom auguste, et la nomma *à
ther djihânguyry*, c'est-à-dire essence de Djihân-
guyr. »

« La manière de faire le *à ther*, dit encore M. Glad-
win dans une *Histoire de l'Indoustan*, fut alors découverte, pour la première fois, par la mère de Noûr-
Djihân-Beygum. Le *à ther* est l'huile essentielle de
roses, qui surnage en très-petite quantité au-dessus de
l'eau de roses distillée, etc. »

Quant à sa découverte, voici ce que raconte le Vé-
nitien Manucci, qui séjourna quarante ans aux Indes :

« Tandis que l'empereur se promenait avec elle
(Noûr-Djihân-Beygum) sur le bord d'un canal rempli
d'eau de roses, ils aperçurent une espèce de mousse
qui s'était formée sur l'eau, et qui nageait à la surface.
On attendit, pour la retirer, qu'elle fût arrivée au
bord, et l'on reconnut alors que c'était une substance
des roses que le soleil avait recuite, et, pour ainsi dire,
rassemblée en masse. Tout le sérail s'accorda à reconnaître cette substance huileuse pour le parfum le plus
délicat que l'on connût dans l'Inde. Dans la suite, l'art
tâcha d'imiter ce qui avait été d'abord produit du hasard et de la nature. » (*Hist. génér. du Mogol*, t. I,
p. 3a6 et 327, 2ᵉ éd.)

HUILE VOLATILE OU ESSENCE DE CANNELLE.

Cannelle de Ceylan concassée.......... 5 kilogrammes.
Eau commune...................... 20 litres.
Sel commun...................... 1 kilogramme.

Faire macérer pendant vingt-quatre heures, ajouter le sel, distiller jusqu'à ce que l'eau passe claire. Le produit sera laiteux, très-aromatique et par le repos donnera l'huile volatile au fond du récipient ; après vingt-quatre heures, décanter le produit, le reverser sur les matières restées dans la cucurbite, et distiller comme la première fois ; réitérer jusqu'à ce qu'on n'aperçoive plus d'augmentation dans le produit huileux, laisser reposer vingt-quatre heures et décanter pour isoler l'huile volatile.

HUILE VOLATILE OU ESSENCE D'AMANDES AMÈRES.

Amandes amères................... 10 kilogrammes.
Eau commune.................... Quantité suffisante.
Sel commun..................... 1 kilogramme.

Réduire les amandes en poudre à l'aide d'un moulin particulier, et retirer l'huile fixe par expression à la manière ordinaire, c'est-à-dire au moyen d'une presse à percussion ; délayer le tourteau d'amandes dans l'eau, de façon à former une bouillie claire que l'on introduit dans la cucurbite, monter l'alambic et laisser macérer pendant vingt-quatre heures ; alors distiller au moyen de la vapeur que l'on fait arriver par un tuyau de barbotage dans la cucurbite, ou au moyen d'un alambic à la Soubeiran : dans ce dernier cas, le tourteau délayé doit être mis dans le bain-marie. Continuer la distillation jusqu'à ce que le produit cesse d'être odorant.

Séparer alors l'huile volatile de l'eau aromatique, verser celle-ci dans la cucurbite d'un petit alambic et distiller de nouveau; il se séparera une nouvelle quantité d'essence qui passera dans les premiers moments de l'opération; cette essence doit être ensuite mélangée avec le premier produit.

Pendant fort longtemps la formation de l'huile volatile d'amandes amères a été, pour les chimistes, une énigme qu'ils désespéraient presque de résoudre; ils se demandaient d'où pouvait provenir cette essence, puisque les amandes amères ne contiennent que de l'huile grasse et d'autres principes complétement inodores. MM. Robiquet, Liebig, Bussy et Fremy nous ont appris que c'était le produit d'une métamorphose, d'une réaction chimique qui s'établit, sous l'influence de l'eau, entre l'albumine végétale des amandes et l'un des principes inodores qui l'accompagnent. Ce principe est une substance blanche, cristalline, douceâtre, soluble, qu'on a nommée *amygdaline*.

Si l'on prend en effet de l'amygdaline et qu'on la mette en contact avec une dissolution d'albumine des amandes, ou plus simplement avec une émulsion d'amandes douces, le mélange acquiert presque immédiatement une odeur forte et aromatique. 100 parties d'amygdaline fournissent ainsi, par la distillation, jusqu'à 42 parties d'essence, accompagnées de 5 à 6 parties d'acide prussique. Et ce qu'il y a de plus singulier, c'est que cette conversion d'un principe inodore en un principe très-odorant n'est opérée que par l'albumine des amandes amères, et nullement par celle des autres végétaux, ni par l'albumine des animaux. Ce qui prouve bien, d'ailleurs, que l'huile essentielle, dans ce cas, est formée aux dépens de l'amygdaline, c'est que les amandes douces, qui ne renferment pas d'amygdaline, ne fournissent pas la plus légère trace d'huile essentielle à la distillation.

En raison de la propriété toute spéciale de l'albumine des amandes amères, qui se rapproche de la diastase ou du ferment, on la distingue par le nom de *synaptase*.

Exposée à l'air, l'huile volatile d'amandes amères absorbe l'oxygène et laisse précipiter des cristaux d'acide benzoïque. Elle contient de 8 à 14 pour 100 d'acide prussique, qui y adhère avec opiniâtreté, mais dont on peut la débarrasser en la distillant sur de la potasse. Entièrement exempte d'acide, elle n'est pas plus vénéneuse que les autres huiles volatiles et rentre dans leur même classe.

En général l'essence d'amandes amères que l'on trouve dans le commerce, soit pour les liqueurs, soit pour la parfumerie, est composées de 1 partie d'huile volatile d'amandes amères pure et de 7 parties d'alcool rectifié.

Depuis quelques années on emploie dans la parfumerie, pour les savons d'odeurs, un produit chimique ayant un parfum presque identique avec celui de l'essence d'amandes amères et auquel on a donné le nom d'*essence de mirbane*. Voici la manière de le préparer :

Benzine	2 kilogrammes.
Acide nitrique à 40 degrés..........	2 kilogrammes.
Acide sulfurique à 66 degrés........	2 kilogrammes.

Verser la benzine dans un grand matras; ajouter, par petites fractions et doucement, les acides qu'on mélange au moment même où on doit les employer (on choisit un jour où il y a du soleil pour faire cette opération); agiter l'ensemble avec précaution tous les quarts d'heure pendant quatre heures : il se produit un dégagement de chaleur et de gaz nitreux très-abondant qui dure pendant toute l'opération.

Après dix à douze heures de repos, décanter l'essence qui surnage sur les acides et lui faire subir plusieurs lavages à l'eau pure.

Ainsi préparée, l'*essence de mirbane* est d'une couleur jaune, très-liquide et a une odeur forte et très-aromatique. Elle ne peut être employée dans la fabrication des liqueurs.

TABLEAU

DES HUILES VOLATILES OU ESSENCES

SUSCEPTIBLES

D'ÊTRE EMPLOYÉES PAR LE DISTILLATEUR-LIQUORISTE.

TABLEAU DES HUILES VOLATILES OU ESSENCES SUSCEPTIBL[ES]

N° D'ORDRE.	NOMS DES HUILES.	SUBSTANCES QUI LES FOURNISSENT	PAYS DE PRODUCTION DES SUBSTANCES.	COULEURS des HUILES VOLATILES
1	Absinthe (grande).	Pl. entiéres réc.	Midi de la France et env. de Paris.	Vert foncé.
2	Absinthe (petite).	Id.	Id.	Verte.
3	Absinthe maritime.	Tiges sèches.	Côtes de l'Océan.	Ambrée.
4	Amandes amères.	Amandes expr. ou tourteaux.	Midi de la France.	Jaune clair.
5	Angélique.	Racines sèches.	Bois des prov. méridion.	Jaune d'or.
6	Id.	Pl. entiéres réc.	Jardins cultivés.	Jaune clair.
7	Aneth.	Semences sèches.	France et Allemagne.	Incolore.
8	Anis vert.	Id.	Midi de la France.	Presque incolore.
9	Aunée.	Racines sèches.	Bois hum. et jard. cult.	Jaune clair.
10	Badiane (anis ét.).	Semences sèches.	Chine.	Incolore.
11	Basilic.	Plantes sèches.	Jardins cultivés.	Jaune d'or.
12	Baume de jardin.	Id.	Id.	Id.
13	Bergamotes dist.	Zestes frais.	Italie, midi de la France.	Presque incolore.
14	Id. (par expr.).	Id.	Id.	Jaune.
15	Bigarades (distill.).	V. Curaçao.		
16	Botrys.	Feuilles sèches.	Environs de Paris.	Jaune clair.
17	Calament.	Plantes en fleurs et récentes.	Montagnes pierreuses du Midi.	Id.
18	Calamus.	Racines sèches.	Bretagne et Normandie.	Id.
19	Camomille.	Fleurs récentes.	France et États romains.	Beau bleu limp.
20	Cannelle de Ceylan.	Écorces sèches.	Inde anglaise.	Jaune foncé.
21	Id. de Chine.	Id.	Chine.	Id.
22	Carvi.	Semences sèches.	Prés et jar. de la France.	Jaune clair.
23	Cardamome maj.	Fruits secs.	Indes orientales.	Id.
24	Cardamome min.	Id.	Id.	Jaune.
25	Carotte.	Semences sèches.	France.	Id.
26	Cascarille.	Écorces sèches.	Amérique méridionale.	Légér. verdâtre.
27	Cédrat distillé.	Zestes frais.	Italie, Portugal et midi de la France.	Jaune.
28	Cédrat (par expr).	Id.	Id.	Id.
29	Céleri.	Semences sèches.	France.	Brune rougeâtre.
30	Chervi.	Id.	Id.	Jaunâtre.
31	Citron (distillé).	Zestes frais.	Italie, Portugal et midi de la France.	Presque blanche.
32	Id. (par expr.).	Id.	Id.	Jaune clair.
33	Coriandre.	Semences sèches.	France.	Id.
34	Cumin.	Id.	Allemagne.	Id.
35	Curaçao.	Écorces sèches de bigarades.	Italie, Portugal et midi de la France.	Id.
36	Dictame de Crète.	Plantes sèches.	Grèce.	Jaune.

...TRE EMPLOYÉES PAR LE DISTILLATEUR-LIQUORISTE.

ODEURS DES HUILES VOLATILES.	POIDS COMPARATIF avec l'eau.	OBSERVATIONS.
la plante.	Plus légère.	Très-odorante, se fonce et s'épaissit en vieillis.
Id.	Id.	Moins odorante que celle ci-dessus.
bsinthe et camphre.	Id.	Son emploi est peu usité.
cide prussique.	Plus pesante.	Très-volat., cristallisable, cont. beauc. d'acide pruss. dont quelq. gout. peuv. tuer un chien.
ngélique légère musq.	Plus légère.	Très-odorante, se fonce en vieillissant.
la plante.	Id.	Moins odorante que celle ci-dessus.
Id.	Id.	Très-fluide et plus odorante que celle obtenue des semences fraîches.
...ce et arom. de la sem.	Id.	Cristallis. à 12 degrés cent. et facile à se rancir.
...rement camphrée.	Id.	Se cristallise facilem. et alors devient blanche.
...ois vert.	Id.	Devient jaunâtre en vieillissant, cristallise à 15 degrés centigrades.
...faite de la plante.	Id.	Se fonce en vieillissant.
...squée, ayant q.q. rapp. vec la menthe.	Id.	Ses tiges réc. récoltées soit avant, pendant ou après la floraison, ne fourn. point d'essence.
...sable du fruit.	Id.	Parfum suave et odorant.
fruit.	Id.	Id. moins agréable que celui ci-dessus.
le de la plante.	Id.	Saveur amère un peu âcre.
...pelant la menthe des ...rdins.	Id.	Saveur âcre.
...s-faible de camphre.	Id.	Saveur camphrée.
...ye de la fleur.	Id.	Les fleurs sèches produisent une essence beaucoup moins aromatique.
...approchant de la punaise.	Plus pesante.	Parfum supér. à celui de la cannelle de Chine.
Id.	Id.	Id. infér. à celui de la cannelle de Ceylan.
cumin.	Plus légère.	Cristallisable à 12 degrés centig., se rancit facilement en vieillissant.
...uscade poivrée.	Id.	Saveur vive et pénétrante.
d. plus forte.	Id.	Id.
...aume du Pérou.	Id.	Liquide, chaude et piquante.
...quée.	Id.	Très-fluide, saveur âcre et piquante.
...able du fruit.	Id.	Très-odorante et très-suave.
d.	Id.	Id.
a plante.	Plus pesante.	Très-odorante et âcre.
semences de panais.	Plus légère.	Se fonce et s'épaissit en vieillissant.
...able du fruit.	Id.	Se fonce en vieillissant et dépose un limon blanc qu'il faut séparer pour empêcher la décomposition totale.
d.	Id.	
...a de la semence.	Id.	Rougit en vieillissant.
...l.	Id.	Acide, saveur âcre.
le mais agréable du ...it.	Id.	Saveur amère.
...oche de la marjolaine.	Id.	Liquide âcre et piquant.

N°s d'ordre.	NOMS DES HUILES.	SUBSTANCES QUI LES FOURNISSENT.	PAYS DE PRODUCTION DES SUBSTANCES.	COULEURS des HUILES VOLATILES.
37	Fenouil.	Semences sèches.	Midi de la France.	Jaune clair.
38	Fenouil de Florence.	Id.	Italie.	Id.
39	Fleurs d'oranger.	V. Néroli.		
40	Genièvre.	Baies fraîches.	Nord de la France et de l'Europe.	Id.
41	Girofles.	Fruits secs.	Bourbon, Cayenne et les Indes.	Jaune foncé.
42	Gingembre.	Racines sèches.	Antilles.	Jaune verdâtre.
43	Hysope.	Pl. fleuries réc.	Midi de la France.	Jaune clair.
44	Laurier (sauce).	Feuill. récentes.	Id.	Jaune verdâtre.
45	Lavande.	Pl. fleuries réc.	Env. de Paris et midi de la France.	Id.
46	Limettes.	Zestes frais.	Italie.	Jaune clair.
47	Macis.	Arilles sèches de muscade.	Iles Moluques.	Jaune d'or.
48	Marjolaine.	Pl. fleuries réc.	Midi de la France.	Jaune clair.
49	Mélisse.	Id.	Jardins cultivés.	Presque blanc.
50	Menthe poivrée.	Sommit. fleuries récentes.	Angleterre.	Incolore.
51	Mille-feuille.	Plantes fleuries sèches.	France.	Bleu clair ou ... ne verdâtre.
52	Muscade.	Noix sèches.	Iles Moluques.	Jaune.
53	Néroli.	Fleur fraîche d'oranger.	Environs de Grasse et de Paris.	Jaune rouge...
54	Orange.	V. Portugal.		
55	Origan rouge.	Plantes fleuries récentes.	Midi de la France.	Jaune brun.
56	Persil.	Semences sèches.	France.	Jaune verdâtre.
57	Portugal (distillé).	Zestes d'oranges.	Midi de l'Europe et de la France.	Presque blanc.
58	Portugal (par expr.).	Id.	Id.	Jaune.
59	Petit-grain.	V. Bigarades.		
60	Rhodes ou rose (bois de).	Bois sec.	Archipel, Grèce, Antilles.	Id.
61	Romarin.	Pl. fleuries réc.	Midi de la France.	Jaune verdâtre.
62	Roses.	Pétales de la rose cent-feuilles.	Midi de la France et environs de Paris.	Incol. ou ...
63	Rue.	Plantes récentes.	France.	Verte et jaune.
64	Safran.	Stigmates secs de safran.	Gâtinais.	Jaune d'or.
65	Sassafras.	Racines sèch. du laur. sassafras.	Amérique septentrion.	Jaune rouge.
66	Sauge.	Plantes récentes.	France.	Jaune verdâtre.
67	Serpolet.	Pl. fleuries réc.	Bois de la France.	Jaune.
68	Tanaisie.	Id.	France.	Jaune verdâtre.
69	Thym.	Id.	Midi de la France.	Jaune.
70	Zédoaire.	Racines sèches.	Inde orientale.	Jaune clair.

ODEURS DES HUILES VOLATILES.	POIDS COMPARATIF avec l'eau.	OBSERVATIONS.
Aromatique de la semence.	Plus légère.	Cristallisable à 6 degrés centigrades.
Id.	Id.	Id.
Forte des baies, se rapprochant de la térébenthine.	Id.	Se fonce et s'épaissit en vieillissant.
Forte de girofles.	Plus pesante.	Épaissit et rougit en vieillissant, saveur âcre et brûlante.
Faible de la racine.	Plus légère.	Saveur amère et piquante.
Parfaite de la plante.	Id.	Très-odorante, âcre.
Prononcée de la feuille.	Id.	Se fonce en vieillissant.
De la plante.	Id.	Id.
De citron.	Id.	Parfum très-aromatisé.
De poivre et de thym.	Plus pesante.	Saveur de poivre.
Faible de menthe et de camphre.	Plus légère.	Se fonce en vieillissant.
Citronnée.	Id.	Id. saveur âcre.
De la plante.	Id.	Saveur très-piquante, se cristallise à 22 degrés en aiguilles fines, jaunit en vieillissant.
Aromatique, camphrée.	Id.	Se fonce en vert prononcé en vieillissant; fraîche, elle ne donne pas d'essence.
Faible de la muscade.	Plus pesante.	Composée de 2 huiles, l'une légère et fluide, l'autre épaisse, blanche et plus pes. que l'eau.
Agréable de fleurs d'oranger.	Plus légère.	Rougit et brunit en vieillissant, la meilleure se fait à Paris avec les fleurs des orangers bigaradiers.
De la plante mais un peu poivrée.	Id.	Saveur âcre, se fonce en vieillissant.
De la plante.	Plus pesante.	Saveur forte et amère.
Agréable d'oranges.	Plus légère.	Moins parfumée que celle par expression.
Id.	Id.	Très-facile à rancir, dépose un mucilage qu'il faut enlever pour éviter la décomposition.
De roses et de sassafras.	Plus légère.	Saveur amère, rougit en vieillissant.
Camphrée de la plante.	Id.	Saveur brûlante, se fonce en vieillissant.
Forte de roses.	Id.	Se cristallise au-dessous de 10 degrés.
De la plante.	Id.	Odeur forte et désagréable, saveur âcre.
De safran.	Plus pesante.	Saveur âcre et brûlante, se transforme en une matière blanche qui surnage sur l'eau.
Agréable de sassafras.	Id.	Surpasse en pesanteur toutes les huiles volatiles connues, rougit en vieillissant.
Camphrée prononcée de la plante.	Plus légère.	La petite sauge fournit une essence plus aromatique que la grande, se fonce en vieilliss.
Aromatique de la plante.	Id.	Se fonce et brunit en vieillissant.
De la plante, se rapprochant du fenouil.	Id.	Saveur anisée et piquante.
Forte et suave de la plante.	Id.	Se fonce et brunit en vieillissant.
Camphrée de la racine.	Plus pesante.	Se fonce en vieillissant.

HUILES VOLATILES PAR MACÉRATION OU EXTRAITS.

L'extraction des huiles volatiles s'opère encore, pour certaines fleurs, au moyen d'une *macération dans une huile grasse* que l'on met ensuite en contact avec de l'alcool : on nomme ce produit *extrait*.

Les fleurs dont l'odeur est très-fugace, telles que : *aubépine, cassie, chèvrefeuille, géranium, jasmin, jonquille, héliotrope, hyacinthe, lilas, lis, muguet, narcisse, patchouli, réséda, seringa, tubéreuse, verveine, violette*, etc., ne produisent point d'huile volatile par distillation, ni par expression. On ne peut extraire l'*arome* qu'en employant une huile grasse ou fixe (celle d'olive, de ben ou d'amandes douces) comme dissolvant. Cette extraction se dispose ainsi :

On met les fleurs mondées en contact couche par couche avec du coton, ou entre des draps de laine blanche, imprégnés d'huile grasse; au bout de trois à quatre jours, on renouvelle les fleurs et l'on continue ainsi jusqu'à ce que le coton ou les draps de laine imprégnés d'huile grasse soient bien chargés de l'odeur. On fait alors digérer les draps ou le coton dans l'alcool à 85 ou 90 degrés, et l'on distille au bain-marie. L'alcool s'empare de l'arome des fleurs pour former l'huile volatile ou *extrait*.

Quelques praticiens préfèrent ne pas distiller. Pour obtenir l'huile volatile d'une fleur, ils mettent seulement l'huile exprimée du coton ou des draps de laine en contact pendant plusieurs jours avec l'alcool; ce dernier dissout l'huile volatile sans presque toucher à l'huile grasse, la filtration s'opère après avoir décanté l'alcool.

Pour cette dernière partie, on peut encore exposer le mélange à la gelée ou le frapper de glace. L'huile se solidifie et se précipite au fond du flacon; l'alcool surnage, chargé de la partie odorante des fleurs. On le décante sans distillation.

Il existe un quatrième procédé, proposé par un habile parfumeur de Paris, M. Teissier-Prévost, qui consiste à remplacer l'huile par un mucilage de gomme arabique sirupeux, dont on imbibe des carrés de molleton de coton blanc, sur et sous lequel on met des couches de fleurs; lorsque le mucilage est imprégné convenablement du principe odorant, on presse légèrement. Le mucilage, chargé d'huile volatile, est ensuite traité par l'alcool qui s'empare de celle-ci et précipite celui-là, lequel peut servir indéfiniment. Ce procédé est plus économique, parce que le mucilage, qui ne s'altère point, est beaucoup moins cher que les divers corps gras employés jusqu'à ce jour à cet usage.

D'autres substances, telles que l'iris, la vanille, ne fournissent pas non plus d'huile volatile, soit par distillation, expression ou macération dans une huile grasse; leur parfum ne peut s'obtenir qu'au moyen d'infusions successives dans l'alcool. (*Voyez* plus loin *Teintures aromatiques spiritueuses*.)

CHAPITRE VIII.

DU SUCRE.

Le sucre est l'une des bases essentielles des liqueurs; il est donc nécessaire que le liquoriste connaisse parfaitement la nature, le caractère et la clarification de cette substance.

Suivant les principes actuels de la chimie, le sucre est un corps qui, dissous et mis en contact avec un ferment, possède la propriété de pouvoir être transformé en alcool et en acide carbonique; entièrement composé d'oxygène, de carbone et d'hydrogène, il peut être considéré comme un *oxyde végétal*; d'après Gay-Lussac et Thénard, les parties constituantes du sucre sont, en poids : carbone 42,47; oxygène 50,73; hydrogène 6,90.

On reconnaît deux grandes variétés de sucre : le sucre ordinaire ou cristallisable et le sucre incristallisable.

La première de ces variétés, fournie en général par la canne à sucre et la betterave, existe aussi dans la sève d'érable, les carottes, les citrouilles, les châtaignes, les tiges de maïs, le sorgho, etc. La seconde variété se rencontre dans les raisins, les poires, les groseilles, les pommes de terre, et dans une grande quantité de fruits, légumes et grains.

Le sucre propre aux usages du liquoriste s'extrait exclusivement de la canne et de la betterave. On le trouve dans le commerce sous trois états différents : *brut*, *terré et raffiné*. On en distingue trois espèces principales : sucre *des colonies, indigène, étranger*.

Les sucres *bruts*, c'est-à-dire non raffinés, nous arrivent du nord de la France, de l'Amérique et des Antilles, enveloppés dans des sacs, balles de jonc ou tonneaux. Ils sont divisés en plusieurs sortes, suivant la beauté de la nuance ou la *richesse* du grain. Le point de départ, dans la classification des sucres bruts, est le blanc parfait. S'il pouvait exister on le qualifierait de *première nuance*, ou, par abréviation, de *première*. La *seconde* est d'un blanc moins pur, elle est fort difficile à trouver dans le commerce.

La *belle troisième* est la qualité la plus belle qui arrive des colonies, sa cristallisation est brillante et sa couleur jaune clair argenté est presque blanche. La *bonne troisième*, la *troisième*, la *troisième ordinaire*, sont des sortes graduellement plus foncées en couleur et moins riches en cristallisation.

La qualité le plus en usage chez le liquoriste est la *bonne quatrième*. Sa couleur est blonde ou grisâtre, la cristallisation assez prononcée est sèche et détachée; cette sorte se divise aussi en *belle quatrième*, *fine quatrième*, pour les qualités supérieures, et en *quatrième bonne ordinaire*, *quatrième ordinaire* et *basse quatrième* pour celles inférieures.

Les sucres *bruts communs* se reconnaissent à leur couleur rougeâtre ou brune due à la présence d'une quantité plus ou moins grande de sirop-mélasse.

Les sucres *terrés* nous viennent dans les mêmes enveloppes et des mêmes pays que les précédents, excepté de la France. Leurs nuances sont aussi désignées par *première* (cette sorte est presque impossible à trouver dans le commerce), *seconde* ou *fleuret* pour le sucre terré de la Havane, *troisième* et *quatrième* pour les nuances inférieures.

Les sucres raffinés sont produits par tous les sucres cristallisables. Ils sont en pains coniques, avec ou sans sommets, variables de poids et de nuances. On nomme *quatre cassons* les pains de 6 à 10 kilogrammes, *trois cassons* les pains de 3 à 4 kilogrammes, *caboches* les pains dont le sommet n'est pas pointu. Les *lumps*, les *bâtardes* et les *vergeoises* sont de gros pains tronqués dont le poids varie de 8 à 15 kilogrammes. Les premières sont blanches ou tachées, leur grain est gros et creux; les secondes sont d'une qualité inférieure aux *lumps*, toujours tachées et humides; et les troisièmes, d'un jaune foncé et d'une saveur de mélasse, constituent la dernière sorte de sucre raffiné.

Les termes de *taché*, *verte*, *terré*, *étuvé*, s'appliquent aux nuances et à l'état d'humidité ou de sécheresse dans lequel se trouvent les différents sucres raffinés qui viennent d'être désignés.

Les sucres de canne et de betterave sont rigoureusement de même nature et ne diffèrent en aucune manière lorsqu'on les a portés par le raffinage au même degré de pureté. Le goût, la cristallisation, la couleur, la pesanteur sont exactement identiques : il n'y a que les routiniers ou les ignorants qui prétendent le contraire.

A l'état de pureté, le sucre est blanc, cristallisé, dur et brillant, d'une saveur très-douce, phosphorescent par le choc dans l'obscurité, inaltérable à l'air sec, très-soluble dans l'eau. A la température ordinaire, l'eau en dissout son poids égal; mais au degré voisin de l'ébullition, elle peut s'en charger dans toute proportion.

La saveur du sucre est sensiblement modifiée par la pulvérisation et le râpage. C'est principalement celui qui est très-dur, qui présente ce fait au plus haut degré. Il paraît que l'effort qu'on fait avec le pilon ou la râpe élève assez la température pour que le sucre éprouve un commencement de carbonisation qui lui fait acquérir un léger goût d'empyreume.

Le savant mathématicien Laplace n'expliquait pas ainsi le changement de saveur dans le sucre pilé. « Monsieur, lui disait un jour Napoléon, comment se fait-il qu'un verre d'eau dans lequel je fais fondre un morceau de sucre me paraisse beaucoup meilleur que celui dans lequel je mets pareille quantité de sucre pilé? — Sire, répondit le savant, il existe trois substances dont les principes sont exactement les mêmes, savoir : le sucre, la gomme et l'amidon; elles ne diffèrent que par certaines conditions dont la nature s'est réservé le secret: et je crois qu'il est possible que, dans la collision qui s'exerce par le pilon, quelques portions sucrées passent à l'état de gomme ou d'amidon et causent la différence qui a lieu en ce cas. » Cette réponse, admirable pour un homme pris au dépourvu, ne pourrait satisfaire aujourd'hui quelqu'un possédant des notions chimiques.

Le sucre n'est soluble dans l'alcool qu'en très-petite quantité; chauffé à sec, il se fond, se colore de plus en plus et se transforme en *caramel*. Les acides hydrochlorique, nitrique et sulfurique ajoutés à un liquide sucré et bouillant ont la propriété de le rendre incristallisable. Une ébullition très-longuement continuée produit le même effet que l'action des acides; mais, pour obtenir un sirop complétement incristallisable, il faut prolonger l'opération plus de dix-huit heures, tandis que le plus souvent, avec les acides, quelques minutes suffisent.

Les usages du sucre, comme substance alimentaire et comme condiment, sont si nombreux et tellement connus, qu'il devient inutile de les signaler.

Voici les conditions de vente des sucres bruts et raffinés de diverses provenances, fixées par les courtiers, la chambre et le tribunal de commerce de Paris.

SUCRE BRUT de toute espèce. — *Escompte :* 5 pour 100. — *Tares :* 20 pour 100 en futaille de vin de Bordeaux sans barres; 7 pour 100 en sacs de simple toile.

SUCRE DE LA MARTINIQUE, DE LA GUADELOUPE, DE SAINT-DOMINGUE, DE LA JAMAÏQUE, LA SAINTE-CROIX, DES AUTRES ANTILLES, DE LA HAVANE, DE BOURBON, DE L'ILE MAURICE. — *Escompte :* 5 pour 100. — *Tares :* 17 pour 100 en barriques; 8 pour 100 en tierçons et quarts.

SUCRE DE CAYENNE. — *Escompte :* 5 pour 100. — *Tare :* 17 pour 100.

Le vendeur garantit 5 pour 100 de bonne tare sur cette sorte de sucre, et n'accorde dans ce cas aucune bonification sur les fonds, tels qu'ils soient.

Observations. — Les futailles de 400 kilog. et au-dessus sont qualifiées *barriques;* elles ne peuvent avoir plus de seize cercles à l'entour de la futaille et deux à chaque bout pour soutenir le fond, l'un à l'intérieur et l'autre à l'extérieur de la barrique.

Les futailles de 151 à 399 kilog. sont réputées *tierçons*.

Les futailles de 30 à 150 kilog. sont réputées *quarts*.

Elles sont à douze cercles à l'entour, plus deux cercles à chaque fond.

Toutes les barres, surcharges, plâtre sur toutes espèces de futailles s'enlèvent avant la pesée ou s'arbitrent, et se déduisent du poids brut.

Les fonds, autres que ceux en sapin et ceux qui sont taillés à la serpe, sont réputés *gros fonds*, et sont réfractionnés à 1^{kil},500 pour chaque fond. Il n'est point dû de réfraction pour la vidange des sucs bruts, si cette vidange n'excède pas :

16 centimètres dans les barriques,

11 » dans les tierçons,

8 » dans les quarts,

à prendre du bord de la futaille.

La tare d'usage sera bonifiée à l'acheteur en estimant que 27 millimètres de vidange au-dessous des mesures indiquées ci-dessus représentent :

20 kilog. *poids brut*, dans les barriques de sucre Jamaïque ou de forme semblable ;

16 kilog. *poids brut*, dans les barriques de sucre Martinique et Guadeloupe, ou de forme semblable ;

12 kilog. *poids brut*, dans les tierçons ;

6 kilog. *poids brut*, dans les quarts.

SUCRE DE BOURBON ET DE L'ILE MAURICE. — *Escompte :* 5 pour 100. — *Tares :* 5 kilog. par balle de 50 à 75 kilog. en couffe de jonc, simple emballage sans lien ; 6 kilog. par balle de 76 kilog. et au-dessus, sans lien ; 3 kilog. par balle de 50 à 75 kilog. en couffe de jonc, simple emballage ; 4 kilog. par balle de 76 kilog. et au-dessus sans lien. Le sucre en balle se pèse par pesée de 500 à 600 kilog. de trait.

SUCRE DU BRÉSIL. — *Escompte :* 5 pour 100. — *Tare :* 18 pour 100 en caisse, sans autre surcharge que trois liens de fer d'origine.

10.

SUCRE TERRÉ ET TÊTE. — *Escompte :* 4 pour 100. — *Tares :* 13 pour 100 sur les barriques, et 14 pour 100 sur les tierçons et quarts.

Les futailles de 400 kilog. et au-dessus sont qualifiées *barriques ;* elles peuvent être rebattues à seize cercles, plus un cercle de support pour chaque fond

Les futailles de 151 à 399 kilog. sont qualifiées *tierçons.*

Et les futailles de 50 à 150 kilog. sont qualifiées *quarts ;* elles sont à douze cercles, plus un cercle de support pour chaque fond.

SUCRE DE LA HAVANE. — *Escompte :* 4 pour 100. — *Tares :* 62 kilog. par caisse au-dessous du poids de 200 kilog., 13 p. 100 en caisses du poids de 200 kilog. et au-dessus ; 14 pour 100 en demi-caisse.

Les caisses et demi-caisses seront sans autre surcharge que trois liens de cuir.

SUCRE DU BRÉSIL. — *Escompte :* 4 pour 100. — *Tare :* 17 kilog. en caisse sans autre surcharge que trois liens d'origine.

SUCRE DE LA VERA-CRUZ. — *Escompte :* 4 pour 100. — *Tare :* 6 kilog. par balles, sans autre surcharge que la corde d'origine, un jonc intérieur et une toile de pître à l'extérieur.

SUCRE DE L'INDE (BENARÈS). — *Escompte :* 4 pour 100. — *Tares :* à convenir. En caisse d'environ 200 kilog. avec une légère toile intérieure et deux liens de fer extérieurs. 6 kilog. en balles, de 76 à 100 kilog. en double toile extérieure, plus une légère toile de coton intérieure, sans surcharge. 5 kilog. en balles de 50 à 75 kilog., comme le précédent ; se pèse par pesée de 500 à 600 kilog., et au kilog. de trait.

SUCRE DE BEERBOOM. — *Escompte :* 4 pour 100. — *Tare :* 6 kilog. par balle de 75 à 80 kilog. en joncs intérieurs et en gunny.

SUCRE DE COCHINCHINE. — *Escompte :* 4 pour 100. — *Tares :* 3 kilog. en balle de 45 à 60 kilog., en simple jonc ; 4 kilog.

en balle de 61 à 80 kilog., en simple jonc; 1 kilog. par balle de plus, en cas de double jonc.

SUCRE DE BATAVIA. — *Escompte :* 4 pour 100. — *Tare :* 13 pour 100 en canastres de tout poids et en paniers, exempts de surcharge.

SUCRE DE MANILLE. — *Escompte :* 4 pour 100. — *Tare :* 3 kilog. par balle, en balles de 40 à 50 kilog. en double emballage de jonc avec un lien de jonc ; se pèse par pesée de 500 à 600 kilog. et au kilog. de trait.

SUCRE INDIGÈNE DE TOUTE ESPÈCE. — *Escompte :* 5 pour 100. — *Tare nette.* On accorde 5 pour 100 de bonification de tare ; se pèse par fût ou par pesée de 500 à 600 kilog. lorsqu'ils sont en sac, et au kilog. de trait.

SUCRE EN PAINS DES RAFFINERIES DE PARIS. — *Escompte :* 3 pour 100. — *Tare nette :* sans papier.

Observations. — Les sucres destinés à l'exportation sont livrés au taux convenu entre le vendeur et l'acheteur ; mais la douane n'accorde la prime sur le papier que d'après les lois et ordonnances. Dans les raffineries de Paris, les futailles et l'emballage sont à la charge de l'acheteur.

SUCRE D'AUTRES RAFFINERIES. — *Escompte :* 3 pour 100. — *Tare brute* pour nette, tels qu'ils se comportent avec papier et ficelle, pesés sur le plateau. Lorsque les sucres sont en futailles, l'emballage reste à l'acheteur.

SUCRE PILÉ. — *Escompte :* 3 pour 100. — *Tare nette,* en caisses ou futailles.

SUCRE DE PARIS, BATARD. — *Escompte :* 3 pour 100. — *Tare nette,* sans papier.

SUCRE VERGEOISE. — *Escompte :* 3 pour 100. — *Tare nette,* sans papier.

SIROP DE MÉLASSE des raffineries de Paris. — *Escompte :* 3 pour 100. — *Tare nette :* la futaille rebattue et plâtrée est à la charge du vendeur.

Nous dirons en terminant que le sucre en gros cristaux brillants, à facettes et angles bien nets, est désigné sous le nom de *sucre candi*. On en distingue trois sortes, dont les noms varient selon les nuances : ce sont les *candis blanc*, *paille* et *roux*. Le candi blanc est dépourvu d'odeur et constitue le sucre dans un état de pureté complète.

La *mélasse* est le dernier résidu de l'extraction et du raffinage du sucre ; c'est un sirop dense, visqueux, incristallisable, marquant de 41 à 44 degrés à l'aréomètre de Baumé (pèse-sirop). Sa couleur est jaune foncé, brun clair ou presque noir, suivant sa provenance ; ce produit contient 40 à 50 pour 100 de son poids de sucre cristallisable, et 12 à 15 pour 100 de sucre incristallisable.

La mélasse des cannes et celle des betteraves ne sont pas identiques : la première est infiniment supérieure, de même que la mélasse de *fabrique* est inférieure à celle de *raffinerie*.

DE LA GLUCOSE.

Parmi les sucres incristallisables, la glucose tient le premier rang. Ce produit naturel de la végétation se rencontre dans un grand nombre de fruits qui présentent une réaction acide, le miel, l'urine des malades affectés du *diabète sucré*. Beaucoup de substances végétales, particulièrement l'amidon, la fécule, la gomme, sont susceptibles de se transformer, sous diverses influences, en cette espèce de sucre.

Nous allons examiner rapidement les différentes formes sous lesquelles on trouve la glucose.

Sucre de raisin. — Cette espèce est contenue abondamment dans les raisins et dans tous les fruits sucrés; on peut l'en extraire de la manière suivante : on verse dans du moût de raisin un excès de craie, ou mieux de marbre en poudre. Ce sel calcaire sature le tartrate acide de potasse qui existe dans le suc de raisin; il en résulte une effervescence ou dégagement d'acide carbonique, que l'on favorise par l'agitation. La liqueur saturée est clarifiée immédiatement avec des blancs d'œufs ou du sang de bœuf : ensuite on la fait évaporer jusqu'à ce que, bouillante, elle marque 35 degrés, et on la laisse refroidir. Au bout de quelques jours, elle se prend en une masse cristalline que l'on met égoutter, et que l'on soumet ensuite à un léger lavage à l'eau froide et à une forte compression.

Le sucre de raisin ne se présente que sous forme de petits grains blanchâtres ayant peu de consistance, et qui se groupent en petits tubercules; sa saveur est fraîche et ensuite sucrée, mais pas autant que celle du sucre ordinaire. Il faut $2\frac{1}{2}$ parties de sucre de raisin pour communiquer à un même volume d'eau le même degré de douceur que lui donne une partie de sucre de canne; il est moins soluble dans l'eau que ce dernier, à la température ordinaire. L'alcool bouillant le dissout facilement, et le laisse précipiter par le refroidissement en petits tubercules blancs. Ces caractères le différencient du sucre de canne, dont il possède au reste toutes les propriétés chimiques. Sa composition est : carbone 36,71 ; oxygène 56,51 ; hydrogène 6,78.

Sirop de raisin. — Ce sirop s'obtient en opérant de la même façon que pour le sucre de raisin, mais en ne faisant évaporer que jusqu'à 31 degrés seulement.

Le sirop de raisin est employé avec beaucoup de succès pour bonifier les eaux-de-vie, principalement les trois-six coupés.

Un des bienfaiteurs de l'humanité, le célèbre Parmentier, celui qui a popularisé en France la pomme de terre, a écrit en 1810 un *Traité sur l'art de fabriquer les sirops et les conserves de raisins*, que nous ne saurions trop engager nos lecteurs à consulter.

Sucre de fécule ou de pomme de terre. — On nomme ainsi un produit, dont la découverte est due à Kirchhoff, qui la fit dans l'année 1812, en traitant la fécule par l'acide sulfurique étendu d'eau. Ce sucre est d'une nature absolument semblable à celui qu'on retire des raisins et des fruits sucrés. Voici le procédé le plus simple pour son extraction. On délaye 12 kilogrammes de fécule de pomme de terre dans 40 litres d'eau aiguisée de 200 grammes d'acide sulfurique. On fait bouillir le mélange dans un vase qui ne puisse être altéré par l'acide sulfurique, comme une bassine revêtue intérieurement de plomb; on agite pendant la première heure de l'ébullition. La masse devient alors plus liquide et n'a plus besoin d'être remuée continuellement. L'eau doit être remplacée au fur et à mesure de son évaporation. Lorsque la liqueur a suffisamment bouilli (environ huit heures), il faut y ajouter de la craie ou du blanc d'Espagne (carbonate de chaux), pour saturer l'acide; on clarifie avec du charbon, des blancs d'œufs ou du sang de bœuf; on filtre à travers une chausse de laine, et l'on fait concentrer la liqueur jusqu'en consistance sirupeuse. Par le refroidissement, il se dépose beaucoup de sulfate de chaux; on décante la liqueur et l'on achève l'opération en la faisant concentrer jusqu'à 40 ou 41 degrés, puis on la verse dans un rafraîchissoir, où on laisse la modification commencer; on fait enfin couler le sirop épais dans des tonneaux où cette solidification s'achève.

Plusieurs substances végétales, traitées comme la fécule par l'eau aiguisée d'acide sulfurique, donnent un sucre semblable. Ainsi on en a préparé avec la fibre ligneuse privée de matières étrangères, comme, par exemple, le papier et les chiffons de linge.

Sirop de fécule ou de pomme de terre. — Le sirop de fécule est une solution de fécule saccharifiée, mais non concentrée; on l'obtient par le même procédé que le sucre précédent, en employant cependant moins d'acide et en le faisant aussi moins bouillir.

Les sirops *blancs* sont filtrés au travers du *noir animal* en grains, puis rapprochés jusqu'à la consistance de 32 degrés chauds; ils doivent, étant froids, poser 36 degrés, être très-blancs, et d'une saveur assez sucrée exempte de mauvais goût.

On reconnaîtra facilement si un sirop de fécule est mal décomposé, c'est-à-dire s'il contient encore de la fécule, en mettant une petite quantité de sirop dans un verre à pied et en ajoutant une goutte de *teinture d'iode :* le sirop produit à l'instant une coloration violette. Un sirop de fécule contenant une certaine quantité d'acide sulfurique, par suite d'une saturation incomplète, se reconnaîtra au moyen du papier de tournesol, lequel devient d'un rouge vif immédiatement.

Les sirops blancs sont employés par les liquoristes et les confiseurs dans une foule de circonstances, notamment pour les liqueurs et les sirops rafraîchissants.

Les sirops *colorés* sont mis en usage dans les brasseries pour les bières simples, et pour la fabrication des caramels communs. On s'en sert aussi pour les cirages.

Sirop d'amidon. — On obtient ce produit en opérant de la même manière que pour le sirop de fécule et en remplaçant cette dernière par l'amidon. Son caractère et ses usages sont les mêmes que le sirop de fécule.

Sirop de froment. — Depuis plusieurs années, il existe dans le commerce un produit portant ce nom; en principe, ce sirop doit être extrait du blé, soit par l'amidon ou tout autre moyen; cependant il n'en est pas toujours ainsi. Le sirop de froment, le plus souvent, n'est autre chose qu'un sirop de fécule très-blanc, très-épais, mais dont la décomposition est incomplète, c'est-à-dire qui contient considérablement de dextrine et fort peu de sucre. On reconnaît la présence de la dextrine en mettant du sirop dans une petite fiole; on ajoute ensuite une même quantité d'alcool à 85 degrés, on agite fortement, le liquide devient laiteux, et une masse gluante indissoluble s'attache aux parois et au fond de la fiole.

Le véritable sirop de froment lui-même, tel qu'on le livre aujourd'hui, est un liquide blanc et extrêmement épais, mais dont le principe sucré est presque nul. Le sirop de fécule, dans de bonnes conditions, devra toujours être préféré par le liquoriste.

Il existe encore plusieurs variétés de sucre incristallisable connues sous les noms de : *miel, chulariose ou sucre liquide*, *mannite* et *glycyrrhizine*. Nous allons sommairement examiner chacune d'elles.

Miel. — Cette substance n'est point une espèce distincte de sucre. C'est un mélange de sucre cristallisable analogue à celui du raisin, et de sucre incristallisable, analogue à la mélasse, accompagné d'un principe aromatique particulier, mais variable. Quand le miel est moins pur, il renferme, en outre, de la cire, un acide, de la mannite et même du *couvain*, matière végéto-animale qui lui donne la propriété de se putréfier. Ce couvain est la substance qui forme les alvéoles dans lesquelles les abeilles déposent leurs larves et leurs œufs.

En vieillissant, le miel fermente facilement, se colore et acquiert une saveur piquante. Quelquefois on trouve dans le commerce des miels fermentés auxquels on a donné de la consistance et de la blancheur en y incorporant de l'amidon ou de la fécule. Mais cette fraude est facile à reconnaitre par le dépôt que forme l'amidon ou la fécule, lorsqu'on délaye le miel dans l'eau froide, et par la couleur bleue que la teinture d'iode détermine sur ce dépôt.

Le miel ne peut être employé dans les liqueurs en raison de son prix d'achat; il a, en outre, l'inconvénient de déposer avec le temps une matière granulée, formée en partie de cire et de mannite.

Chulariose ou sucre liquide. — Cette variété existe dans tous les fruits acides, notamment dans les pommes et les poires, dans le miel, dans le nectar des fleurs, dans le jus d'oignon, etc. Pendant longtemps on avait supposé que le sirop des fruits n'était autre chose que de la glucose associée à des matières étrangères, telles qu'albumine, gomme, sels solubles, acides, libres qui s'opposaient à sa solidification et à sa cristallisation; mais les expériences de M. Biot ont démontré qu'elle diffère essentiellement et de la glucose et du sucre cristallisable. C'est ce sirop épais, incristallisable, que Deyeux nomma *principe mucoso-sucré*. Il forme un liquide qu'on ne parvient pas à transformer en sucre ordinaire, solide; toutefois, à la longue, il se convertit en mamelons de sucre de raisin.

Le *chulariose* prend naissance quand le sucre prismatique est sous l'influence des acides, et on peut le produire artificiellement par l'action de ces derniers sur le sucre ordinaire; il constitue, pour une grande partie, la mélasse qu'on obtient dans le traitement des sucs de canne et de betterave. Ce qui le distingue encore bien nettement du sucre prismatique, c'est qu'il est fort altérable par les alcalis; ce qui le différencie de la glucose, c'est qu'il s'altère facilement sous l'influence de l'eau et des acides dilués.

Mannite. — Substance sucrée qui forme la partie constituante de la manne. On la rencontre aussi dans les champignons, la racine de chiendent, le céleri, et dans beaucoup d'exsudations végétales.

La mannite est blanche, cristallisée en petites aiguilles; sa saveur est douce et sucrée; elle est inaltérable à l'air, très-soluble dans l'eau froide, soluble dans l'alcool chaud, d'où elle précipite en partie par le refroidissement.

Glycyrrhizine ou *matière sucrée de la réglisse*. — Ce sucre particulier, très-différent des espèces précédentes, s'obtient en faisant une infusion ou décoction concentrée de la racine de réglisse, et y ajoutant après

son refroidissement une petite quantité d'acide sulfurique; il en résulte un précipité gélatineux transparent, insoluble, formé par la matière sucrée et l'acide.
Lorsque l'on a recueilli et lavé ce précipité à l'eau
froide, on le dissout dans l'alcool, et on sature l'acide
sulfurique par le carbonate de soude. Le sulfate de
soude qui se produit se précipite, et la matière sucrée
reste en solution dans l'alcool.

A l'état de pureté la glycyrrhizine est en masse
jaune, transparente, d'une saveur douce et sucrée,
semblable à celle de la racine d'où elle a été retirée ; elle
est incristallisable et sans odeur. Les propriétés de
l'extrait de réglisse, appelé vulgairement *jus de réglisse*,
sont dues à la présence de cette espèce de sucre.

Nota. — Nous conseillons à nos confrères, pour faciliter la fonte du sucre dans la préparation des liqueurs fortement sucrées, d'employer 1 litre de glucose par hectolitre de liqueurs; on empêche ainsi le
sucre de candir, et il suffit de tenir compte de ce sup-
plément dans le calcul de la quantité de sucre employée.

CHAPITRE IX.

DU SUCRE. (Suite.)

DE LA CLARIFICATION DU SUCRE.

Cette opération a pour but de séparer du sucre, à l'état liquide ou de sirop, toutes les parties étrangères qui troublent sa transparence et qui pourraient occasionner ou accélérer sa fermentation ; elle est fondée, en général, sur la propriété que possède l'albumine (1) de se coaguler par la chaleur et de former une espèce de réseau qui, enveloppant les parties étrangères en suspension dans le liquide, les réunit et les entraine à la surface sous forme d'une écume qui durcit par le refroidissement et dont la consistance permet de les enlever plus facilement.

Voici la manière de procéder à la clarification des sucres *bruts* :

Mettre dans une bassine en cuivre rouge non étamé de suffisante grandeur 50 kilogrammes de sucre Martinique *bonne quatrième*, ajouter 20 litres d'eau pure d'une part, et 6 litres d'eau albumineuse d'autre part, mouvoir ensuite le tout avec une grande spatule de bois pour faire fondre le sucre et l'empêcher de s'atta-

---

(1) Voir, *Dict. des Plantes et autres substances, etc.*, ALBUMINE.

cher au fond de la bassine, allumer le feu et le pousser activement. Lorsque le sucre bout et commence à monter, verser de haut environ 1 litre d'eau albumineuse ; par cette immersion, le sucre s'affaisse, pour remonter ensuite ; verser alors une nouvelle et pareille quantité de la même eau, et arrêter le feu en fermant la porte du cendrier. Le sirop s'affaisse entièrement, l'écume acquiert plus de consistance ; enlever cette écume à l'aide d'une écumoire, puis ouvrir la porte du cendrier pour redonner de l'activité au feu ; entretenir le sucre à une ébullition bien soutenue et faire en sorte que le bouillonnement se fasse sur un côté, afin d'enlever la nouvelle écume sur le côté opposé. Verser de nouveau 3 litres d'eau en deux ou trois fois, en ayant soin de toujours jeter cette eau d'assez haut et d'enlever l'écume. Lorsque enfin le sirop ne présente plus qu'une petite écume légère et blanchâtre, qu'il est suffisamment transparent et que l'on aperçoit le fond de la bassine, le passer à travers un blanchet ou une chausse. Si cependant le sirop n'était pas assez cuit, il faudrait le laisser sur le feu jusqu'à ce qu'il ait acquis le degré convenable ; s'il était trop cuit et qu'il marquât un degré supérieur à 31 degrés, il faudrait le décuire avec de l'eau pour le ramener à ce degré.

L'eau albumineuse se prépare ainsi : prendre six ou huit blancs d'œufs bien frais par 50 kilogrammes de sucre brut, suivant la grosseur des œufs ; les mettre dans un bassin avec les coquilles, ajouter 1 litre d'eau, puis battre le tout avec un fouet de brins d'osier ou de bouleau ; ajouter ensuite à diverses reprises 7 litres d'eau, afin de former 8 litres d'eau albumineuse.

En versant tout de suite 1 litre d'eau avec les blancs d'œufs, on empêche ces derniers de se convertir en mousse ou *neige*. On observera que nous mettons les trois quarts de l'eau albumineuse dans le sucre avant de le chauffer. L'expérience nous a fait remarquer que les blancs d'œufs se coagulaient entre 50 et 60 degrés centigrades de chaleur, et que lorsqu'on ajoutait l'eau albumineuse au moment de l'ébullition, la clarification n'était que partielle ou incomplète. Afin de ne pas nuire à l'opération, on évitera aussi de remuer le sirop avec l'écumoire pendant la clarification et même aussitôt qu'il sera tiède.

Il existe des sucres bruts qui, par suite d'avaries, sont devenus visqueux et sont conséquemment très-difficiles à clarifier. Il convient alors d'ajouter dans la clarification 10 grammes environ d'acide acétique (vinaigre radical), ou, si on le préfère, quelques litres d'eau de chaux. Cette eau se prépare ainsi : on met de la chaux vive dans un petit cuvier en chêne, en ajoutant de l'eau et remuant avec une spatule en bois jusqu'à ce que la chaux soit fondue; lorsque le cuvier est plein, on donne le temps à l'eau de s'éclaircir avant de l'employer.

L'acide acétique et l'eau de chaux servent à dégraisser le sucre fondu et facilitent la séparation des matières étrangères qu'il peut contenir.

Le sang de bœuf est aussi employé pour la clarification du sucre, mais souvent il lui communique, par suite de la difficulté que l'on a de se procurer du sang bien frais, une mauvaise odeur et un goût répugnant. On doit donc donner la préférence aux blancs d'œufs.

La clarification des sucres raffinés s'opère de la même manière que la précédente, en diminuant de moitié la quantité de blancs d'œufs. Les sucres d'un beau blanc sont tellement bien clarifiés aujourd'hui dans les raffineries, qu'ils pourraient n'être clarifiés qu'avec de l'eau pure.

Les écumes et les eaux de lavage sont mises dans un baquet destiné à les recevoir ; elles contiennent encore passablement de sucre et doivent être clarifiées ensemble. A cet effet, on les met dans une bassine, en ajoutant à peu près le même volume d'eau, on remue fortement avec la spatule et l'on porte à l'ébullition ; arrivé à ce point, on retire alors le feu de dessous la bassine et on laisse reposer environ une demi-heure, puis on écume ; on rallume ensuite le feu, et, aussitôt après une nouvelle ébullition, on passe le liquide à travers un tamis et une chausse de laine. Ce sirop léger peut être ramené, si on le juge convenable, à un degré plus concentré ou servir à remplacer une partie de l'eau dans une clarification.

DÉCOLORATION DU SUCRE.

Depuis plusieurs années, par suite de la grande baisse des sucres, les-liquoristes ont préféré l'emploi des sucres blancs à celui des sucres bruts, et ont en partie supprimé le travail de la décoloration. Néanmoins, nous allons faire connaître cette opération.

Lorsque l'on voudra clarifier et décolorer en même temps des sucres dont la blancheur laisse à désirer, tels que : *quatre cassons tachés, lumps*, sucre *terré* ou de l'*Inde*, on se servira de la recette suivante :

I.   11

Sucre en pains ou autres..................	5o kilogrammes.
Eau......................................	3o litres.
Charbon ou noir animal en poudre purifié..	2 kilogrammes.
Noir végétal, ou charbon de bois en poudre.	1 kilogramme.
Blancs d'œufs (nombre)....................	4.

Diviser les blancs d'œufs dans une partie de la quantité d'eau prescrite ; casser le sucre en morceaux de moyenne grosseur en le mettant dans une bassine de cuivre rouge, ajouter l'eau pure et l'eau albumineuse, en réservant 2 litres de cette dernière qui doivent servir pour la clarification ; chauffer promptement en remuant sans cesse à l'aide d'une spatule jusqu'à ce que tout le sucre soit fondu; verser alors, en remuant toujours, les noirs végétal et animal. Lorsque le sirop bout, y verser en deux ou trois fois l'eau réservée, donner un dernier bouillon, puis retirer le tout du feu. Après quelque temps de repos, enlever l'écume et verser la totalité du sirop sur une chausse de laine.

Les premières portions de sirop passent troubles et contiennent du noir très-divisé; il faut les repasser dans le filtre, en ayant soin de le recouvrir, afin d'éviter une trop grande déperdition de chaleur, qui, en rendant le sirop moins fluide, s'opposerait à la filtration. Recevoir le sirop parfaitement clair dans un nouveau récipient.

Lorsque le sirop est passé, laver le noir qui reste dans la chausse avec de l'eau bouillante ; recueillir les eaux de lavage et les mettre avec les écumes.

La purification du noir animal s'opère de la façon suivante : on met dans une terrine de grès 2 kilogrammes de noir, on y ajoute une certaine quantité d'eau pour en former une pâte ; on arrose cette pâte

avec de l'acide hydrochlorique concentré (250 grammes); on agite, pour que le mélange soit complet:
après une heure de contact, on remplit la terrine d'eau
bouillante, on laisse reposer un instant et l'on décante
l'eau qui surnage; on réitère quatre fois ce lavage, et
l'on fait égoutter le charbon.

Le procédé de clarification et de décoloration que
nous venons d'indiquer donne des sirops limpides et
dont le goût est amélioré par l'emploi du noir végétal.
L'effet du noir animal, dans cette application, est de
décolorer le sirop.

Un procédé de décoloration que nous recommandons au liquoriste est celui qui s'opère à l'aide du
filtre Dumont (voir sa description p. 45) et du noir
animal en grains.

Lorsqu'on veut procéder à la filtration d'un sirop, on
place le petit diaphragme soutenu sur quatre pieds
dans le fond du filtre, au-dessus du robinet et du trou
du tube à air : sur ce diaphragme on étend une toile
peu serrée, mouillée et légèrement tendue, sur laquelle on dispose le noir animal en grains égaux en
grosseur à ceux de la *poudre de munition* et séparé de
la poussière (préalablement humectée avec un sixième
de son poids d'eau), de manière qu'il garnisse également l'intérieur du filtre; à chaque couche d'environ 8 centimètres, on aplanit et l'on comprime un
peu la surface du noir à l'aide d'une sorte de grande
truelle, et l'on continue ainsi jusqu'à ce que le noir
occupe une hauteur de 36 centimètres environ.

La première couche de noir placée sur la toile au
fond du filtre ne doit avoir que 3 centimètres de haut,
afin qu'on puisse la tasser plus fortement et plus éga-

lement. Lorsque le filtre est rempli à la hauteur de 36 centimètres, on recouvre la superficie du noir d'une autre toile claire également mouillée et tendue, et du deuxième diaphragme, puis on verse le sirop autant que possible vers le milieu jusqu'à 8 centimètres au-dessus du noir, dans la capacité vide du filtre. Par cette disposition, le noir n'éprouve aucun dérangement par l'effusion du sirop, et l'on n'a pas à craindre qu'il se forme dans son intérieur des fontaines qui occasionneraient un passage trop rapide du liquide. Le sirop, en pénétrant à travers les couches du noir, déplace l'eau dont celui-ci a été humecté et la force à couler par le robinet; on la sépare pour la rejeter, jusqu'à ce qu'on s'aperçoive qu'elle est sucrée, et ensuite remplacée par le sirop, qui coule bientôt en un filet non interrompu, et qu'on entretient en remplissant alors complétement; puis, au fur et à mesure de l'écoulement, on remplit le filtre avec de nouvelles doses de sirop.

Si l'on n'humectait pas le noir préalablement avec de l'eau, le sirop aurait beaucoup de peine à l'imbiber également; il pourrait passer plus dans une partie de sa masse que dans une autre, et la filtration ne marcherait pas aussi régulièrement; dans cette circonstance, l'eau produit encore un autre effet avantageux quand on emploie du noir animal, c'est d'en opérer la lixiviation au moins partielle, ce que l'on reconnaît au goût salé qu'elle a en sortant du filtre.

Nous devons faire observer que la limpidité des sirops étant une condition essentielle pour que la filtration et la décoloration aient lieu avec tous leurs avantages, il faudra préalablement clarifier les sirops, comme nous l'avons expliqué plus haut pour les sucres bruts.

Les grains du noir animal seront plus ou moins fins, suivant la densité des sirops qu'on veut faire filtrer. Ainsi, le liquoriste ayant besoin d'étendre d'eau l'alcool dont il fait usage pour les liqueurs ordinaires, mettra, pour 50 kilogrammes de sucre, 40 ou 50 litres d'eau; il peut alors faire filtrer sur du noir plus fin et obtenir une décoloration plus belle. Dans tous les cas, l'économie du noir animal indiquera toujours l'avantage au noir le moins gros, pourvu cependant que la filtration soit possible. Le noir en effet n'agit que par ses surfaces et proportionnellement à ses surfaces.

Nous observerons également qu'après une première opération le noir conserve encore beaucoup de sa propriété décolorante. On peut de nouveau verser sur ce même noir la même quantité de sirop que la première fois, et ce deuxième produit perdra encore les trois quarts de sa nuance primitive.

Il est à remarquer que le noir en grains qui a été préalablement lavé et séché produit une filtration beaucoup plus prompte que lorsqu'il n'a pas subi cette préparation.

Quant aux filtres Dumont, ils sont de différentes grandeurs : les petits contiennent environ 6 à 8 kilogrammes de noir; on peut en mettre jusqu'à 100 kilogrammes dans les grands. Au moyen de ces appareils, on a la faculté de filtrer les sirops à différents degrés de densité, depuis les plus faibles jusqu'aux plus élevés; on filtre très-bien à froid des sirops marquant 28 à 30 degrés à l'aréomètre. Si l'on opère sur des sirops marquant 35 à 36 degrés (ou 31 à 32 bouillant), alors il faut les verser très-chauds (de 70 à 80 degrés centigrades) dans le filtre. Pour les densités intermédiaires, il suffirait que la température des sirops fût de 45 à 55 degrés; filtrant à chaud, on devra employer, comme nous l'avons dit, un charbon un peu plus gros : l'opération ne dure guère plus longtemps, mais les produits ne sont pas tout à fait aussi décolorés.

La supériorité des sirops filtrés ainsi, sous le rapport de la saveur agréable, sur ceux qui ont seulement bouilli avec du noir, est incontestable et bien facile à concevoir. En effet, le noir animal donne aux sirops chauffés avec lui un goût désagréable d'autant plus prononcé qu'on augmente les proportions du noir; l'humectation et le lavage, au contraire, enlèvent au noir en grains une grande partie de ses principes solubles; et comme d'ailleurs on opère au-dessous du degré de l'ébullition, ou même à froid, c'est une raison de plus pour que les sirops ne contiennent pas un mauvais goût dans leur contact avec le noir.

Si l'usage du filtre Dumont donne une supériorité bien décidée aux sirops, pour la parfaite décoloration et la bonne saveur, il offre aussi un avantage bien réel pour le lavage du noir. Dans l'ancien procédé, il fallait délayer à plusieurs reprises les résidus charbonneux dans l'eau, pour épuiser le sucre dont ils étaient imprégnés, ce qui nécessitait ensuite une évaporation dispendieuse, si l'on ne pouvait employer les eaux de lavage à une autre clarification. Ce travail, long et dégoûtant, est presque entièrement supprimé par le filtre Dumont. Sans rien déranger à l'appareil, il suffit de verser sur le noir une quantité suffisante d'eau pure pour lui enlever promptement tout le sucre, et, ce qu'il y a de plus précieux, on obtient d'une première coulée, surtout en fermant un peu le robinet de manière à ralentir l'issue du sirop, et par suite la filtration, environ les trois quarts du sirop contenu dans le noir, à peu près au même degré de densité que celui de l'opération primitive. Le reste sera mis avec les écumes ou versé sur une nouvelle clarification. L'importance du procédé ci-dessus, au point de vue économique, sera facilement comprise par tous ceux qui manipulent le sucre. On estime que ces résultats ont une décoloration triple de celle obtenue anciennement, et la valeur des sirops décolorés est augmentée de 20 pour 100.

Nous ferons remarquer que, pour faire une seconde décoloration sur le même noir, ou pour procéder au lavage de ce dernier, il faut que ces opérations soient faites avant vingt-quatre heures: car le séjour prolongé du sucre sur le noir animal produit une décomposition blanchâtre qui, ajoutée au sirop ou à l'eau de lavage, les rend fort difficiles à éclaircir.

Le noir animal en grains qui a servi à la décoloration du sucre peut être employé avantageusement pour l'engrais des terres. On peut aussi lui rendre ses propriétés décolorantes au moyen de la révivification, opération qui consiste à soumettre le noir à une calcination qui carbonise les substances organiques adhérentes et met les surfaces charbonneuses à découvert. Le noir animal peut être révivifié de 20 à 25 fois; la déperdition qu'il éprouve est évaluée à 4 ou 5 pour 100 dans chaque révivification.

Outre ses propriétés décolorantes, le noir animal possède aussi celle de saturer les alcalis.

CUITES DIVERSES DU SUCRE.

Quoique le liquoriste n'ait besoin en quelque sorte que de connaître la cuite convenable pour les sirops, nous croyons cependant utile d'indiquer brièvement les différentes cuites du sucre.

Voici, dans l'ordre successif, leurs diverses dénominations : le *petit* et le *grand lissé*, le *petit* et le *grand perlé*, le *soufflé*, la *petite plume* ou le *petit boulé*, la *grande plume* ou le *grand boulé*, le *petit* et le *grand cassé*, le *caramel*. Nous nous bornerons à décrire la manière de reconnaître les six principales cuites, les autres étant des variétés de celle-ci.

Sucre au lissé ou à la nappe. — Faire bouillir le sucre jusqu'au moment où, passant l'index sur l'écumoire, l'appliquant sur le pouce, et écartant ces deux doigts l'un de l'autre, il se forme un petit filet qui s'étend sans se rompre.

Sucre au perlé. — Le sucre étant concentré d'un degré plus fort, faire l'épreuve précédente : si le filet prend de la consistance, il est au *perlé*.

Sucre au soufflé. — Après quelques bouillons pour concentrer davantage, tremper l'écumoire dans le sucre, la retirer et la secouer un peu, puis souffler à travers les trous : s'il en sort des bulles ou bouteilles, la cuite est au *soufflé*.

Sucre à la plume ou boulé. — On reconnaît cette cuite lorsqu'en trempant un doigt dans l'eau fraîche et ensuite dans le sucre, puis le remettant dans l'eau, il reste assez de sucre après le doigt pour pouvoir en former une plume ou une boulette.

Sucre au cassé. — Après avoir continué l'ébullition, porter un doigt mouillé dans le sucre et le replonger vivement dans l'eau fraîche, froisser ensuite le sucre entre les doigts : s'il casse et ne s'attache pas sous la dent, il est au *cassé*.

Sucre au caramel. — Cette dernière cuite du sucre se reconnaît à une légère odeur de sucre brûlé et à une couleur jaune foncé qui se produit par la *caramélisation*.

Il est à remarquer que, pour obtenir les diverses cuites de sucre, ce dernier monte et remonte sans cesse et laisse des traces adhérentes sur les parois de la bassine, que la chaleur ferait bientôt brûler, si l'on n'avait soin d'y remédier. Pour éviter cet accident, on lavera très-proprement les côtés intérieurs de la bassine avec une éponge, ou un petit balai de racine de riz, que l'on trempera dans une terrine d'eau fraîche posée sur le fourneau.

La connaissance des diverses cuites que nous venons d'indiquer exige une certaine habitude du travail que le temps seul peut amener. L'emploi du *pèse-sirop* peut suppléer entièrement à ce que la pratique peut avoir d'incomplet. Nous allons examiner les services que cet instrument peut rendre.

DU PÈSE-SIROP.

Le pèse-sirop est un instrument destiné à indiquer la pesanteur des liquides sucrés. Son point de départ, placé en haut de la tige, est l'eau distillée, et s'exprime sur son échelle par zéro ; il porte jusqu'à 50 degrés, mais pour les degrés supérieurs il ne peut se mouvoir que très-difficilement dans le liquide. La marche de cet aréomètre est inverse de celle de l'alcoomètre, c'est-à-dire que son échelle est descendante : moins il s'enfoncera dans un liquide, plus il indiquera de parties sucrées.

Le pèse-sirop est généralement un tube en verre soufflé et lesté à la partie inférieure avec du petit plomb de chasse ; les inconvénients attachés à une trop grande longueur de tige doivent engager le liquoriste à avoir plusieurs pèse-sirops : l'un comprendra les densités de 0 à 20 degrés, l'autre de 20 à 50 degrés. On conçoit qu'à longueur de tige égale, les degrés seront quatre fois plus grands et que l'on y observera des demies et des quarts de degrés aussi facilement que des degrés entiers sur un aréomètre portant l'échelle entière. Comme tous les aréomètres, le pèse-sirop est d'autant plus sensible que son volume plongé est plus considérable et sa tige plus fine.

La chaleur établit une différence de degrés assez sensible dans les liquides sucrés : ainsi, un sirop marquant 31 degrés bouillant donnera 35 degrés froid ; il est donc indispensable, chaque fois que l'on voudra connaître le degré d'un sirop d'une manière exacte, de le ramener à la température de 15 degrés centigrades.

Une négligence que commettent souvent les liquoristes est de prendre le pèse-sirop avec les mains sales, de laisser sa tige souillée de matières étrangères, ou au moins mouillée, quand ils ont eu la précaution de le laver. En outre, ils plongent l'instrument sans soin dans le sirop à peser, de sorte qu'avant de prendre son point d'équilibre il oscille et se recouvre de liquide à une hauteur plus ou moins grande. Toutes ces circonstances augmentent le poids de l'instrument, et indiquent par cela même, pour le sirop, des densités trop fortes. Il convient donc, pour obvier aux inconvénients que nous signalons, d'avoir soin, avant de se servir d'un pèse-sirop, de bien le laver et de bien l'essuyer.

Il convient aussi de déposer le sirop à examiner dans un vase propre et assez large pour que le pèse-sirop puisse y plonger à l'aise; il suffit pour cela d'un tube de verre ou de fer-blanc d'un diamètre un peu plus grand que la partie renflée du pèse-sirop. Il faut en outre maintenir le tube dans une position bien verticale, et s'arranger de manière qu'il soit plein de liquide quand le pèse-sirop se trouve à son point d'équilibre : alors on observe ce point.

Souvent les pèse-sirops sont construits avec négligence et accusent des degrés en plus ou en moins; l'emploi de tels instruments peut induire en erreur, et pour la valeur des produits et pour la préparation des liqueurs. Ces instruments, fabriqués à bas prix, n'ont point été confectionnés avec le soin nécessaire et à l'aide d'étalons. On sait encore que les pèse-sirops sont gradués à l'aide d'échelles en papier, fixées dans l'intérieur des tiges des aréomètres, au moyen de la cire à cacheter ou de la colle. Ce mode ne présente pas, dans certaines circonstances, toutes les garanties désirables; en effet, le papier qui supporte les échelles se gode, se contourne ou se dérange; alors l'instrument n'est plus qu'un appareil défectueux, susceptible d'être rejeté. Le liquoriste devra donc choisir les pèse-sirops avec la plus grande attention.

Les deux tableaux suivants démontreront d'une manière concluante les avantages que présente l'emploi du pèse-sirop. Ils indiquent en grammes et centigrammes, l'un pour le sucre brut, l'autre pour le sucre raffiné, la quantité de sucre contenue dans un litre de sirop froid.

Dans beaucoup de circonstances, ces tableaux rendront de grands services. Veut-on savoir, par exemple, la quantité de sucre que contiennent 18 litres de sirop de sucre brut à 33 degrés : on consulte le premier tableau, il indique 902 grammes 22 centigrammes par litre ; on multiplie 90222 par 18, et l'on trouve un produit de 1623996, ce qui donne, en négligeant les deux derniers chiffres, 16 kilogrammes 239 grammes de sucre.

TABLEAU

INDIQUANT LA QUANTITÉ DE SUCRE BRUT (BONNE QUATRIÈME) CONTENUE
DANS UN LITRE DE SIROP FROID,

A la température de 15 degrés centigrades.

DEGRÉS.	POIDS.	DEGRÉS.	POIDS.	DEGRÉS.	POIDS.
	gr		gr		gr
0,5	13,67	14,0	382,76	27,5	751,85
1,0	27,34	14,5	396,43	28,0	765,52
1,5	41,01	15,0	410,10	28,5	779,19
2,0	54,68	15,5	423,77	29,0	792,86
2,5	68,35	16,0	437,44	29,5	806,53
3,0	82,02	16,5	451,11	30,0	820,20
3,5	95,69	17,0	464,78	30,5	833,87
4,0	109,36	17,5	478,45	31,0	847,54
4,5	123,03	18,0	492,12	31,5	861,21
5,0	136,70	18,5	505,79	32,0	874,88
5,5	150,37	19,0	519,46	32,5	888,55
6,0	164,04	19,5	533,13	33,0	902,22
6,5	177,71	20,0	546,80	33,5	915,89
7,0	191,38	20,5	560,47	34,0	929,56
7,5	205,05	21,0	574,14	34,5	943,23
8,0	218,72	21,5	587,81	35,0	956,90
8,5	232,39	22,0	601,48	35,5	970,57
9,0	246,06	22,5	615,15	36,0	984,24
9,5	259,73	23,0	628,82	36,5	997,91
10,0	273,40	23,5	642,49	37,0	1011,58
10,5	287,07	24,0	656,16	37,5	1025,25
11,0	300,74	24,5	669,83	38,0	1038,92
11,5	314,41	25,0	683,50	38,5	1052,59
12,0	328,08	25,5	697,17	39,0	1066,26
12,5	341,75	26,0	710,84	39,5	1079,93
13,0	355,42	26,5	724,51	40,0	1093,60
	369,09	27,0	738,18		

TABLEAU

INDIQUANT LA QUANTITÉ DE SUCRE RAFFINÉ CONTENUE DANS UN LITRE
DE SIROP FROID,

À la température de 15 degrés centigrades.

DEGRÉS.	POIDS.	DEGRÉS.	POIDS.	DEGRÉS.	POIDS.
	gr		gr		gr
0,5	12,50	14,0	350,00	27,5	687,50
1,0	25,0	14,5	362,50	28,0	700,00
1,5	37,50	15,0	375,00	28,5	712,50
2,0	50,00	15,5	387,50	29,0	725,00
2,5	62,50	16,0	400,00	29,5	737,50
3,0	75,00	16,5	412,50	30,0	750,00
3,5	87,50	17,0	425,00	30,5	762,50
4,0	100,00	17,5	437,50	31,0	775,00
4,5	112,50	18,0	450,00	31,5	787,50
5,0	125,00	18,5	462,50	32,0	800,00
5,5	137,50	19,0	475,00	32,5	812,50
6,0	150,00	19,5	487,50	33,0	825,00
6,5	162,50	20,0	500,00	33,5	837,50
7,0	175,00	20,5	512,50	34,0	850,00
7,5	187,50	21,0	525,00	34,5	862,50
8,0	200,00	21,5	537,50	35,0	875,00
8,5	212,50	22,0	550,00	35,5	887,50
9,0	225,00	22,5	562,50	36,0	900,00
9,5	237,50	23,0	575,00	36,5	912,50
10,0	250,00	23,5	587,50	37,0	925,00
10,5	262,50	24,0	600,00	37,5	937,50
11,0	275,00	24,5	612,50	38,0	950,00
11,5	287,50	25,0	625,00	38,5	962,50
12,0	300,00	25,5	637,50	39,0	975,00
12,5	312,50	26,0	650,00	39,5	987,50
13,0	325,00	26,5	662,50	40,0	1000,00
13,5	337,50	27,0	675,00		

CHAPITRE X.

DES SIROPS.

Les sirops sont des compositions liquides résultant de la solution concentrée du sucre dans l'eau simple ou dans l'eau chargée, par émulsion, macération ou décoction, de diverses parties des substances, ou bien encore de la solution du sucre dans le suc ou *jus* fermenté des fruits, le vin, le vinaigre, etc. On obtient ces produits à froid ou au moyen de la chaleur; ce dernier mode est presque le seul usité.

Il ne suffit pas cependant de savoir que l'on peut obtenir un sirop en faisant fondre, à l'aide de la chaleur, le sucre avec de l'eau ou autre liquide préparé, il faut encore apprécier les qualités du sucre et varier les proportions de ce corps à employer, suivant la nature du liquide à convertir en sirop; connaître les soins qu'exige la clarification, et conduire le feu d'une manière convenable, afin que l'évaporation du sirop se fasse rapidement et à gros bouillons. A cet effet, nous indiquerons, à chaque recette de sirop, ce qu'il convient de faire.

Les sirops fabriqués par le liquoriste sont divisés en deux classes bien distinctes : les sirops simples et les composés; les uns et les autres sont employés comme rafraîchissements.

Les sirops sont également divisés en deux sortes :

sirops au sucre pur et sirops au sucre et à la glucose ou, par abréviation, *sirops glucosés*.

Plusieurs causes peuvent concourir à l'altération des sirops et les détériorer en partie ou complétement.

Parmi ces causes, la fermentation tient la première place ; elle peut se manifester lorsqu'un sirop n'est pas assez cuit ou qu'il contient en excès des matières mucilagineuses ; une mauvaise clarification détermine également ce genre d'altération : les parties impures n'ayant pas été entièrement rejetées du sirop le décomposent avec le temps. Le sirop fermente encore si le degré de cuite est trop fort, parce que le sucre en excès dans le liquide cristallise : les cristaux formés attirent peu à peu une portion du sucre contenu dans le sirop et grossissent aux dépens du sucre nécessaire à sa conservation.

La fermentation peut aussi se produire si l'on enferme le sirop avant qu'il soit refroidi : la vapeur d'eau qui s'en dégage, se trouvant comprimée, se liquéfie, décuit la couche supérieure, celle-ci la seconde, et l'équilibre est détruit. Le même phénomène a lieu si le vase est humide : l'eau, plus légère que le sirop, vient nager à la surface. Enfin, si on laisse les sirops dans des lieux légèrement chauffés et dans des vases qui ne soient pas pleins, la fermentation a lieu plus promptement encore que dans les cas précédents : car on sait que l'air et la chaleur sont les agents principaux de toute fermentation.

Lorsque la fermentation commence, le sirop devient

trouble et ensuite mousseux. Il se forme de l'acide carbonique qui traverse le liquide, le soulève en écume, fait souvent partir le bouchon des bouteilles avec explosion, et jette le sirop hors des vases. Le sirop qui a subi cette altération devient acide, sa couleur s'altère; si elle est rouge, elle devient plus claire; peu à peu la fermentation s'apaise par la présence de l'alcool qui s'est formé; mais le sirop a une saveur et une odeur vineuses; sa consistance est moins grande. Si le sirop qui a éprouvé ces modifications renferme des principes aromatiques ou volatils, il est entièrement perdu; s'il renferme des acides fixes, il est possible de lui restituer ses qualités premières en le chauffant : à l'aide de cette opération, on en dégage l'acide carbonique et l'alcool formés; il est cependant plus convenable de le clarifier de nouveau et de le faire évaporer jusqu'à bonne consistance.

Une autre variété d'altération se produit dans les sirops acides lorsqu'ils sont trop cuits ou que les substances employées sont trop acides. Peu de temps après qu'ils sont préparés, ils laissent précipiter au fond des bouteilles un dépôt considérable; quelquefois même ils se prennent en une seule masse concrète. Par une chaleur modérée, on leur rend leur liquidité et leur transparence premières, qu'ils reperdent bientôt. Ce dépôt est dû à une combinaison de l'acide avec le sucre. Il n'offre jamais de cristaux; il a l'aspect du chou-fleur; on le regarde comme analogue au sucre de raisin.

La moisissure est encore une altération qui peut se produire lorsqu'on bouche les bouteilles de sirop avant que celui-ci soit complètement froid ou lorsque ces bouteilles ont été emplies étant encore humides. Une vidange prolongée pendant quelques jours dans un vase bouché peut aussi occasionner la moisissure : cette cause vient d'une légère humidité, qui, après s'être détachée du sirop et avoir circulé contre les parois de la portion vide de ce vase, retombe en eau sur la surface du sirop, avec lequel elle ne se mêle pas, faute d'être agitée.

Les sirops, pour être conservés, doivent être mis dans des bouteilles bien bouchées et toujours pleines; ils demandent à être placés dans une cave ou dans un endroit frais.

On peut aussi les conserver indéfiniment par le procédé d'Appert, c'est-à-dire en les privant d'air au moyen d'une ébullition au bain-marie dans des bouteilles parfaitement bouchées. (*Voyez* plus loin, *Des conserves.*)

RECETTES DES SIROPS.

Les recettes des sirops qui suivent sont toutes basées sur une même quantité de sucre et de liquide; elles doivent, par conséquent, produire des rendements à peu près égaux.

Il est entendu qu'on peut à volonté augmenter ou diminuer ces recettes selon les besoins, en opérant toutefois d'après les bases de proportions indiquées.

SIROP DE SUCRE.

On nomme *sirop de sucre* un liquide qui n'est composé que de sucre et d'eau pure : il y en a de deux sortes : sirop de *sucre brut* ou *coloré*, et sirop de *sucre raffiné* ou *blanc*.

Le premier a été suffisamment traité dans l'article relatif à la clarification du sucre (p. 158), pour que nous nous dispensions d'en parler à nouveau.

Nous insisterons seulement encore sur le choix des sucres destinés au sirop de sucre brut. Il convient de n'employer que ceux qui sont en bon état, francs de goût et de mauvaises odeurs, afin d'éviter que le parfum des liqueurs fabriquées avec ce sirop ne soit altéré.

Le sirop de sucre brut s'emploie dans la fabrication des liqueurs colorées ordinaires et demi-fines. Le liquoriste doit toujours en avoir une certaine quantité préparée d'avance ; sa cuite doit marquer 31 degrés à chaud et 35 degrés à froid ; dans cet état, et en observant les conditions que nous avons déjà signalées plus haut, il peut se conserver longtemps.

Le sirop de sucre blanc se prépare ainsi :

Sucre raffiné beau blanc........	5o kilogrammes.
Eau pure.....................	26 litres.
Blancs d'œufs (nombre)........	4

Mettre dans une bassine en cuivre rouge non étamé le sucre cassé en morceaux de moyenne grosseur. Ajouter 17 litres d'eau pure et 6 litres d'eau albumineuse (*voyez* la préparation de cette eau, p. 159) ; remuer le tout avec une spatule pour faire fondre le sucre, puis procéder à la clarification, ainsi qu'il a été dit, en poussant le feu vivement pour éviter que l'action prolongée du calorique ne colore le sirop (on obvie à cet inconvénient par l'emploi de la vapeur) ; avoir soin cependant de modérer l'ébullition pour ne pas faire passer le sirop sur les bords de la bassine : cet accident forcerait à ajouter de l'eau qu'il faudrait ensuite faire évaporer; cette manipulation vicieuse donnerait lieu à la coloration du sirop, que l'on cherche à éviter. La clarification étant terminée, s'assurer si la cuite est convenable, c'est-à-dire si le sirop est *à la nappe* (32 degrés); arrivé à ce point, le passer à travers un blanchet ou une chausse.

On peut encore se servir d'une serviette de toile pour passer les sirops; mais, dans ce cas, il faut avoir soin de la mouiller avec de l'eau et de la presser avant de l'employer. Si l'on négligeait cette précaution, le sirop passerait difficilement et prendrait le goût du linge.

Le sirop de sucre blanc est employé pour la fabrication des liqueurs demi-fines, fines et surfines; celui qui sera destiné à être livré au commerce sera mis en bouteilles, le sirop étant encore tiède, afin de faciliter son introduction dans ces vases; néanmoins, il ne faudra boucher les bouteilles que lorsqu'il sera entièrement froid.

On remarquera qu'en versant un sirop chaud dans un conge ou dans une terrine, si on laisse ce sirop refroidir sans le couvrir, il se formera de petites pellicules de sucre candi, qui, par la transvasion dans les bouteilles, restent en suspension dans le sirop ou déposent au fond. On obvie à cet inconvénient de la façon suivante : on prend une éponge très-propre, et l'on fouette, en l'imprégnant avec de l'eau clarifiée, au-dessus du vase ou conge qui contient le sirop froid, jusqu'au moment où l'œil n'aperçoit plus de pellicules. Dans le premier cas, la transparence du liquide est troublée; dans le second, la formation des gros cristaux du sucre candi est excitée.

SIROP DE FLEURS D'ORANGER.

Sucre raffiné beau blanc........	5o kilogrammes.
Eau de fleurs d'oranger triple..	5 litres.
Eau pure.....................	21 litres.
Blancs d'œufs (nombre)........	4

Faire fondre le sucre cassé avec 13 litres d'eau pure et 6 litres d'eau albumineuse, clarifier selon la méthode connue, puis, après avoir passé le sirop, ajouter l'eau de fleurs d'oranger bien filtrée ; mélanger vivement et couvrir. Ce sirop, qui doit peser 31 degrés après le mélange, pèsera néanmoins 36 degrés froid.

Le sirop de *roses* se prépare de la même manière.

SIROP DE CAPILLAIRE.

Sucre raffiné blanc...........	5o kilogrammes.
Capillaire du Canada.........	2 kilog. 5oo gr.
Eau pure.....................	26 litres.
Blancs d'œufs (nombre).......	4

Faire infuser pendant deux heures les deux tiers du capillaire dans 18 litres d'eau bouillante : ajouter le sucre à l'infusion ; après que celle-ci a été passée à travers un tamis, clarifier avec l'eau albumineuse, et lorsque le sirop sera cuit à 31 degrés, le verser bouillant dans un conge ou autre vase sur le reste des feuilles de capillaire; laisser infuser pendant deux heures et passer dans une chausse de laine avec trois ou quatre feuilles de papier à filtrer réduit en pulpes.

Les feuilles de capillaire qui auront été infusées dans le sirop seront bien lavées à l'eau chaude ; ce lavage sera mis dans le baquet aux écumes.

On rendra le sirop de capillaire plus odorant, si on le désire, en ajoutant aux feuilles de capillaire en

infusion dans le sirop bouillant 125 grammes de thé
pékao : cela est préférable à l'emploi de l'eau de fleurs
d'oranger dont quelques liquoristes se servent pour ce
sirop.

S'il arrivait qu'on ne pût se procurer du véritable
capillaire du Canada, lequel est fort rare, et qu'on fût
obligé d'employer le capillaire de Montpellier, il faudrait avoir soin d'augmenter la dose d'un tiers de ce
dernier, c'est-à-dire employer pour la recette 3^{kil},750.

SIROP DE THÉ.

Ce sirop se prépare de la même façon que le sirop
de capillaire, en n'employant que la moitié de la
dose de feuilles, c'est-à-dire 1^{kil},250, savoir :

Thé impérial.................	1 kilogramme
Thé pékao..................	250 grammes.

SIROP DE GOMME ARABIQUE.

Sucre raffiné beau blanc........	50 kilogrammes.
Gomme arabique blanche......	6 kilogrammes.
Eau pure...................	29 litres.
Blancs d'œufs (nombre).......	4

Laver la gomme pour lui enlever la poussière ou
les autres matières qui pourraient s'être fixées dessus,
et la faire fondre à froid dans 6 litres d'eau, en ayant
soin de la remuer souvent pour qu'elle se dissolve
mieux ; après sa complète dissolution, la passer à travers un linge de toile à mailles serrées et l'ajouter au
sirop de sucre bouillant, qui, préalablement, aura été
clarifié ; continuer l'ébullition deux ou trois minutes,
puis retirer la bassine de dessus le feu et s'assurer si
le sirop pèse 32 degrés. Cuit à ce point, le passer très-

chaud dans une chausse de laine avec du papier à filtrer réduit en pulpes (deux ou trois feuilles).

Depuis plusieurs années, on a inquiété les liquoristes et les confiseurs relativement à la confection du sirop de gomme; un grand nombre d'entre eux ont été condamnés en police correctionnelle à des amendes plus ou moins fortes, pour avoir fabriqué du sirop de gomme, les uns avec du sucre pur, les autres avec du sucre et de la glucose, ces deux préparations légèrement aromatisées avec de l'eau de fleurs d'oranger, mais sans gomme; d'autres enfin pour n'avoir pas employé la quantité de gomme indiquée par le *Codex*.

Les deux premières causes sont considérées comme tromperie sur la nature de la chose vendue, et à cet égard la loi est formelle (1) : il n'y a donc pas matière à discussion; mais, à l'égard de la troisième, les opinions sont partagées. Ainsi, la Cour de Paris a décidé que le sirop de gomme étant une préparation médicamenteuse, il devait être préparé exactement comme la formule du *Codex* l'indique (2).

La Cour d'Orléans, contrairement à celle de Paris, a décidé que le code pharmaceutique et les formules qu'il contient ne sont obligatoires que pour les pharmaciens. En conséquence, les distillateurs ou les confiseurs qui vendent des sirops dans la préparation desquels n'entre pas la quantité des principes émulsifs ou médicamenteux déterminée par le *Codex* ne peuvent

---

(1) Art. 323 du Code pénal.

(2) Les sirops de guimauve, de capillaire et d'orgeat doivent être également préparés d'après les formules du *Codex*, qui sont les seules *officielles*.

être poursuivis comme ayant trompé les acheteurs sur la nature de la marchandise. Il n'en est pas de même à l'égard des sirops préparés avec du sucre de fécule ou glucose, au lieu de sucre ordinaire, ou qui ne contiendraient pas les substances sous lesquelles ils sont dénommés et étiquetés ; dans les divers cas, si l'acheteur n'est point averti qu'on lui vend un sirop qui ne contient pas de sucre ordinaire, ou qui n'est pas composé avec la substance indiquée sur l'étiquette, il y a tromperie sur la nature de la marchandise, et par conséquent délit dans le sens de l'article 423 du Code pénal.

Cette dernière opinion doit avoir la préférence. En effet, par qui sont achetés en général les sirops des liquoristes ? Par les limonadiers, les épiciers et les marchands de vin en détail, lesquels vendent les sirops non aux malades, mais aux gens qui se portent bien, et ceux-ci du reste boivent ces sirops sans tenir compte de leur *vertu médicamenteuse*. Cela est tellement vrai, que le fameux sirop de gomme (dont le pouvoir médicamenteux, quoi qu'en disent messieurs de la Faculté, est fort contestable) se sert aujourd'hui chez les limonadiers, etc., comme rafraîchissement, soit pour faire les grogs au rhum, au kirsch ou au cognac, ou bien encore avec l'absinthe suisse ou l'anisette de Bordeaux.

Cependant, comme notre but est d'être utile à nos confrères (laissant à leur sagesse le soin d'apprécier ce que nous venons de dire), nous croyons devoir donner la formule que le *Codex* consigne ; la voici :

Gomme arabique blanche........ 500 grammes.
Eau froide.................... 500 grammes.

Remuer de temps en temps pour dissoudre, passer au blanchet et mêler avec :

Sirop simple bouillant........... 4000 grammes.

On reconnaît la présence de la gomme dans un sirop, au moyen d'une dissolution de potasse silicée (eau, 60 grammes; potasse, 5 grammes), dont on introduit quelques gouttes dans le liquide; on agite, et la gomme se précipite à l'état de flocons blancs.

L'alcool à 90 degrés peut également servir au même usage et à la détermination approximative de la quantité de gomme contenue dans le sirop. Il suffit de verser dans ce liquide un volume double d'alcool; il s'y manifeste tout de suite un précipité blanc, floconneux, qui est d'autant plus abondant que le sirop contient davantage de gomme, et qui est encore assez apparent, lors même que la proportion de gomme ne serait que d'un centième.

SIROP DE GUIMAUVE.

Sucre raffiné blanc.....................	50 kilogrammes.
Racine de guimauve sèche bien blanche et mondée...........................	5 kilogrammes.
Eau pure.............................	29 litres.
Blancs d'œufs (nombre)...............	5

Laver avec soin la guimauve dans plusieurs eaux tièdes, l'écraser avec un marteau ou la couper en petits morceaux, la mettre ensuite dans une bassine sur le feu avec 20 litres d'eau, et faire bouillir pendant vingt minutes; passer le tout à travers un tamis sans presser, ajouter le sucre à cette infusion, clarifier, cuire à 32 degrés et filtrer comme pour le sirop de gomme; ajouter 25 centilitres d'eau de fleurs d'oranger, afin de rendre le parfum de ce sirop plus agréable.

Le sirop de guimauve se conserve difficilement, à cause de la grande quantité de mucilage qu'il contient.

SIROP DE LIMONS.

Sucre raffiné blanc................	5o kilogrammes.
Esprit de citron concentré.....	5o centilitres.
Acide citrique...................	4oo grammes.
Eau pure........................	26 litres.
Blancs d'œufs (nombre)........	4

Clarifier et cuire à 32 degrés le sirop de sucre seulement, passer au blanchet ou à la chausse, puis ajouter l'esprit de citron et la dissolution d'acide citrique qu'on aura fait fondre dans 1 litre d'eau et ensuite filtrée; remuer vivement le mélange, le mettre en bouteilles aussitôt qu'il sera tiède et ne le boucher qu'après entier refroidissement.

L'acide tartrique peut au besoin remplacer l'acide citrique, mais il faut doubler la dose (8oo grammes).

La méthode que nous indiquons est préférable à celle où l'on emploie le jus et les zestes des citrons; elle n'a pas l'inconvénient de laisser du mucilage dans le sirop, qui au bout d'un certain temps devient trouble; du reste, le sirop de limons préparé par notre recette ne laisse rien à désirer pour la force du parfum et la délicatesse du goût.

Le sirop de limons est sujet à un genre d'altération dont nous parlerons à l'article *Sirop de groseilles*.

SIROP D'ORANGES.

Sucre raffiné blanc...............	5o kilogrammes.
Esprit d'oranges concentré......	5o centilitres.
Acide tartrique...............	8oo grammes.
Eau pure......................	26 litres.
Blancs d'œufs (nombre)........	4

Suivre en tous points, pour la manière d'opérer, les prescriptions de la recette précédente.

Le sirop *d'écorces d'oranges amères* se prépare comme le précédent, en employant la même quantité d'esprit de curaçao de Hollande.

On prépare encore de la même façon les sirops d'*acide citrique* et d'*acide tartrique*, en employant 500 grammes d'acide pour le premier, et 1 kilogramme pour le second.

SIROP DE VIOLETTES.

Sucre raffiné blanc........................	50 kilogrammes.
Fleurs de violettes récentes, mondées	
de leurs queues et calices........	5 kilog. 250 gr.
Eau pure..................................	26 litres.

Piler très-légèrement, dans un mortier de marbre, les fleurs de violettes, puis les mettre dans un bain-marie en étain; verser dessus 15 litres d'eau à 60 degrés centigrades, agiter pendant quelques minutes et presser en exprimant légèrement; remettre les fleurs dans le bain-marie et verser dessus le reste d'eau bouillante (11 litres); après douze heures d'infusion, passer à travers un linge mouillé et propre, n'ayant aucune odeur, en exprimant; laisser déposer et décanter, remettre le liquide dans le bain-marie, ajouter le sucre et faire fondre à une chaleur douce en remuant de temps en temps, pour accélérer la dissolution; tenir le vase fermé afin qu'il ne se fasse point d'évaporation; le sucre entièrement dissous, cesser de chauffer, et filtrer après le refroidissement complet du sirop.

On préférera les violettes cultivées aux violettes sauvages (celles-ci sont moins aromatiques et moins colorées); les simples aux doubles, qui sont à peine odorantes; celles du printemps, primeurs, à celles de l'automne.

L'emploi du bain-marie en étain est indispensable pour obtenir un sirop de violettes d'une belle couleur bleue : l'action de l'étain paraît résider dans sa facile oxydabilité, en raison de laquelle il sature, au fur et à mesure, l'acide produit par la matière organique et l'empêche de réagir sur la couleur bleue. On peut même, au moyen d'un vase d'étain, rétablir la couleur bleue du sirop de violettes, rougie ou affaiblie par une légère fermentation, en le chauffant dedans et l'y laissant séjourner quelques jours.

On observe quelquefois que le sirop de violettes, au sortir du bain-marie, paraît décoloré; mais il suffit du contact plus ou moins prolongé de l'air pour lui rendre sa couleur.

On rencontre souvent, dans le commerce, du sirop préparé avec une infusion de racine d'iris et coloré à l'aide du tournesol qui est vendu comme sirop de violettes; on peut le distinguer facilement. D'abord il n'est jamais d'une couleur bleue franche, sa teinte est violâtre, et lorsqu'on interpose la fiole ou le flacon qui le renferme entre l'œil et la lumière solaire ou la flamme d'une bougie, il paraît d'une couleur rouge intense; sa saveur, loin d'être douce et mucilagineuse, comme celle du sirop de violettes, est au contraire urineuse et désagréable. Si l'on ajoute à ce sirop de tournesol quelques gouttes d'un acide, il devient instantanément d'une couleur rouge coquelicot très-clair, tandis que le sirop de violettes conserve encore, sous l'influence des acides, une teinte violette bien différente de la précédente. Enfin les alcalis, qui font virer au vert la couleur de la violette, sont sans aucune action sur celle du tournesol.

Le sirop de violettes est souvent employé comme réactif.

SIROP D'ORGEAT.

Sucre raffiné beau blanc........	5o kilogrammes.
Amandes douces...............	3 kilog. 125 gr.
Amandes amères..............	3 kilog. 125 gr.
Gomme adragante entière......	5o grammes.
Eau de fleurs d'oranger........	6o centilitres.
Eau pure.....................	28 litres 5o centil.

Verser les amandes dans une bassine d'eau bouillante, et, lorsque leur peau s'enlève facilement, les jeter sur un tamis et les mettre dans une terrine d'eau fraîche; les monder pour les mettre encore dans une autre terrine d'eau fraîche, afin de les empêcher de jaunir, puis les prendre par parties avec une écumoire pour les broyer dans une sébile en bois avec un boulet de canon, en ajoutant de l'eau des 28 litres par intervalles, pour que les amandes ne puissent se transformer en huile; tourner la sébile jusqu'à ce que la pâte soit très-fine, ce qui se reconnaîtra en mettant un peu de cette pâte dans la bouche et la croquant sous la dent; si elle ne contient plus de portions d'amandes, l'opération du broyage est terminée. Mettre alors la pâte broyée dans une terrine, puis, lorsque toutes les amandes seront dans le même état, ajouter de l'eau pour former environ la moitié de la quantité prescrite (12 à 13 litres), en délayant avec l'écumoire, puis passer à travers un tamis de crin assez serré et mettre la pâte dans un linge; la porter sous la presse, sur les plateaux de rechange destinés à cet effet; remettre ensuite la pâte dans la terrine et la délayer de nouveau avec de l'eau, de manière à former 26 litres de *lait d'amandes;* passer ce lait dans un tamis de soie et le jeter sur le sucre dans la bassine. Chauffer en remuant souvent pour faciliter la fonte et enlever de dessus le feu aussitôt que le sucre sera fondu; à ce moment, ajouter l'eau de fleurs d'oranger et la gomme adragante, que l'on aura eu soin de faire dissoudre à froid d'avance avec 2 litres d'eau de la recette et de passer à travers un linge mouillé; mélanger le tout pendant quelques minutes et passer dans un tamis de soie fine.

On ne doit jamais écumer le sirop d'orgeat : il faut le mélanger de temps à autre jusqu'à ce qu'il soit tiède, puis le mettre en bouteilles et le tenir au frais.

Il arrive souvent que le sirop d'orgeat, malgré tous les soins qu'on lui donne, se sépare en deux parties peu de temps après avoir été fait : la portion inférieure devient claire et transparente; celle qui occupe la partie supérieure dans les bouteilles est blanche et plus épaisse : cette séparation est due à l'huile des amandes, qui n'a point été suffisamment dissoute dans le broyage, et à une certaine quantité de parenchyme divisé à l'infini. L'emploi de la gomme adragante a pour but de maintenir l'équilibre de ces parties dans le sirop d'orgeat.

L'action du feu nuit aussi au sirop d'orgeat, et c'est pour cela qu'il ne faut pas le faire bouillir, attendu que le parenchyme, n'étant pas à l'état de combinaison, mais seulement très-divisé et soutenu à l'aide d'une substance mucilagineuse des amandes, agirait, en montant à la surface de la bassine, comme clarifiant.

Le broyage est aussi très-important; car si l'on néglige d'arroser d'eau en suffisante quantité les amandes, elles tournent en huile, l'émulsion ne se fait qu'en partie, et la séparation se produit très-promptement.

Un moulin à moutarde (dont nous avons parlé p. 46) peut parfaitement servir pour l'opération du broyage; il permet d'employer une quantité d'eau supérieure à celle qu'on peut mettre dans la sébile, et de donner ainsi un lait d'amandes plus fort en émulsion; enfin, au dire de ceux qui se servent de ce moulin, jamais le sirop d'orgeat ne se sépare, même lorsqu'il ne contient pas de gomme adragante.

Le *sirop de pistaches* se prépare de la même manière que le sirop d'orgeat. On remplace les amandes par les pistaches.

SIROP DE GROSEILLES FRAMBOISÉ.

Sucre raffiné blanc....................... 50 kilogrammes.
Conserve de groseilles (1re qualité)..... 26 litres.

Décanter et filtrer la conserve, la verser ensuite sur le sucre dans la bassine, chauffer rapidement et remuer avec une spatule pour exciter le sucre à fondre, l'écraser même, si cela est nécessaire; aussitôt le premier bouillon, enlever de dessus le feu et laisser reposer un instant pour que l'écume s'affaisse; lorsque cette écume sera un peu compacte, l'enlever soigneusement avec l'écumoire; passer ensuite à travers un blanchet ou une chausse sans filtrer : le sirop chaud devra peser 32 degrés.

La clarification du sirop de groseilles s'opère d'elle-même; seulement on aura soin de ne pas agiter le sirop quelques instants avant le bouillonnement, de peur d'entraver celui-ci, et par là de nuire à la limpidité du sirop.

Le *sirop de merises* se prépare exactement de la même manière; il peut servir à colorer un sirop dont la couleur serait trop faible.

Par une fantaisie peu raisonnée, les consommateurs exigent que le sirop de groseilles soit excessivement foncé en couleur, de façon qu'une petite quantité mise dans un verre d'eau produise une forte coloration; la conserve est impuissante pour obtenir ce résultat : il faut donc nécessairement employer une autre méthode.

Voici la recette d'un *sirop de fantaisie à la groseille framboisé* dont le public se montre toujours satisfait, tant pour la couleur que pour le goût et le parfum :

Sucre......................	5o kilogrammes.
Conserve de groseilles.........	12 litres.
Vin noir de la Loire...........	12 litres.
Vinaigre framboisé.............	1 litre 5o centil.
Acide tartrique...............	15o grammes.

Filtrer ensemble la conserve, le vin et le vinaigre; les verser sur le sucre dans la bassine, puis opérer comme pour le sirop précédent; n'ajouter l'acide qui aura été dissous dans un demi-litre d'eau et filtré que lorsque le sirop sera retiré de dessus le feu, afin d'empêcher le sirop, par son contact avec l'acide à la chaleur, de se convertir en glucose.

Ainsi que nous l'avons dit plus haut (p. 176), les sirops de fruits acides sont sujets à un genre d'altération tout particulier; plusieurs forment un dépôt considérable, ou même se prennent en une masse grenue, due à la séparation du sucre, lequel, redissous dans l'eau et concentré de nouveau, se trouve avoir perdu la propriété de cristalliser, et ne peut plus offrir que la masse concrète, grenue et mamelonnée du sucre de raisin; aussi est-ce véritablement de la glucose qui s'est formée par l'hydratation du sucre sous l'influence de l'acide du fruit. Les acides citrique et tartrique surtout produisent cet effet, présenté le plus souvent par les sirops de groseilles, de cerises, de framboises et de limons.

Il faudrait maintenant pouvoir expliquer pourquoi cette transformation, si désastreuse pour les sirops, ne se produit pas toujours, et quel serait le moyen de la prévenir. Laissons un instant parler à cet égard un homme de science et habile praticien tout à la fois :

« Je suis loin de nier, dit M. Guibourt, l'influence de la chaleur sur la transformation dont il s'agit; mais j'attribue une plus grande influence encore à la fermentation qui peut se développer dans le sirop. Ainsi, lorsque le suc de groseilles, ayant mal fermenté, contient encore de la pectine en dissolution, ou lorsqu'on fait fondre le sucre à une chaleur trop douce pour détruire tout mouvement de fermentation dans le suc, le sirop fermente, et alors, presque indubitablement, il se prend en une masse grenue. Quand, au contraire, on prend le suc bien clarifié, qu'on emploie de beau sucre, et qu'on chauffe ce sirop jusqu'à ce que, à travers le dégagement d'acide carbonique, on distingue nettement le bouillon du sirop, alors celui-ci se conserve bien et ne se solidifie pas. J'ai même vu du sirop de groseilles ainsi préparé et trop cuit, qui, au lieu de déposer du sucre de raisin concret, a déposé des cristaux transparents de sucre de canne. Ainsi, suivant ce que je pense, ce n'est pas à la trop grande cuisson des sirops acides qu'il faut attribuer leur transformation en sucre de raisin; c'est surtout à un reste de disposition fermentescible, qu'il faut s'efforcer de détruire. »

SIROP DE CERISES.

```
Sucre raffiné blanc............   50 kilogrammes.
Conserve de cerises...........   26 litres.
```

Décanter et filtrer la conserve et la verser sur le sucre dans la bassine, chauffer vivement, enlever de dessus le feu au premier bouillon, laisser reposer un instant, écumer, passer à travers le blanchet ou filtrer, s'il est nécessaire : ce sirop doit peser 32 degrés chaud.

Souvent on fait ce sirop dans la saison des cerises, afin de ne point préparer de conserve; dans ce cas, on opère de la manière suivante :

Prendre des cerises bien mûres et, pour en exprimer le jus, séparer les noyaux; laisser reposer ce jus pendant vingt-quatre heures, puis décanter et filtrer; opérer ensuite comme pour le sirop fait avec la conserve.

SIROP DE FRAMBOISES.

```
Sucre raffiné blanc...........   50 kilogrammes.
Conserve de framboises........   26 litres.
```

Suivre les prescriptions du sirop de groseilles.

On peut aussi faire ce sirop dans la saison des framboises et employer une méthode qui demande moins

de temps que celle de l'extraction du jus de framboises.
Voici cette méthode :

        Sucre blanc...................   5o kilogrammes.
        Framboises mûres. ....   5o kilogrammes.

Jeter les fruits dans une bassine de cuivre rouge non
étamé avec le sucre réduit en poudre grossière, mêler
le tout et faire bouillir en remuant avec une écumoire,
jusqu'à ce que le sirop bouillant marque 31 degrés;
passer à travers une chausse à plusieurs reprises, s'il
est nécessaire.

SIROP DE MÛRES.

        Sucre raffiné blanc.............   5o kilogrammes.
        Mûres non en parfaite maturité.   5o kilogrammes.

Mettre le tout dans une bassine, chauffer et faire
bouillir en remuant le mélange avec une écumoire,
jusqu'à ce que le sirop bouillant marque 31 degrés;
passer alors au blanchet, en laissant le marc dessus
s'égoutter; ne pas filtrer.

Le sirop de mûres est employé ordinairement comme
gargarisme dans les affections de la gorge.

Les marcs de mûres, framboises ou autres fruits qui
contiennent du sirop, doivent être bien lavés et jetés
sur les infusions de cassis. Le lavage sera mis dans le
baquet aux écumes.

SIROP DE VINAIGRE FRAMBOISÉ.

        Sucre raffiné blanc............   5o kilogrammes.
        Vinaigre framboisé.............   12 litres.
        Conserve de merises...........   4 litres.
        Eau pure......................   1o litres.

Faire fondre le sucre avec la conserve de merises

et l'eau ; lorsque le sirop sera bouillant, l'enlever de
dessus le feu et le laisser reposer un instant ; l'écumer
et ajouter le vinaigre framboisé, remuer afin de bien
mélanger, passer au blanchet ou filtrer au besoin.

SIROP DE PUNCH AU COGNAC.

Sucre brut Martinique (bonne qua-	
trième)....................	5o kilogrammes.
Eau-de-vie de Cognac à 58 degrés.	3o litres.
Esprit de citron concentré.......	1o centilitres.
Acide citrique.................	6o grammes.

Clarifier le sucre brut et cuire à 32 degrés bouillant,
passer et filtrer ; mettre le sirop dans un conge, puis
ajouter le cognac, l'esprit de citron et l'acide, ce dernier fondu dans un peu d'eau ; mélanger vivement,
couvrir et luter avec des bandes de papier le couvercle du conge, afin d'éviter l'évaporation de la partie
spiritueuse ; mélanger encore après complet refroidissement.

En remplaçant l'eau-de-vie de Cognac par du trois-
six coupé au même degré, on aura ce que l'on appelle
le *sirop de punch ordinaire*.

SIROP DE PUNCH AU KIRSCH.

Sucre raffiné blanc...........	5o kilogrammes.
Kirsch à 55 degrés...........	25 litres.
Esprit-de-vin à 85 degrés.......	4 litres.
— de noyaux.............	1 litre.
— de citron concentré.....	1o centilitres.
Acide citrique................	6o grammes.

Même manière d'opérer que pour le sirop précédent.

SIROP ORDINAIRE DE PUNCH AU RHUM.

Sucre brut Martinique (bonne qua-
  trième)...................... 50 kilogrammes.
Rhum ordinaire à 55 degrés...... 20 litres.
Esprit-de-vin à 85 degrés .... 7 litres.
  — de citron concentré....... 10 centilitres.
Acide citrique................... 60 grammes.

Ce sirop se prépare comme celui du punch à l'eau-
de-vie de Cognac.

SIROP FIN DE PUNCH AU RHUM.

Sirop raffiné blanc.............. 50 kilogrammes.
Rhum fin....................... 20 litres.
Esprit-de-vin à 85 degrés ...... 10 litres.
  — de citron concentré..... 10 centilitres.
Acide citrique.................. 60 grammes.
Thé hyswen.................... 250 grammes.

Faire une forte décoction de thé avec 4 litres d'eau
bouillante et l'ajouter au sirop cuit à 36 degrés bouillant; opérer, pour le reste, comme il est dit plus haut
pour le sirop de punch au cognac.

Observation. — Les punchs préparés à l'aide des
quatre sirops dont nous donnons les recettes n'ont pas
besoin de brûler pour être servis aux consommateurs.
Il faut en prendre une partie et l'ajouter à 2 parties d'eau bouillante, pour former un punch déli-
cieux.

SIROPS GLUCOSÉS.

Les sirops glucosés sont des mélanges de sucre pur
avec de la glucose dans des proportions qui peuvent
varier au gré du liquoriste. Ils sont aujourd'hui très-

répandus dans le commerce : on peut dire même que les trois quarts des sirops vendus pour rafraîchissements sont des sirops glucosés.

La faveur du public est partagée principalement entre le sirop de groseilles et le sirop d'orgeat ; aussi n'y a-t-il guère que ces deux genres de sirops qui soient glucosés, mais ils constituent à eux seuls la presque totalité de la consommation.

Par ce motif, nous allons nous borner à donner les recettes de ces deux sirops.

Cependant, dans le cas où l'on désirerait *glucoser* d'autres sortes, il faudrait employer la quantité de sirop de fécule indiquée dans l'une ou l'autre de ces recettes.

SIROP DE GROSEILLES FRAMBOISÉ.

Sucre raffiné blanc	40 kilogrammes.
Sirop de fécule à 36 degrés	15 litres.
Conserve de groseilles (2ᵉ qualité)	10 litres.
Vin noir de la Loire	9 litres.
Vinaigre framboisé	1 litre 50 centil.
Acide tartrique	150 grammes.

Mettre le sirop de fécule sur le sucre dans la bassine avec les autres liquides et opérer comme pour le sirop de groseilles au sucre pur.

On fabrique encore un autre genre de sirop de groseilles dont nous allons donner la recette, plutôt pour satisfaire la curiosité des liquoristes que pour les engager à la mettre en pratique.

Sucre raffiné blanc	50 kilogrammes.
Fleurs de coquelicots	2 kilogrammes.
Acide tartrique	750 grammes.
Esprit de nitre dulcifié	20 grammes.
Eau pure	26 litres.

Faire bouillir 24 litres d'eau qu'on jette bouillante sur les fleurs de coquelicots, dans un vase qu'on puisse boucher exactement; laisser refroidir et presser; filtrer ensuite le produit et le verser sur le sucre, chauffer et enlever au premier bouillon, laisser reposer un instant, écumer et ajouter l'acide qui aura été fondu dans 2 litres d'eau, ainsi que l'esprit de nitre dulcifié; mélanger vivement, passer au blanchet ou filtrer, s'il est nécessaire. Ce sirop peut être glucosé : dans ce cas, on supprime 2 kilogrammes de sucre et 5 litres d'eau; on ajoute, en remplacement, 15 litres de sirop de fécule à 36 degrés.

Cette imitation de sirop de groseilles est quelquefois mélangée par moitié avec un sirop fait avec de la conserve, ou avec un sirop glucosé.

SIROP DE GROSEILLES GLUCOSÉ.
(Produit 52 litres.)

Sucre blanc	33 kilogrammes.
Acide tartrique	100 grammes.
Conserve de groseilles	9 litres.
Vin de la Loire	9 litres.
Vinaigre framboisé	1 litre 50 centil.
Sirop de dextrine à 36 degrés	15 litres.

SIROP D'ORGEAT.

Sucre raffiné beau blanc	40 kilogrammes.
Sirop de fécule très-blanc à 36 degrés.	15 litres.
Amandes douces	3 kilogrammes.
Amandes amères	3 kilogrammes.
Gomme adragante	30 grammes.
Eau de fleurs d'oranger	50 centilitres.
Eau pure	21 litres.

Même manière d'opérer que pour le sirop d'orgeat au sucre pur.

AUTRE SIROP D'ORGEAT GLUCOSÉ.
(100 litres.)

Sucre blanc......................   60 kilogrammes.
Glucose à 40 degrés..............   20 litres.
Eau pure.........................   40 litres.
Amandes douces et amères.........   6 kilog. 500 gr.
Gomme adragante..................   45 grammes.
Eau de fleurs d'oranger..........   75 centilitres.

(Doit revenir à 115 francs les 100 litres.)

On a cherché à imiter le sirop d'orgeat de différentes façons, les uns avec des pepins de potirons, les autres avec du lait de vache, etc.; mais aucune de ces préparations n'a le goût de l'orgeat et ne peut se conserver.

Nous pouvons cependant affirmer avoir composé un sirop avec de la teinture de benjoin et de l'huile volatile d'amandes amères, qui imitait d'une manière parfaite le sirop d'orgeat fait avec des amandes. Nous dirons que notre composition, soumise à la dégustation d'un limonadier de Paris en réputation, qui ignorait que ce fût une imitation d'orgeat, obtint la préférence sur le sirop véritable. Ce sirop, il est vrai, coûtait aussi cher que l'autre, mais on évitait le travail long et dispendieux des amandes.

Parmi les moyens mis en usage pour reconnaître, dans un sirop, la présence de la glucose provenant de la fécule ou du froment, voici le plus usité :

On met dans un petit ballon de verre blanc 8 ou 10 grammes de sirop soupçonné, on ajoute 10 grammes d'une solution de potasse caustique (eau, 45 grammes; potasse caustique, 50 centigrammes), puis on chauffe le ballon à l'aide de la chaleur produite par une lampe à alcool : si le sirop contient de la glucose, il prend, par l'ébullition, une couleur brune approchant du café et une odeur de caramel ; si, au contraire, il n'en contient pas, il acquiert une belle couleur jaune d'or.

Ce moyen, qui peut être mis en pratique pour essayer les sirops de gomme, de guimauve, de capillaire et d'orgeat, ne peut servir pour les sirops acides, même les plus blancs ; car le sucre, se trouvant *interverti* par la présence des acides, se colore également par la potasse.

On peut aussi employer un autre procédé, dû à M. Barreswil, et qui est considéré comme le meilleur mode d'essai des sirops contenant de la glucose. Voici comment il faut opérer :

On prépare un soluté avec : carbonate de soude cristallisé, 40 grammes ; crème de tartre, 50 grammes ; potasse caustique, 40 grammes ; dissous dans eau, 400 grammes. On fait dissoudre d'autre part : sulfate de cuivre, 30 grammes ; dans eau, 100 grammes. On mêle les deux liqueurs et on filtre.

Si l'on introduit dans un tube une certaine quantité de ce soluté et de sirop composé avec du sucre cristallisable, il n'y aura changement de coloration ni à froid ni à chaud ; mais en cas de présence de glucose ou de sucre incristallisable, il se produira un dépôt de protoxyde de cuivre. Toutefois, il faut remarquer que les sirops qui auraient bouilli longtemps donneraient cette réaction, en raison du sucre incristallisable produit par l'action prolongée de la chaleur sur le sucre cristallisable.

La vente et la fabrication des sirops glucosés ont été aussi l'objet de poursuites assez rigoureuses ; les délinquants n'ayant point annoncé, sur les étiquettes de bouteilles, que leur sirop contenait de la glucose. Ces étiquettes portaient simplement ces mots : *Sirop de groseilles, sirop d'orgeat, etc.*

Pour réglementer cette fabrication, M. le Ministre de l'Agriculture et du Commerce, à la date du 30 octobre 1851, adressa à tous les Préfets la circulaire suivante :

« Monsieur le Préfet,

» Par une circulaire du 10 mai 1850, un de mes prédécesseurs a appelé votre attention sur la falsification des sirops vendus dans le commerce, et vous avez été invité à provoquer sur ce point la surveillance spéciale des écoles de pharmacie et des jurys médicaux.

» Depuis cette époque est intervenue la loi du 27 mars 1851 sur la répression des fraudes dans la vente des marchandises, et plusieurs fabricants ont été condamnés pour avoir composé des sirops médicamenteux autrement que ne le prescrit le *Codex* pharmaceutique, ou des sirops d'agrément, sans y faire entrer les substances que leur dénomination indique.

» L'emploi de la glucose au lieu de sucre a aussi motivé des saisies. Ces mesures et ces condamnations ont donné lieu à des réclamations près de mon département. Des fabricants m'ont demandé si, en annonçant dans leurs factures et sur leurs étiquettes la composition de leurs sirops, ils n'éviteraient pas l'inculpation de tromperie sur la nature de la chose vendue, et comme ils alléguaient l'intérêt des consommateurs, qui profitent de la diminution de prix résultant de l'emploi des nouveaux procédés, leurs observations m'ont paru mériter une attention toute particulière; mais avant de m'arrêter à aucun parti, j'ai cru devoir prendre, au point de vue sanitaire, l'avis du Comité consultatif d'hygiène publique.

» Après examen de la question, ce Comité vient de déclarer :

» 1° Qu'en aucun cas, les sirops médicamenteux, tels que ceux de gomme, guimauve, capillaire, etc., ne doivent être préparés par d'autres moyens que ceux qui sont formulés au *Codex*, ce qui exclut l'emploi de la glucose au lieu de sucre.

» 2° Qu'il doit être permis aux fabricants de vendre comme sirops d'agrément tels mélanges qu'ils jugeront convenables, pourvu que les dénominations sous lesquelles ils les vendront n'indiquent ni une préparation du *Codex* plus ou moins modifiée, ni une autre préparation que la véritable.

» 3° En ce qui touche particulièrement la glucose, que l'usage n'en doit pas être interdit ; mais que, pour éviter toute confusion, les sirops qui en contiendront devront porter la dénomination commune de *sirop de glucose* à laquelle on ajoutera telle ou telle autre dénomination spécifique pour les distinguer entre eux. Ainsi, les étiquettes et les factures porteraient : *Sirop de glucose à la merise, à la groseille, au limon, à l'orgeat, etc.* ; de cette manière les fabricants n'auraient pas à redouter des poursuites pour fait de fraude ou de tromperie sur la nature de la chose vendue.

» J'ai adopté sur ces divers points l'avis du Comité d'hygiène publique, et je vous prie, Monsieur le Préfet, de le porter à la connaissance des fabricants de sirops, des Conseils d'hygiène et de salubrité, et du Jury médical ou de l'École de pharmacie, s'il en existe une dans votre département, etc.

» Le Ministre de l'Agriculture et du Commerce,

» Signé : L. BUFFET. »

Pour se conformer à l'esprit sinon à la lettre de cette circulaire, plusieurs liquoristes mettent sur les étiquettes des sirops glucosés les dénominations suivantes : *sirop de sucre et de glucose à la groseille, à l'orgeat, etc.; sirop de groseilles glucosé, etc.;* d'autres emploient celle-ci : *sirop de fantaisie à l'orgeat, etc.;* les plus timorés, enfin, les désignent, ainsi que le désire la circulaire du Ministre, sous le nom de *sirop de glucose à la groseille, etc.*

Quelques liquoristes de Paris ont cru devoir ajouter 3 ou 4 pour 100 d'alcool à 85 degrés dans les sirops glucosés, et, par cette raison, les désignent sous le nom de : *liqueur de fantaisie à la groseille, à l'orgeat, etc.;* plusieurs poussent même le rigorisme jusqu'à faire suivre cette désignation par ces mots : *Ne pas confondre cette liqueur avec le sirop de groseilles, d'orgeat, etc.*

Nous conseillons à nos confrères de ne mettre sur leurs bouteilles que ces mots : *gomme, orgeat, groseilles,* sans le mot *sirop;* de cette façon, ils n'auront à craindre l'application d'aucune pénalité.

CHAPITRE XI.

DES COULEURS.

Les diverses couleurs qu'on donne aux liqueurs n'ont été imaginées que dans le but de satisfaire la fantaisie du public, toujours avide de nouveautés; dans aucun cas elles ne peuvent ajouter des avantages à la confection d'une liqueur, et le plus souvent, au contraire, elles changent ou dénaturent la délicatesse de son parfum.

Quoi qu'il en soit, puisque c'est l'habitude de colorer certaines liqueurs, il faut s'y conformer en tâchant de perfectionner les couleurs le plus possible, afin qu'elles soient saines et agréables.

COULEUR ROUGE FINE.

Cochenille noire pulvérisée.......... 125 grammes.
Alun de Rome pulvérisé........... 30 grammes.
Crème de tartre................... 30 grammes.
Eau commune.................... 2 litres.

Faire bouillir l'eau et jeter la cochenille dedans; ajouter, après quelques bouillons, l'alun et la crème de tartre et remuer avec une petite spatule, retirer du feu et laisser refroidir; mettre le tout dans une cruche en grès avec 1 litre d'esprit à 85 degrés pour que la couleur puisse se conserver.

L'alun sert à fixer la couleur, et la crème de tartre à la faire virer au rouge vif.

Cette couleur est employée pour la coloration des liqueurs fines et surfines; elle peut produire toutes les nuances, depuis le rose clair jusqu'au rouge foncé, suivant que l'on en mettra plus ou moins.

COULEUR ROUGE ORDINAIRE.

    Cudbéar en poudre.................... 2 kilogrammes.
    Alcool à 85 degrés................... 5 litres.

Mettre le tout dans une cruche en grès, remuer de temps en temps; après quatre jours d'infusion, tirer à clair et filtrer pour servir au besoin. On peut recharger à nouveau le cudbéar avec une même quantité d'alcool, et laisser infuser jusqu'à épuisement de la partie colorante.

COULEUR ROUGE COMMUNE.

    Orseille humide ou en pâte......... 2 kilogrammes.
    Alcool à 85 degrés................. 5 litres.

Opérer en tout comme pour la couleur précédente.

Cette couleur donne une nuance cramoisie et violâtre, que l'on peut facilement modifier et ramener au rouge en lui ajoutant un peu de caramel.

COULEUR JAUNE.

    Safran gâtinais.................... 125 grammes.
    Eau commune....................... 2 litres.

Faire bouillir 1 litre d'eau et le jeter sur le safran dans un vase qui ferme bien, passer en exprimant après refroidissement, faire bouillir l'autre litre d'eau et le jeter sur le marc de safran ; presser et exprimer encore, ce liquide étant froid ; réunir les deux infusions et y joindre 1 litre d'alcool à 85 degrés, pour conserver la couleur jaune ; recharger le marc de safran avec 1 litre d'alcool à 85 degrés, afin d'épuiser entièrement la couleur qu'il peut contenir, et se servir de cette infusion alcoolique pour les absinthes.

Cette couleur est employée dans les liqueurs auxquelles le goût de safran ne peut nuire, mais elle ne peut convenir à toutes celles qui se colorent en jaune. Pour obtenir une couleur jaune sans goût, il convient d'opérer de la manière suivante : mettre la quantité de safran ci-dessus indiquée dans un tamis en crin, et avoir soin de l'étaler bien également ; mettre le tamis dans une petite bassine avec double quantité d'eau, c'est-à-dire 4 litres, porter à l'ébullition l'eau qui, en s'évaporant, retirera le goût âcre du safran ; ajouter quantité suffisante d'alcool pour conserver.

CARAMEL.

Bonne mélasse de canne et de raffinerie (1).	12 litres.
Eau commune.	5 litres.
Cire vierge.	10 grammes.

Mettre la mélasse dans une bassine à *cul de poule,* chauffer fortement, agiter continuellement avec une grande spatule en bois afin d'empêcher la mélasse de s'attacher au fond de la bassine, puis, lorsque la *caramélisation* est arrivée à point, ce qui se reconnaît à l'odeur et au peu d'adhérence du liquide après la

---

(1) Un litre de mélasse à 42 degrés pèse 1 kilogramme 400 grammes.

spatule, enlever vivement la bassine de dessus le feu et la poser à terre; verser ensuite dedans avec précaution par petites parties, en agitant sans cesse avec la spatule, l'eau qui devra être à la température de 60 à 80 degrés. Enfin, l'opération terminée, passer aussitôt le caramel à travers un tamis de crin.

La mélasse, en chauffant, se gonfle et se boursoufle : elle se renverserait par-dessus la bassine et le fourneau, si l'on n'avait soin de jeter dedans la quantité de cire vierge indiquée.

On peut aussi fabriquer le caramel avec du sucre brut Martinique ou autres, mais il reviendrait à un prix plus élevé sans pour cela être de meilleure qualité. La mélasse de premier choix doit donc avoir la préférence.

Le caramel peut donner la couleur jaune que l'on désire, depuis la plus claire jusqu'à la plus foncée; il est employé principalement pour la coloration des eaux-de-vie : son importance à cet égard est des plus grandes. 1 litre de caramel bien confectionné suffit pour donner à 1000 ou 1200 litres de trois-six coupé une couleur jaune convenable pour eau-de-vie.

La plupart des caramels que l'on rencontre dans le commerce sont fabriqués avec des mélasses inférieures provenant des raffineries de betteraves et quelquefois des fabriques de sucre. Ces caramels colorent fort peu et donnent souvent aux eaux-de-vie et liqueurs un goût âcre et salin qui doit les faire rejeter; la plupart d'ailleurs troublent les eaux-de-vie.

AUTRES COULEURS JAUNES.

Certains liquoristes emploient, pour la couleur jaune, une infusion alcoolique de *curcuma* ou *terra merita*. Outre que cette substance n'a pas une vertu colorante de premier ordre, sa propriété purgative doit la faire rejeter par le liquoriste jaloux de livrer de bons produits.

Il doit en être de même pour le *carthame* ou *safran bâtard*, dont quelques praticiens se servent aussi. L'anecdote suivante, que nous rapporte Demachy, fixera sur l'emploi de cette substance :

« Un navire marchand, dit-il, chargé uniquement de carthame, se disposant à entrer dans le port du Havre, échoua à la rade ; les pêcheurs qui revinrent quelque temps après vendirent leurs poissons suivant l'usage : tous les habitants furent attaqués d'une dyssenterie fort incommode. On remarqua que toute la mer, depuis la rade jusqu'au port, était jaune ; et sans la précaution que l'on prit d'interdire la pêche jusqu'à ce que l'eau de mer eût repris sa couleur naturelle, il est certain que toute la ville eût été très-incommodée d'une épidémie qui aurait pu alarmer. »

COULEUR BLEUE.

Indigo pulvérisé très-fin............. 3o grammes.
Acide sulfurique à 66 degrés......... 3oo grammes.

Faire dissoudre l'indigo avec l'acide sulfurique dans une bouteille en grès ou dans un cruchon, sans boucher ; agiter jusqu'à ce que l'effervescence ait cessé : le produit de la dissolution se nomme *bleu en liqueur* ou *bleu de Saxe*.

Ce bleu ne peut être employé ainsi ; il déposerait dans les liqueurs et leur communiquerait une odeur désagréable : il convient donc de saturer l'acide qu'il contient ; cette opération se fait de la façon suivante :

Mettre le bleu en liqueur dans une terrine non vernie d'une contenance d'environ 10 litres, ajouter 2 litres d'eau, puis saupoudrer le liquide avec 300 grammes de craie blanche pulvérisée ou 500 grammes de blanc d'Espagne (carbonate de chaux), et remuer avec un bâton. Lorsque l'effervescence sera terminée, laisser reposer, décanter ensuite et filtrer.

On conserve cette couleur, en ajoutant au liquide obtenu 25 centilitres d'alcool à 85 degrés.

AUTRE COULEUR BLEUE.
(*Nouveau procédé.*)

Après avoir préparé le bleu en liqueur ainsi qu'il est dit dans la couleur précédente, le mettre dans une bassine en ajoutant 8 litres d'eau ; y faire bouillir, pendant un quart d'heure, un morceau de drap de molleton blanc et neuf, qui s'emparera de la matière colorante ; laver ensuite le drap dans l'eau froide à plusieurs reprises pour en séparer l'acide, et le faire bouillir à nouveau dans 6 litres d'eau alcalisée avec 5 grammes de carbonate de potasse (sel de tartre). La couleur bleue se séparera du drap et se divisera dans l'eau bouillante. Filtrer après refroidissement, et rincer avec soin le morceau de drap, qui pourra servir pour de nouvelles opérations.

On conserve cette couleur dans un vase en verre ou en grès, en y ajoutant aussi 75 centilitres d'alcool à 85 degrés.

La couleur bleue que nous indiquons devra être préférée à la première : on peut avoir la certitude qu'elle ne déposera pas dans les liqueurs, et que sa nuance ne variera pas.

AUTRE COULEUR BLEUE SIMPLE À L'EAU.

Bleu de Prusse...................... 60 grammes.
Acide oxalique...................... 4 grammes.

Broyer finement le bleu, le mettre ensuite dans un vase avec l'acide oxalique, ajouter l'eau par petite quantité, après complète dissolution, et filtrer en ajoutant 50 centilitres d'alcool.

On peut faire la différence de l'indigo avec le bleu de Prusse, ce dernier étant plus lourd.

COULEUR POUR CURAÇAO DEMI-FIN.

Bois de Brésil...................... 2 kilogrammes.
Bois de Fernambouc .... 2 kilogrammes.
Crème de tartre..................... 60 grammes.
Alcool bon goût à 85 degrés......... 10 litres.

Mettre les bois par couches, une de l'un, une de l'autre, en les saupoudrant avec la crème de tartre, dans une cruche en grès; ajouter l'alcool et laisser reposer huit jours ou plus. Recharger les bois avec une nouvelle quantité d'alcool jusqu'à épuisement complet. Ce rechargement peut servir à couvrir une autre infusion pour le même objet.

COULEUR POUR CURAÇAO SURFIN.

Bois de Fernambouc, 1ᵉʳ choix....... 4 kilogrammes.
Crème de tartre..................... 60 grammes.
Esprit de curaçao surfin............ 10 litres.

14.

Opérer de la même manière que pour la couleur précédente.

On obtient encore une couleur très-belle pour curaçao en employant la méthode suivante :

Bois de Fernambouc....................	2 kilogrammes.
Eau commune.......................	16 litres.
Carbonate de potasse...............	6 grammes.
Alun de Rome pulvérisé............	90 grammes.
Crème de tartre....................	60 grammes.

Faire bouillir l'eau et le carbonate de potasse dans une bassine en cuivre, ajouter le bois de Fernambouc et continuer l'ébullition jusqu'à réduction de la moitié de la quantité d'eau; retirer de dessus le feu et ajouter ensuite la crème de tartre et l'alun, passer à travers un tamis en crin.

Le carbonate de potasse facilite la sortie de la partie colorante du bois, mais il l'excite à passer au rouge violet. La crème de tartre corrige cette couleur et la ramène au rouge foncé, l'alun sert à la fixer.

On peut encore employer, pour la coloration des curaçaos, une autre substance peu connue des liquoristes : nous voulons parler de l'*hématine*.

DE L'HÉMATINE.

L'hématine est le principe colorant du bois de campêche; elle a été découverte par M. Chevreul.

A l'état de pureté, l'hématine se présente en petites lames cristallines rosées; sa saveur est douce, astringente et un peu amère. L'eau bouillante la dissout facilement en se colorant en rouge orangé, mais elle est bien moins soluble dans l'eau que dans l'alcool.

Les acides acétique et tartrique font virer au jaune la couleur produite par l'hématine. La soude, la potasse la font passer au rouge pourpre; par l'addition d'une plus grande quantité de ces alcalis, elle devient d'un bleu violet, ensuite d'un rouge obscur et d'un jaune brun. La chaux, la baryte produisent les mêmes effets.

On obtiendra une couleur convenable en opérant comme il suit :

    Hématine en poudre................... 100 grammes.
    Alcool à 85 degrés................... 2 litres.

Faire infuser pendant deux ou trois jours, en agitant de temps en temps.

Si l'on désirait obtenir la couleur tout de suite, il faudrait faire chauffer l'infusion au bain-marie, ou se servir d'eau bouillante au lieu d'alcool.

100 grammes d'hématine colorent très-bien 100 litres de curaçao.

La couleur des bois de Brésil et de Fernamboue, ainsi que celle de l'hématine, est rouge : il suffit d'y ajouter quelques gouttes d'un des acides dont nous avons parlé pour faire virer cette couleur au jaune d'or ou ambré; on aura soin cependant de ne point en mettre trop, car alors la couleur deviendrait d'un jaune paille, et le curaçao, étant mis dans un verre avec de l'eau, ne pourrait plus tourner au rose; néanmoins, on pourrait remédier à cet inconvénient en ajoutant à la liqueur quelques gouttes seulement d'une dissolution de soude ou de potasse, avec précaution.

COULEUR VERTE.

La couleur verte se produit par un mélange de couleur jaune de safran ou de caramel et de couleur bleue : avec le premier jaune on forme les nuances *vert-pomme* et *vert-pré* ; le second fournit les nuances *olive* et *feuille-morte*.

Les feuilles de mélisse, de véronique et d'ortie sont employées ensemble ou séparément par certains liquoristes, pour la coloration des absinthes ordinaires, demi-fines et fines. Mais pour que la couleur qui en résulte ne puisse changer ni déposer, il faut que ces absinthes pèsent au moins 60 à 65 degrés centésimaux, la chlorophylle, partie colorante des feuilles, n'étant soluble que dans l'alcool à un degré assez élevé. Cet élément de la plante ne peut dans aucun cas servir à colorer les liqueurs. Les sucs exprimés de différentes plantes dont on a extrait la chlorophylle, telles que la reine des prés, l'ache des marais et l'épinard, peuvent aussi colorer en vert les absinthes ; mais ces couleurs ont l'inconvénient de se détruire à la lumière.

Nous indiquons à l'article *Absinthe suisse* la manière de faire la couleur verte pour cette boisson.

COULEUR VIOLETTE.

On produit cette couleur au moyen d'un mélange de couleur rouge et de couleur bleue.

CHAPITRE XII.

DES GÉNÉRATEURS.

DU GÉNÉRATEUR VERTICAL (SYSTÈME EGROT),

À foyer amovible, avec tubes bouilleurs en cuivre rouge rayonnant
dans le foyer.

Depuis quelques années, dans la distillation pour
la fabrication des liqueurs, l'usage du *générateur lon-
gitudinal* est complétement abandonné.

Le générateur vertical est certainement appelé, par
sa disposition, à rendre à notre industrie de véritables
services, en ce sens qu'il tient peu de place et qu'il
permet de réaliser une importante économie de combustible. M. Egrot, qui tous les jours cherche avec
nous à simplifier le travail, a cette fois complétement
réussi, et nous ne saurions trop recommander cet appareil à nos confrères.

Nous donnons ci-dessous (1), à titre de renseignement utile, les différents prix du générateur vertical.

Ce générateur d'un nouveau système a l'avantage
de produire une forte quantité de vapeur relativement
à sa surface de chauffe, et réalise par cela même une

(1) Le prix du générateur vertical (système Egrot), muni de toutes les
pièces de sûreté, des ouvertures pour le nettoyage, de l'entourage en
bois ou en tôle avec feutre, du robinet de vidange, du socle et cen-

économie de combustible. Cet avantage est obtenu, d'une part, par la disposition des tubes bouilleurs en cuivre rouge qui rayonnent à l'intérieur du foyer, et qui se trouvent dans la proportion de moitié comme surface de chauffe, et, d'autre part, par l'emploi, pour la construction de ces tubes, du cuivre rouge, qui a la propriété d'être très-bon conducteur du calorique et de transmettre plus facilement que le fer le calorique qu'il reçoit.

De plus, la position des bouilleurs relativement au foyer a pour but d'éviter l'incrustation ou le dépôt de tartre dans cette partie, ce qui permet à ces tubes de ne pas brûler, et aussi de vaporiser une plus grande quantité d'eau. Comme le foyer intérieur de ce générateur est amovible, il en résulte une grande facilité pour le nettoyage et les réparations que l'on peut avoir à faire. En trente ou quarante minutes, l'eau qu'il con-

---

drier en fonte, mais sans le robinet de prise de vapeur, est fixé ainsi qu'il suit :

Un générateur de ½ cheval vaut......			650 francs.
»	1	»	800 »
»	2 chevaux vaut.....		1400 »
»	3	»	1600 »
»	4	»	2000 »
»	6	»	2800 »
»	8	»	3400 »
»	10	»	4000 »
»	12	»	4500 »
»	15	»	5000 »
»	20	»	5500 »
»	25	»	6500 »

Ce générateur peut être vendu sans l'enveloppe isolante, le socle et le cendrier, ce qui produit une diminution sur le prix.

tient peut être mise en vapeur et déterminer une pression de plusieurs atmosphères.

Légende (Pl. VI).

La *fig.* 1 représente une vue extérieure et la *fig.* 2 une coupe en élévation dans l'axe; les mêmes lettres désignent les mêmes objets.

A, générateur.

B, porte du foyer.

C, tampon de nettoyage dans le bas de la chaudière.

D, tampon de nettoyage dans le haut de la chaudière.

E, tube indicateur indiquant le niveau de l'eau dans le générateur.

F, soupape de sûreté, manomètre et sifflet.

G, robinet de jauge.

H, cheminée.

I, I, tubes en cuivre rouge rayonnant dans le foyer.

J, grille.

K, enveloppe isolante évitant toute déperdition du calorique.

L, socle en fonte supportant la chaudière.

M, cendrier en même métal que l'on peut tenir plein d'eau; il rafraîchit la grille du foyer, l'empêche de brûler et produit des vapeurs d'eau qui en se décomposant facilitent la combustion.

N, prise principale de vapeur.

O, robinet de vidange du générateur.

BOUTEILLE ALIMENTAIRE (B. S. G. D. G.),

Avec robinet à levier articulé permettant une alimentation facile du générateur, robinet, niveau d'eau et tampon de nettoyage.

La bouteille alimentaire, dans les laboratoires chauffés par la vapeur, est considérée souvent comme une pièce de second ordre et n'exigeant pas le même soin dans la construction, dans l'agencement de ses pièces, que le générateur lui-même. C'est pourtant une erreur; la bouteille alimentaire est, au contraire, une pièce très-délicate, qui a besoin d'être bien étudiée et aussi bien installée pour fonctionner économiquement.

C'est elle qui fournit au générateur l'eau nécessaire, ce qu'elle doit faire avec régularité; sans quoi, si le générateur manque d'eau à certains moments, il en résulte pour ce dernier une détérioration sensible. Souvent sa manœuvre est très-compliquée, et les pièces telles que robinets et tubulures y sont mal ajustées, ce qui a le double désavantage de déranger l'ouvrier de son travail et de produire des pertes de vapeur. M. Egrot fabrique une bouteille alimentaire munie d'un nouvel appareil très-simple, pour lequel il est breveté. Cette bouteille, d'une manœuvre facile, a l'avantage de diminuer le nombre des joints de tuyaux et robinets qui compliquent toujours les appareils et sont des causes de fuites.

Ci-après description d'après plan de cette bouteille alimentaire (voyez *fig.* 3).

A, bouteille en tôle.
B, bouchon de nettoyage.
H, tube indicateur.
D D', robinets à trois eaux alimentant la bouteille et le générateur.
I, J, J, tige à levier et poignée faisant agir les deux robinets.

Avec cette bouteille, on alimente d'eau le générateur avec la plus grande facilité; il suffit de pousser à droite ou à gauche la poignée de la tige E pour arriver à ce résultat (1).

---

(1) Le prix de la bouteille alimentaire complète, avec robinets et tuyaux en cuivre existant entre la bouteille et le générateur, est fixé ainsi qu'il suit :

Pour ½ cheval ou 1 cheval............ 250 francs.
Pour 2 et 3 chevaux................. 350   »
Pour 4 chevaux..................... 450   »
Pour 6 et 8 chevaux................ 650   »

RÉSERVOIR DES RETOURS.

Dans beaucoup d'usines et de laboratoires, on perd la condensation qui s'échappe des doubles fonds des appareils chauffés par la vapeur. M. Egrot a imaginé un réservoir en tôle parfaitement calfeutré, qui est muni de tubulures pour l'arrivée des retours, pour l'alimentation, etc., et qui a pour but de récolter les vapeurs condensées s'échappant des doubles fonds. Comme cette eau est distillée et qu'elle est à une température de 100 degrés, elle est renvoyée, au moyen de la bouteille dont il vient d'être fait mention, dans le générateur. Cette eau a surtout l'avantage de ne pas former d'incrustations et d'être très-chaude (1).

---

(1) Le prix du réservoir des retours, avec tampon, garniture, robinet de vidange et robinet flotteur, mais sans les tuyaux, est fixé ainsi qu'il suit :

Pour ½ cheval et 1 cheval........... 150 francs.
Pour 2 et 3 chevaux................. 250   »
Pour 4 chevaux..................... 350   »
Pour 6 et 8 chevaux................ 450   »

CHAPITRE XIII.

DES ALCOOLS AROMATISÉS.

On donne le nom d'alcools aromatisés ou *esprits parfumés* aux alcools plus ou moins chargés, par la distillation, des principes volatils et odorants d'une ou plusieurs substances. Dans le premier cas, ils sont appelés *simples;* dans le second, *composés*. En pharmacie, les *alcoolats* ne sont autres que les esprits parfumés.

Les éléments qui constituent les esprits parfumés sont l'alcool, les fleurs, les fruits, puis les semences, les racines, les bois, les plantes ou parties de plantes, ces dernières substances à l'état sec ou frais.

L'alcool étant la base ou plutôt le dissolvant de toutes les compositions des esprits parfumés, il conviendrait d'en parler dans ce chapitre, si nous n'avions pas réservé de traiter spécialement cet intéressant sujet dans notre deuxième volume.

Les règles à suivre pour la préparation et la distillation des esprits parfumés simples ou composés sont les mêmes. On devra :

1° Employer l'alcool très-pur à 85 degrés, exempt de toute odeur de marc, d'empyreume ou autres; les trois-six du Midi doivent aussi avoir la préférence;

2° Choisir convenablement les substances que l'on veut traiter avec l'alcool;

3° Diviser, concasser ou piler ces substances, afin de faciliter l'extraction des principes volatils et aromatiques ;

4° Faire macérer les substances dans l'alcool pendant vingt-quatre heures, avant de procéder à la distillation ;

5° Ajouter à la macération, au moment de distiller, une quantité d'eau suffisante, la moitié environ de celle de l'alcool (25 litres d'eau pour 50 litres d'esprit à 85 degrés) ;

6° Distiller à feu nu, au bain-marie ou à la vapeur dans des alambics convenables et nettoyés avec soin ;

7° Conduire le feu ou la vapeur avec attention, de peur des coups de feu et pour éviter que le liquide distille avec un goût empyreumatique ;

8° Rafraîchir le plus souvent possible l'eau du serpentin, de manière qu'elle soit presque toujours froide ;

9° Recevoir seulement la quantité indiquée dans chaque recette et avoir soin de mettre les flegmes à part.

Nous ferons remarquer que, pour certains esprits parfumés, un alcool très-concentré, en distillant à la chaleur ordinaire, aurait l'inconvénient de passer sans se charger d'une manière sensible de l'huile volatile des substances. Il faut donc ajouter une quantité d'eau en rapport avec la difficulté qu'éprouve à distiller l'huile volatile dont on veut charger l'alcool.

Les esprits parfumés ont moins d'odeur que les eaux aromatiques distillées obtenues sur les mêmes substances. Cet effet est dû à ce que, dans l'alcool, même en grande proportion, les huiles volatiles étant en dissolution complète, on peut presque dire en combinaison intime, perdent en partie leur odeur, tandis que dans l'eau, où elles ne sont qu'en suspension, elles la conservent. Mais si l'on verse quelques gouttes d'un esprit parfumé dans l'eau ordinaire, aussitôt l'odeur se développe, et si la proportion d'essence est assez forte, l'eau devient laiteuse.

Cet effet est dû à ce principe bien connu dont nous avons déjà parlé, que plus une substance est divisée, plus elle a de tendance à se vaporiser. C'est ainsi qu'une eau de roses coupée avec une eau commune devient plus odorante.

En vieillissant, les esprits parfumés acquièrent de la qualité par suite d'une sorte de liaison plus étroite qui s'opère entre les divers principes qui les composent : l'âcreté et le mordant qui résultent toujours un peu de la distillation disparaissent avec le temps. Cependant on peut bonifier sur-le-champ les esprits parfumés : il ne s'agit pour cela que de les plonger dans un mélange de glace pilée et de sel, et dans des bouteilles ou vases d'un diamètre moyen : en moins de six heures, ils auront acquis la douceur et le moelleux désirable.

On conserve les esprits parfumés dans des vases bien bouchés et dans un local ayant une température ordinaire.

Les esprits parfumés simples ou composés servent à fabriquer les liqueurs de toute sorte. Le liquoriste devra toujours en avoir une certaine quantité préparée à l'avance, afin de pouvoir n'employer que ceux qui auront reposé pendant plusieurs mois.

RECTIFICATION DES ESPRITS PARFUMÉS.

Généralement, il est indispensable de rectifier les esprits parfumés, si l'on veut obtenir de bons produits.

Cette opération, dont le but a été suffisamment défini précédemment (p. 72), doit se faire avec soin et intelligence.

Supposons que l'on veuille rectifier 52 litres d'un esprit parfumé : on devra ajouter à cette quantité 25 litres d'eau commune, puis distiller au bain-marie pour retirer 50 litres d'esprit parfumé; les 2 litres restants seront retirés ensuite à part et mis avec les petites eaux ou flegmes. Si, au contraire, on retirait par la rectification la même quantité d'esprit que celle que l'on aurait mise dans le bain-marie, cet esprit serait semblable au premier, et l'on perdrait ainsi les avantages que procure la rectification.

PETITES EAUX OU FLEGMES.

Les derniers produits de la distillation et de la rectification des esprits parfumés ou autres sont nommés petites eaux ou flegmes.

Ces produits sont aqueux et âcres; ils contiennent beaucoup d'essence et très-peu d'alcool; leur odeur est vive, pénétrante et empyreumatique. Néanmoins, on doit toujours les tirer en assez grande quantité d'une distillation ou rectification, afin d'obtenir tout l'alcool qui reste dans l'alambic après l'extraction de l'esprit parfumé.

Quoique les flegmes soient chargés d'une très-grande quantité d'huile volatile, on devra s'abstenir de les mettre sur une distillation ou rectification d'esprit parfumé, à laquelle ils communiqueraient leur odeur empyreumatique; on doit donc les réunir tous ensemble dans un tonneau, pour procéder à leur distillation : le produit peut être employé dans la fabrication des absinthes ordinaires.

RECETTES DES ALCOOLS AROMATISÉS OU ESPRITS PARFUMÉS.

La manière d'opérer la distillation des esprits parfumés étant presque toujours la même, sauf quelques exceptions qui seront signalées, nous nous dispenserons de la répéter à chaque recette : la première seule indiquera les prescriptions qu'il faudra suivre.

ESPRIT DE FLEURS D'ORANGER.

Fleurs d'oranger fraîches et mondées
   de leurs calices.................... 12 kilog. 500 gr.
Alcool à 85 degrés.................... 52 litres.

Faire infuser dans le bain-marie, pendant vingt-quatre heures, les fleurs avec l'alcool, ajouter 25 litres d'eau au moment de distiller, luter l'alambic et procéder à la distillation pour retirer 51 litres de bon produit; continuer l'opération pour tirer les flegmes, qui seront mis à part jusqu'à ce qu'il ne sorte plus que de l'eau de l'appareil (ce qui se reconnaît à l'aide d'un alcoomètre marquant zéro), puis rectifier le premier produit en ajoutant 25 litres d'eau, pour retirer 50 litres d'esprit parfumé, chargé à 250 grammes de fleurs par litre.

ESPRIT DE ROSES.

Pétales de roses récentes............ 25 kilogrammes.
Alcool à 85 degrés.................. 52 litres.

Distiller et rectifier au bain-marie pour obtenir 50 litres chargés de produit à 500 grammes de fleurs par litre.

Même manière d'opérer que pour la recette précédente.

ESPRIT D'ŒILLETS.

Fleurs d'œillets mondées de leurs calices.. 12 kilog. 500 gr.
Alcool à 85 degrés .... 52 litres.

Produit : 50 litres chargés de 250 grammes de fleurs chacun.

Opérer comme ci-dessus.

ESPRIT D'ABSINTHE (*grande*).

Feuilles et sommités sèches de grande
  absinthe.......................... 12 kilog. 500 gr.
Alcool à 85 degrés................... 52 litres.

Produit : 50 litres, chargés de 250 grammes de plantes chacun.

Opérer comme ci-dessus.

ESPRIT D'ABSINTHE (*petite*).

Feuilles et sommités sèches de petite
  absinthe.......................... 12 kilog. 500 gr.
Alcool à 85 degrés................... 52 litres.

Produit : 50 litres chargés de 250 grammes de plantes chacun.

Opérer comme ci-dessus.

I. 15

ESPRIT DE GÉNÉPI.

Feuilles et sommités fleuries sèches de
    génépi des Alpes................. 6 kilog. 250 gr.
Alcool à 85 degrés.................. 52 litres.

Produit : 50 litres chargés de 125 grammes de plantes chacun.

Opérer comme ci-dessus.

ESPRIT D'HYSOPE.

Sommités fleuries et sèches d'hysope.. 12 kilog. 500 gr.
Alcool à 85 degrés.................. 52 litres.

Produit : 50 litres chargés de 250 grammes de plantes chacun.

Opérer comme ci-dessus.

ESPRIT DE LAVANDE.

Lavande sèche, en fleurs............ 6 kilog. 250 gr.
Alcool à 85 degrés................. 52 litres.

Produit : 50 litres chargés de 125 grammes de plantes chacun.

Opérer comme ci-dessus.

ESPRIT DE MÉLISSE.

Mélisse citronnée, sèche et mondée... 12 kilog. 500 gr.
Alcool à 85 degrés................. 52 litres.

Produit : 50 litres chargés de 250 grammes de plantes chacun.

Opérer comme ci-dessus.

ESPRIT DE MENTHE.

Menthe poivrée, sèche, en fleurs...... 12 kilog. 500 gr.
Alcool à 85 degrés................. 52 litres.

Produit : 5o litres chargés de 25o grammes de plantes chacun.

Opérer comme ci-dessus.

ESPRIT D'ANGÉLIQUE (*semences*).

Semences d'angélique............... 6 kilog. 25o gr.
Alcool à 85 degrés.................... 52 litres.

Produit : 5o litres chargés de 125 grammes de semences chacun.

Opérer comme ci-dessus.

ESPRIT D'ANETH.

Semences d'aneth................... 6 kilog. 25o gr.
Alcool à 85 degrés.................. 52 litres.

Produit : 5o litres chargés de 125 grammes de semences chacun.

Opérer comme ci-dessus.

ESPRIT D'ANIS.

Semences d'anis vert............... 6 kilog. 25o gr.
Alcool à 85 degrés.................. 52 litres.

Produit : 5o litres chargés de 125 grammes de semences chacun.

Opérer comme ci-dessus.

ESPRIT DE BADIANE.

Badiane ou anis étoilé.............. 6 kilog. 25o gr.
Alcool à 85 degrés.................. 52 litres.

Produit : 5o litres chargés de 125 grammes de badiane chacun.

Opérer comme ci-dessus.

ESPRIT DE CARVI.

Semences de carvi.................... 6 kilog. 250 gr.
Alcool à 85 degrés................... 52 litres.

Produit : 50 litres chargés de 125 grammes de semences chacun.
Opérer comme ci-dessus.

ESPRIT DE CHERVI.

Semences de chervi.................. 6 kilog. 250 gr.
Alcool à 85 degrés.................. 52 litres.

Produit : 50 litres chargés de 125 grammes de semences chacun.
Opérer comme ci-dessus.

ESPRIT DE CORIANDRE.

Semences de coriandre.............. 12 kilog. 500 gr.
Alcool à 85 degrés.................. 52 litres.

Produit : 50 litres chargés de 250 grammes de semences chacun.
Opérer comme ci-dessus.

ESPRIT DE CUMIN.

Semences de cumin.................. 6 kilog. 250 gr.
Alcool à 85 degrés.................. 52 litres.

Produit : 50 litres chargés de 125 grammes de semences chacun.
Opérer comme ci-dessus.

ESPRIT DE DAUCUS.

Semences de daucus de Crète......... 6 kilog. 250 gr.
Alcool à 85 degrés. .... 52 litres.

Produit : 5o litres chargés de 125 grammes de semences chacun.

Opérer comme ci-dessus.

ESPRIT DE FENOUIL.

Semences de fenouil de Florence......   6 kilog. 25o gr.
Alcool à 85 degrés....................   52 litres.

Produit : 5o litres chargés de 125 grammes de semences chacun.

Opérer comme ci-dessus.

ESPRIT DE GENIÈVRE.

Baies de genièvre....................   6 kilog. 25o gr.
Alcool à 85 degrés...................   52 litres.

Produit : 5o litres chargés de 125 grammes de baies chacun.

Opérer comme ci-dessus.

ESPRIT DE FRAMBOISES.

Framboises fraîches et mondées.......   25 kilogrammes.
Alcool à 85 degrés...................   52 litres.

Produit : 5o litres chargés de 5oo grammes de framboises chacun.

Opérer comme ci-dessus.

ESPRIT D'ANGÉLIQUE (*racines*).

Racines d'angélique de Bohême, sèche
   et concassée.....................   6 kilog. 25o gr.
Alcool à 85 degrés...................   52 litres.

Produit : 5o litres chargés de 125 grammes de racines chacun.

Opérer comme ci-dessus.

ESPRIT DE CALAMUS.

Calamus aromaticus.................. 6 kilog. 250 gr.
Alcool à 85 degrés.................. 52 litres.

Produit : 50 litres chargés de 125 grammes de calamus chacun.
Opérer comme ci-dessus.

ESPRIT DE GALANGA.

Racines de galanga mineur............ 6 kilog. 250 gr.
Alcool à 85 degrés.................. 52 litres.

Produit : 50 litres chargés de 125 grammes de racines chacun.
Opérer comme ci-dessus.

ESPRIT DE GINGEMBRE.

Racines de gingembre................ 6 kilog. 250 gr.
Alcool à 85 degrés.................. 52 litres.

Produit : 50 litres chargés de 125 grammes de racines chacun.
Opérer comme ci-dessus.

ESPRIT DE CASCARILLE.

Écorces de bois de cascarille.......... 6 kilog. 250 gr.
Alcool à 85 degrés.................. 52 litres.

Produit : 50 litres chargés de 125 grammes d'écorces chacun.
Opérer comme ci-dessus.

ESPRIT DE BOIS DE RHODES OU DE ROSES.

Racines de bois de Rhodes............ 3 kilogrammes.
Alcool à 85 degrés.................. 52 litres.

Produit : 5o litres chargés de 6o grammes de racines chacun.

Opérer comme ci-dessus.

ESPRIT DE SANTAL.

Bois de santal citrin......	3 kilogrammes.
Alcool à 85 degrés......	52 litres.

Produit : 5o litres chargés de 6o grammes de bois chacun.

Opérer comme ci-dessus.

ESPRIT D'ALOÈS.

Aloès succotrin......	3 kilogrammes.
Alcool à 85 degrés......	52 litres.

Produit : 5o litres chargés de 6o grammes d'aloès chacun.

Opérer comme ci-dessus.

ESPRIT DE CACHOU.

Cachou du Japon......	3 kilogrammes.
Alcool à 85 degrés......	52 litres.

Produit : 5o litres chargés de 6o grammes de cachou chacun.

Opérer comme ci-dessus.

ESPRIT DE BENJOIN.

Benjoin en larmes pulvérisé......	3 kilogrammes.
Alcool à 85 degrés......	52 litres.

Produit : 5o litres chargés de 6o grammes de benjoin chacun.

Opérer comme ci-dessus.

ESPRIT DE MYRRHE.

Myrrhe pulvérisée..................... 3 kilogrammes.
Alcool à 85 degrés.................... 52 litres.

Produit : 5o litres chargés de 6o grammes de myrrhe chacun.
Opérer comme ci-dessus.

ESPRIT DE TOLU.

Baume de Tolu pulvérisé.............. 3 kilogrammes.
Alcool à 85 degrés................... 52 litres.

Produit : 5o litres chargés de 6o grammes de baume chacun.
Opérer comme ci-dessus.

ESPRIT D'AMBRETTE.

Ambrette (semences d'abelmosc)....... 6 kilog. 25o gr.
Alcool à 85 degrés.................... 52 litres.

Produit : 5o litres chargés de 125 grammes d'ambrette chacun.
Opérer comme ci-dessus.

ESPRIT DE GRAND CARDAMOME.

Cardamome majeur.................... 3 kilogrammes.
Alcool à 85 degrés................... 52 litres.

Produit : 5o litres chargés de 6o grammes de cardamome chacun.
Opérer comme ci-dessus.

ESPRIT DE PETIT CARDAMOME.

Cardamome mineur.................... 3 kilogrammes.
Alcool à 85 degrés................... 52 litres.

Produit : 5o litres chargés de 6o grammes de cardamome chacun.

Opérer comme ci-dessus.

ESPRIT DE CANNELLE DE CEYLAN.

Cannelle de Ceylan pulvérisée.......... 1 kilog. 5oo gr.
Alcool à 85 degrés................... 5a litres.

Faire infuser dans la cucurbite pendant vingt-quatre heures la cannelle avec l'alcool, ajouter 25 litres d'eau au moment de distiller, luter l'alambic et procéder à la distillation *à feu nu*. Retirer et mettre ensemble l'alcool parfumé et les flegmes provenant de cette opération, puis rectifier le tout *à feu nu* en ajoutant 25 litres d'eau, retirer 5o litres de bon produit chargés de 3o grammes de cannelle par litre.

ESPRIT DE CANNELLE DE CHINE.

Cannelle de Chine pulvérisée.......... 3 kilogrammes.
Alcool à 85 degrés................... 5a litres.

Produit : 5o litres chargés de 6o grammes de cannelle chacun.

Opérer comme pour la recette précédente.

ESPRIT DE GIROFLE.

Clous de girofle concassés........... 3 kilogrammes.
Alcool à 85 degrés................... 5a litres.

Produit : 5o litres chargés de 6o grammes de clous chacun.

Opérer comme ci-dessus.

ESPRIT DE MACIS.

Macis concassés.................... 3 kilogrammes.
Alcool à 85 degrés................. 5a litres.

Produit : 5o litres chargés de 6o grammes de macis chacun.

Opérer comme ci-dessus.

ESPRIT DE MUSCADES.

Noix muscades concassées............. 3 kilogrammes.
Alcool à 85 degrés.................... 5o litres.

Produit : 5o litres chargés de 6o grammes de noix chacun.

Opérer comme ci-dessus.

ESPRIT DE SASSAFRAS.

Bois de sassafras en copeaux.......... 3 kilogrammes.
Alcool à 85 degrés.................... 5o litres.

Produit : 5o litres chargés de 6o grammes de bois chacun.

Opérer comme ci-dessus.

ESPRIT D'AMANDES AMÈRES.

Amandes amères..................... 12 kilog. 5oo gr.
Alcool à 85 degrés.................... 5o litres.

Produit : 5o litres chargés de 25o grammes d'amandes chacun.

Opérer comme ci-dessus.

ESPRIT DE NOYAUX D'ABRICOTS.

Amandes de noyaux d'abricots........ 12 kilog. 5oo gr.
Alcool à 85 degrés................... 5o litres.

Produit : 5o litres chargés de 25o grammes d'amandes de noyaux chacun.

Opérer comme ci-dessus.

ESPRIT DE CÉLERI.

Semences de céleri.................... 6 kilog. 250 gr.
Alcool à 85 degrés.................... 52 litres.

Produit : 50 litres chargés de 125 grammes de semences chacun.

Opérer comme ci-dessus.

ESPRIT DE SAFRAN.

Safran gâtinais..................... 1 kilog. 500 gr.
Alcool à 85 degrés.................. 52 litres.

Produit : 50 litres chargés de 30 grammes de safran chacun.

Opérer comme ci-dessus.

ESPRIT DE CÉDRATS.

Les zestes de 300 cédrats frais.
Alcool à 85 degrés................ 60 litres.

Faire infuser dans le bain-marie pendant vingt-quatre heures les zestes avec l'alcool, ajouter 25 litres d'eau au moment de distiller, luter l'alambic et procéder à la distillation pour ne retirer que 55 litres de bon produit, rectifier en ajoutant 25 litres d'eau, retirer 50 litres d'esprit parfumé chargés de 6 cédrats par litre.

Les restes de chaque opération, c'est-à-dire les 10 litres provenant de la distillation et de la rectification, seront mis à part pour servir à verser sur une nouvelle opération, le goût de ces derniers produits n'étant pas assez convenable ni le parfum assez fort pour qu'ils puissent être employés dans la confection des liqueurs.

ESPRIT DE CITRONS.

Les zestes de 400 citrons frais.
Alcool à 85 degrés................. 60 litres.

Produit : 50 litres chargés de 8 citrons chacun.
Même manière d'opérer que pour la recette précédente.

ESPRIT D'ORANGES.

Les zestes de 500 oranges fraîches.
Alcool à 85 degrés................. 60 litres.

Produit : 50 litres chargés de 10 oranges chacun.
Opérer comme ci-dessus.

ESPRIT DE CITRONS CONCENTRÉ.

Les zestes de 800 citrons frais.
Alcool à 85 degrés................. 60 litres.

Produit : 50 litres chargés de 16 citrons chacun.
Opérer comme ci-dessus. On emploie cet esprit pour aromatiser le sirop de limons.

ESPRIT D'ORANGES CONCENTRÉ.

Les zestes de 1000 oranges fraîches
Alcool à 85 degrés................. 60 litres.

Produit : 50 litres chargés de 20 oranges chacun.
Opérer comme ci-dessus. Cet esprit est employé pour aromatiser le sirop d'oranges.

ESPRIT D'ANISETTE ORDINAIRE.

Anis vert........................ 3 kilogrammes.
Badiane......................... 3 kilogrammes.
Coriandre....................... 1 kilogramme.
Fenouil......................... 1 kilogramme.
Alcool à 85 degrés.............. 52 litres.

Piler les substances et les faire macérer dans l'alcool pendant vingt-quatre heures, distiller au bain-marie en ajoutant 25 litres d'eau, pour retirer 51 litres de premier produit : puis rectifier en ajoutant encore 25 litres d'eau ; retirer 50 litres d'esprit parfumé.

Cet esprit est employé pour les anisettes ordinaires, doubles et demi-fines.

ESPRIT D'ANISETTE DE BORDEAUX.

Badiane..........................	2 kilogrammes.
Anis vert.........................	500 grammes.
Coriandre.........................	500 grammes.
Fenouil...........................	500 grammes.
Bois de sassafras..................	500 grammes.
Ambrette..........................	125 grammes.
Thé impérial.......................	125 grammes.
Alcool à 85 degrés.................	52 litres.

Piler les graines et couper le sassafras en morceaux, distiller et rectifier comme pour la recette précédente.

Produit : 50 litres d'esprit parfumé.

ESPRIT DE CURAÇAO ORDINAIRE.

Écorces de curaçao dites carton.........	7 kilog. 500 gr.
Écorces d'oranges sèches...............	2 kilog. 750 gr.
Alcool à 85 degrés....................	60 litres.

Faire tremper dans l'eau froide les écorces de curaçao et d'oranges, puis les zester lorsqu'elles seront suffisamment molles, infuser pendant vingt-quatre heures, distiller et rectifier suivant la méthode indiquée pour l'esprit de citron, et ne retirer que 50 litres de bon produit.

Lorsqu'on emploie des écorces en *rubans*, voici les doses qu'il convient de mettre :

Rubans de curaçao...................... 5 kilogrammes.
Rubans d'oranges douces............... 1 kilog. 665 gr.
Alcool à 85 degrés.................... 60 litres.

Produit : 50 litres d'esprit parfumé.

ESPRIT DE CURAÇAO DE HOLLANDE.

Écorces de curaçao de Hollande véritables.. 10 kilogrammes.
Alcool à 85 degrés...................... 75 litres.

Opérer comme ci-dessus, pour ne retirer que 50 litres de bon produit. Les 25 litres restants seront employés pour une distillation nouvelle.

ESPRIT DE MOKA.

Café Martinique.............. 3 kilogrammes.
Café moka.................... 3 kilogrammes.
Alcool à 85 degrés........... 52 litres.

Torréfier légèrement le café, puis le réduire en poudre grossière, infuser, distiller et rectifier comme pour les esprits précédents.

Produit : 50 litres d'esprit parfumé.

ESPRIT DE THÉ.

Thé impérial................. 2 kilogrammes.
Thé pékao .... 1 kilogramme.
Thé hyswen .... 1 kilogramme.
Alcool à 85 degrés........... 52 litres.

Faire infuser le thé pendant deux heures dans 12 litres d'eau bouillante, ajouter ensuite l'alcool, macérer, distiller et rectifier suivant la méthode connue.

Produit : 5o litres d'esprit parfumé.

Nota. — Pour ces deux derniers esprits de moka et thé l'on devra distiller excessivement lentement, et au besoin cohober.

CHAPITRE XIV.

TEINTURES ET INFUSIONS.

DES TEINTURES AROMATIQUES.

Les teintures aromatiques sont des alcools saturés de principes odorants sans le secours de la distillation, mais seulement à l'aide de la chaleur et de la macération.

On doit employer pour leur préparation des substances bien sèches, ainsi que de l'alcool à 85 degrés et franc de goût. Les vases dans lesquels les teintures seront préparées devront être bouchés hermétiquement.

TEINTURE D'AMBRE.

Ambre gris...................... 32 grammes.
Alcool à 85 degrés............. 2 litres.

Faire macérer pendant quinze jours à une chaleur douce (25 à 30 degrés), en agitant de temps en temps; filtrer et conserver pour l'usage.

TEINTURE DE BENJOIN.

Benjoin en larmes pulvérisé..... 250 grammes,
Alcool à 85 degrés............. 2 litres.

Opérer comme ci-dessus.

TEINTURE DE CACHOU.

Cachou du Japon............... 250 grammes.
Alcool à 85 degrés............. 2 litres.

Opérer comme ci-dessus.

TEINTURE DE MUSC.

    Musc tonquin................... 15 grammes.
    Alcool à 85 degrés............. 2 litres.

Opérer comme ci-dessus.

TEINTURE DE STORAX.

    Storax calamite pulvérisé........ 250 grammes.
    Alcool à 85 degrés............. 2 litres.

Opérer comme ci-dessus.

TEINTURE DE TOLU.

    Baume de Tolu pulvérisé........ 250 grammes.
    Alcool à 85 degrés............. 2 litres.

Opérer comme ci-dessus.

DES INFUSIONS.

Les infusions, à proprement dire, sont des teintures aromatiques ; elles ne diffèrent de ces dernières que par la suppression de la chaleur dans la macération.

INFUSION D'IRIS.

    Iris de Florence en poudre...... 1 kilog. 250 gr.
    Alcool à 85 degrés............. 10 litres

Faire macérer pendant quinze jours au moins, en agitant de temps en temps.

INFUSION DE VANILLE.

Vanille du Mexique, coupée en petits morceaux. 150 grammes.
Alcool à 85 degrés.............................. 10 litres.

Opérer comme ci-dessus.

I.

On peut encore obtenir une infusion de vanille immédiate, en opérant de la manière suivante :

Vanille coupée en petits morceaux.   80 grammes.
Alcool à 85 degrés................   5 litres.
Sucre Martinique ou Bourbon ...   500 grammes.

Triturer dans un mortier la vanille et le sucre, mettre ensuite au bain-marie, pendant quelques heures, dans un vase de cuivre étamé ou dans des bouteilles de grès, sans porter l'eau à l'ébullition ; décanter après refroidissement et filtrer.

INFUSION DE CURAÇAO.

Écorces de curaçao de Hollande.   5 kilogrammes.
Alcool à 85 degrés.............   10 litres.

Piler les écorces sans les zester, et faire infuser pendant huit à dix jours, puis tirer au clair et filtrer.

On peut recharger les écorces avec une nouvelle quantité d'alcool, ou les distiller avec une dose pour esprit de curaçao ordinaire.

INFUSION DE COQUES D'AMANDES AMÈRES.

Coques d'amandes amères ......   10 kilogrammes.
Alcool à 85 degrés.............   20 litres.

Faire macérer pendant deux mois avant de s'en servir.

INFUSION DE PETITE ABSINTHE.

Feuilles et sommités sèches de petite absinthe.   5 kilogrammes.
Alcool à 85 degrés..........................   20 litres.

Faire macérer pendant quinze jours.

INFUSION D'HYSOPE.

Sommités fleuries et sèches d'hysope.   5 kilogrammes.
Alcool à 85 degrés..................   20 litres.

Faire macérer pendant quinze jours.

INFUSION DE GALANGA.

Racines de galanga concassées........ 750 grammes.
Eau-de-vie bon goût à 45 degrés ...... 20 litres.

Laisser macérer pendant quinze jours.

INFUSION DE MÉLISSE.

Feuilles sèches de mélisse citronnée.. 5 kilogrammes.
Alcool à 85 degrés................... 20 litres.

Opérer comme ci-dessus.

INFUSION DE LAURIER.

Feuilles de laurier du commerce........ 5 kilogrammes.
Eau-de-vie bon goût à 45 degrés...... 40 litres.

Laisser macérer pendant quinze jours.

INFUSION DE FEUILLES DE CASSIS.

Feuilles récentes de cassis............ 5 kilogrammes.
Alcool à 85 degrés................... 20 litres.

Faire macérer pendant un mois.

INFUSION DE CASSIS.

Parmi les infusions, celle du cassis est la plus importante, sous le rapport de la grande quantité employée par le liquoriste; elle est aussi celle qui doit fixer plus particulièrement son attention.

Il est difficile d'indiquer les quantités de cassis qui doivent entrer dans la confection de l'infusion : ces quantités sont subordonnées au produit que l'on désire obtenir, ainsi qu'à la nature et à l'état du fruit.

Si, par exemple, on veut avoir une infusion qui soit forte en couleur, voici comment on opérera :

Écraser le cassis, soit avec les pieds, soit avec un

moulin disposé à cet effet, le mettre dans un fût de moyenne grandeur (200 à 300 litres), qu'on remplira environ aux trois quarts ; laisser cuver le cassis seul pendant trois ou quatre jours, ajouter ensuite de l'alcool à 85 degrés en suffisante quantité pour remplir le fût ; remuer le tout avec une forte spatule ou un crochet en fer, pendant huit jours au moins, une fois par jour ; soutirer plusieurs fois le liquide et le reverser dans le fût ; attendre au moins six semaines avant d'employer cette infusion.

On devra préférer l'emploi des fûts de moyenne grandeur, comme présentant plus d'avantages que les pipes ou autres grands fûts généralement en usage. En effet, le cassis se trouvant, dans ces derniers vases, en trop grande quantité, s'entasse et se masse ; le liquide, le plus souvent, passe par des fontaines qu'il forme à travers le marc ou le long des parois du fût, sans se charger entièrement de la partie colorante du cassis ; la difficulté de pouvoir remuer complétement le marc est aussi une des causes qui contribuent à ce mauvais rendement. L'expérience nous a prouvé qu'en remplissant de cassis les fûts contenant de 600 à 800 litres, comme cela se pratique en général, les infusions obtenues étaient inférieures à celles faites ainsi que nous l'indiquons.

Si, au contraire, on désire avoir une infusion où le bon goût de fruit domine plutôt que la couleur, on se dispensera d'écraser le cassis et de le laisser *cuver*. On se contentera d'introduire le fruit dans un fût et de le couvrir avec de l'alcool à 58 degrés.

On peut encore obtenir une infusion colorée et parfumée en écrasant le cassis et ne remplissant le fût qu'à moitié avec du fruit, puis le laissant cuver vingt-quatre heures et remplissant entièrement le fût avec l'alcool à 58 degrés.

L'infusion de cassis peut être rechargée plusieurs fois avec une nouvelle quantité d'alcool ; dans ce cas, on la distingue par : *infusion première* ou *vierge* ; *deuxième, troisième infusion, etc.*, suivant qu'elle a été plus ou moins rechargée.

Lorsqu'une infusion a été chargée en *première* avec de l'alcool à 85 degrés, comme pour l'infusion destinée au cassis double, la seconde charge doit se faire avec de l'alcool à 58 degrés, la troisième avec de l'alcool à 43 degrés ; puis enfin l'épuisement complet se fera avec de l'eau pure. Si, au contraire, la première charge a été faite avec de l'alcool à 58 degrés, la seconde devra se faire avec de l'alcool à 49 degrés, et la troisième avec de l'alcool à 43 degrés, etc.

Le marc de cassis résultant de l'épuisement de l'infusion doit être distillé à feu nu, afin d'en extraire le peu d'alcool qu'il peut contenir ; le produit sera mis avec les petites eaux provenant de diverses distillations.

Pour la fabrication du cassis, il n'existe pour ainsi dire pas de méthode ; tout dépend de l'expérience et de l'habileté de l'opérateur.

Même en employant avec la plus scrupuleuse attention les doses que nous indiquons ci-dessus, il pourrait arriver qu'une liqueur faite à une époque fût inférieure à la même liqueur préparée avant ou après ; l'état des fruits, leur plus ou moins de maturité, les influences de température, une infusion plus ou moins prolongée sont, entre autres, des causes qui peuvent amener dans la qualité des différences marquées.

Si nos confrères se trouvent dans des conditions peu ordinaires, nous leur conseillerons, en raison de la pénurie des fruits, de fabriquer de la manière suivante :

CASSIS ORDINAIRE (100 litres).

(Proportion d'alcool pur, 31 lit. 25 centil., ou 25 litres à 85 degrés.)

Infusion, première charge, à 50 degrés
   (prise en fabrication)................ 18 litres.
Vin de Roussillon ou de la Loire......... 7 litres.
Alcool à 85 degrés.................... 14 litres.
Sucre brut décoloré ou bien clarifié.... 12 kilog. 500 gr.
Eau commune, quantité nécessaire pour compléter.

CASSIS DEMI-FIN (100 litres).

(Proportion d'alcool pur, 23 lit. 80 centil., ou 28 litres à 85 degrés.)

Infusion, première charge.............. 23 litres.
Vin de la Loire ou de Roussillon......... 8 litres.
Infusion de merises.................... 3 litres.
Infusion de framboises................. 3 litres.
Alcool à 85 degrés.................... 13 litres.
Sucre brut décoloré.................... 25 kilogrammes.
Eau commune, quantité nécessaire pour compléter.

Les cassis fin et surfin étant généralement vendus à des prix assez élevés, nous engageons à suivre les recettes que nous avons données précédemment.

Nous n'engageons pas les liquoristes à employer le sirop de fécule ou glucose pour les liqueurs surfines. Nous avons remarqué que leur emploi ne donnait pas de qualité aux liqueurs.

INFUSION DE FRAMBOISES.

Framboises bien mûres............. 100 kilogrammes.
Alcool à 85 degrés................. 100 litres.

Faire macérer pendant un mois avant de l'employer.

INFUSION DE MERISES.

Merises bien mûres	100 kilogrammes.
Alcool à 85 degrés	100 litres.

Opérer comme ci-dessus.

INFUSION DE BROU DE NOIX.

Noix vertes *morveuses*	100 kilogrammes.
Alcool à 58 degrés	100 litres.

Piler les noix, les laisser brunir à l'air pendant
vingt-quatre heures et davantage, si cela est nécessaire,
afin que la coloration soit bien prononcée; puis les
couvrir avec l'alcool indiqué ci-dessus et laisser infuser pendant trois mois avant de s'en servir.

La noix *morveuse*, c'est-à-dire celle que l'on peut
traverser sans obstacle avec une épingle, doit être préférée; son goût est plus délicat que celui du brou de
la noix formée; néanmoins, on peut employer ce dernier à défaut d'autre.

L'infusion de noix demande à vieillir : celle qui a
plusieurs années est préférable à la nouvelle ; elle est
fort sujette à déposer dans les liqueurs, quelles que
soient les précautions prises pour le collage et la filtration.

INFUSION DE VINAIGRE FRAMBOISÉ.

Framboises bien mûres	100 kilogrammes.
Vinaigre d'Orléans, première qualité.	100 litres.

Laisser infuser pendant deux mois et remuer de
temps en temps; tirer au clair et filtrer, puis mettre
en bouteilles et conserver couché dans un lieu bien
frais.

Les infusions de *baies d'airelle* ou de *myrtille*, de *baies de sureau* et de *baies d'hièble* se préparent de la manière suivante :

Écraser une quantité quelconque de baies mûres avec $\frac{1}{20}$ en poids d'eau (100 kilogrammes de baies — 5 litres d'eau), et laisser fermenter pendant trois ou quatre jours, suivant le besoin, dans un local ayant une température de 15 à 20 degrés centigrades; passer avec expression et ajouter $\frac{1}{10}$ en volume d'esprit-de-vin à 85 degrés, filtrer et mettre en fûts ou en bouteilles.

On pourrait se dispenser d'employer l'esprit-de-vin, en mettant le suc fermenté convenablement dans des bouteilles bouchées et ficelées et le traitant par la méthode de conservation d'Appert; dans ce cas, la couleur sera moins forte et moins belle.

Ces dernières infusions sont employées par quelques liquoristes pour remonter la couleur de certaines liqueurs de fruits rouges et des sirops de groseilles, de mûres, etc.

Observation. — Toutes les infusions peuvent être rechargées plusieurs fois, suivant qu'elles ont encore plus ou moins de parfum ou de couleur; celles de fruits, l'infusion de noix exceptée, perdent beaucoup en vieillissant, leur couleur jaunit et leur parfum se dénature; les autres, au contraire, acquièrent, avec le temps, de la qualité.

CHAPITRE XV.

DES LIQUEURS.

Sous le nom de *liqueurs*, on distingue généralement certaines boissons spiritueuses que l'on obtient par la distillation, l'infusion ou autres opérations. Les liqueurs obtenues par la distillation ont l'avantage de donner un produit chargé de toute la partie aromatique des substances et cependant dépouillé d'huile volatile libre, laquelle communique de l'âcreté aux liqueurs et trouble leur transparence.

Les liqueurs par infusion et celles qu'on obtient par les essences n'ont jamais la finesse de goût ni la délicatesse de parfum qui distinguent les liqueurs distillées, à l'exception cependant des liqueurs de fruits rouges par infusion, connues sous la dénomination de *ratafias*.

Toutes les liqueurs, sans exception, sont composées d'alcool, de sucre, d'eau commune et d'un parfum ou arome extrait de diverses substances, le tout dans des proportions qui varient suivant la qualité que l'on désire obtenir.

Leurs propriétés hygiéniques ont été et sont encore l'objet de vives controverses. Les liqueurs et les spiritueux en général sont-ils utiles ou nuisibles à la santé de l'homme? Peuvent-ils, dans certains cas, remplacer les médicaments? Ne sont-ils pas, au con traire, dangereux et funestes? Telles sont les questions qui, depuis deux cents ans, divisent les médecins et les diverses écoles. Certes, il ne nous appartient pas de donner une solution en matière aussi grave; qu'il nous soit permis, cependant, de dire que nous reconnaissons de part et d'autre certaines vérités.

Sans aucun doute, l'usage immodéré des spiritueux et même des liqueurs est pernicieux; il dégrade l'homme et altère sa santé : l'intempérance, proscrite par la raison, est d'autant plus à craindre qu'elle paraît agréable; elle dérange toute la constitution organique, attaque l'estomac et le cerveau, coagule le sang et conduit directement à une caducité inévitable et prématurée. Semblable à la brute, l'ivrogne ne connaît plus rien, les sentiments généreux de toute nature lui sont étrangers; anéanti par la boisson, il ne vit et pense que pour et par elle, et souvent la folie ou une *combustion spontanée* (1) vient terminer l'existence de cet être indigne de la création (2).

---

(1) On donne le nom de *combustion humaine spontanée* à un phénomène singulier dans lequel le corps humain se trouve entièrement réduit en cendres par l'effet d'un feu considérable, qui se développe spontanément et s'alimente sans le secours d'aucune matière en ignition. Il paraît que la cause en est due à un dégagement d'hydrogène produit par l'alcool, qui, comme on le sait, contient de ce gaz en très-grande quantité. Il existe beaucoup de faits historiques de combustion spontanée, ou par communication avec un corps enflammé. (Voyez *Journal général de Médecine*, année 1819.)

(2) Plusieurs grandes villes de France ont établi des sociétés de tempérance pour combattre l'ivrognerie; leur but est évidemment fort louable : mais, ainsi que le dit M. Dubrunfaut, « si elles se proposaient d'exclure de l'alimentation des hommes l'alcool et ses com-

Cependant il est certain, et personne ne peut le contester, que, autant l'abus des spiritueux et des liqueurs peut être pernicieux, autant leur usage modéré devient salutaire.

Paucula non lædunt pocula, multa nocent.
Boire peu fait du bien, boire beaucoup fait mal.
(École de Salerne.)

Prises avec modération et convenablement, surtout après les repas, les liqueurs fortifient l'estomac et aident la digestion. L'action de ces liquides se ressent dans toute l'économie, principalement aux organes circulatoires, moteurs sensitifs et intellectuels. « Saisissant le palais par leur énergie, dit Brillat-Savarin, et l'odorat par les gaz parfumés qui y sont joints, les liqueurs forment en ce moment le *nec plus ultra* des jouissances du goût. »

La thérapeutique retire aussi quelques secours des spiritueux et des liqueurs : exemple, l'eau de mélisse dite des Carmes, l'eau vulnéraire, l'élixir de Garus, celui de longue vie, etc. En effet, les liqueurs, composées de sucre, d'alcool et de plantes ou drogues usitées tous les jours en médecine, ne sont-elles pas elles-mêmes des médicaments sous une forme agréable? L'anis, la coriandre, l'absinthe, l'hysope, le citron, l'orange, l'iris, la vanille, la cannelle et le girofle, ne sont-ils pas tous les jours administrés aux

---

binaisons précieuses, il y aurait là une prétention déraisonnable, et je dirai même ridicule. Le feu produit l'incendie, le pain donne des indigestions, ce ne sont pas là des raisons pour exclure ces agents de notre économie. » (*Dictionnaire du Commerce*, t. Iᵉʳ, *Des esprits*.)

malades? Le sucre lui-même n'est-il pas un digestif puissant? Et d'ailleurs la petite quantité d'alcool qui entre généralement dans la confection des liqueurs ne peut nuire aux personnes en bonne santé.

La fabrication des liqueurs exige diverses opérations qui ont pour but de disposer et de préparer préalablement tout ce qui doit concourir à la confection des liqueurs; la qualité et la limpidité de celles-ci dépendent autant des soins apportés dans les préparations que dans le choix des substances employées à la fabrication.

Nous allons examiner toutes ces opérations avec l'expérience qu'un long travail nous a permis d'acquérir.

DE LA COMPOSITION.

Ainsi que nous venons de le dire, toutes les liqueurs ont pour bases l'alcool, le sucre et l'eau, auxquels on ajoute un ou plusieurs principes aromatiques.

La qualité de la composition dépend d'une fusion plus ou moins intime des diverses substances employées, de façon que chacune d'elles y entre dans la proportion convenable.

Deux règles principales doivent être observées dans la confection des liqueurs :

1° Mettre les diverses substances qui les composent dans des rapports qui leur permettent de se combiner avec facilité le plus promptement et le plus intimement possible ;

2° Conserver, pendant l'opération, les propriétés de chacune de ces substances.

Pour obtenir ces résultats, il est indispensable d'employer des alcools, des sucres et des substances aromatiques de premier choix, et de les mélanger avec discernement. On doit aussi *trancher* les liqueurs, afin de leur faire perdre le mordant qui résulte de la fabrication, les colorer, coller et filtrer pour qu'elles puissent satisfaire à la fois la vue, le goût et l'odorat, et enfin les conserver avec la plus grande attention.

DU PARFUM.

Le talent du liquoriste consiste principalement dans l'art de savoir associer convenablement les divers parfums des liqueurs, de manière à avoir sans cesse des produits égaux et agréables.

Il ne suffit pas d'avoir des recettes de liqueurs : il faut encore qu'un liquoriste sache tirer parti des plantes, des semences, des fruits, etc., qu'il trouve dans chaque pays. Afin de varier ses produits à volonté, il doit connaître les substances qui forment des composés agréables, et celles qui peuvent corriger ou augmenter la force du parfum d'une liqueur.

Ainsi, on observe souvent qu'une substance aromatique isolée n'a rien d'agréable, mais que l'addition d'une petite quantité d'une autre substance fait ressortir davantage son parfum et le rend plus parfait. C'est par cette raison qu'un peu d'anis vert et de fenouil font disparaître la petite odeur de punaise que l'on reproche à la badiane ; l'ambre seul ne donne presque pas de parfum : une minime quantité de musc lui donne le relief nécessaire ; seul, le coing est désagréable : un peu de girofle relève et corrige son odeur ;

l'arrière-goût de la canuelle est corrigé de même par le girofle ; la vanille, pilée avec du sucre, a plus d'arome que si on ne la triturait pas avec cette substance, et l'absinthe elle-même trouve sa place dans les liqueurs, pourvu que le zeste de citron, s'associant à son parfum, en fasse disparaître l'amertume.

L'exactitude des principes que nous posons a donné lieu, en 1758, à un système qui prétendait qu'on pouvait composer autant de liqueurs que d'airs de musique.

M. Le Camus, dans son ouvrage intitulé *la Médecine de l'esprit*, avait déjà pensé qu'il serait possible d'établir une musique savoureuse, analogue à la musique acoustique ; l'auteur de la *Chimie du goût et de l'odorat* a développé cette idée, et comme elle peut être plus utile qu'elle ne le paraît au premier coup d'œil, nous exposerons en peu de mots l'opinion de cet auteur.

« L'agrément des liqueurs, dit-il, dépend du mélange des saveurs dans une proportion harmonique. Les saveurs consistent dans les vibrations plus ou moins fortes des sels, qui agissent sur les sens du goût comme les sons consistent dans les vibrations plus ou moins fortes de l'air qui agit sur les sens de l'ouïe : il peut donc y avoir une musique pour la langue et le palais, comme il y en a pour les oreilles. Il est très-vraisemblable que les saveurs, pour exciter différentes sensations dans l'âme, ont, comme les corps sonores, leurs tons générateurs, dominants, majeurs, mineurs, graves, aigus, leur coma même et tout ce qui en dépend, par conséquent leurs consonnances et leurs dissonances.

» Ces saveurs sont : 1 l'acide, *ut* ; 2 le fade, *ré* ;

3 le doux, *mi* ; 4 l'amer, *fa* ; 5 l'aigre-doux, *sol* ; 6 l'austère, *la* ; 7 le piquant, *si*.

» Dans la musique sonore, les tierces, les quintes, les octaves forment les plus belles consonnances ; mêmes effets précisément dans la musique savoureuse : mêlez l'acide avec l'aigre-doux, ce qui répond à *ut…sol*, 1…5.., le citron, par exemple, avec le sucre, vous aurez une consonnance simple, mais charmante en quinte majeure. Mêlez l'acide avec le doux, le suc de bigarade, par exemple, avec le miel, vous aurez une saveur passablement agréable, analogue à *ut.mi*, 1.3…., tierce majeure. Mêlez l'aigre-doux avec le piquant, la consonnance sera moins agréable. Pour la rendre plus agréable, haussez ou baissez d'un demi-ton l'une et l'autre saveur, ce qui revient au dièse et au bémol, et vous trouverez un grand changement, etc.

» Les dissonances ne sont pas moins analogues dans l'une et l'autre musique ; dans l'acoustique, frappez la quarte, vous produirez une cacophonie désagréable ; dans la musique savoureuse, mêlez l'acide avec l'amer, du vinaigre avec de l'absinthe, le composé sera détestable ; en un mot, je regarde une liqueur bien entendue comme une sorte d'air musical. »

Les esprits et les eaux parfumées, les huiles volatiles, les teintures aromatiques et les infusions sont les diverses préparations qui donnent le parfum aux liqueurs. On doit s'attacher à en garnir suffisamment le laboratoire, afin de pouvoir exécuter, suivant les besoins, les sortes où les qualités des liqueurs que l'on désire.

Quoique nous donnions des recettes d'une exactitude rigoureuse, il pourrait arriver qu'une liqueur faite à une certaine époque fût inférieure à la même liqueur préparée à une autre époque, soit que les substances composantes ne se soient pas trouvées dans les mêmes conditions de température, de degré de maturité, d'état de sécheresse ou d'humidité; soit par des causes qu'il serait souvent fort difficile d'expliquer. Dans ce cas, le liquoriste devra obvier à cet inconvénient en ajoutant la quantité de parfum nécessaire pour avoir une liqueur qui puisse soutenir la comparaison avec celle qui a été faite dans de bonnes conditions.

DU MÉLANGE.

Cette opération, la plus importante de celles qui concourent à la fabrication de la liqueur, doit se faire dans un vase que l'on puisse fermer hermétiquement. Le *conge*, dont nous avons donné la description et la figure, est ordinairement employé pour cet usage. Ce vase, portant une échelle dans son intérieur, indique, pendant le mélange, la quantité de sirop, d'eau et d'alcool que l'on vient de verser, et par ce moyen empêche que l'on ne puisse se tromper dans les proportions nécessaires de ces liquides.

Le mélange doit toujours être fait à froid, la chaleur pouvant exalter les parties aromatiques et spiritueuses qu'il est essentiel de conserver.

On remarquera que l'emploi du sucre fondu à chaud, c'est-à-dire à l'état de sirop plus ou moins concentré, est infiniment préférable au sucre fondu à froid : ce dernier ne communique point aux liqueurs le velouté, et la saveur couverte qui, en recélant, pour ainsi dire, celle de l'esprit, rend les liqueurs plus délicates, plus fines et plus savoureuses ; c'est qu'en effet, par la simple solution à froid du sucre dans l'eau, chacune de ses molécules peut bien être rendue fluide, mais le fluide dans lequel elles nagent n'en est pas uniformément chargé, et, d'autre part, quelles que soient les parties constituantes du sucre, elles ne sont pas divisées et développées comme elles le sont dans le sucre fondu à chaud.

Le mélange s'opère de la manière suivante :

Mettre d'abord dans le conge l'alcool parfumé, ajouter ensuite, selon la liqueur à fabriquer, l'alcool sans parfum, agiter avec une spatule, puis verser le sirop et agiter encore ; ajouter enfin la quantité d'eau nécessaire et remuer pendant quelques instants pour rendre le mélange aussi complet que possible. Cette opération terminée, on procède à la coloration, en ayant soin de bien remuer à nouveau.

Le repos est favorable aux liqueurs ; aussi, n'est-ce qu'au bout de deux ou trois jours que l'on peut apprécier, par la dégustation, si elles sont assez parfumées ou assez moelleuses, et s'il est nécessaire d'y retoucher pour les améliorer.

DU TRANCHAGE.

Ainsi que tous les spiritueux, les liqueurs, en vieillissant, acquièrent une finesse et un velouté qui font les délices des amateurs.

Pour suppléer à l'action du temps et leur communiquer l'apparence de vétusté désirable, on a imaginé l'opération du tranchage; voici en quoi consiste la manière d'opérer :

Mettre la liqueur dans un bain-marie assez grand pour qu'elle n'en remplisse que les deux tiers, couvrir avec le chapiteau et mettre le bain-marie dans la cucurbite, cette dernière contenant la quantité d'eau indiquée pour une distillation; puis ajuster le col de cygne et luter, chauffer ensuite de manière à ne produire qu'une chaleur modérée, et, aussitôt que l'on ne pourra plus tenir la main sur le haut du chapiteau à la naissance du col de cygne, retirer vivement le feu qui se trouve dans le fourneau, afin d'éviter que la liqueur ne vienne à distiller; laisser refroidir complétement avant de retirer le bain-marie de la cucurbite.

La chaleur, dans cette opération, produit ce qu'on appelle une *digestion* : elle donne aux liqueurs, par une union plus intime des substances, un fondu et une uniformité de saveur qu'un savant appelait avec raison ce *quid infinitum* (ce je ne sais quoi) qui les rend plus agréables.

On remarquera que le moyen que nous indiquons, p. 222, pour les esprits parfumés, ne peut être employé pour les liqueurs : celles-ci contenant du sucre, la fusion des substances ne pourrait s'opérer par le froid.

Nous avons composé cette année, avec le concours de M. Egrot, un appareil de tranchage (*Pl. VI*) qui sera d'une grande utilité pour les distillateurs qui ne possèdent qu'un appareil à distiller et qui mettent quelquefois un peu trop de précipitation à retirer le produit tranché, ce qui cause à la fois une déperdition de parfum et d'alcool.

Cet appareil se construit de toutes les grandeurs, et rendra, nous en sommes convaincu, de véritables services à nos confrères.

Nous donnons ici la légende explicative de l'appareil, qui est, du reste, d'une extrême simplicité.

VASE A TRANCHER.

Légende.

A, cucurbite ou chaudière que l'on remplit d'eau jusqu'à la hauteur du panache ; cette cucurbite est composée d'un panache B qui la maintient sur l'orifice de son fourneau, de deux poignées C, C, qui servent à l'enlever, et d'une douille à vis D qui sert à l'emplir d'eau.

E, bain-marie qui contient le liquide à trancher, muni de deux cercles F, F ; le cercle inférieur s'applique sur celui de la cucurbite, et ne reçoit aucun lut ; le cercle supérieur reçoit le cercle du chapiteau, avec lequel il se trouve luté.

G, G, poignées pour enlever le bain-marie.

H, chapiteau portant à sa partie inférieure un cercle I, et à sa partie supérieure une soupape de sûreté J.

DE LA COLORATION.

Les liqueurs distillées, lorsqu'elles sont sucrées avec un sucre blanc, sont incolores ; dans cet état, elles sont aussi agréables et aussi bonnes que celles qui sont colorées, et elles se prêtent à toutes les colorations que l'on peut imaginer ; cependant, dans quelques circonstances, la coloration ne peut être favorable à la fabrication des liqueurs ; souvent même les matières colorantes altèrent et dénaturent les divers parfums qui entrent dans leur composition, surtout pour celles qui fournissent des nuances foncées.

Les couleurs les plus usitées sont : la couleur jaune,

depuis l'état le plus clair jusqu'au jaune foncé, les différents rouges, le vert et le violet.

Un petit artifice commercial, destiné à faire varier au moins par le nom la même espèce de liqueur ; puis, d'un autre côté, le besoin de dissimuler dans les liqueurs la nuance jaune fournie par les sucres bruts ; et enfin la fantaisie de certains consommateurs qui trouvent autant de satisfaction dans cette variété de couleurs que dans la diversité de saveurs, ont dû donner naissance aux différentes colorations.

Nous avons signalé l'altération qui se produit avec le temps dans les infusions de fruits rouges ; cette altération se produit de même dans les liqueurs composées avec ces infusions, et jusqu'ici on ne connaît aucun moyen pour remédier à cet inconvénient : il est même certain que, quelques expédients que l'on emploie, ils ne feront qu'altérer davantage la couleur des liqueurs.

Quant aux liqueurs colorées en jaune par une infusion, elles sont susceptibles, en vieillissant, de se foncer de plus en plus, et elles peuvent recevoir quelques couleurs qui rendent leur première coloration plus agréable, ou qui la changent entièrement.

La coloration des liqueurs surfines ne doit s'opérer que lorsque celles-ci ont été *tranchées*, car cette dernière opération détruirait en partie l'éclat et la beauté des couleurs. Il est indispensable aussi d'ajouter une petite dissolution d'alun de Rome (15 grammes d'alun fondu dans un verre d'eau par hectolitre) dans la liqueur colorée, afin que la nuance ne puisse changer.

DU COLLAGE.

La limpidité est une des conditions principales de la fabrication des liqueurs, car elle est aussi essentielle pour les rendre agréables que les proportions convenables de parfum, d'alcool et de sucre. En effet, que l'on présente dans un état louche ou trouble une boisson vineuse ou spiritueuse, quel que soit son mérite, fût-ce même du lacryma-christi, la première impression sera un sentiment de défiance ou de prévention, et tout en reconnaissant, par la dégustation, la qualité du liquide, on regrettera que la limpidité lui fasse défaut; d'ailleurs, en général, un liquide trouble indique presque toujours qu'il est peu soigné, et les parties étrangères qui altèrent sa transparence lui communiquent souvent un goût désagréable.

Le collage a pour but de remédier aux inconvénients que nous venons de signaler; car, bien que les liqueurs, avec le temps, parviennent à s'éclaircir d'elles-mêmes, cette opération est indispensable.

On emploie, pour le collage, diverses substances : l'albumine ou blancs d'œufs, la colle de poisson, la gélatine et le lait.

Lorsqu'on voudra coller 1 hectolitre de liqueur avec l'albumine, on opérera ainsi :

Prendre trois blancs d'œufs, les fouetter avec un petit balai de brins d'osier dans 1 litre d'eau, verser le tout dans la liqueur, battre fortement et laisser reposer vingt-quatre ou quarante-huit heures.

Cette colle convient aux liqueurs qui ont une teinte laiteuse ou trouble, par suite de la division infinie des huiles volatiles ou des substances résineuses; on peut aussi l'employer avec succès dans les liqueurs par infusion, mais alors on doit diminuer des deux tiers la quantité des blancs d'œufs : l'albumine attaquant les couleurs avec force les fait pâlir.

La colle de poisson se prépare de la façon suivante :

Faire dissoudre dans une petite quantité de vin blanc, ou d'eau à laquelle on ajoute un peu de vinaigre, environ 10 grammes de colle de poisson, qui sera bien divisée avec un couteau ou brisée avec un marteau; fouetter de temps en temps, en ajoutant un peu de vin blanc ou d'eau vinaigrée, de manière à former environ 1 litre de colle; après dissolution complète, verser cette colle dans la liqueur et battre pendant dix minutes; laisser reposer plusieurs jours.

On emploie de préférence ce genre de collage pour les liqueurs fortement spiritueuses.

Le collage par la gélatine se prépare en faisant fondre 30 grammes de celle-ci dans 1 litre d'eau, que l'on fera chauffer; ajouter l'ensemble à la liqueur, battre fortement et laisser reposer plusieurs jours.

La gélatine convient aux liqueurs blanches et faibles en alcool.

Le lait est aussi employé avec quelque succès pour la clarification des liqueurs laiteuses et peu alcooliques; à cet effet, il faut en faire bouillir 1 litre et le jeter tout de suite dans la liqueur, battre fortement et ajouter ensuite 15 grammes d'alun fondu dans un verre d'eau; battre de nouveau et laisser reposer plusieurs jours. Si cependant on opérait sur des liqueurs colorées artificiellement, il faudrait supprimer la dose d'alun que nous indiquons pour le collage au lait, puisque la liqueur en contiendrait déjà une égale quantité destinée à fixer la couleur.

Les doses de colle de poisson, de gélatine et de lait que nous venons de signaler s'appliquent toutes, comme celles d'albumine, à 1 hectolitre de liqueur.

Un moyen de clarification dangereux et malheureusement employé par quelques liquoristes, parce qu'il réussit bien, est l'acétate de plomb (sel de Saturne), ou le sous-acétate de plomb (extrait de Saturne). Outre que cette pratique est des plus blâmables, ceux qui la mettent en usage risquent d'être poursuivis avec toute la rigueur des lois.

Quelques-uns, plus scrupuleux, après avoir traité une liqueur par l'acétate ou le sous-acétate de plomb, saturent ces substances par l'emploi d'une même quantité d'acide tartrique qui, en formant un précipité abondant, les entraîne avec lui. Les doses employées pour 1 hectolitre de liqueur sont généralement celles-ci : acétate ou sous-acétate de plomb, 100 grammes ; acide tartrique, 100 grammes.

On reconnaît facilement la présence d'un sel de plomb dans un liquide, en y ajoutant quelques gouttes d'une dissolution de sulfate de soude (5 grammes de sulfate fondu dans 15 grammes d'eau), ou d'une dissolution alcoolique de picromel (alcool, 15 grammes ; picromel, 2 grammes).

Le collage à chaud, c'est-à-dire celui qui s'opère au même moment que le tranchage, est quelquefois employé par des liquoristes : ils ajoutent douze blancs d'œufs par hectolitre de liqueur ; cette méthode est vicieuse, et la liqueur qui est traitée par ce moyen contracte un goût d'albumine cuite que le temps a bien de la peine à faire disparaître.

Par suite des motifs déduits dans cet article, après que les liqueurs ont été clarifiées par le collage et le repos, il est encore utile de procéder à leur filtration, afin de leur donner une limpidité irréprochable.

Nota. — Pour les curaçaos surfins, nous conseillons, d'après les nombreuses expériences que nous avons faites, d'employer 1 litre de lait pur bien bouillant, que l'on ajoutera à 1 hectolitre de ce produit, en agitant fortement dans le fût ou conge, en laissant reposer le plus longtemps possible avant filtration.

DE LA FILTRATION.

La filtration consiste à faire passer et repasser, autant qu'il est nécessaire, une liqueur à travers les pores d'un corps perméable aux liquides seulement, mais d'une imperméabilité presque absolue pour les solides, quelque divisés qu'ils soient. On obtient ce résultat à l'aide d'une chausse de laine encollée avec du *papier à filtre*, ou à l'aide de ce dernier seul.

On opère de la manière suivante pour la filtration avec la chausse :

Accrocher dans l'intérieur du filtre de cuivre une chausse de laine bien propre, verser ensuite dedans une partie de la liqueur, en ayant soin de fermer le robinet du filtre; délayer dans un bassin à bec trois à quatre feuilles de papier à filtre (qui auront été préalablement réduites en pâte dans un mortier à l'aide d'un peu d'eau), avec une autre partie de liqueur, puis jeter ce mélange dans la chausse; remplir entièrement cette dernière de liquide, ouvrir le robinet et recevoir dans un broc de fer-blanc ou de cuivre étamé; repasser à plusieurs reprises la liqueur, en ayant soin de maintenir la chausse toujours pleine, et verser constamment dans le milieu. Aussitôt que la filtration est convenable, recevoir dans un broc très-propre et mettre en tonneau ou en bouteilles suivant le besoin.

Afin de ne pas être obligé de tenir constamment à bout de bras un broc de liqueur pour alimenter la filtration, on peut, au-dessus du filtre, placer un conge (voyez *Pl. III, fig.* 14 et 15) qui recevra cette liqueur, et si l'on ouvre le robinet proportionnellement à la quantité qui s'écoule par la chausse, l'opération se fera presque seule.

Si, par une circonstance qu'il faut autant que possible éviter, on était forcé de filtrer une liqueur aussitôt qu'elle vient d'être fabriquée, il faudrait employer deux ou trois feuilles de papier en plus, et, dans le cas où cette liqueur serait laiteuse, par suite de la division de l'huile volatile, ajouter une petite quantité de noir animal en poudre qui s'emparerait de l'excès de cette huile. Il ne faudrait pas cependant abuser de ce moyen, car alors la liqueur perdrait la majeure partie de son parfum. Il est entendu qu'on ne peut ajouter le noir animal que dans les liqueurs blanches; son action décolorante doit le faire rejeter pour celles colorées : un peu d'alun pulvérisé convient dans ce dernier cas.

Ainsi que nous l'avons déjà dit, les chausses sont des sortes de poches coniques; elles doivent être en étoffe croisée, connue sous le nom de *molleton de laine*; les chausses en feutre dont se servent les marchands de vin ne peuvent convenir pour les liqueurs.

On doit toujours avoir une certaine quantité de chausses, pour ne pas filtrer une liqueur blanche dans une chausse qui a servi à filtrer une liqueur rouge ou douée d'un parfum qui pourrait nuire à celle-ci. On doit avoir soin aussi de bien laver les chausses sans les battre, mais seulement en les immergeant à plusieurs reprises et dans plusieurs eaux, afin de ne pas enlever le poil de la laine, qui est nécessaire pour faire adhérer le papier après. Lorsque les chausses ont été bien lavées et séchées, il faut les conserver dans un endroit à l'abri de toute espèce de poussière.

Le papier à filtre est un papier non collé; il y en a du blanc et du gris, puis une sorte dite *de Lorraine* qui est d'un gris rougeâtre et que l'on doit préférer. On reconnaît la qualité de ce papier lorsqu'il est souple ou qu'en le mouillant un peu avec la langue il est traversé tout de suite; il faut aussi l'examiner avec attention, pour voir s'il ne contient pas de petits filaments de laine et si, en opposant successivement et une à une plusieurs de ses feuilles au jour, il ne présente pas des parties trop faibles qui pourraient être percées par le liquide.

La filtration par le papier seul s'opère lorsqu'on a de petites quantités de liqueur à filtrer; on plie le papier à filtre et on lui donne la forme d'un entonnoir: pour cela on prend un carré de papier, on le ploie en quatre d'abord, ensuite on replie en quatre chacune des quatre premières parties, de manière à former un éventail plissé en seize parties; on coupe la partie supérieure qui est inégale, puis on entr'ouvre la feuille double qui présente la forme d'un cône. On place ce filtre dans un entonnoir de verre, dont il garnit toutes les parois; on a soin de l'enfoncer assez profondément pour que le fond du filtre ne présente pas une trop grande surface : le poids du liquide supporté (qui, comme on le sait, est en raison de la surface du fond) pourrait le faire déchirer. On place l'entonnoir sur un balaruc ou sur une bouteille, et l'on verse le liquide dans le filtre ; on passe une seconde fois les premières portions du liquide filtré, si toutefois cela est nécessaire.

DE LA CONSERVATION.

Quelle que soit l'attention apportée dans toutes les parties de la fabrication des liqueurs, ainsi que dans le choix des substances qui les composent, il est rare que ces liquides soient parfaits immédiatement après leur confection : le temps, le tranchage et les soins que l'on prend pour leur conservation produisent seuls le résultat désirable.

Les liqueurs doivent être conservées dans un local ayant constamment une température à peu près égale (15 à 20 degrés centigrades), et autant que possible, comme il a été dit ailleurs, éloigné du bruit des voitures et des ateliers à marteaux.

Le soleil et la lumière du jour agissent avec énergie sur les liqueurs. Le soleil ronge les couleurs et les précipite au fond des bouteilles : l'absinthe suisse, qui est restée quelque temps soumise à son action, contracte un goût rance des plus considérables. La lumière attaque aussi les couleurs des liqueurs et les fait déposer.

Les tonneaux pour les grandes quantités, et les vases de grès pour les petites, conviennent infiniment mieux, pour la conservation des liqueurs, que les vases de cuivre étamé ou les bouteilles de verre. Enfin, généralement, les liqueurs acquièrent plus de qualité dans les grands vases que dans les petits.

CLASSIFICATION DES LIQUEURS.

On divise généralement les liqueurs obtenues par la distillation, l'infusion ou la dissolution des essences, en quatre classes principales : *liqueurs ordinaires*, *demi-fines*, *fines* et *surfines*.

Les *liqueurs tiers-fines* ne sont connues que dans la ville de Paris ; elles s'obtiennent en mélangeant par moitié une liqueur demi-fine avec une liqueur ordinaire.

Les *liqueurs doubles* se fabriquent dans toute la France, à l'exception de Paris ; mais la banlieue de cette ville en expédie des quantités considérables.

La classification des liqueurs repose sur les proportions d'alcool, de parfum, de sucre et d'eau employées pour la fabrication, ainsi que sur le plus ou le moins de soins que l'on y apporte.

Les dénominations d'*eaux* et d'*huiles* s'appliquent plus particulièrement aux liqueurs ordinaires ; il est cependant quelques liqueurs supérieures qui les portent également. On donne le nom de *crèmes* et d'*élixirs* presque exclusivement aux liqueurs fines et surfines.

Ces dernières se divisent encore en plusieurs espèces :
liqueurs françaises, *étrangères* et *des îles*.

Les *ratafias* sont des liqueurs composées avec des
infusions de fruits ou de substances aromatiques.

Quant aux désignations particulières à chaque liqueur, la variété en est infinie, et nous n'avons pas
la prétention de les indiquer toutes ; d'ailleurs
l'originalité et l'excentricité de quelques noms : *esprit de Châteaubriand, d'Abd-el-Kader, de Napoléon,
liqueur de la polka, de la couronne, de la tour Malakoff,
n'importe quoi, etc.*, prouvent qu'elles n'ont rien de
fixe ni de sérieux et que la fantaisie seule les enfante :
une étiquette nouvelle, bien coloriée, et une couleur
différente transforment presque toujours une liqueur
déjà connue en une liqueur nouvelle. Nous nous bornerons donc à donner plus loin les recettes des liqueurs dont les noms et les parfums sont connus et
demandés par le public.

NOMENCLATURE ET RECETTES DES LIQUEURS PAR DISTILLATION.

LIQUEURS ORDINAIRES.

Les proportions d'alcool et de sucre, pour les liqueurs ordinaires, sont les mêmes, savoir : 25 litres
d'alcool à 85 degrés, déduction faite de la quantité
d'esprit parfumé, et 12 kilog. 500 grammes de sucre ;
ces doses s'appliquent à la fabrication d'un hectolitre
de liqueur : quant à celles de parfum et d'eau, elles
sont variables.

La dose d'alcool que nous indiquons paraîtra peut-
être un peu faible. C'est cependant celle qu'on emploie

le plus communément. Néanmoins, lorsque les trois-six sont à bas prix, on peut augmenter cette dose de 2 ou 3 pour 100 au maximum.

Si, au lieu de faire fondre le sucre au fur et à mesure des besoins de la fabrication, on emploie des sirops de sucre préparés à l'avance, comme cela doit se faire dans les grands établissements, il conviendra de réduire la quantité d'eau que nous indiquons, de façon à la mettre en rapport avec la quantité de sirop. Ainsi, supposons que le sirop pèse 34 degrés, en consultant le tableau (p. 174), on verra qu'un litre de ce liquide contient 850 grammes de sucre : il faudra donc 14 litres 70 centilitres de sirop pour représenter les 12 kilog. 500 grammes de sucre nécessaires, et conséquemment n'employer que 60 litres 30 centilitres d'eau pour l'opération. Cette observation bien comprise doit nous dispenser de fournir d'autres exemples.

L'emploi des sirops préparés à l'avance offre l'avantage de faire profiter le liquoriste de la *richesse* d'un sucre et de fournir des liqueurs toujours sucrées d'une manière égale, tandis qu'au contraire, en employant une dose de sucre brut ou raffiné, le résultat n'est pas constamment le même.

Certaines maisons de liquoristes qui vendent leurs produits à des prix très-réduits emploient le sirop de fécule pour sucrer en partie les liqueurs ordinaires et demi-fines ; d'autres ajoutent ce sirop, non pour économiser le sucre, mais bien pour faire paraître les liqueurs plus épaisses et plus grasses. Voici les doses employées par ces dernières maisons : sucre, 9 kilog. ; sirop blanc de fécule à 36 degrés, 6 litres (7 kilog. 500 grammes).

On reconnaît qu'une liqueur ordinaire contient la quantité convenable de sucre lorsqu'elle marque 5 degrés au pèse-sirop.

ANISETTE OU EAU D'ANIS.

Esprit d'anisette ordinaire...........	5 litres.
Alcool à 85 degrés.................	20 litres.
Sucre......................	12 kilog. 500 gr.
Eau commune..................	66 litres.

Mettre dans un conge l'esprit d'anisette et celui à 85 degrés, ajouter le sucre fondu à chaud dans une partie de la quantité d'eau prescrite et compléter la fabrication en versant le reste de cette eau ; coller et, après repos suffisant, filtrer.

EAU D'ANGÉLIQUE.

Esprit d'angélique (racines)........	8 litres.
Alcool à 85 degrés.................	17 litres.
Sucre......................	12 kilog. 500 gr.
Eau commune..................	66 litres.

Même manière d'opérer que ci-dessus.

CENT-SEPT-ANS.

Esprit de citron................	1 litre.
Eau de roses.................	3 litres.
Alcool à 85 degrés...............	24 litres.
Sucre......................	12 kilog. 500 gr.
Eau commune..................	63 litres.

Colorer en rouge à l'orseille et opérer comme ci-dessus.

CURAÇAO.

Esprit de curaçao ordinaire........	8 litres.
Alcool à 85 degrés.................	17 litres.
Sucre......................	12 kilog. 500 gr.
Eau commune..................	66 litres.

Colorer en jaune foncé avec le caramel et un peu de couleur de curaçao demi-fin. Opérer comme ci-dessus.

FLEURS D'ORANGER.

Eau de fleurs d'oranger............	6 litres.
Alcool à 85 degrés................	25 litres.
Sucre............................	12 kilog. 500 gr.
Eau commune.....................	60 litres.

Opérer comme pour l'anisette.

FRAMBOISES.

Esprit de framboises..............	10 litres.
Alcool à 85 degrés................	15 litres.
Sucre............................	12 kilog. 500 gr.
Eau commune	66 litres.

Colorer en rouge à l'orseille et opérer comme ci-dessus. On fabrique aussi un *ratafia* de framboises avec de l'infusion.

MENTHE.

Eau de menthe poivrée............	8 litres.
Alcool à 85 degrés	25 litres.
Sucre	12 kilog. 500 gr.
Eau commune	58 litres.

Opérer comme pour l'anisette. Comme ordinaire, cette liqueur est peu agréable, attendu que son parfum demande beaucoup de sucre.

EAU DE NOYAUX.

Esprit de noyaux d'abricots.........	9 litres.
Alcool à 85 degrés................	16 litres.
Sucre............................	12 kilog. 500 gr.
Eau commune	66 litres.

Opérer comme ci-dessus.

PARFAIT-AMOUR.

Esprit de citron......................	2 litres.
Esprit de coriandre...................	2 litres.
Alcool à 85 degrés....................	21 litres.
Sucre................................	12 kilog. 500 gr.
Eau commune..........................	66 litres.

Colorer en rouge à l'orseille et opérer comme ci-dessus.

HUILE DE ROSES.

Eau de roses.........................	6 litres.
Alcool à 85 degrés...................	25 litres.
Sucre................................	12 kilog. 500 gr.
Eau commune..........................	60 litres.

Colorer en rouge à l'orseille et opérer comme ci-dessus.

EAU DES SEPT-GRAINES.

Esprit d'aneth.......................	1 lit. 25 centil.
— d'angélique (semences).......	2 litres.
— d'anis........................	2 litres.
— de céleri.....................	2 litres.
— de chervi.....................	1 litre.
— de coriandre..................	2 litres.
— de fenouil....................	1 litre.
Alcool à 85 degrés...................	14 litres.
Sucre................................	12 kilog. 500 gr.
Eau commune..........................	66 litres.

Colorer en jaune clair avec le caramel et opérer comme ci-dessus.

VESPÉTRO.

Esprit d'ambrette....................	50 centilitres.
— d'aneth.......................	1 litre.
— d'anis........................	2 litres.
— de carvi......................	2 litres.

I.

Esprit de coriandre................ 2 litres.
  — de daucus................. 1 litre.
  — de fenouil................ 2 litres.
Alcool à 85 degrés............... 14 lit. 50 centil.
Sucre........................... 13 kilogrammes.
Eau commune.................... 66 litres.

Opérer comme ci-dessus. Cette liqueur est quelquefois demandée colorée en jaune clair. Dans ce cas, on ajoute un peu de caramel.

Observations. — Dans la fabrication des liqueurs ordinaires, on peut remplacer les esprits parfumés par les eaux aromatiques distillées, et *vice versâ*, mais alors il faut tenir compte des différences d'alcool, soit en plus, soit en moins, de manière que les liqueurs contiennent toujours 25 pour 100 d'alcool à 85 degrés.

LIQUEURS DOUBLES.

Comme pour les liqueurs précédentes, les proportions d'alcool et de sucre dans les liqueurs doubles sont invariables pour chacune d'elles et s'appliquent également à la fabrication d'un hectolitre de liqueur, savoir : 50 litres d'alcool à 85 degrés et 25 kilogrammes de sucre. Quant au parfum, la dose varie suivant la nature des substances qui le fournissent.

Il est à remarquer que les liqueurs doubles, qui en principe devraient avoir une dose de parfum double de celle des liqueurs ordinaires, ne peuvent en général contenir cette quantité. Ces liqueurs étant destinées à être coupées par moitié avec de l'eau très-claire, de façon qu'un litre de liqueur double en forme deux, si l'on doublait la dose de parfum, il se

produirait dans la liqueur ainsi coupée une teinte laiteuse due à la dissolution d'une partie de l'huile volatile, qui serait désagréable à l'œil ; en suivant exactement nos prescriptions, on évitera cet inconvénient.

ANISETTE OU EAU D'ANIS.

Esprit d'anisette......................	8 litres.
Alcool à 85 degrés..................	42 litres.
Sucre............................	25 kilogrammes.
Eau commune	33 litres.

Opérer comme il est indiqué dans la recette d'anisette ordinaire.

EAU D'ANGÉLIQUE.

Esprit d'angélique (semences)......	14 litres.
Alcool à 85 degrés.................	36 litres.
Sucre............................	25 kilogrammes.
Eau commune......................	33 litres.

Opérer comme ci-dessus.

CENT-SEPT-ANS.

Esprit de citron....................	1 lit. 50 centil.
Eau de roses......................	6 litres.
Alcool à 85 degrés.................	48 lit. 50 centil.
Sucre............................	25 kilogrammes.
Eau commune......................	27 litres.

Colorer fortement en rouge à l'orseille, afin que la
liqueur dédoublée ait une couleur semblable à celle
du cent-sept-ans ordinaire. Opérer comme ci-dessus.

CURAÇAO.

Esprit de curaçao ordinaire.........	10 litres.
Alcool à 85 degrés.................	40 litres.
Sucre............................	25 kilogrammes.
Eau commune	33 litres.

Colorer fortement en jaune au caramel, en ajoutant un peu de couleur de curaçao demi-fin, et opérer comme ci-dessus.

Cette liqueur double est une de celles qui sont le moins parfumées, par suite de la facilité que possède l'huile volatile des écorces d'oranges, de se dissoudre dans l'opération du dédoublage.

FLEURS D'ORANGER.

Eau de fleurs d'oranger............	10 litres.
Alcool à 85 degrés...............	50 litres.
Sucre.......................	25 kilogrammes.
Eau commune.................	23 litres.

Opérer comme pour l'anisette.

FRAMBOISES.

Esprit de framboises.............	16 litres.
Alcool à 85 degrés..............	34 litres.
Sucre......................	25 kilogrammes.
Eau commune.................	34 litres.

Colorer fortement en rouge à l'orseille, et opérer comme ci-dessus.

HUILE DE MENTHE.

Eau de menthe.................	12 litres.
Alcool à 85 degrés..............	50 litres.
Sucre......................	25 kilogrammes.
Eau commune.................	21 litres.

Opérer comme pour l'anisette.

EAU DE NOYAUX.

Esprit de noyaux d'abricots.......	14 litres.
Alcool à 85 degrés.............	36 litres.

Sucre........................... 25 kilogrammes.
Eau commune .... 33 litres.

Opérer comme ci-dessus.

PARFAIT-AMOUR.

Esprit de citron................... 1 litre.
  — de coriandre................ 6 litres.
Alcool à 85 degrés .... 43 litres.
Sucre............................ 25 kilogrammes.
Eau commune .... 33 litres.

Colorer fortement en rouge, et opérer comme ci-dessus.

HUILE DE ROSES.

Eau de roses..................... 12 litres.
Alcool à 85 degrés .... 50 litres.
Sucre .... 25 kilogrammes.
Eau commune .... 21 litres.

Opérer comme ci-dessus.

EAU DES SEPT-GRAINES.

Esprit d'aneth.................... 1 litre.
  — d'angélique (semences) ...... 1 litre.
  — d'anis .... 2 litres.
  — de céleri................... 1 litre.
  — de chervi.................. 1 litre.
  — de coriandre............... 2 litres.
  — de fenouil................. 1 litre.
Alcool à 85 degrés................ 41 litres
Sucre............................ 25 kilogrammes.
Eau commune.................... 33 litres.

Colorer en jaune au caramel et opérer comme ci-dessus.

VESPÉTRO.

Esprit d'ambrette................. 1 litre.
  — d'aneth.................... 1 litre.

Esprit d'anis...................... 2 litres.
  — de carvi .... 1 litre.
  — de coriandre................ 2 litres.
  — de daucus.................. 1 litre.
  — de fenouil................. 1 litre.
Alcool à 85 degrés .... 41 litres.
Sucre........................... 25 kilogrammes.
Eau commune.................... 33 litres.

Au besoin colorer en jaune au caramel et opérer comme ci-dessus.

Les observations signalées au commencement et à la fin des recettes des liqueurs ordinaires s'appliquent également aux liqueurs doubles.

LIQUEURS DEMI-FINES.

Les liqueurs demi-fines sont basées, ainsi que les liqueurs précédentes, sur des doses fixes d'alcool et de sucre, savoir : 28 litres d'alcool à 85 degrés et 25 kilogrammes de sucre.

ANISETTE.

Esprit d'anisette ordinaire........ 6 litres.
Eau de fleurs d'oranger.......... 1 litre.
Alcool à 85 degrés.............. 22 litres.
Sucre.......................... 25 kilogrammes.
Eau commune................... 54 litres.

Opérer comme pour l'anisette ordinaire.

CRÈME D'ANGÉLIQUE.

Esprit d'angélique (racines).... 7 litres.
Esprit d'angélique (semences)... 7 litres.
Alcool à 85 degrés............ 14 litres.
Sucre......................... 25 kilogrammes.
Eau commune................. 55 litres.

Opérer comme ci-dessus.

CRÈME DE CÉLERI.

Esprit de céleri.............. 12 litres.
Alcool à 85 degrés........... 16 litres.
Sucre...................... 25 kilogrammes.
Eau commune................ 55 litres.

Opérer comme ci-dessus.

CENT-SEPT-ANS.

Esprit de citron.............. 2 litres.
Eau de roses................. 3 litres.
Alcool à 85 degrés........... 26 litres.
Sucre...................... 25 kilogrammes.
Eau commune................ 52 litres.

Colorer en rouge au cudbéar et opérer comme ci-dessus.

CURAÇAO.

Esprit de curaçao ordinaire.... 12 litres.
Infusion de curaçao........... 15 centilitres.
Alcool à 85 degrés........... 15 litres.
Sucre...................... 25 kilogrammes.
Eau commune................ 55 litres.

Colorer avec 1 litre de couleur de curaçao demi-fin et, si la couleur était par trop rouge, la ramener au jaune foncé au moyen de quelques gouttes de dissolution d'acide tartrique. Au besoin, ajouter un peu de caramel pour donner plus de corps à la nuance.

ÉLIXIR DE GARUS.

Esprit d'aloès................... 1 litre.
— de myrrhe................ 1 litre.
— de safran................ 1 litre.
— de cannelle de Chine...... 1 litre.

Esprit de girofle.................... 5o centilitres.
— de muscades.............. 5o centilitres.
Eau de fleurs d'oranger........... 1 litre.
Alcool à 85 degrés................. 23 litres.
Sucre............................ 25 kilogrammes.
Eau commune..................... 54 litres.

Colorer en jaune d'or avec la couleur de safran, en ajoutant une petite quantité de caramel pour lui donner plus de corps. Opérer comme ci-dessus.

CRÈME DE FLEURS D'ORANGER.

Eau de fleurs d'oranger........... 9 litres.
Alcool à 85 degrés............... 28 litres.
Sucre............................ 25 kilogrammes.
Eau commune..................... 46 litres.

Opérer comme pour l'anisette.

HUILE DE FRAMBOISES.

Esprit de framboises.............. 15 litres.
Alcool à 85 degrés............... 13 litres.
Sucre............................ 25 kilogrammes.
Eau commune..................... 55 litres.

Colorer en rouge au cudbéar et opérer comme ci-dessus.

CRÈME DE MENTHE.

Eau de menthe.................... 10 litres.
Alcool à 85 degrés............... 28 litres.
Sucre............................ 25 kilogrammes.
Eau commune..................... 45 litres.

Opérer comme pour l'anisette.

CRÈME DE MOKA.

Eau de moka......................	20 litres.
Alcool à 85 degrés...............	28 litres.
Sucre............................	25 kilogrammes.
Eau commune.....................	35 litres.

Opérer comme ci-dessus.

CRÈME DE NOYAUX.

Esprit de noyaux d'abricots........	14 litres.
Alcool à 85 degrés...............	14 litres.
Sucre............................	25 kilogrammes.
Eau commune	55 litres.

Opérer comme ci-dessus.

PARFAIT-AMOUR.

Esprit de citron..................	3 litres.
— de coriandre...............	4 litres.
Alcool à 85 degrés...............	21 litres.
Sucre............................	25 kilogrammes.
Eau commune	55 litres.

Colorer en rouge au cudbéar et opérer comme ci-dessus.

HUILE DE ROSES.

Eau de roses....................	10 litres.
Alcool à 85 degrés...............	28 litres.
Sucre............................	25 kilogrammes.
Eau commune....................	45 litres.

Colorer en rouge au cubdéar et opérer comme ci-dessus.

EAU DES SEPT-GRAINES.

Esprit d'aneth...................	1 litre 50 cent.
— d'angélique (semences).......	2 litres 50 cent.
— d'anis....................	2 litres.
— de céleri	2 litres.

Esprit de chervi	1 litre 50 cent.
— de coriandre	2 litres 50 cent.
— de fenouil	2 litres.
Alcool à 85 degrés	14 litres.
Sucre	25 kilogrammes.
Eau commune	55 litres.

Colorer en jaune clair avec le caramel, et opérer comme ci-dessus.

VESPÉTRO.

Esprit d'ambrette	50 centilitres.
— d'aneth	1 litre 50 cent.
— d'anis	3 litres.
— de carvi	3 litres.
— de coriandre	3 litres.
— de daucus	1 litre 50 cent.
— de fenouil	2 litres 50 cent.
Alcool à 85 degrés	13 litres.
Sucre	25 kilogrammes.
Eau commune	55 litres.

Au besoin colorer en jaune avec le caramel en y ajoutant un peu de safran. Opérer comme ci-dessus.

PUNCH-LIQUEUR.

Eau-de-vie à 58 degrés	40 litres.
Tafia à 55 degrés	5 litres.
Esprit de citron concentré	10 centilitres.
Acide citrique	50 grammes.
Thé hyswen	125 grammes.
Sucre brut de la Martinique (B. 4°)	18 kilog. 750 gr.
Eau commune	42 litres.

Faire infuser le thé dans 4 litres d'eau bouillante; laisser refroidir et presser; mettre ensuite l'eau-de-vie, le tafia et l'esprit de citron dans un conge, ajouter l'infusion de thé, le sucre clarifié et l'acide dissous dans un verre d'eau, mélanger et colorer avec un peu de caramel si cela est nécessaire; coller et filtrer.

Il ne faut pas confondre cette liqueur avec le sirop de punch; celle-ci est destinée à être consommée froide en nature.

Le *punch au rhum-liqueur* se prépare de la même manière; on remplace l'eau-de-vie par du tafia ou du rhum nouveau.

Observations. — On peut s'en référer pour les liqueurs demi-fines, à l'égard des eaux aromatiques distillées, du sirop de sucre et du sirop de fécule, à ce que nous avons indiqué aux *observations* des liqueurs ordinaires.

La dose d'alcool peut aussi, comme dans les liqueurs ordinaires, être augmentée de 2 pour 100.

Une liqueur demi-fine contient la quantité de sucre convenable lorsqu'elle marque 10 degrés au pèse-sirop.

LIQUEURS FINES.

Les liqueurs fines, à l'exception du curaçao, sont toutes fabriquées avec la même quantité d'alcool et de sucre : la dose de ce dernier varie cependant chez certains liquoristes, suivant le prix de vente; ils en emploient 375 grammes (12 onces) par litre de liqueur, mais il est plus convenable d'employer celle que nous indiquons (437 grammes 50 centigrammes ou 14 onces).

Afin de ne pas répéter constamment les doses de sucre et d'eau, nous les signalerons seulement dans les premières recettes : il est bien entendu que toutes

les quantités de substances, quelles qu'elles soient,
sont applicables à 1 hectolitre de liqueur.

ANISETTE.

Esprit d'anisette de Bordeaux........	25 litres.
Eau de fleurs d'oranger...............	1 litre.
Infusion d'iris.......................	20 centilitres.
Alcool à 85 degrés...................	7 litres.
Sucre................................	43 kilog. 750 gr.
Eau commune	38 litres.

Opérer suivant la méthode connue.

CRÈME D'ANGÉLIQUE.

Esprit d'angélique (racines).........	10 litres.
—— —— (semences).......	10 litres.
Alcool à 85 degrés...................	12 litres.
Sucre................................	43 kilog. 750 gr.
Eau commune........................	39 litres.

Opérer comme ci-dessus.

CRÈME DE CÉLERI.

Esprit de céleri.....................	20 litres.
Alcool à 85 degrés..................	12 litres.
Sucre...............................	43 kilog. 750 gr.
Eau commune	39 litres.

CENT-SEPT-ANS.

Esprit de citron.....................	4 litres.
— de coriandre................	4 litres.
Alcool à 85 degrés.................	24 litres.
Sucre et eau comme ci-dessus.	

Colorer en rouge au cudbéar.

CURAÇAO.

Esprit de curaçao de Hollande......	25 litres.
— d'oranges	7 litres.
Infusion de curaçao...............	25 centilitres.
Couleur pour curaçao surfin........	4 litres.
Sucre	43 kilog. 750 gr.
Eau commune	35 litres.

Ramener la couleur au jaune foncé au moyen de quelques gouttes de dissolution d'acide tartrique. Dans le cas où on se servirait de couleur obtenue par l'ébullition ou de celle produite par l'hématine, il faudrait ajouter 4 litres d'alcool à 85 degrés.

EAU-DE-VIE D'ANDAYE.

Esprit d'anis....................	2 litres.
— de coriandre..............	2 litres.
— d'amandes amères..........	2 litres.
— d'angéliques (racines)......	4 litres.
— de cardamome majeur......	50 centilitres.
— de cardamome mineur......	50 centilitres.
— de citrons................	1 litre.
— d'oranges	5 litres.
Infusion d'iris..................	20 centilitres.
Alcool à 85 degrés..............	15 litres.
Sucre...........................	43 kilog. 750 gr.
Eau commune	39 litres.

EAU-DE-VIE DE DANTZICK.

Esprit de cannelle de Ceylan........	2 litres 50 cent.
— de cannelle de Chine.........	5 litres.
— de coriandre...............	5 litres.
— de cardamome majeur........	50 centilitres.
— de cardamome mineur.......	50 centilitres.
— d'ambrette	50 centilitres.
Alcool à 85 degrés...............	18 litres.
Sucre et eau, quantité connue.	

Il est d'usage de mettre des feuilles brisées d'or ou d'argent dans des flacons anglais de verre blanc ou vert, contenant l'eau-de-vie de Dantzick. A cet effet, on met une ou deux feuilles d'or ou d'argent dans une tasse avec 10 centilitres de liqueur, et on bat le tout avec une fourchette pour bien diviser les feuilles de métal.

ÉLIXIR DE GARUS.

Esprit d'aloès,.............................. 1 litre 50 cent.
— de myrrhe.......................... 1 litre 50 cent.
— de safran............................ 1 litre 50 cent.
— de cannelle de Chine........ 1 litre 50 cent.
— de girofle.......................... 1 litre.
— de muscades...................... 1 litre.
— de fleurs d'oranger .... 2 litres.
Alcool à 85 degrés................... 22 litres.
Sucre et eau, quantité connue.

Colorer en jaune d'or avec la couleur de safran et un peu de caramel pour foncer la nuance.

CRÈME DE FLEURS D'ORANGER.

Esprit de fleurs d'oranger .... 10 litres.
Eau de fleurs d'oranger .... 5 litres.
Alcool à 85 degrés...................... 22 litres.
Sucre.................................... 43 kilog. 750 gr.
Eau...................................... 34 litres.

CRÈME DE FRAMBOISES.

Esprit de framboises.................... 20 litres.
Alcool à 85 degrés..................... 12 litres.
Sucre et eau, quantité connue.

Colorer en rouge au cudbéar.

HUILE DE KIRSCHENWASSER.

Kirsch ordinaire à 51 degrés........ 20 litres.
Esprit de noyaux d'abricots......... 4 litres.

Eau de fleurs d'oranger................ 1 litre.
Alcool à 85 degrés.................... 16 litres.
Sucre................................. 43 kilog. 750 gr.
Eau .... 30 litres.

CRÈME DE MENTHE.

Esprit de menthe poivrée.............. 25 litres.
Alcool à 85 degrés.................... 7 litres.
Sucre et eau, quantité connue.

Opérer comme ci-dessus.

CRÈME DE MOKA.

Esprit de moka........................ 25 litres.
Alcool à 85 degrés.................... 7 litres.
Sucre et eau, quantité connue.

Opérer comme ci-dessus.

CRÈME DE NOYAUX.

Esprit de noyaux d'abricots........... 16 litres.
  — d'amandes amères.............. 8 litres.
Alcool à 85 degrés.................... 8 litres.
Eau de fleurs d'oranger............... 1 litre.
Sucre, quantité connue.
Eau commune........................... 38 litres

Opérer suivant la méthode indiquée.

HUILE D'ŒILLETS.

Esprit d'œillets .... 20 litres.
  — de girofle .... 1 litre.
Alcool à 85 degrés.................... 11 litres.
Sucre et eau, quantité connue.

Colorer en rouge au cudbéar et opérer comme ci-
dessus.

PARFAIT-AMOUR.

Esprit de citron............................ 3 litres.
  — d'oranges............................. 3 litres.
  — de coriandre......................... 4 litres.
  — d'anis............................... 2 litres.
Alcool à 85 degrés......................... 20 litres.
Sucre et eau, quantité connue.

Colorer en rouge au cudbéar et opérer comme ci-dessus.

HUILE DE RHUM.

Rhum ordinaire à 53 degrés .... 30 litres.
Alcool à 85 degrés....................... 14 litres.
Sucre, quantité connue.
Eau commune............................. 27 litres.

Colorer en jaune foncé avec le caramel et opérer comme ci-dessus.

HUILE DE ROSES.

Esprit de roses........................... 25 litres.
Alcool à 85 degrés........................ 7 litres.
Sucre et eau, quantité connue.

Colorer en rouge au cudbéar et opérer comme ci-dessus.

EAU DES SEPT-GRAINES.

Esprit d'aneth .... 2 litres.
  — d'angélique (semences)............. 3 litres.
  — d'anis.............................. 3 litres.
  — de céleri........................... 3 litres.
  — de chervi........................... 2 litres.
  — de coriandre........................ 3 litres.
  — de fenouil.......................... 3 litres.
Alcool à 85 degrés......................... 13 litres.
Sucre et eau, quantité connue.

Colorer en jaune clair avec le caramel et opérer comme ci-dessus.

SOURAC.

Esprit de safran. . . . . 1 litre 5o cent.
  — de cannelle de Chine. . . . . 4 litres.
  — de girofle. . . . . 4 litres.
  — de muscades. . . . . 2 litres 5o cent.
Eau de fleurs d'oranger. . . . . 1 litre.
Alcool à 85 degrés. . . . . 20 litres.
Sucre, quantité connue.
Eau commune . . . . 38 litres.

Colorer en jaune ambré avec la couleur de safran, et ajouter un peu de caramel pour foncer la nuance; opérer comme ci-dessus.

CRÈME DE THÉ.

Esprit de thé . . . . 25 litres.
  — d'angélique (racines) . . . . 5o centilitres.
Alcool à 85 degrés. . . . . 6 litres 5o cent.
Sucre et eau, quantité connue.

Opérer suivant la méthode indiquée.

VESPÉTRO.

Esprit d'ambrette . . . . 1 litre.
  — d'aneth . . . . 2 litres.
  — d'anis. . . . . 4 litres.
  — de carvi . . . . 4 litres.
  — de coriandre . . . . 4 litres.
  — de daucus. 2 litres.
  — de fenouil. 3 litres.
Alcool à 85 degrés . . . . 12 litres.
Sucre et eau, quantité connue.

Opérer comme ci-dessus.

I.

PUNCH-LIQUEUR.

Eau-de-vie vieille de Cognac à 55 degrés..	46 litres.
Rhum vieux à 5o degrés....................	10 litres.
Esprit de citrons concentré...............	15 centilitres.
Acide citrique...........................	6o grammes.
Thé perlé................................	2oo grammes.
Sucre blanc..............................	31 kilog. 25o gr.
Eau commune.............................	23 litres.

Opérer comme pour le punch-liqueur demi-fin (*voyez* p. 282).

Ne pas confondre cette liqueur avec le sirop de punch ; celle-ci est destinée à être consommée froide et en nature.

Observations. — Le sirop de fécule ne peut être employé dans la fabrication des liqueurs fines, ainsi que dans celle des surfines. Ces deux sortes exigent l'emploi du sucre raffiné.

Une liqueur fine est sucrée à 437^{gr},5o (14 onces) par litre, lorsqu'elle marque 17 degrés au pèse-sirop. Celle sucrée à 375 grammes (12 onces) seulement ne marque que 15 degrés.

LIQUEURS SURFINES.

Ainsi qu'il a été dit plus haut, les liqueurs surfines se divisent en trois sortes : *françaises*, *étrangères* et *des îles*. Ces trois sortes de liqueurs doivent être l'objet de l'attention toute particulière du liquoriste, et il convient d'apporter dans leur fabrication tous les soins possibles.

Les proportions d'alcool, de parfum, de sucre et d'eau qu'on doit employer pour les liqueurs surfines étant quelquefois variables, nous sommes dans l'obligation d'indiquer les doses pour chaque recette.

Généralement ces liqueurs sont sucrées à 562^{gr},50 (18 onces) par litre et marquent 25 degrés au pèse-sirop. Il y a cependant quelques praticiens qui ne les sucrent qu'à 500 grammes (16 onces). Dans ce dernier cas, elles ne marquent que 20 degrés au pèse-sirop.

La fabrication des liqueurs surfines s'est enrichie depuis 1858 de nouvelles recettes que nous donnons.

L'attention de nos confrères devra tout spécialement s'arrêter sur la fabrication des curaçaos dits de Hollande, auxquels nous avons donné par nos travaux une nouvelle valeur.

Nous dirons de plus que nos procédés ont fait obtenir plusieurs médailles à des établissements que nous avons organisés, entre autres une médaille à l'exposition de Nevers et un diplôme d'honneur à une maison du département d'Indre-et-Loire.

Si le praticien veut bien étudier avec soin notre travail et suivre ponctuellement notre mode de fabrication, nous lui assurons à l'avance le succès, à la condition (*sine qua non*) d'avoir des écorces véritables et de premier choix.

Liqueurs surfines françaises.

ANISETTE DE BORDEAUX.

Badiane..............................	1 kilog. 750 gr.
Anis vert...........................	500 grammes.
Fenouil de Florence................	437 grammes.
Coriandre..........................	437 grammes.
Bois de sassafras..................	450 grammes.

Ambrette......................... 187 grammes.
Thé impérial...................... 190 grammes.
Noix muscade..................... 10 grammes.
Alcool à 85 degrés............... 40 litres.

Faire macérer le tout vingt-quatre heures dans l'alcool, distiller au bain-marie en ajoutant 19 litres d'eau, rectifier en mettant une nouvelle et même quantité d'eau pour rectifier 36 litres de bon produit; faire fondre à chaud 56 kilogrammes de sucre raffiné très-blanc dans 24 litres d'eau; après refroidissement, mélanger le tout, en ajoutant :

Infusion d'iris .... 50 centilitres.
Eau de fleurs d'oranger............. 2 litres.

Verser ensuite eau commune, quantité suffisante pour compléter 1 hectolitre de liqueur. Trancher, coller et, après repos, filtrer.

L'anisette de *Bordeaux* jouit d'une réputation universelle : l'ancienne maison Marie Brizard faisait, avant 1789, des envois considérables de cette liqueur dans toutes les parties du monde, et ses successeurs conservent encore cette espèce de monopole; il existe cependant à Bordeaux et dans plusieurs villes de France des liquoristes qui fabriquent des anisettes et qui rivalisent avec celles dites *de Marie Brizard*.

L'analyse de la véritable anisette de Bordeaux, fabriquée chez les successeurs de Marie Brizard, a été faite par nous. Voici le résultat pour 1 litre :

Alcool à 85 degrés................... 32 centilitres.
Sucre................................ 500 grammes.
Eau.................................. 35 centilitres.

Le pèse-sirop plongé dans la liqueur indique 20 degrés.

ANISETTE (genre de Paris).

Badiane	1 kilog. 500 gr.
Amandes amères	1 kilogramme.
Anis vert	500 grammes.
Coriandre	250 grammes.
Fenouil de Florence	125 grammes.
Angélique (racines)	30 grammes.
Citrons frais (zestes)	20 (nombre).
Oranges fraîches (zestes)	20 (nombre).
Alcool à 85 degrés	38 litres.

Opérer la distillation et la rectification comme pour la recette précédente, faire fondre ensuite à chaud 56 kilogrammes de sucre raffiné dans 24 litres d'eau : après refroidissement, mélanger le tout, en ajoutant :

Infusion d'iris	25 centilitres.
Eau de fleurs d'oranger	1 litre.
— de cannelle de Ceylan	50 centilitres.
— de girofle	10 centilitres.
— de muscades	10 centilitres.

Ajouter eau commune, quantité suffisante pour compléter 1 hectolitre de liqueur. Trancher, coller et filtrer après repos.

ANISETTE (genre de Lyon).

Badiane	1 kilog. 750 gr.
Anis vert	1 kilogramme.
Coriandre	250 grammes.
Fenouil de Florence	125 grammes.
Bois de sassafras	125 grammes.
Angélique (racines)	30 grammes.
Citrons frais (zestes)	30 (nombre).
Alcool à 85 degrés	41 litres.

Faire macérer pendant vingt-quatre heures et dis-

tiller au bain-marie avec précaution, mais sans rectifier; retirer 40 litres d'esprit parfumé; fondre à chaud
56 kilogrammes de sucre raffiné très-blanc dans 19 litres d'eau; après refroidissement, mélanger le tout
avec :

Eau de fleurs d'oranger	2 litres.
Eau de cannelle	50 centilitres.
Infusion d'iris	50 centilitres.

Ajouter eau commune, quantité suffisante pour
compléter 1 hectolitre de liqueur. Opérer ensuite
comme pour l'anisette de *Bordeaux*.

Cette anisette est en ce moment fort en vogue : on
la sert dans les cafés avec un grand verre à pied, et,
en versant de l'eau dessus, elle blanchit à peu près
comme l'absinthe suisse.

DÉLICES DE RACHEL.

Esprit d'amandes amères	14 litres.
— d'oranges	2 litres.
— de cannelle de Chine	2 litres.
— d'aneth	2 litres.
— de coriandre	2 litres.
— d'ambrette	1 litre.
— de fenouil	1 litre.
Eau de roses	1 litre.
Eau de fleurs d'oranger	1 litre.
Alcool à 85 degrés	12 litres.
Sucre blanc	45 kilogrammes.

Colorer en vert tendre avec bleu et safran (imitation de chartreuse verte).

CRÈME D'ABSINTHE.

Sommités et feuilles sèches de grande absinthe.	1 kilogramme.
Sommités et feuilles sèches de petite absinthe..	500 grammes.
Menthe poivrée en feuilles sèches	500 grammes.

Anis vert.. 500 grammes.
Fenouil de Florence............................... 125 grammes.
Calamus aromaticus............................... 125 grammes.
Citrons frais (zestes)............................. 10 (nombre).
Alcool à 85 degrés................................. 38 litres.

Faire macérer pendant vingt-quatre heures, distiller et rectifier en ajoutant la quantité d'eau connue, retirer 36 litres d'esprit parfumé ; puis faire fondre à chaud 56 kilogrammes de sucre dans 26 litres d'eau ; après refroidissement, mélanger le tout en employant une quantité d'eau nécessaire pour compléter 1 hectolitre de liqueur.

CRÈME D'ANGÉLIQUE.

Angélique (racines)............... 1 kilog. 250 gr.
Angélique (semences)............ 1 kilog. 250 gr.
Coriandre......................... 125 grammes.
Fenouil........................... 125 grammes.
Alcool à 85 degrés............... 30 litres.

Faire macérer, distiller et rectifier comme pour la recette précédente ; ajouter aux 36 litres d'esprit parfumé 56 kilogrammes de sucre raffiné très-blanc, avec la quantité d'eau connue pour former 100 litres de liqueur.

ÉLIXIR DE CAGLIOSTRO.

Girofle............................ 800 grammes.
Cannelle de Chine................ 800 grammes.
Muscades......................... 800 grammes.
Safran............................ 200 grammes.
Gentiane.......................... 200 grammes.
Tormentille....................... 200 grammes.
Aloès succotrin................... 2 kilog. 400 gr.
Myrrhe............................ 1 kilog. 200 gr.
Thériaque fine.................... 2 kilog. 400 gr.
Alcool à 85 degrés................ 36 litres.

Faire macérer pendant quarante-huit heures, distiller lentement pour obtenir 36 litres de bon produit sans rectifier; ajouter 5o kilogrammes de sucre blanc fondu à chaud dans la quantité d'eau connue; mélanger et former 1oo litres de liqueur en ajoutant 15 centilitres de teinture de musc et 3 litres d'eau dè fleur d'oranger; trancher et colorer en jaune d'or avec l'infusion de safran et le caramel; coller et filtrer après repos.

Cet élixir est, dit-on, employé avec succès dans les faiblesses d'estomac, les digestions lentes et les pâles couleurs.

M. Cadet père raconte qu'il se trouva un jour à diner chez le directeur des Domaines avec la Harpe, Lemoine, Linguet et la fille de Salmon, qui avait été condamnée à être brûlée vive, et qui venait d'être acquittée par le parlement de Paris. Cette belle et intéressante villageoise était alors l'objet de la curiosité publique; on l'invitait, on la fêtait dans toutes les grandes maisons. Les festins somptueux et fréquents auxquels elle avait assisté avaient tellement dérangé son estomac, qu'elle ne pouvait digérer que des aliments très-légers, qui, quelquefois, étaient encore rendus; une dyssenterie la fatiguait beaucoup depuis quelques jours. Son teint pâle, son air languissant la faisaient questionner sur l'état de sa santé. Chacun l'engageait à se ménager et à faire diète, lorsque Cagliostro, élevant la voix, dit : « Cet avis n'est pas le mien; mademoiselle peut manger à son appétit tout ce qui lui plaît, et je réponds qu'elle sera promptement rétablie si elle prend quelques gouttes d'un élixir que j'enverrai chercher. »

Un domestique apporta par son ordre une fiole dont
le comte fit boire trois cuillerées à la malade; quelques minutes après, Mlle Salmon se colora, ses forces
revinrent ; on se mit à table, et elle fit honneur au
repas, qui fut suivi d'une seconde prise d'élixir....
M. Cadet s'assura du bon effet de ce remède en rendant visite le surlendemain à Mlle Salmon, et le
comte de Cagliostro ne se fit point prier pour lui en
remettre la formule (1).

CRÈME DE CÉLERI.

Semences de céleri...............	2 kilog. 500 gr.
Daucus de Crète..................	125 grammes.
Alcool à 85 degrés...............	38 litres.

Opérer suivant la méthode déjà prescrite pour retirer 36 litres d'esprit parfumé, auxquels on ajoute
50 centilitres d'eau de cannelle de Chine, ainsi que
56 kilogrammes de sucre raffiné, très-blanc, fondu à
chaud dans une quantité d'eau suffisante pour former
100 litres de liqueur.

LIQUEUR DITE DE LA GRANDE-CHARTREUSE.

(*Verte.*)

Mélisse citronnée sèche............	500 grammes.
Hysope fleurie (sommités sèches)......	250 grammes.
Menthe poivrée, sèche.............	250 grammes.

---

(1) Voici la véritable recette donnée par Cagliostro :

Faites digérer pendant quinze jours dans 1 kilog. 500 gr. d'eau-de-
vie : 8 grammes de girofle, de cannelle et de muscades ; 2 grammes de
safran, de gentiane et de tormentille ; 24 grammes d'aloès succotrin ;
12 grammes de myrrhe ; 24 grammes de thériaque fine ; 1 centigramme
de musc ; filtrez ensuite et ajoutez 750 grammes de sirop de fleurs
d'oranger.

Génépi des Alpes .... 250 grammes.
Balsamite .... 125 grammes.
Thym .... 30 grammes.
Angélique (semences)................ 125 grammes.
    —   (racines) .... 62 grammes.
Fleurs d'arnica .... 15 grammes.
Bourgeons de peuplier-baumier........ 15 grammes.
Cannelle de Chine.................. 15 grammes.
Macis............................. 15 grammes.
Alcool à 85 degrés .... 62 litres.

Faire macérer pendant vingt-quatre heures, distiller
et rectifier pour obtenir 60 litres de bon produit;
mettre ensuite 25 kilogrammes de sucre raffiné blanc,
fondu à chaud dans 24 litres d'eau; mélanger et compléter au besoin les 100 litres de liqueur avec de l'eau
commune; trancher, puis colorer en vert avec le bleu
et l'infusion de safran ou le caramel, suivant la nuance
qui sera demandée; coller et filtrer après repos.

Si l'on voulait colorer cette liqueur avec la mélisse,
l'hysope ou autres plantes, la couleur se décompose-
rait en peu de temps et formerait un dépôt assez fort
dans les bouteilles. (*Voyez* COULEUR VERTE, p. 214.)

LIQUEUR DITE DE LA GRANDE-CHARTREUSE.

(*Jaune.*)

Mélisse citronnée .... 250 grammes.
Hysope fleurie (sommités)........... 125 grammes.
Génépi des Alpes................... 125 grammes.
Angélique (semences)............... 125 grammes.
    —   (racines)................ 30 grammes.
Fleurs d'arnica.................... 15 grammes.
Cannelle de Chine.................. 15 grammes.
Macis............................. 15 grammes.
Coriandre.......................... 1 kilog. 500 gr.
Aloès succotrin.................... 30 grammes.

Cardamome mineur...................... 3o grammes.
Girofle................................ 15 grammes.
Alcool à 85 degrés..................... 42 litres.
Sucre raffiné blanc.................... 25 kilogrammes.

Eau commune, quantité suffisante pour former 100 litres de liqueur, et suivre les prescriptions de la recette précédente. Colorer en jaune avec la couleur de safran.

LIQUEUR DITE DE LA GRANDE-CHARTREUSE.

(*Blanche.*)

Mélisse citronnée..................... 250 grammes.
Hysope fleurie (sommités)............. 125 grammes.
Génépi des Alpes...................... 125 grammes.
Angélique (semences).................. 125 grammes.
    —   (racines).................. 3o grammes.
Cannelle de Chine..................... 125 grammes.
Macis................................. 3o grammes.
Girofle............................... 3o grammes.
Muscades.............................. 15 grammes.
Cardamome mineur...................... 3o grammes.
Calamus aromaticus.................... 3o grammes.
Fèves Tonka........................... 15 grammes.
Alcool à 85 degrés.................... 52 litres.
Sucre raffiné, très-blanc............. 37 kilog. 5oo gr.
Eau commune, quantité suffisante pour compléter 100 litres.

Opérer comme ci-dessus.

Les recettes des trois liqueurs dites de la Grande-Chartreuse, que nous donnons, imitent parfaitement celles fabriquées chez les religieux de l'ordre de Saint-Bruno, au couvent de la *Grande-Chartreuse*, à 3o kilomètres de Grenoble. Ces liqueurs, en raison de la grande quantité d'alcool qui entre dans leur composition, demandent à vieillir ; aussi les religieux ne les livrent-ils au commerce qu'au bout de deux ou trois ans de fabrication.

L'analyse des trois liqueurs véritables des RR. PP. Chartreux nous a donné les quantités qui suivent :

1° Pour la liqueur verte (1 litre) :

Alcool à 85 degrés....................	70 centilitres.
Sucre................................	125 grammes.
Eau..................................	22 centilitres.

Cette liqueur ne marque aucun degré au pèse-sirop : ce fait est dû à la grande quantité d'alcool et au peu de sucre qui entrent dans sa composition.

2° Pour la liqueur jaune (1 litre) :

Alcool à 85 degrés....................	38 centilitres.
Sucre................................	250 grammes.
Eau..................................	46 centilitres.

Le pèse-sirop indique 9 degrés.

3° Pour la liqueur blanche (1 litre) :

Alcool à 85 degrés....................	52 centilitres.
Sucre................................	375 grammes.
Eau..................................	23 centilitres.

Le pèse-sirop indique 9 degrés.

CHINA-CHINA.

Esprit de cannelle de Ceylan..........	3 litres.
— de girofle....................	50 centilitres.
— de muscades..................	50 centilitres.
Infusion de curaçao..................	3 litres.
Alcool à 85 degrés....................	33 litres.
Sucre raffiné........................	50 kilogrammes.
Eau commune........................	26 litres.

Faire fondre le sucre à chaud; après refroidissement, mélanger avec les esprits parfumés et l'infusion, et compléter les 100 litres de liqueur avec de l'eau, s'il est nécessaire. Colorer en jaune foncé avec le caramel et un peu de couleur de safran.

Le china-china a été inventé par un liquoriste de Voiron (Isère); pendant quelques années, cette liqueur a eu du succès, mais aujourd'hui elle est peu demandée.

EAU DE LA CHINE.

Cannelle de Chine	25o grammes.
Girofle	25o grammes.
Muscades	6o grammes.
Storax calamite	125 grammes.
Badiane	25o grammes.
Laurier sauce	125 grammes.
Thé impérial	25o grammes.
Alcool à 85 degrés	38 litres.

Faire macérer, distiller et rectifier suivant les prescriptions indiquées, pour retirer 36 litres de bon produit; mélanger ensuite avec 56 kilogrammes de sucre raffiné, très-blanc, fondu à chaud et ajouter la quantité d'eau nécessaire pour former 100 litres de liqueur.

EAU DE LA CÔTE-SAINT-ANDRÉ.

Esprit de cannelle de Ceylan	20 litres.
— de girofle	1 litre.
Alcool à 85 degrés	15 litres.
Sucre raffiné très-blanc	56 kilogrammes.
Eau commune	26 litres.

Mélanger les esprits parfumés et l'alcool; ajouter le sucre fondu à chaud dans la quantité d'eau prescrite pour former 1 hectolitre de liqueur.

Le *cinnamomum* et la *crème de cannelle* se fabriquent

de la même manière et ne sont autres que l'eau de la Côte-Saint-André.

EAU DE LA CÔTE-AUX-NOYAUX.

Esprit de cannelle de Ceylan............	10 litres.
— de girofle....................	1 litre.
— de noyaux d'abricots........	15 litres.
Alcool à 85 degrés................	10 litres.
Sucre raffiné, très-blanc............	56 kilogrammes.
Eau commune....................	26 litres.

Produit : 100 litres. Opérer comme ci-dessus.

Les eaux de la Côte jouissaient autrefois d'une grande renommée; les meilleures se fabriquaient chez les Visitandines; de nos jours, elles sont encore estimées. On les expédie en bouteilles de verre blanc d'une forme particulière.

CURAÇAO (ancienne recette).

Écorces de curaçao de Hollande....	5 kilogrammes.
Oranges fraîches (zestes)..........	80 (nombre).
Alcool à 85 degrés...............	54 litres.

Faire tremper les écorces de curaçao dans l'eau *froide*, puis les zester lorsqu'elles seront suffisamment molles; mettre infuser dans l'alcool pendant vingt-quatre heures avec les zestes d'oranges; distiller et rectifier pour retirer 36 litres de bon produit, ajouter 56 kilogrammes de sucre raffiné blanc fondu à chaud dans 22 litres d'eau; après refroidissement, mélanger le tout, ajouter encore 4 litres de couleur alcoolique, 3o centilitres d'infusion de curaçao et de l'eau en suffisante quantité pour former 100 litres de liqueur; trancher, coller; après repos, filtrer.

Le curaçao surfin doit avoir une couleur jaune foncé : on obtient cette nuance en ajoutant quelques gouttes de dissolution d'acide tartrique. Le même

effet se produit avec la couleur obtenue par l'ébullition ou par l'hématine ; mais dans ces derniers cas, il
faudrait ajouter 4 litres d'alcool à 85 degrés pour
remplacer ceux contenus dans la couleur alcoolique.

L'infusion de curaçao s'emploie pour donner à la
liqueur une légère amertume d'orange ; la quantité
indiquée peut être augmentée ou diminuée suivant la
force de cette infusion ou le gré du fabricant.

Nous ne saurions trop blâmer l'emploi de l'eau
chaude pour la trempe des écorces de curaçao : par
ce procédé, elles perdent une partie de leur parfum
et prennent un goût rance qui nuit considérablement
à la liqueur.

Souvent le curaçao, quoique très-limpide lorsqu'on
le regarde à travers un petit verre, paraît trouble en le
regardant en dessus ; cet effet, dû à un excès de couleur,
est demandé par quelques personnes.

Le curaçao surfin se prend quelquefois avec de
l'eau : il devient rose par l'addition de cette dernière.
La transformation de couleur étonne et charme le
public, qui la regarde bien à tort comme une preuve
de qualité.

En suivant exactement nos prescriptions, on obtiendra un résultat des plus satisfaisants, c'est-à-dire
un curaçao qui pourra soutenir la comparaison avec
ceux des meilleurs liquoristes.

CURAÇAO BLANC.

Esprit de curaçao fin..............	25 litres.
Esprit d'orange...................	12 litres.
Amertume.........................	1 litre.
Sucre blanc.......................	56 kilogrammes.

Coller et, après repos, filtrer.

Nous ferons remarquer qu'il est toujours loisible au praticien d'augmenter ou de diminuer la dose de sucre selon les localités où il se trouve : à Paris, en ce moment, on préfère les liqueurs fortement alcoolisées et peu sucrées.

Le *curaçao blanc* peut aussi se préparer de la même manière que le curaçao, en remplaçant seulement la couleur alcoolique par une même quantité d'esprit trois-six.

CURAÇAO SURFIN.
(Commencement de l'opération.)

Écorces véritables................ 25 kilogrammes.
Alcool à 85 degrés............. .. 5o litres.

1° Après avoir zesté les 25 kilogrammes d'écorces et les avoir laissé macérer quelques jours, on distille et on pousse l'opération de manière à obtenir 39 litres de bon produit; on laisse les zestes dans le baril ou vase où ils sont, mais on a soin de ne distiller que le liquide.

2° Lorsque les 39 litres de bon produit bien rectifié seront retirés, les verser sur les zestes pour macérer à nouveau pendant douze heures; décanter ensuite pour faire ce que l'on nomme l'*amertume*, produit que l'on mettra de côté dans une bonbonne ou dans un tout autre vase.

3° Ajouter ensuite, pour distiller lesdites écorces qui par conséquent ont servi deux fois à macérer.

Zestes d'oranges fraîches.......... 6 kilog. 25o gr.
Ruban sec...................... 3 kilog. 125 gr.

Ajouter encore 75 litres d'alcool à 85 degrés pour obtenir 75 litres de bon produit parfaitement rectifié.

FABRICATION DE 104 LITRES DUDIT CURAÇAO.

Esprit parfumé de curaçao.......... 14 litres.
Esprit de rubans secs.............. 10 litres.
Amertume.......................... 6 litres 25 centil.
Esprit d'oranges.................. 6 litres 25 centil.
Teinture.......................... 4 ou 5 litres.
Sucre blanc....................... 56 kilogrammes.

Coller avec du lait, 1 litre par hectolitre.

Afin de rendre facile cette fabrication, nous donnons ci-après le moyen d'obtenir l'esprit de rubans secs et l'esprit d'oranges.

ESPRIT DE RUBANS SECS.

Rubans secs....................... 9 kilogrammes.
Alcool à 85 degrés................ 50 litres.

Faire une distillation ou deux, suivant la grandeur de l'appareil, et ajouter, si la distillation se fait en deux fois, 20 litres d'eau par chaque opération, soit 40 litres pour les deux ; rectifier pour obtenir 50 litres de bon produit.

ESPRIT D'ORANGES.

Oranges fraiches.................. 8 kilogrammes.
Alcool à 85 degrés................ 31 litres.
Eau pour distiller................ 20 litres.
Produit........................... 30 litres.

Rectifier et distiller lentement. La teinture devra se faire de la manière suivante : prendre un baril muni d'un double fond percé de trous à la hauteur d'environ 10 centimètres, le remplir de bois de Fernambouc, auquel on ajoutera une certaine quantité de bicarbonate de soude qui sera disposée par couches, mais qui devra ne pas dépasser 50 grammes pour un

I.   26

baril de 5o à 6o litres; ajouter de même 3o grammes d'acide tartrique; couvrir le bois avec de l'esprit parfumé surfin qui vient à son tour s'ajouter à la fabrication.

EAU DIVINE.

Esprit de citrons.....................	8 litres.
— d'oranges...................	6 litres.
— de coriandre................	3 litres.
— de muscades................	3 litres.
Eau de fleurs d'oranger.............	1 litre.
Alcool à 85 degrés..................	18 litres.
Sucre raffiné très-blanc.............	56 kilogrammes.

Ajouter eau commune, quantité suffisante pour former 1 hectolitre de liqueur. Opérer suivant la méthode connue.

Vers le milieu du siècle dernier, l'eau divine était en grande réputation, principalement celle fabriquée à Paris, chez les religieuses du Saint-Sacrement, rue Saint-Louis au Marais.

EAU-DE-VIE D'ANDAYE.

Anis vert...........................	375 grammes.
Coriandre..........................	75o grammes.
Amandes amères....................	75o grammes.
Angélique (racines)................	5oo grammes.
Cardamome majeur.................	3o grammes.
— mineur................	3o grammes.
Citrons frais (zestes)...............	1o (nombre).
Alcool à 85 degrés.................	38 litres.

Faire macérer, distiller et rectifier pour obtenir 36 litres d'esprit parfumé; ajouter ensuite :

Sucre raffiné très-blanc.............	56 kilogrammes.
Infusion d'iris.....................	20 centilitres.

Ajouter eau commune, quantité suffisante pour

compléter 1 hectolitre de liqueur. Opérer suivant la méthode indiquée.

On prépare aussi une eau-de-vie d'Andaye beaucoup plus spiritueuse que celle-ci, en employant les mêmes doses de parfum; pour cela, on supprime la moitié du poids du sucre et on augmente la quantité d'alcool d'un tiers (28 kilogrammes de l'un et 54 litres de l'autre).

EAU-DE-VIE DE DANTZICK.

Esprit de cannelle de Ceylan........	3 litres 50 centil.
— de cannelle de Chine.........	6 litres 50 centil.
— de coriandre.................	6 litres.
— de cardamome majeur........	75 centilitres.
— — mineur.......	75 centilitres.
— d'ambrette	50 centilitres.
Alcool à 85 degrés.................	18 litres.
Sucre raffiné très-blanc.............	56 kilogrammes.

Ajouter eau commune, quantité suffisante pour former 1 hectolitre de liqueur. Opérer suivant les prescriptions.

On est dans l'usage de mettre des feuilles brisées d'or ou d'argent dans les flacons anglais de verre blanc ou vert contenant l'eau de Dantzick.

Cette eau-de-vie, telle qu'on la prépare dans la ville dont elle porte le nom, est plus spiritueuse que celle dont nous donnons ici la recette, mais elle est moins agréable.

FENOUILLETTE DE L'ILE DE RHÉ.

Esprit de fenouil.................	16 litres.
— de coriandre.................	2 litres.
Eau de cannelle de Chine...........	2 litres.
Alcool à 85 degrés.................	18 litres.
Sucre raffiné très-blanc............	56 kilogrammes.

Ajouter eau commune, quantité suffisante pour

former 1oo litres de liqueur. Opérer suivant la méthode connue.

CRÈME DE FLEURS D'ORANGER.

Esprit de fleurs d'oranger............	18 litres.
Alcool à 85 degrés....................	18 litres.
Sucre raffiné très-blanc.............	56 kilogrammes.
Eau commune.........................	26 litres.

Opérer comme ci-dessus.

CRÈME DE FRAMBOISES.

Esprit de framboises.....................	26 litres.
Alcool à 85 degrés........................	10 litres.
Sucre et eau, quantité connue.	

Colorer en rouge à la cochenille et opérer suivant la méthode indiquée.

HUILE DE KIRSCHENWASSER.

Kirsch fin à 5o degrés.................	25 litres.
Esprit de noyaux......................	5 litres.
Eau de fleurs d'oranger..............	1 litre.
Alcool à 85 degrés....................	16 litres.
Sucre raffiné, très-blanc............	5o kilogrammes.
Eau commune.........................	19 litres.

Opérer suivant la méthode connue.

ÉLIXIR DE GARUS.

Safran gâtinais......................	60 grammes.
Aloès succotrin......................	125 grammes.
Myrrhe..............................	125 grammes.
Cannelle de Chine	125 grammes.
Girofle.............................	60 grammes.
Muscades...........................	60 grammes.
Alcool à 85 degrés...................	36 litres.

Faire infuser pendant vingt-quatre heures, distiller avec précaution, mais sans rectifier, pour retirer

36 litres d'esprit parfumé; ajouter 56 kilogrammes de sucre raffiné blanc, fondu à chaud dans la quantité d'eau connue; jeter le sirop bouillant sur 1 kilogramme de capillaire du Canada; après refroidissement, passer à travers un tamis et procéder au mélange pour former 1 hectolitre d'élixir; colorer ensuite en jaune d'or avec l'infusion de safran et le caramel.

L'élixir de Garus du *Codex* se compose comme il suit :

Alcool de Garus (1)................	4000 grammes.
Sirop de capillaire................	5000 grammes.
Safran............................	4 grammes.
Eau de fleurs d'oranger...........	250 grammes.

Faire macérer le safran dans l'eau de fleurs d'oranger pendant vingt-quatre heures, mêler tout et filtrer.

L'élixir de Garus, fabriqué comme l'indique le *Codex*, a le goût de girofle trop prononcé; il est beaucoup moins agréable que celui de la recette précédente.

CRÈME DE GÉNÉPI DES ALPES.

Génépi des Alpes, en fleurs.........	2 kilogrammes.
Menthe poivrée, en fleurs...........	1 kilogramme.
Balsamite..........................	1 kilogramme.
Racines d'angélique................	500 grammes.
Galanga............................	125 grammes.
Alcool à 85 degrés.................	42 litres.

---

(1) L'alcool ou esprit de Garus du *Codex* se prépare ainsi :

Aloès succotrin.........	20 gr.	Girofle..................	15 gr.
Safran.................	20 gr.	Muscades................	15 gr.
Myrrhe.................	20 gr.	Alcool à 56 degrés......	5000 gr.
Cannelle...............	15 gr.	Eau de fleurs d'oranger.	500 gr.

Laisser macérer pendant deux jours et distiller pour recueillir 4000 grammes d'alcool parfumé.

Faire macérer pendant vingt-quatre heures, distiller et rectifier pour obtenir 40 litres de bon produit; ajouter ensuite 37 kilog. 500 gr. de sucre blanc fondu à chaud dans 35 litres d'eau; mélanger et compléter au besoin les 100 litres de liqueur avec l'eau commune; trancher, puis colorer en vert clair avec le bleu et l'infusion de safran; coller et filtrer après repos.

MAYORQUE.

Oranges fraîches (zestes)............	200 (nombre).
Alcool à 85 degrés................	54 litres.

Faire macérer pendant quarante-huit heures, distiller et rectifier pour retirer 36 litres de bon produit; ajouter 56 kilogrammes de sucre blanc raffiné, fondu à chaud dans 18 litres d'eau; après refroidissement, mélanger le tout en ajoutant encore le *jus* de deux cents oranges et 30 centilitres d'infusion de curaçao. Colorer en jaune d'or avec le caramel.

Le nom de cette liqueur fait allusion au pays qui produit les plus belles oranges: elle a été inventée à Orléans, et est en réputation dans le centre de la France; c'est exactement, au jus d'orange près, la composition des *gouttes* ou des *larmes de Malte*.

L'*acidule* ou l'*aciduline* qui se fabrique à Lyon ressemble en tout point à la liqueur de Mayorque.

CRÈME DE MENTHE.

Esprit de menthe..................	30 litres.
Essence de menthe anglaise........	15 grammes.
Alcool à 85 degrés................	54 litres.
Sucre raffiné très-blanc...........	56 kilogrammes.
Eau commune, quantité connue.	

Opérer suivant la méthode indiquée, en ayant soin de faire dissoudre à l'avance l'essence de menthe dans l'alcool non parfumé. L'emploi de cette essence est indispensable, si l'on veut obtenir une liqueur qui fasse éprouver à la bouche la fraîcheur que produisent les pastilles de menthe.

L'*eau du chasseur* n'est autre chose que la crème de menthe, à laquelle on ajoute de l'ambrette et de la coriandre.

LIQUEURS DU MÉZENC.

Daucus de Crète	500 grammes.
Muscades	125 grammes.
Macis	60 grammes.
Ambrette	60 grammes.
Myrobolans	60 grammes.
Camomille romaine	2 kilogrammes.
Alcool à 85 degrés	38 litres.
Esprit de coriandre	50 centilitres.

Faire macérer pendant vingt-quatre heures, distiller et rectifier pour obtenir 36 litres de bon produit; ajouter 56 kilogrammes de sucre raffiné blanc, fondu à chaud dans 22 litres d'eau; après refroidissement, mélanger le tout en ajoutant encore 4 litres d'infusion de vanille, puis colorer en jaune d'or avec la couleur de curaçao préparée par l'ébullition (p. 212). Cette recette imite parfaitement la liqueur du Mézenc préparée à Lyon; comme celle-ci, elle a la propriété de tourner au rose lorsqu'on verse de l'eau dedans.

Au dire de l'inventeur de cette liqueur, son parfum serait composé avec des plantes de la montagne du Mézenc (Suisse).

CRÈME DE MILLE-FLEURS.

Esprit de fleur d'orangers............	8 litres.
— de roses.....................	9 litres.
— d'ambrette.................	5o centilitres.
— de sassafras	2 lit. 5o centil.
Alcool à 85 degrés.................	16 litres.
Sucre raffiné très-blanc............	56 kilogrammes.

Ajouter eau commune, quantité suffisante pour former 1 hectolitre de liqueur. Opérer suivant les prescriptions indiquées.

CRÈME DE MOKA.

Esprit de moka...................	3o litres.
Alcool à 85 degrés.................	6 litres.
Sucre raffiné très-blanc............	56 kilogrammes.

Ajouter eau commune, quantité suffisante pour compléter 1 hectolitre de liqueur; opérer comme ci-dessus.

CRÈME DE NOISETTE A LA ROSE.

Esprit d'amandes amères	10 litres.
— de roses....................	10 litres.
Alcool à 85 degrés.................	16 litres.
Sucre raffiné....................	56 kilogrammes.
Eau commune....................	26 litres.

Produit : 100 litres de liqueur. Opérer comme ci-dessus. Au besoin, colorer en rose clair avec la cochenille.

CRÈME DE NOYAUX.

Esprit de noyaux d'abricots........	26 litres.
— d'amandes amères..........	10 litres.
Eau de fleurs d'oranger............	1 litre.
Sucre raffiné très-blanc............	56 kilogrammes.
Eau commune....................	25 litres.

Produit : 100 litres. Opérer comme ci-dessus.

CRÈME DE NOYAUX DE PHALSBOURG.

Esprit de noyaux d'abricots	26 litres.
— d'amandes amères	7 litres.
— d'oranges	1 litre.
— de citrons	1 litre.
— de cannelle de Chine	50 centilitres.
— de girofle	25 centilitres.
— de muscades	25 centilitres.
Eau de fleurs d'oranger	1 litre.
Sucre raffiné très-blanc	56 kilogrammes.
Eau commune	25 litres.

Produit : 100 litres.

L'analyse de 1 litre d'eau de noyaux de Phalsbourg, de la maison Hoffmann-Forty, qui jouit d'une réputation justement méritée, nous a donné le résultat qui suit :

Alcool à 85 degrés	32 centilitres.
Sucre	375 grammes.
Eau	43 centilitres.

Le pèse-sirop plongé dans la liqueur marque 14 degrés.

CRÈME D'OEILLETS.

Esprit d'œillets	25 litres.
— de girofle	2 litres.
Alcool à 85 degrés	9 litres.
Sucre raffiné blanc	56 kilogrammes.
Eau commune	26 litres.

Colorer en rouge à la cochenille. Produit : 100 litres.

EAU D'OR.

Esprit de citrons	10 litres.
— d'oranges	8 litres.
— de coriandre	4 litres.
— de daucus	2 litres.
— de fenouil	2 litres.
Eau de fleurs d'oranger	1 litre.

<pre>
Alcool à 85 degrés..................... 10 litres.
Sucre raffiné blanc.................. 56 kilogrammes.
Eau commune....................... 25 litres.
</pre>

Colorer en jaune avec le safran. Opérer comme ci-dessus. Produit : 100 litres.

Cette liqueur, dont le nom fait allusion à l'or potable des alchimistes, est très-ancienne ; on la considérait autrefois comme une panacée.

L'*eau d'argent* se prépare de la même manière, à l'exception de la coloration.

Ces liqueurs se mettent dans des flacons de verre blanc ; on ajoute des feuilles d'or brisées dans la première et des feuilles d'argent dans la seconde.

PARFAIT-AMOUR DE LORRAINE.

<pre>
Esprit de citrons..................... 4 litres.
   —   d'oranges .... 4 litres.
   —   de coriandre.................. 5 litres.
   —   d'anis .... 3 litres.
Alcool à 85 degrés................... 20 litres.
Sucre et eau, quantité connue.
</pre>

Colorer en rouge à la cochenille. Produit : 100 litres. Opérer comme ci-dessus.

PERSICO.

<pre>
Esprit d'amandes amères........... 15 litres.
   —   d'aneth....................... 2 litres.
   —   de cannelle de Chine......... 2 litres.
   —   de coriandre.................. 2 litres.
   —   de fenouil .... 1 litre.
Eau de fleurs d'oranger............. 1 litre.
Alcool à 85 degrés.................. 14 litres.
Sucre raffiné très-blanc .... 56 kilogrammes.
Eau commune .... 25 litres.
</pre>

Produit : 100 litres. Opérer comme ci-dessus.

LIQUEUR HYGIÉNIQUE ET DE DESSERT DITE DE RASPAIL.

Sommités sèches d'angélique........	1 kilog. 650 gr.
Racines — —	1 kilogramme.
Calamus aromaticus..............	440 grammes.
Myrrhe......................	250 grammes.
Cannelle de Chine..............	250 grammes.
Aloès succotrin	125 grammes.
Clous de girofle...............	100 grammes.
Muscades	30 grammes.
Safran.......................	10 grammes.
Alcool à 85 degrés	30 litres.

Faire macérer pendant vingt-quatre heures, distiller avec soin, mais sans rectifier, pour retirer 30 litres de bon produit; ajouter $37^{kil},500$ seulement de sucre raffiné blanc, fondu à chaud dans 40 litres d'eau commune; après refroidissement, procéder au mélange en ajoutant 5 litres infusion de vanille pour former 100 litres de liqueur, trancher et ensuite colorer en jaune avec l'infusion de safran et le caramel; coller et, après repos, filtrer.

Cette recette, qui n'est pas exactement celle de M. Raspail (1), puisque l'on opère par distillation et qu'il n'entre pas de camphre dans sa composition, fournit néanmoins une liqueur excellente qui peut soutenir la comparaison avec n'importe quelle liqueur vendue sous le nom de *Raspail*.

Un liquoriste de Saumur a acquis une certaine réputation pour la vente de la liqueur hygiénique de Raspail, grâce surtout à la publication de l'extrait, in-

---

(1) La véritable recette de la liqueur hygiénique de Raspail se trouve plus loin aux recettes des liqueurs par infusion : *Liqueurs surfines*.

séré dans ses étiquettes, d'une lettre qui lui avait été adressée par M. Raspail. Voici comment ce dernier s'exprime à cet égard dans son *Manuel-Annuaire de la santé pour* 1857 :

« Il est des distillateurs qui prétendent tenir de moi le monopole de la fabrication de cette liqueur ; c'est un mensonge : une formule publiée appartient à tout le monde.

» Un autre distillateur a inséré dans ses étiquettes une lettre d'encouragement que je ne lui avais pas adressée pour être publiée ; je l'ai fait souvent avertir d'avoir à supprimer cette lettre, et surtout à ne plus y apposer ma signature.

» Je me vois donc forcé de déclarer ici que dorénavant je serai dans la triste nécessité d'avoir recours à la loi pour faire cesser de pareils oublis de toute espèce de bonne foi et de convenance.

» Ce qui ajoute à la culpabilité de pareils procédés, c'est que celui qui abuse ainsi de ma lettre et de la falsification de ma signature ne fait plus entrer dans sa composition nouvelle les ingrédients de la formule, et qu'ainsi il trompe doublement le public, d'abord sur la nature de la marchandise, et ensuite sur une garantie que je ne saurais donner, n'assistant pas à la manipulation.

» Chaque distillateur est libre de fabriquer la liqueur hygiénique du *Manuel*, mais sous sa responsabilité. »

HUILE DE RHUM.

Rhum fin à 50 degrés............	30 litres.
Alcool à 85 degrés...............	18 litres.
Sucre raffiné blanc..............	50 kilogrammes.
Eau commune..................	18 litres.

Colorer en jaune foncé avec le caramel. Produit :
100 litres. Opérer comme ci-dessus.

CRÈME DE ROSES.

Esprit de roses......................	30 litres.
Alcool à 85 degrés................	6 litres.
Sucre raffiné blanc................	56 kilogrammes.
Eau commune......................	26 litres.

Colorer en rouge à la cochenille et opérer comme
ci-dessus. Produit : 100 litres.

La *crème de roses musquée* se prépare de la même
manière, en ajoutant quelques gouttes de teinture de
musc.

EAU DES SEPT-GRAINES.

Esprit d'aneth......................	2 litres.
— d'angélique (semences)........	3 litres 50 cent.
— d'anis........................	3 litres 50 cent.
— de céleri.....................	3 litres 50 cent.
— de chervi....................	2 litres.
— de coriandre.................	3 litres 50 cent.
— de fenouil...................	3 litres.
Alcool à 85 degrés................	15 litres.
Sucre raffiné blanc................	56 kilogrammes.
Eau commune.....................	26 litres.

Colorer en jaune avec le caramel et opérer comme
ci-dessus. Produit : 100 litres.

SCUBAC DE LORRAINE.

Esprit de safran...................	2 litres.
— de cannelle de Chine.........	3 litres.
— de girofle...................	4 litres.
— de muscades.................	3 litres.
Eau de fleurs d'oranger...........	1 litre.
Alcool à 85 degrés................	22 litres.
Sucre raffiné blanc................	56 kilogrammes.
Eau commune.....................	25 litres.

Colorer en jaune foncé avec le safran et le caramel. Produit : 100 litres. Opérer comme ci-dessus.

CRÈME DE THÉ DE LA CHINE.

Esprit de thé...................... 35 litres.
— d'angélique (racines)........ 1 litre.
Sucre raffiné très-blanc............ 56 kilogrammes.
Eau commune..................... 26 litres.

Opérer comme ci-dessus. Produit : 100 litres.

La crème de thé se met dans des flacons en verre blanc recouverts avec de la soie imprimée, représentant des personnages et des caractères chinois.

HUILE DE VÉNUS.

Esprit de daucus................... 4 litres.
— de carvi .... 2 litres.
— de chervi .... 2 litres.
— d'aneth .... 4 litres.
— de citrons.................... 6 litres.
— d'oranges .... 4 litres.
Eau de fleurs d'oranger............ 1 litre.
Alcool à 85 degrés. .... 14 litres.
Sucre raffiné blanc................ 56 kilogrammes.
Eau commune..................... 25 litres.

Colorer en jaune clair avec le safran et opérer comme ci-dessus. Produit : 100 litres.

EAU VERTE DE MARSEILLE.

Esprit de cannelle de Chine........ 6 litres.
— de coriandre................. 4 litres.
— de carvi..................... 4 litres.
— de menthe .... 4 litres.
— de citrons................... 10 litres.
— d'oranges................... 8 litres.
Sucre raffiné blanc................ 56 kilogrammes.
Eau commune .... 26 litres.

Colorer en vert-pré avec le safran et le bleu. Produit : 100 litres. Opérer comme ci-dessus.

VESPÉTRO DE MONTPELLIER.

Esprit d'ambrette	1 litre.
— d'aneth	3 litres.
— d'anis	4 litres.
— de carvi	6 litres.
— de coriandre	6 litres.
— de daucus	3 litres.
— de fenouil	3 litres.
Alcool à 85 degrés	10 litres.
Sucre raffiné très-blanc	56 kilogrammes.
Eau commune	26 litres.

Au besoin, colorer en jaune clair avec l'infusion de safran.

Opérer comme ci-dessus. Produit : 100 litres.

Le nom de cette liqueur fait allusion à sa propriété de prévenir les gaz qui se développent à la suite des mauvaises digestions. Les graines qui entrent dans sa composition ont été fort prônées, ainsi que le prouve la citation suivante :

> L'aneth et le fenouil, l'anis et la coriandre
> N'ont point des effets différents ;
> Du fond des intestins ils font sortir les vents,
> Et par derrière ils les font rendre.

> (École de Salerne.)

EAU VIRGINALE OU DE PUCELLE.

Esprit de céleri	10 litres.
— de genièvre	4 litres.
— de daucus	4 litres.
— de cannelle de Chine	2 litres.
— de girofle	1 litre.
Eau de fleurs d'oranger	1 litre.
Eau de roses	1 litre.

Alcool à 85 degrés ....   15 litres.
Sucre raffiné très-blanc............   56 kilogrammes.
Eau commune.....................   24 litres.

Produit : 100 litres. Opérer comme ci-dessus.

Liqueurs surfines des îles.

Les liqueurs des îles, depuis plus d'un siècle, ont acquis une renommée extraordinaire due à la suavité de parfum, à la finesse de goût et au velouté qui les distinguent. Pendant longtemps on pensait que ces liqueurs ne devaient leur excellence qu'au *tafia* qu'on employait alors pour leur fabrication, mais le bon sens a fait justice de ce préjugé : on a reconnu au contraire que le tafia communiquait aux liqueurs un goût empyreumatique; aussi, les liquoristes des îles les composent maintenant avec des trois-six de France.

La plupart des liqueurs des îles qui viennent de la Martinique, de la Guadeloupe ou des Barbades, sont préparées avec des aromates tirés des végétaux de ces pays, comme l'écorce de tulipier, le canang aromatique ou poivre d'Éthiopie, l'avocatier qui sent l'anis, le balsamier de la Jamaïque à odeur de rose, la dodonée à feuilles étroites qui sent la reinette, et une foule d'autres ingrédients qui nous sont fort peu connus, mais dont les odeurs suaves les font rechercher des Européens.

La veuve AMPHOUX-CHASSEVENT (Madeleine Achard), née à Marseille en 1707, qui s'établit à la Martinique en 1769, où elle mourut en 1812, avait une réputation universelle pour les liqueurs des îles. On les désignait sous le nom de *liqueurs de la veuve Amphoux*. De nos jours, celles de *Grandmaison*, de Fort-Royal, sont aussi très-estimées.

Les liqueurs des iles se préparent de la même manière que les liqueurs surfines françaises ; les proportions d'alcool et de sucre sont invariables, savoir : 40 litres d'esprit parfumé rectifié et 56 kilogrammes de sucre.

Afin de ne pas répéter continuellement les mêmes choses, il est entendu que toutes les recettes des iles s'appliquent à une fabrication de 100 litres de liqueur ; que le sucre, pour les raisons qui ont été signalées, doit toujours être fondu à chaud et employé après refroidissement ; qu'à la suite du mélange on doit procéder au tranchage, puis à la coloration, au collage et, enfin, à la filtration après un repos de quelques jours.

BAUME DIVIN.

Baume du Pérou......	125 grammes.
— de Tolu......	125 grammes.
Aloès succotrin......	30 grammes.
Ambrette......	125 grammes.
Bois de Rhodes......	250 grammes.
Alcool à 85 degrés......	42 litres.

Faire macérer pendant vingt-quatre heures, distiller et rectifier pour retirer 40 litres d'esprit parfumé ; ajouter ensuite :

Eau de roses......	3 litres.
Eau de cannelle de Chine......	2 litres.
Sucre raffiné très-blanc......	56 kilogrammes.
Eau commune......	17 litres.

BAUME HUMAIN.

Baume du Pérou......	250 grammes.
Benjoin en larmes......	125 grammes.

1.

```
Myrrhe..........................    60 grammes.
Alcool à 85 degrés..............    42 litres.
```

Faire macérer pendant vingt-quatre heures, distiller et rectifier pour retirer 40 litres d'esprit parfumé; ajouter ensuite :

```
Eau de fleurs d'oranger.............    1 litre.
Eau de roses........................    1 litre.
Sucre raffiné très-blanc............    56 kilogrammes.
Eau commune ........................    20 litres.
```

CRÈME D'ANANAS.

```
Ananas frais cueillis...............    8 kilogrammes.
Alcool à 85 degrés..................    40 litres.
```

Écraser les ananas et les mettre infuser dans l'alcool pendant huit jours, passer ensuite à travers un tamis de soie; verser le sucre fondu à chaud dans 22 litres d'eau, ajouter 50 centilitres d'infusion de vanille, colorer en jaune clair avec le caramel.

L'ananas étant un fruit dont le prix est toujours très-élevé, on le remplace souvent par d'autres fruits : voici une recette d'imitation :

```
Poires de rousselet bien mûres.......    10 kilogrammes.
Esprit de framboises................    10 litres.
Infusion de vanille.................    2 litres.
Alcool à 85 degrés..................    28 litres.
```

Opérer comme ci-dessus.

CRÈME DES BARBADES.

```
Cédrats frais (zestes)..............    100 (nombre).
Oranges fraîches (zestes)...........    50 (nombre).
Alcool à 85 degrés..................    50 litres.
```

Distiller après vingt-quatre heures de macération,

et rectifier pour retirer 40 litres de bon produit, auxquels on ajoute :

Eau de cannelle....................	50 centilitres.
Eau de girofle.....................	25 centilitres.
Eau de macis......................	25 centilitres.
Sucre raffiné très-blanc...........	56 kilogrammes.
Eau commune......................	21 litres.

CRÈME DE CACHOU.

Cachou du Japon..................	3 kilogrammes.
Alcool à 85 degrés................	42 litres.

Faire macérer pendant vingt-quatre heures, distiller et rectifier pour obtenir 40 litres d'esprit parfumé; ajouter ensuite :

Eau de fleurs d'oranger...........	2 litres.
Sucre raffiné très-blanc...........	56 kilogrammes.
Eau commune......................	20 litres.

CRÈME DE MOKA.

Café moka........................	5 kilogrammes.
Amandes amères...................	1 kilogramme.
Alcool à 85 degrés................	42 litres.

Torréfier légèrement le café, puis le réduire en poudre grossière; faire infuser, distiller et rectifier, pour retirer 40 litres de bon produit, auxquels on ajoute :

Sucre raffiné très-blanc...........	56 kilogrammes.
Eau commune......................	22 litres.

CRÈME DE NOYAUX.

Noyaux d'abricots.................	6 kilogrammes.
— de pêches..................	2 kilogrammes.
Amandes amères...................	2 kilogrammes.
Alcool à 85 degrés................	40 litres.

21.

Mettre infuser, distiller sans rectifier, pour obtenir 40 litres d'esprit parfumé; ajouter ensuite :

Eau de fleurs d'oranger . . . . 2 litres.
Sucre raffiné très-blanc . . . . 56 kilogrammes.
Eau commune . . . . 20 litres.

La *crème de noyaux rouge* se prépare de la même manière, mais en employant un sucre moins blanc; on la colore avec la cochénille.

CRÈME SAPOTILLE DE LA MARTINIQUE.

Storax calamite . . . . 250 grammes.
Ambrette . . . . 60 grammes.
Santal citrin . . . . 250 grammes.
Alcool à 85 degrés . . . . 42 litres.

Opérer comme pour la crème de moka, afin d'obtenir 40 litres de bon produit; ajouter ensuite :

Eau de fleurs d'oranger . . . . 1 litre.
Eau de roses . . . . 1 litre.
Sucre raffiné très-blanc . . . . 56 kilogrammes
Eau commune . . . . 20 litres.

HUILE DE BADIANE.

Badiane ou anis étoilé . . . . 2 kilogrammes.
Bois de Rhodes . . . . 500 grammes.
Bois de cascarille . . . . 500 grammes.
Alcool à 85 degrés . . . . 42 litres.

Opérer comme ci-dessus, pour retirer 40 litres d'esprit parfumé, auxquels on ajoute :

Sucre raffiné très-blanc . . . . 56 kilogrammes.
Eau commune . . . . 22 litres.

Les *huiles d'anis des Indes blanche et rouge* se préparent de la même manière : pour cette dernière, on emploie un sucre moins blanc, et on colore avec la cochenille.

HUILE DE CACAO.

Cacao caraque........................ 2 kilog. 250 gr.
— maragnon .... 2 kilog. 250 gr.
Alcool à 85 degrés.................. 43 litres.

Torréfier le cacao et le réduire en poudre, faire infuser pendant trois jours, distiller et rectifier, pour retirer 40 litres de bon produit; ajouter ensuite :

Sucre raffiné très-blanc............ 56 kilogrammes.
Eau commune....................... 22 litres.

Infusion de vanille suivant le goût.

HUILE DE CÉDRATS.

Cédrats frais (zestes).............. 150 (nombre).
Alcool à 85 degrés................. 50 litres.

Faire infuser, distiller et rectifier, pour obtenir 40 litres de bon produit, auxquels on ajoute :

Sucre raffiné blanc................ 56 kilogrammes.
Eau commune....................... 22 litres.

Colorer en jaune clair avec le caramel.

La *fine orange* et *l'huile de bergamotes* s'obtiennent en opérant de la même manière et en remplaçant les cédrats par des oranges et des bergamotes fraîches; colorer aussi ces deux liqueurs en jaune clair.

HUILE DE CANNELLE.

Cannelle de Ceylan................. 750 grammes.
— de Chine................. 250 grammes.
Girofle .... 60 grammes.
Alcool à 85 degrés................. 40 litres.

Faire macérer et distiller avec précaution sans rectifier, pour obtenir 40 litres de bon produit ; ajouter ensuite :

Sucre raffiné blanc................ 56 kilogrammes.
Eau commune..................... 22 litres.

Colorer en jaune d'or avec le caramel.

HUILE DES CRÉOLES.

Ambrette......................... 500 grammes.
Muscades......................... 125 grammes.
Girofle........................... 125 grammes.
Alcool à 85 degrés................. 40 litres.

Laisser infuser pendant vingt-quatre heures, distiller avec précaution sans rectifier, pour obtenir 40 litres d'esprit parfumé ; ajouter ensuite :

Sucre raffiné blanc................ 56 kilogrammes.
Eau commune..................... 22 litres.

Colorer en rouge avec la cochenille.

L'*huile de Fernambouc* se prépare de la même manière ; on la colore en jaune foncé avec la teinture de bois de Fernambouc, à laquelle on ajoute quelques gouttes de dissolution d'acide tartrique, afin de faire virer sa couleur rouge.

HUILE DE GIROFLE.

Clous de girofle concassés.......... 500 grammes.
Cannelle de Chine................. 150 grammes.
Alcool à 85 degrés................. 40 litres.

Même manière de distiller que pour la recette précédente; ajonter au produit :

Sucre raffiné blanc................ 56 kilogrammes.
Eau commune..................... 22 litres.

Colorer en jaune foncé avec le caramel.

HUILE DE RHUM.

Rhum vieux extra-fin.............. 5o litres.
Sucre raffiné blanc............... 5o kilogrammes.
Eau commune..................... 18 litres.

Faire fondre à chaud le sucre dans le bain-marie,
puis retirer le feu du fourneau et couvrir avec le
chapiteau; luter sans poser le col de cygne, verser
ensuite par l'orifice du chapiteau le rhum et l'alcool,
remuer avec un bâton ou une spatule disposée à cet
effet et boucher hermétiquement; après refroidissement, colorer en jaune foncé avec le caramel.

HUILE DE VANILLE.

Vanille du Mexique................ 200 grammes.
Alcool à 85 degrés................ 4o litres.
Sucre raffiné blanc............... 56 kilogrammes.
Eau commune..................... 22 litres.

Couper la vanille en petits morceaux, puis la piler
avec une partie de la dose du sucre (environ 5 kilogrammes); mettre ensuite dans le bain-marie l'alcool
et le sucre fondu à chaud ; ajouter le sucre vanillé et
mélanger le tout; après avoir bien luté, chauffer doucement l'alambic pour faire digérer convenablement,
mais sans distiller; laisser refroidir sur le fourneau,
colorer ensuite en rouge avec la cochenille, coller et
filtrer après repos suffisant.

Cette méthode de préparer l'huile de vanille est excellente.

ZINZIBER OU HUILE DE GINGEMBRE.

Gingembre......................	1 kilogramme.
Galanga........................	200 grammes.
Cannelle de Chine..............	100 grammes.
Girofle........................	60 grammes.
Muscades	30 grammes.
Macis..........................	15 grammes.
Alcool à 85 degrés.............	40 litres.

Même manière de distiller que pour l'huile de cannelle ; ajouter au produit :

Sucre raffiné blanc.............	36 kilogrammes.
Eau commune....................	22 litres.

Colorer en jaune d'or avec le caramel.

Les liqueurs des iles s'expédient dans des bouteilles en verre noir ayant une forme particulière ; elles sont connues sous le nom de *bouteilles anglaises*.

Liqueurs étrangères.

« Nul n'est prophète en son pays, » dit un proverbe fort ancien. Cette vérité est surtout applicable aux liqueurs; car s'il est un pays où la fabrication soit faite avec intelligence, avec goût, parfaite, en un mot, c'est évidemment en France et particulièrement à Paris. Cependant, malgré la supériorité marquée de nos produits, les liquoristes, la plupart du temps, sont dans la nécessité fâcheuse de présenter leurs liqueurs aux consommateurs comme provenant de l'étranger, afin qu'elles soient reconnues de qualité supérieure ; aussi arrive-t-il souvent qu'on expédie des liqueurs aux étrangers, qui nous les revendent comme ayant été fabriquées dans leur pays.

Cet état de choses est regrettable : il tend à affermir en France la réputation des liqueurs étrangères, alors que la Hollande, l'Italie, l'Allemagne, etc., sont loin de pouvoir rivaliser avec nous.

Pendant notre séjour en Italie, nous avons pu nous convaincre que les liqueurs françaises y sont fort estimées, et que leurs qualités sont infiniment préférables à toutes celles qui nous furent présentées, venant de Turin, de Gênes, de Florence, etc.

Les proportions de liquides et de substances pour les liqueurs étrangères n'ayant rien de fixe, nous indiquerons celles qu'on devra employer dans chaque recette, en opérant du reste toujours sur 1 hectolitre de liqueur.

ANISETTE DE HOLLANDE.

Amandes amères	1 kilogramme.
Anis vert	800 grammes.
Badiane	750 grammes.
Coriandre	250 grammes.
Fenouil	125 grammes.
Thé impérial	190 grammes.
Laurier sauce	125 grammes.
Baume de Tolu	90 grammes.
Ambrette	60 grammes.
Noix muscades	15 grammes.
Alcool à 85 degrés	42 litres.

Faire macérer pendant vingt-quatre heures, distiller et rectifier pour obtenir 40 litres d'esprit parfumé ; ajouter ensuite :

Eau de roses	2 litres.
Sucre raffiné très-blanc	56 kilogrammes.
Eau commune	20 litres.

Opérer et mélanger suivant la méthode connue : coller.

La véritable anisette de Hollande, de la maison *Winand Fockink*, d'Amsterdam, que nous avons analysée, a donné pour 1 litre les quantités suivantes :

Alcool à 85 degrés........................	40 centilitres.
Sucre....................................	500 grammes.
Eau.....................................	27 centilitres.

Le pèse-sirop plongé dans la liqueur indique 20 degrés.

CURAÇAO DE HOLLANDE.

Écorces de curaçao de Hollande.........	5 kilogrammes.
Oranges fraîches (zestes)...............	80 (nombre).
Alcool à 85 degrés......................	60 litres.

Opérer comme il est dit pour le curaçao surfin et retirer 40 litres d'esprit parfumé, auxquels on ajoute :

Infusion de curaçao.....................	60 centilitres.
Couleur alcoolique au Fernambouc.....	5 litres.
Sucre raffiné blanc.....................	50 kilogrammes.
Eau commune..........................	22 litres.

L'analyse du véritable curaçao de Hollande, de la maison *Winand Fockink*, d'Amsterdam, faite par nous, a donné le résultat suivant pour 1 litre :

Alcool à 85 degrés......................	47 centilitres.
Sucre....................................	375 grammes.
Eau.....................................	28 centilitres.

Le pèse-sirop, plongé dans la liqueur, marque 10 degrés. La grande quantité d'alcool qui entre dans la composition du curaçao de Hollande explique pour-

quoi cet instrument ne donne pas un titre plus fort en
sucre.

CRÊME GENIÈVRE DE HOLLANDE.

Genièvre vieux à 5o degrés............ 6o litres.
Sucre raffiné, très-blanc............. 25 kilogrammes.
Eau commune .... 23 litres.

Opérer suivant la méthode connue.

LIQUEUR FLAMANDE (6o litres).

Girofle............................ 3o grammes.
Cannelle Coylan.................... 3o grammes.
Semences d'angélique .... 6o grammes.
Badiane........................... 6o grammes.
Coriandre......................... 100 grammes.
Zestes de 4 oranges,
Alcool à 85 degrés................. 26 litres.
Sucre brut........................ 20 kilogrammes.

Pulvériser les ingrédients ci-dessus, les laisser infuser pendant huit jours. Faire fondre son sucre et le
jeter bouillant sur les aromates; coller et après refil-
trer; tenir compte de la quantité d'eau à ajouter pour
former 6o litres.

BITTER DE HOLLANDE.

Écorces de curaçao de Hollande...... 1 kilogramme.
Calamus aromaticus .... 250 grammes.
Aloès succotrin .... 250 grammes.
Bois de Fernambouc................ 2 kilogrammes.
Alcool à 85 degrés................. 6o litres.
Eau commune .... 4o litres.

Mettre les substances dans le bain-marie avec l'alcool
et l'eau, faire infuser à chaud pendant vingt-quatre
heures; après refroidissement, ajouter 15 grammes
d'alun de Rome et filtrer sans coller.

AMER DE HOLLANDE.

Écorces de curaçao de Hollande........   1 kilogramme.
Citrons frais (zestes) ....   20 (nombre).
Oranges fraîches (zestes).............   20 (nombre).
Alcool à 50 degrés ....   100 litres.

Faire infuser à froid pendant un mois, tirer à clair et filtrer.

Les liqueurs hollandaises se mettent dans des cruchons de grès rouge de forme carrée ou ronde, ainsi que dans des bouteilles de verre noir à col allongé ou à forme écrasée : ces dernières sont appelées *marteaux*.

VÉRITABLE EAU-DE-VIE DE DANTZICK.

Cannelle de Ceylan..................   250 grammes.
Girofle ....   15 grammes.
Semences de céleri..................   125 grammes.
    —   de carvi..................   125 grammes.
    —   d'anis vert................   125 grammes.
    —   de cumin..................   30 grammes.
Alcool à 85 degrés..................   50 litres.

Faire infuser le tout pendant vingt-quatre heures et distiller avec précaution sans rectifier, pour retirer 50 litres d'esprit parfumé, auxquels on ajoute :

Sucre raffiné très-blanc............   25 kilogrammes.
Eau commune.......................   33 litres.

Opérer suivant la méthode connue, et ajouter une feuille d'or brisée dans chaque flacon.

Cette liqueur, étant très-spiritueuse et peu sucrée, demande à vieillir. On préfère généralement celle que nous avons indiquée aux liqueurs surfines françaises.

FRANZOESISCH-WASSER DE DANTZICK.

Anis vert	5oo grammes.
Badiane	5oo grammes.
Fenouil de Florence	125 grammes.
Coriandre	25o grammes.
Sauge sèche	5oo grammes.
Menthe poivrée sèche	5oo grammes.
Citronelle	5oo grammes.
Alcool à 85 degrés	4o litres.

Faire macérer pendant vingt-quatre heures, distiller et rectifier, pour retirer 38 litres d'esprit parfumé, auxquels on ajoute :

Esprit de citrons	1 litre.
— d'oranges	1 litre.
Sucre raffiné blanc	37 kilogr. 5oo gr.
Eau commune	35 litres.

Colorer en rouge vif avec la cochenille et opérer suivant la méthode connue.

DEUTSCHLAND-WASSER DE BRESLAU.

Racines d'angélique	1 kilogramme.
Semences d'aneth	125 grammes.
— de carvi	6o grammes.
— de cumin	3o grammes.
Calamus aromaticus	125 grammes.
Camomille romaine	5oo grammes.
Muscades	3o grammes.
Alcool à 85 degrés	42 litres.

Faire infuser pendant vingt-quatre heures, distiller et rectifier pour obtenir 4o litres de bon produit; ajouter ensuite :

Infusion d'iris	5o centilitres.
Sucre raffiné blanc	37 kilogr. 5oo gr.
Eau commune	35 litres.

Colorer en vert clair avec le safran et le bleu, et opérer suivant la méthode connue.

CRÈME DE CUMIN DE MUNICH.

Cumin..	1 kilogr. 500 gr.
Anis vert...................................	1 kilogr. 500 gr.
Racines d'angélique......................	500 grammes.
Alcool à 85 degrés........................	41 litres.

Faire macérer pendant vingt-quatre heures, distiller et rectifier, pour obtenir 39 litres d'esprit parfumé; ajouter ensuite :

Infusion d'iris.............................	1 litre.
Sucre raffiné blanc.......................	50 kilogrammes.
Eau commune..............................	26 litres.

Opérer suivant la méthode connue.

EAU CARMINATIVE D'ALLEMAGNE.

Anis vert...................................	1 kilogramme.
Badiane.....................................	1 kilogramme.
Coriandre...................................	500 grammes.
Fenouil (semences)........................	250 grammes.
Cumin.......................................	125 grammes.
Daucus de Crète...........................	125 grammes.
Alcool à 85 degrés........................	38 litres.

Faire macérer pendant vingt-quatre heures, distiller et rectifier, pour retirer 36 litres de bon produit, auxquels on ajoute :

Eau de fleurs d'oranger..................	2 litres.
Sucre raffiné blanc.......................	50 kilogrammes.
Eau commune..............................	24 litres.

Opérer suivant la méthode ordinaire.

PERSICOT DU PALATINAT.

Amandes de pêches....................	6 kilogrammes.
Amandes amères......................	2 kilogrammes.
Alcool à 85 degrés....................	36 litres.

Faire macérer pendant quarante-huit heures, distiller avec soin, pour retirer 36 litres d'esprit parfumé; ajouter ensuite :

Eau de cannelle de Chine.............	75 centilitres.
Eau de girofle.......................	25 centilitres.
Eau de fleurs d'oranger..............	1 litre.
Sucre raffiné blanc..................	50 kilogrammes.
Eau commune........................	24 litres.

Opérer suivant la méthode connue.

USQUEBAUGH D'ÉCOSSE.

Safran.............................	60 grammes.
Baies de genièvre....................	250 grammes.
Badiane............................	125 grammes.
Racines d'angélique.................	125 grammes.
Coriandre..........................	250 grammes.
Cannelle de Chine...................	60 grammes.
Ambrette...........................	60 grammes.
Citrons frais (zestes)................	25 (nombre).
Alcool à 85 degrés..................	40 litres.

Faire infuser le tout pendant un mois, en remuant de temps en temps; passer ensuite à travers un tamis de crin, et ajouter :

Eau de fleurs d'oranger..............	2 litres.
Sucre raffiné blanc..................	25 kilogrammes.
Eau commune	41 litres.

Colorer avec la cochenille, afin de donner une légère teinte jaune-rougeâtre.

L'usquebaugh est une boisson en réputation dans les Iles Britanniques ; Walter Scott la cite souvent, notamment dans ses romans des *Puritains* et du *Pirate*. Paul Féval en parle aussi dans les *Mystères de Londres*. Cette liqueur se préparait originairement à Batavia ; elle a été introduite en Europe par les Hollandais.

AMER D'ANGLETERRE.

Citrons frais (zestes)	25 (nombre).
Oranges fraîches (zestes)	25 (nombre).
Calamus aromaticus	125 grammes.
Gingembre	60 grammes.
Gentiane	500 grammes.
Racines d'aunée	120 grammes.
Cannelle de Chine	30 grammes.
Girofles	15 grammes.
Muscades	15 grammes.
Alcool à 85 degrés	100 litres.

Faire macérer le tout pendant un mois, remuer de temps en temps, passer ensuite à travers un tamis de crin et filtrer sans coller.

ALKERMÈS DE FLORENCE.

Ambrette	150 grammes.
Calamus aromaticus	150 grammes.
Cannelle de Ceylan	250 grammes.
Girofle	60 grammes.
Macis	60 grammes.
Alcool à 85 degrés	40 litres.

Faire macérer pendant quarante-huit heures, puis distiller au bain-marie avec précaution, sans rectifier, pour retirer 40 litres d'esprit parfumé ; ajouter ensuite :

Extrait de jasmin	3o grammes.
Infusion d'iris	5o centilitres.
Eau de roses	6 litres.
Sucre raffiné blanc	56 kilogrammes.
Eau commune	16 litres.

Colorer en rouge foncé avec la cochenille, et opérer suivant la méthode connue.

L'analyse du véritable *alkermés liquido dell' officina-profumo-farmaceutica di Santa-Maria-Novella di Firenze*, c'est-à-dire des dominicains du couvent de Sainte-Marie-Nouvelle, à Florence, dont la réputation est universelle, nous a donné pour 1 litre les quantités qui suivent :

Alcool à 85 degrés	3o centilitres.
Sucre	375 grammes.
Eau	45 centilitres.

Le pèse-sirop plongé dans la liqueur indique 14 degrés.

AQUA BIANCA DE TURIN.

Cannelle de Ceylan	5oo grammes.
Girofle	6o grammes.
Muscades	6o grammes.
Alcool à 85 degrés	4o litres.

Distiller après avoir fait macérer le tout pendant vingt-quatre heures, sans rectifier, pour obtenir 4o litres de bon produit, auxquels on ajoute :

Sucre raffiné très-blanc	56 kilogrammes.
Eau commune	22 litres.

Opérer suivant la méthode connue, et mettre dans chaque flacon une feuille d'argent brisée.

I.

AQUA D'ORO DE TURIN.

Cannelle de Ceylan	250 grammes.
Girofle	30 grammes.
Racines d'angélique	125 grammes.
Daucus de Crète	125 grammes.
Citrons frais (zestes)	80 (nombre).
Alcool à 85 degrés	40 litres.

Faire macérer pendant vingt-quatre heures, distiller ensuite au bain-marie, sans rectifier, pour obtenir 40 litres d'esprit parfumé ; ajouter ensuite :

Sucre raffiné très-blanc	56 kilogrammes.
Eau commune	22 litres.

Opérer suivant la méthode connue, et mettre dans chaque flacon une feuille d'or brisée.

CEDRATO DI PALERMO.

Cédrats frais (zestes)	200 (nombre).
Alcool à 85 degrés	50 litres.

Distiller et rectifier pour retirer 40 litres de bon produit, auxquels on ajoute :

Eau de cannelle de Ceylan	50 centilitres.
Eau de girofle	25 centilitres.
Eau de macis	25 centilitres.
Esprit d'ambrette	50 centilitres.
Sucre raffiné très-blanc	56 kilogrammes.
Eau commune	21 litres.

Opérer suivant la méthode connue.

LA FIORETTO DE FLORENCE.

Cardamome majeur	250 grammes.
Muscades	250 grammes.
Alcool à 85 degrés	38 litres.

Distiller au bain-marie avec précaution et sans rectifier, pour retirer 38 litres d'esprit parfumé, auxquels on ajoute :

Infusion d'iris	2 litres.
Eau de fleurs d'oranger	2 litres.
Sucre raffiné blanc	56 kilogrammes.
Eau commune	20 litres.

Colorer en rose avec la cochenille, et opérer suivant
la méthode connue.

LA GIOVANE DE TURIN.

Cannelle de Chine	125 grammes.
Benjoin en larmes	3o grammes.
Storax calamite	125 grammes.
Muscades	6o grammes.
Ambrette	3o grammes.
Laurier sauce	25o grammes.
Bois de Rhodes	25o grammes.
Alcool à 85 degrés	42 litres.

Distiller au bain-marie avec précaution et sans rectifier, pour retirer 4o litres de produit ; ajouter :

Eau de fleurs d'oranger	1 litre.
Sucre raffiné blanc	56 kilogrammes.
Eau commune	21 litres.

Colorer en rouge clair à la cochenille, et opérer suivant la méthode connue.

LIQUORE DELLE ALPI.

Absinthe majeure mondée	5oo grammes.
— mineure —	5oo grammes.
Angélique (sommités)	5oo grammes.
Menthe poivrée mondée	5oo grammes.
Hysope fleurie	5oo grammes.
Génépi des Alpes	5oo grammes.

```
Anis vert .......................   5oo grammes.
Fenouil (semences)...............  25o grammes.
Citrons (zestes)................   10 (nombre).
Alcool à 85 degrés..............   36 litres.
```

Faire macérer pendant vingt-quatre heures, distiller ensuite au bain-marie et rectifier pour obtenir 36 litres d'esprit parfumé; ajouter 5o kilogrammes de sucre raffiné très-blanc, fondu à chaud dans 3o litres d'eau. Opérer suivant la méthode connue.

MARASCHINO DE ZARA.

```
Eau de marasquin.................  20 litres.
Eau de fleurs d'oranger ..........  1 litre.
Eau de roses.....................   1 litre.
Alcool à 85 degrés...............  4o litres.
Sucre raffiné très-blanc..........  56 kilogrammes.
```

Mettre les eaux parfumées et le sucre dans le bain-marie; couvrir avec le chapiteau sans poser le col de cygne; luter et chauffer fortement en passant un bâton ou une spatule dans l'orifice du chapiteau, afin de remuer le sirop; ajouter l'alcool après que le sucre sera fondu; remuer à nouveau et boucher hermétiquement; retirer le feu du fourneau et laisser refroidir dans l'alambic.

On prépare encore un marasquin de la manière suivante :

```
Esprit de framboises.............  15 litres.
   —    de noyaux d'abricots........  8 litres.
   —    de fleurs d'oranger .........  2 litres.
Kirsch vieux.....................  20 litres.
Sucre raffiné très-blanc..........  56 kilogrammes.
Eau commune.....................   17 litres.
```

Opérer suivant la méthode connue.

MIROBOLANO OU MYROBOLANTI.

Myrobolans....................	500 grammes.
Storax calamite................	125 grammes.
Laurier sauce..................	500 grammes.
Santal citrin..................	250 grammes.
Alcool à 85 degrés.............	42 litres.

Faire macérer pendant vingt-quatre heures, distiller et rectifier pour retirer 40 litres de bon produit, auxquels on ajoute :

Eau de roses..................	2 litres.
— de cannelle de Chine.......	25 centilitres.
Sucre raffiné très-blanc........	56 kilogrammes.
Eau commune.................	20 litres.

Opérer suivant la méthode connue.

OLIO DI CREMONA.

Limons frais (zestes)...........	50 (nombre).
Oranges fraîches (zestes).......	40 (nombre).
Storax calamite...............	250 grammes.
Alcool à 85 degrés.............	42 litres.

Distiller et rectifier après macération, pour retirer 40 litres d'esprit parfumé ; ajouter ensuite :

Eau de roses..................	2 litres.
Sucre raffiné blanc............	56 kilogrammes.
Eau commune.................	20 litres.

Colorer en rouge à la cochenille et opérer comme ci-dessus.

OLIO DE MACCHERONI DI GENOVA.

Esprit d'amandes amères........	10 litres.
— de fleurs d'oranger.........	6 litres.
— de roses..................	4 litres.
— de cannelle de Chine........	25 centilitres.

Esprit de muscades................ 25 centilitres.
Alcool à 85 degrés................ 15 litres 50 cent.
Sucre blanc....................... 50 kilogrammes.
Eau commune...................... 30 litres.

Colorer en jaune clair avec l'infusion de safran et opérer suivant la méthode connue.

ROSOLIO DI MENTA DI PISA.

Menthe poivrée en fleurs........... 6 kilogrammes.
Essence de menthe poivrée........ 20 grammes.
Alcool à 85 degrés .... 38 litres.

Faire macérer la menthe pendant vingt-quatre heures, distiller et rectifier pour obtenir 36 litres de bon produit, dans lesquels on fait dissoudre l'essence de menthe, ajouter ensuite 50 kilogrammes de sucre raffiné très-blanc, fondu à chaud dans 30 litres d'eau. Opérer d'après la méthode connue.

ROSOLIO DI TORINO.

Amandes amères................... 1 kilogr. 500 gr.
Noyaux d'abricots................. 2 kilogrammes.
Anis vert .... 500 grammes.
Coriandre........................ 125 grammes.
Fenouil.......................... 125 grammes.
Alcool à 85 degrés .... 32 litres.

Faire macérer pendant vingt-quatre heures, distiller et rectifier pour retirer 30 litres d'esprit parfumé ; ajouter ensuite :

Esprit de roses................... 10 litres.
Eau de cannelle de Chine.......... 50 centilitres.
— de girofle.................. 25 centilitres.
— de muscades................ 25 centilitres.
— de fleurs d'oranger .... 1 litre.
Sucre raffiné blanc............... 56 kilogrammes.
Eau commune .... 20 litres.

Colorer en rose clair avec la cochenille, et opérer comme ci-dessus.

RUBINO DI VENEZIA.

Amandes amères....................	1 kilogramme.
Badiane...........................	1 kilogramme.
Fenouil...........................	125 grammes.
Storax calamite...................	125 grammes.
Angélique (racines)...............	125 grammes.
Alcool à 85 degrés................	42 litres.

Faire infuser pendant vingt-quatre heures, distiller et rectifier pour obtenir 40 litres de bon produit; ajouter ensuite :

Infusion de vanille...............	50 centilitres.
Eau de cannelle de Chine..........	50 centilitres.
— de girofle....................	20 centilitres.
— de muscades..................	30 centilitres.
Sucre raffiné blanc...............	56 kilogrammes.
Eau commune......................	21 litres.

Colorer en rose clair avec la cochenille, et opérer comme ci-dessus.

VANIGLIA DI NAPOLI.

Cette liqueur se prépare exactement comme l'huile de vanille des îles; seulement sa couleur doit être d'un rose très-clair.

Observations sur les liqueurs d'Italie. — Les recettes de liqueurs italiennes que nous publions contiennent plus de spiritueux que les liqueurs de provenance véritable; ces dernières, en général, sont peu alcooliques, mais très-sucrées ; dans la plupart, le parfum, quoique assez prononcé, manque de délicatesse, et souvent la finesse de goût leur fait défaut. On doit attribuer ces résultats imparfaits à une distillation trop productive et à l'emploi de trois-six d'une qualité secondaire.

Il est cependant quelques liquoristes italiens qui font exception à la règle, notamment MM. Castelmur, Perini et Cie de Florence, qui ont obtenu une médaille d'argent à l'Exposition universelle de Paris, en récompense de la bonne qualité de leurs produits.

L'analyse de diverses liqueurs de ces habiles artistes nous a présenté le résultat qui suit :

NOMS des liqueurs.	ALCOOL à 85 degrés.	SUCRE.	EAU.	DEGRÉS du pèse-sirop.
	centil.	gr.	centil.	
Liquore delle Alpi....	28	500	38	20
Rosolio di alkermès...	34	438	38	18
— d'anisetto.....	24	500	43	20
— di cedrato....	30	500	37	20
— di curasso....	34	438	38	18
— di menta.....	24	500	43	20

Toutes ces analyses ont été faites sur 1 litre de liqueur.

Les liqueurs d'Italie se mettent dans des bouteilles de verre blanc ou vert clair de formes diverses ; la plupart de ces bouteilles sont garnies à l'extérieur avec une espèce de corde en jonc ou en feuilles de maïs ; il en est qui ont un certain cachet d'originalité très-remarquable, particulièrement celles connues sous le nom de *fiasco*.

CHIRAZ.

(Nouvelle liqueur persane.)

Ambrette........................	188 grammes.
Anis vert........................	500 grammes.
Aneth...........................	250 grammes.

Carvi............................. 5oo grammes.
Coriandre......................... 1 kilogr. 5oo gr.
Daucus........................... 25o grammes.
Fenouil........................... 575 grammes.
Bois de sassafras................. 188 grammes.
Racines d'angélique............... 5oo grammes.
Iris de Florence.................. 125 grammes.
Vanille du Mexique............... 6o grammes.
Eau de fleurs d'oranger........... 2 litres.
Alcool à 85 degrés................ 35 litres.
Sucre blanc....................... 45 kilogrammes.

Colorer en jaune clair avec le safran.
Distiller et rectifier avec précaution.

NOMENCLATURE ET RECETTES DES LIQUEURS PAR INFUSION.

Ainsi que nous l'avons dit précédemment, il existe quelques substances aromatiques, desquelles il serait impossible d'extraire le parfum par la distillation soit avec l'eau, soit avec l'alcool. L'infusion devient donc obligatoire, si l'on veut composer des liqueurs avec ces substances.

La presque totalité des liqueurs par infusion est connue sous le nom de *ratafias*. D'après certains auteurs, l'origine du mot *ratafia* serait la même que celle de *ratifier*, et dériverait des deux mots latins *rata fiant* (que les choses convenues soient faites). Cette opinion est basée sur ce que les anciens discutaient les affaires à table et sanctionnaient les résolutions prises en buvant à la fin du repas quelques liqueurs agréables; un reste de cet usage existe encore de nos jours dans certaine classe du peuple.

Le nombre des recettes des liqueurs par infusion est assez restreint pour que nous donnions, dans chacune d'elles, les proportions d'infusion ou de substances aromatiques, ainsi que celles d'alcool, de sucre et d'eau qui entrent dans leur composition. Nous répéterons, et plus particulièrement pour les ratafias, ce que nous avons dit à l'égard de l'inégalité de résultat. Bien qu'en employant avec la plus scrupuleuse attention les doses que nous indiquons, il pourrait arriver qu'une liqueur faite à une époque fût inférieure à la même liqueur préparée à une autre époque : l'état des substances ou des fruits, leur plus ou moins de maturité, les influences de température, une infusion plus ou moins prolongée, etc., etc., sont autant de causes qui peuvent différencier les liqueurs. Ici, notre mission s'arrête ; nous ne pouvons communiquer à nos lecteurs cette habitude, ce tact, qui font qu'un bon liquoriste reconnaît tout de suite, en goûtant une liqueur, si elle possède le parfum désirable : ce n'est que par une longue pratique que l'on peut acquérir cette expérience.

Les fabrications, comme précédemment, s'appliquent toutes à 1 hectolitre de liqueurs.

Liqueurs ordinaires.

HUILE DE VANILLE.

Infusion de vanille....................	1 litre.
Teinture de storax calamite.........	25 centilitres.
Alcool à 85 degrés..................	24 litres.
Sucre...............................	12 kilogr. 500 gr.
Eau commune.......................	66 litres.

Colorer à l'orseille.

BROU DE NOIX.

Infusion de brou de noix, vieille....	21 litres.
Esprit de muscades................	25 centilitres.
Alcool à 85 degrés................	13 litres.
Sucre...........................	12 kilogr. 500 gr.
Eau commune....................	57 litres.

Colorer en jaune foncé avec le caramel. Si le parfum de cette liqueur n'était pas suffisamment prononcé, on pourrait y ajouter quelques litres d'eau de noix, en remplacement d'une même quantité d'eau commune.

RATAFIA DE CASSIS.

Infusion de cassis, *première*........	25 litres.
Alcool à 85 degrés................	12 litres.
Sucre...........................	12 kilogr. 500 gr.
Eau commune....................	54 litres.

Si l'on voulait employer l'infusion *deuxième*, voici comment il faudrait procéder :

Infusion de cassis, *deuxième*.......	32 litres.
Alcool à 85 degrés................	6 litres.
Sucre...........................	12 kilogr. 500 gr.
Eau commune....................	54 litres.

On opérerait ainsi avec l'infusion *troisième*.

Infusion de cassis, *troisième*.......	45 litres.
Alcool à 85 degrés................	7 litres.
Sucre...........................	12 kilogr. 500 gr.
Eau commune....................	39 litres.

Dans le cas où cette dernière fabrication ne serait pas assez parfumée, on ajouterait 2 ou 3 litres d'esprit ou d'infusion de feuilles de cassis, en retirant toutefois une même quantité d'alcool à 85 degrés.

Les trois exemples qui précèdent guideront encore, si l'on emploie simultanément les trois infusions ou seulement deux d'entre elles.

CASSIS ORDINAIRE (100 litres.)

Alcool pur..........................	21 lit. 25 centil.
	ou 25 litres à 85 degrés.
Infusion, 1re charge, à 50 degrés (prise en fabrication).....................	18 litres.
Vin de Roussillon ou de la Loire......	7 litres.
Alcool à 85 degrés....................	14 litres.
Sucre brut décoloré ou bien clarifié.	12 kilogr. 500 gr.
Eau commune pour compléter.	

RATAFIA DE FRAMBOISES.

Infusion de framboises...............	15 litres.
— de cassis ou de merises....	5 litres.
Alcool à 85 degrés...................	12 litres.
Sucre................................	12 kilogr. 500 gr.
Eau commune.........................	59 litres.

L'infusion première de cassis ou de merises sert à colorer davantage cette liqueur.

RATAFIA DE COINGS.

Suc exprimé de coings bien mûrs...	6 litres.
Esprit de girofle....................	50 centilitres.
Alcool à 85 degrés..................	25 litres.
Sucre...............................	12 kilog. 500 gr.
Eau commune........................	60 litres.

Colorer en jaune clair avec le caramel.

Le *ratafia de poires de rousselet* et celui de *poires d'Angleterre* se préparent de la même manière.

Liqueurs doubles.

HUILE DE VANILLE.

Infusion de vanille...................	2 litres.
Alcool à 85 degrés..................	48 litres.
Sucre............................	25 kilogrammes.
Eau commune	33 litres.

Colorer fortement en rouge à l'orseille.

BROU DE NOIX.

Infusion de brou de noix...........	42 litres.
Esprit de muscades.................	50 centilitres.
Alcool à 85 degrés.................	25 litres.
Sucre............................	25 kilogrammes.
Eau commune.....................	18 litres.

Colorer fortement en jaune, avec le caramel, afin que la liqueur dédoublée soit d'une nuance assez prononcée.

RATAFIA DE CASSIS.

Infusion de cassis, *première*........	50 litres.
Alcool à 85 degrés.................	24 litres.
Sucre............................	25 kilogrammes.
Eau commune	10 litres.

AUTRE.

Infusion de cassis, *première*........	25 litres.
— — *deuxième*........	30 litres.
Alcool à 85 degrés	17 litres.
Sucre............................	25 kilogrammes.
Eau commune.....................	11 litres.

RATAFIA DE FRAMBOISES.

Infusion de framboises	30 litres.
— de cassis ou de merises....	10 litres.
Alcool à 85 degrés.................	24 litres.
Sucre............................	25 kilogrammes.
Eau commune	19 litres.

Liqueurs demi-fines.

HUILE DE VANILLE.

Infusion de vanille..................	4 litres.
Alcool à 85 degrés.................	22 litres.
Sucre...........................	25 kilogrammes.
Eau commune...................	55 litres.

Colorer en rouge au cudbéar. Ajouter un peu de caramel si l'on veut obtenir un rouge vif.

HUILE DE VIOLETTES.

Infusion d'iris...................	6 litres.
Alcool à 85 degrés..............	22 litres.
Sucre...........................	25 kilogrammes.
Eau commune...................	55 litres.

Colorer en violet avec le cudbéar et le bleu. Opérer avec modération pour la teinture.

BROU DE NOIX.

Infusion de brou de noix, vieille....	25 litres.
Esprit de muscades...............	30 centilitres.
Alcool à 85 degrés	13 litres.
Sucre...........................	25 kilogrammes.
Eau commune...................	45 litres.

Clorer en jaune foncé avec le caramel.

RATAFIA DE CASSIS.

Infusion de cassis, *première*........	30 litres.
— de framboises............	5 litres.
Alcool à 85 degrés..............	12 litres.
Sucre...........................	25 kilogrammes.
Eau commune...................	36 litres.

Mêmes observations que pour les cassis précédents.

CASSIS DEMI-FIN (100 litres).

Alcool pur . . . .   23 litres à 80 degrés.
                                                   ou 28 litres à 85 degrés.
Infusion, *première* . . . .   23 litres.
Vin de la Loire ou de Roussillon . . . .   8 litres.
Infusion de merises . . . .   3 litres.
     — de framboises . . . .   3 litres.
Alcool à 85 degrés . . . .   13 litres.
Sucre brut décoloré . . . .   25 kilogrammes.
Eau commune, quantité nécessaire pour compléter.

RATAFIA DE CERISES.

Infusion de cerises . . . .   30 litres.
     — de merises . . . .   5 litres.
Esprit de noyaux d'abricots . . . .   5 litres.
Alcool à 85 degrés . . . .   4 litres.
Sucre . . . .   25 kilogrammes.
Eau commune . . . .   39 litres.

La couleur de ce ratafia ne doit pas être foncée.

RATAFIA DE FRAMBOISES.

Infusion de framboises . . . .   20 litres.
     — de merises . . . .   6 litres.
Alcool à 85 degrés . . . .   10 litres.
Sucre . . . .   25 kilogrammes.
Eau commune . . . .   47 litres.

RATAFIA DE QUATRE-FRUITS.

Infusion de cassis, *première* . . . .   10 litres.
     — de cerises . . . .   10 litres.
     — de framboises . . . .   8 litres.
     — de merises . . . .   8 litres.
Alcool à 85 degrés . . . .   8 litres.
Sucre . . . .   25 kilogrammes.
Eau commune . . . .   39 litres.

RATAFIA DE COINGS.

Suc exprimé de coings bien mûrs . . .	8 litres.
Esprit de girofle.	5o centilitres.
Alcool à 85 degrés.	28 litres.
Sucre.	25 kilogrammes.
Eau commune.	47 litres.

Colorer en jaune clair avec le caramel.

Liqueurs fines.

HUILE DE VANILLE.

Infusion de vanille.	8 litres.
Alcool à 85 degrés.	24 litres.
Sucre raffiné blanc.	43 kilogr. 75o gr.
Eau commune	39 litres.

Colorer en rouge au cudbéar ou à la cochenille.

HUILE DE VIOLETTES.

Infusion d'iris.	10 litres.
Alcool à 85 degrés.	22 litres.
Sucre raffiné blanc	43 kilog. 75o gr.
Eau commune.	39 litres.

Colorer en violet avec le cudbéar et le bleu.

BROU DE NOIX.

Infusion de brou de noix, vieille. . . .	5o litres.
Esprit de muscades.	35 centilitres.
Alcool à 85 degrés.	15 litres.
Sucre.	37 kilogr. 5oo gr.
Eau commune.	29 litres.

Colorer en jaune foncé avec le caramel. Opérer comme il est dit plus haut.

BATAFIA DE CASSIS.

Infusion de cassis, *première*........	36 litres.
— de framboises.............	8 litres.
Alcool à 85 degrés.................	10 litres.
Sucre.............................	37 kilog. 500 gr.
Eau commune	21 litres.

BATAFIA DE CERISES.

Infusion de cerises...............	35 litres.
— de merises...............	8 litres.
Esprit de noyaux d'abricots........	6 litres.
Alcool à 85 degrés................	4 litres.
Sucre	37 kilog. 500 gr.
Eau commune.....................	21 litres.

BATAFIA DE FRAMBOISES.

Infusion de framboises............	25 litres.
— de merises................	10 litres.
Alcool à 85 degrés	10 litres.
Sucre	37 kilog. 500 gr.
Eau commune	29 litres.

BATAFIA DE QUATRE-FRUITS.

Infusion de cassis, *première*	15 litres.
— de cerises................	10 litres.
— de framboises.............	10 litres.
— de merises................	15 litres.
Alcool à 85 degrés	4 litres.
Sucre	37 kilog. 500 gr.
Eau commune.....................	20 litres.

BATAFIA DE COINGS.

Suc exprimé de coings bien mûrs...	12 litres.
Esprit de girofle..................	75 centilitres.
Alcool à 85 degrés................	30 litres.
Sucre raffiné blanc................	37 kilog. 500 gr.
Eau commune	32 litres.

Colorer en jaune clair avec le caramel.

I.   23

Liqueurs surfines.

VÉRITABLE LIQUEUR HYGIÉNIQUE ET DE DESSERT DE RASPAIL (1).

Alcool à 21 degrés Cartier (2)......	1 litre.
Racines d'angélique................	3o grammes.
Calamus aromaticus................	2 grammes.
Myrrhe...........................	2 grammes.
Cannelle..........................	2 grammes.
Aloès.............................	1 gramme.
Clous de girofle...................	1 gramme.
Vanille...........................	1 gramme.
Camphre..........................	5o centigrammes.
Noix muscades....................	25 centigrammes.
Safran............................	5 centigrammes.

« On laisse digérer le tout plusieurs jours au soleil, en ayant soin de tenir la bouteille bien bouchée. On passe ensuite à travers un linge de toile serrée ; on bouche bien la bouteille et on la place dans un endroit réservé.... »

M. Raspail dit aussi que « l'on pourra préparer une liqueur tout aussi hygiénique qu'agréable à boire, en ajoutant à la macération ci-dessus 5oo grammes de sucre fondu et caramélisé dans une livre d'eau (demi-litre). Si elle offrait un aspect louche, on passerait une seconde fois à travers un linge ou on augmenterait la dose d'eau-de-vie.... »

Enfin, M. Raspail ajoute que « si on veut l'avoir (la liqueur) encore plus limpide et plus agréable à boire,

---

(1) Cette formule est celle publiée par F.-V. Raspail dans son *Manuel-Annuaire de la santé pour* 1857, p. 37 et suiv.

(2) 56 degrés centésimaux.

on soumettra le liquide à la distillation, et on ajoutera la dose d'aloès à la liqueur distillée.... »

Il a été fait tant de bruit au sujet du monopole de cette liqueur (articles dans les journaux, défense par l'inventeur d'apposer des étiquettes portant son nom, etc., etc.), que nous ne résistons pas au désir de dire notre mot sur cette prétention, dans le but de rassurer nos confrères.

L'inventeur de la liqueur en question paraît vouloir se réserver le droit de la vendre seul : cela nous semble un non-sens, surtout en face de la devise qu'il s'est donnée : *Le bien pour tous!* et en présence de cette déclaration catégorique qu'il a faite dans son *Manuel-Annuaire de la Santé pour* 1857 : « Il est des distillateurs qui prétendent tenir de moi le monopole de la fabrication de cette liqueur : c'est un mensonge! Une formule publiée appartient à tout le monde. Chaque distillateur est libre de fabriquer la liqueur hygiénique du *Manuel*, mais sous sa responsabilité. »

M. Raspail a eu tort, selon nous, d'interdire l'emploi de son nom sur les étiquettes des distillateurs qui fabriquent son produit; il y avait là un hommage direct rendu à l'inventeur, et celui-ci était d'autant moins fondé à provoquer cette interdiction, qu'il avait dit lui-même, ainsi que nous venons de le voir : *Une formule publiée appartient à tout le monde*.

M. Raspail, il est vrai, s'appuie sur ce fait, que la plupart des distillateurs n'emploient pas *tous* les ingrédients indiqués par lui. Mais qu'il nous permette de lui faire observer que s'il est des gens qui aiment le camphre, il en est qui ne l'aiment point (nous avouons sincèrement être de ce nombre), et que si le camphre, à l'usage externe, a des vertus incontestables, il est permis de discuter celles qu'on veut lui reconnaître à l'usage interne. Et voici à ce sujet ce que dit un savant, M. A. Debay, dans son excellent *Manuel de parfumerie :*

« Préconisé par M. V. Raspail, dont la médecine est devenue populaire, le camphre fut, il y a quelques années, pour la multitude, une panacée contre toutes les maladies : on le prisait, on le fumait, on le croquait, ou l'on en saupoudrait le lit des malades; ou l'employait en onctions, frictions et cataplasmes; enfin on l'administrait sous toutes les formes. Mais, comme toutes les choses sujettes à la mode, la passion du camphre s'éteint de jour en jour.

» La parfumerie se sert du camphre pour parfumer ses savons, ses poudres et opiats dentifrices, ses sachets et autres préparations.

» On a prétendu que l'odeur du camphre chassait les insectes et préservait les étoffes, les fourrures, des mites.

» L'expérience lui conteste cette vertu, tout aussi bien que son titre de panacée. »

Nous affirmons, pour notre part, que la province, ainsi que Paris, préfère la liqueur de M. Combier, de Saumur, à celle qui contient du camphre. Le camphre masque les ingrédients contenus dans la formule, à l'exception de l'angélique; c'est pourquoi nous dirons, d'accord avec M. Raspail, que la liqueur de M. Combier n'a aucune analogie avec celle du célèbre médecin publiciste.

Pour terminer, disons à nos confrères : Mettez tout

simplement sur vos étiquettes : *Liqueur hygiénique de dessert*, et vous n'aurez rien à craindre.

Voici la recette de la liqueur hygiénique de Saumur.

LIQUEUR HYGIÉNIQUE (DE SAUMUR).

Semences d'angélique	450 grammes.
Calamus	950 grammes.
Myrrhe	450 grammes.
Cannelle de Ceylan	450 grammes.
Aloès	300 grammes.
Girofle	300 grammes.
Cardamome mineur	300 grammes.
Muscades des Moluques	300 grammes.
Zestes de citrons	2 kilogrammes.

Faire macérer dans 72 litres d'alcool à 85 degrés, distiller, pour retirer 50 litres de bon produit, en ayant soin de bien séparer le produit ; mettre de côté les 22 litres restants pour servir à une autre opération, et descendre graduellement la recette si ces derniers étaient trop parfumés.

Fabrication (100 litres).

Esprit parfumé comme il est dit plus haut	50 litres.
Sucre blanc	25 kilogrammes.

Colorer jaune clair avec safran, coller, et après repos filtrer.

LIQUEUR STOMACHIQUE DORÉE.

Quinquina rouge concassé	187 grammes.
Écorces de curaçao de Hollande	125 grammes.
Cannelle de Ceylan	125 grammes.
Vanille	90 grammes.
Safran	10 grammes.
Alcool à 85 degrés	36 litres.
Sucre raffiné blanc	37 kilog. 500 gr.
Eau commune	38 litres.

Faire macérer pendant huit jours, passer avec expression, ajouter le sucre et l'eau, coller et filtrer, puis mettre dans chaque bouteille une feuille d'or brisée.

CRÈME DE VANILLE.

Infusion de vanille....................	10 litres.
Alcool à 85 degrés...................	26 litres.
Sucre raffiné blanc..................	56 kilogrammes.
Eau commune......................	26 litres.

Colorer en rouge à la cochenille.

CRÈME DE VIOLETTE.

Infusion d'iris......................	12 litres.
Alcool à 85 degrés..................	24 litres.
Sucre raffiné blanc.................	56 kilogrammes.
Eau commune......................	26 litres.

Colorer en violet avec la cochenille et le bleu.

CRÈME DE BROU DE NOIX.

Infusion de brou de noix, vieille.....	40 litres.
Esprit de muscades.................	50 centilitres.
Alcool à 85 degrés.................	10 litres.
Sucre raffiné blanc	50 kilogrammes.
Eau commune......................	16 litres.

Colorer en jaune foncé avec le caramel.

CRÈME DE CASSIS.

Infusion de cassis, *première*........	42 litres.
Esprit de framboises................	5 litres.
Alcool à 85 degrés..................	6 litres.
Sucre raffiné blanc	50 kilogrammes.
Eau commune......................	16 litres.

BATAFIA DE CASSIS DE DIJON.

Infusion de cassis, *première*.........	25 litres.
— de cerises................	5 litres.
— de merises...............	5 litres.
— de framboises.............	5 litres.
Vin de Bourgogne (1)...............	10 litres.
Sucre blanc......................	5o kilogrammes.
Eau commune....................	16 litres.

L'analyse du véritable cassis de Dijon, connu sous le nom de *crème de Vougeot*, nous a donné le résultat qui suit, pour 1 litre :

Alcool à 85 degrés.................	25 centilitres.
Sucre...........................	5oo grammes.

Le pèse-sirop plongé dans la liqueur marque 20 degrés.

CRÈME DE CASSIS DE TOURAINE
(supérieure à celle de Vougeot).

Infusion de cassis, *première*........	26 litres.
— de merises...............	6 litres.
— de framboises............	6 litres.
— de cerises...............	6 litres.
Vin de Roussillon..................	9 litres.
Infusion de feuilles de cassis........	5 litres.
Sucre blanc......................	5o kilogrammes.
Eau commune....................	9 litres.

Faire fondre le sucre au bain-marie avec les 9 litres de vin et les 9 litres d'eau. Après fabrication, coller, et après repos suffisant mettre en bouteilles, sans filtrer.

---

(1) Vin vieux de Beaune, de Nuits, ou tout autre vin de la haute Bourgogne, de bonne qualité.

Ce genre de fabrication nous a parfaitement réussi, et les consommateurs vraiment gourmets n'en demandent pas d'autre, principalement dans les départements d'Indre-et-Loire, de Loir-et-Cher, du Cher, du Loiret, etc., etc.

RATAFIA DE CERISES DE GRENOBLE.

Infusion de cerises	25 litres.
— de merises	15 litres.
Esprit de noyaux d'abricots	6 litres.
— de framboises	4 litres.
Sucre raffiné blanc	5o kilogrammes.
Eau commune	16 litres.

RATAFIA DE GRENOBLE DIT DE TÉYSSÈRE.

Cassis	15 kilogrammes.
Framboise	2o kilogrammes.
Cerises	2o kilogrammes.
Merises	1o kilogrammes.
Alcool à 85 degrés	36 litres.
Sucre raffiné blanc	5o kilogrammes.
Infusion de laurier	5o centilitres.
Eau de noyaux	8 litres.
Infusion de galanga	5o centilitres.

Broyer le tout sans écraser les noyaux et mettre infuser dans l'alcool pendant un mois; passer ensuite en exprimant, et ajouter le sucre fondu à chaud dans une quantité d'eau suffisante pour former 1 hectolitre de ratafia.

On prépare encore cette liqueur de la manière suivante :

Prendre une quantité suffisante de merises bien mûres, puis les écraser après avoir ôté les queues; les mettre ensuite sur le feu dans une bassine de cuivre rouge avec un peu d'eau; chauffer rapidement en

ayant soin de remuer avec une spatule jusqu'à ce que
le liquide soit un peu épais, verser alors le tout dans
un tamis sur une terrine de grès et presser le marc
lorsqu'il sera froid ; composer ensuite le ratafia comme
il suit :

Suc de merises bouilli .... 10 litres.
Infusion de cassis................. 15 litres.
—   de cerises................. 20 litres
Esprit de framboises.............. 10 litres.
Sucre raffiné blanc .... 50 kilogrammes.

Faire fondre le sucre à chaud dans le jus de merises,
et, après refroidissement, opérer le mélange en ajoutant un peu d'eau, s'il est nécessaire, pour former
1 hectolitre de liqueur.

L'ébullition ne peut altérer les merises, ces fruits
n'ayant ni parfum ni parenchyme et leur suc étant
extrêmement aqueux : le feu au contraire leur est
très-favorable, car il développe à la fois le bon goût
et le principe sucré.

On peut aussi préparer le ratafia de Grenoble au
moyen des infusions de fruits qui entrent dans sa
composition.

Le *ratafia de merises de Grenoble* se prépare comme
il suit :

Mettre dans une bassine de cuivre rouge 100 kilogrammes de merises bien mûres, écrasées et privées
de queue, faire chauffer rapidement, en ayant soin de
remuer avec une spatule de bois, jusqu'à ce que le
jus soit très-épais ; à ce moment, verser le tout (marc
et jus) dans un tonneau et attendre le refroidissement
pour y ajouter 55 litres d'eau-de-vie blanche à 59 de-

grés (trois-six coupé); laisser infuser pendant six semaines au moins en remuant de temps en temps, puis tirer au clair et verser dans un autre tonneau pour laisser la liqueur s'éclaircir d'elle-même.

Comme on le voit, ce ratafia ne contient pas de sucre autre que celui provenant du fruit.

Les *ratafias de Louvres* et *de Neuilly* se préparent à peu près de la même manière que le ratafia de Grenoble dit *de Teyssère*, seulement ils ont le goût de cassis plus prononcé.

RATAFIA DE FRAMBOISES.

Infusion de framboises...............	3o litres.
— de merises...............	10 litres.
Alcool à 85 degrés...............	10 litres.
Sucre raffiné blanc...............	5o kilogrammes.
Eau commune...............	16 litres.

GUIGNOLET D'ANGERS.

Infusion de cerises...............	20 litres.
— de merises...............	2o litres.
Alcool à 85 degrés...............	10 litres.
Sucre...............	5o kilogrammes.
Eau commune...............	16 litres.

RECETTES DES LIQUEURS PAR HUILES VOLATILES OU ESSENCES.

Les liqueurs parfumées au moyen de la dissolution d'une ou plusieurs huiles volatiles ne sont jamais aussi suaves ni aussi fines que celles parfumées par les esprits distillés. Quoique très-aromatiques, ces liqueurs possèdent une âcreté que les gourmets savent parfaitement reconnaître; elles laissent un sentiment durable et importun de chaleur et de corrosion dans la bouche, le gosier, l'estomac, et quelquefois même jusque dans les voies urinaires des personnes qui en font usage.

Cependant, tout en considérant les liqueurs obtenues par dissolution comme inférieures, sous tous les rapports, à celles obtenues par distillation, nous reconnaissons qu'il peut exister des circonstances où le liquoriste soit obligé d'avoir recours à l'emploi des essences pour la fabrication des liqueurs. Pénétré de cette nécessité, nous allons indiquer les modes de préparation qu'on devra suivre.

Liqueurs ordinaires.

Ainsi que pour les liqueurs ordinaires par distillation ou par infusion, les proportions d'alcool et de sucre, pour les liqueurs par essences, sont les mêmes; les proportions d'eau sont également invariables. Voici les doses que l'on devra employer pour la fabrication de 1 hectolitre de liqueur :

Alcool à 85 degrés....................	25 litres.
Sucre..............................	12 kilog. 500 gr.
Eau commune.......................	66 litres.

Essence, quantité indiquée dans chaque recette.

Remplir d'alcool la moitié d'un flacon ou d'une bouteille de la contenance de 1 litre environ, verser ensuite les essences, agiter fortement pendant une ou deux minutes et remplir le vase d'alcool, puis agiter encore; mettre cette dissolution dans un conge et verser dessus le reste d'alcool destiné à la fabrication; remuer pendant quelques minutes, ajouter le sucre fondu à chaud dans la quantité d'eau connue, colorer, coller et filtrer d'après les prescriptions indiquées précédemment.

ANISETTE.

Essence d'anis.................... 3o grammes.
  —   de badiane.................. 3o grammes.
  —   de fenouil doux............. 5 grammes.
  —   de coriandre .... 5o centigrammes.

EAU D'ANGÉLIQUE.

Essence d'angélique .... 5 grammes.

CENT-SEPT-ANS.

Essence de citron distillé............ 4o grammes.
  —   de roses................... 2 grammes.

Colorer en rouge à l'orseille.

CURAÇAO.

Essence de curaçao distillé........... 4o grammes.
  —   de Portugal distillé........... 15 grammes.
  —   de girofle.................. 2 grammes.

Colorer en jaune foncé avec le caramel.

FLEURS D'ORANGER.

Essence de néroli de Paris............ 1o grammes.

MENTHE.

Essence de menthe anglaise........... 2o grammes.

EAU DE NOYAUX.

Essence de noyaux .... 3o grammes.

PARFAIT-AMOUR.

Essence de citron distillé............ 4o grammes.
  —   de cédrat distillé............ 15 grammes.
  —   de coriandre .... 1 gramme.

Colorer en rouge à l'orseille.

HUILE DE ROSES.

Essence de roses...................... 6 grammes.

Colorer en rouge à l'orseille.

VESPÉTRO.

Essence d'anis........................ 20 grammes.
— de carvi..................... 15 grammes.
— de fenouil doux.............. 6 grammes.
— de coriandre................. 2 grammes.
— de citron distillé........... 8 grammes.

Liqueurs demi-fines.

Ces liqueurs se préparent comme les précédentes
en employant, pour une fabrication de 100 litres, les
quantités suivantes :

Alcool à 85 degrés.................... 28 litres.
Sucre................................ 25 kilogrammes.
Eau commune.......................... 55 litres.

ANISETTE.

Essence d'anis........................ 32 grammes.
— de badiane................... 32 grammes.
— de fenouil doux.............. 6 grammes.
— de coriandre................. 50 centigrammes.
— de néroli de Paris........... 1 gramme.

CRÈME D'ANGÉLIQUE.

Essence d'angélique .... 7 grammes.

CRÈME DE CÉLERI.

Essence de céleri..................... 15 grammes.

CENT-SEPT-ANS.

Essence de citron distillé............ 60 grammes.
— de roses .... 5 grammes.

Colorer en rouge au cudbéar.

CURAÇAO.

Essence de curaçao distillé............... 5o grammes.
—   de Portugal distillé........... 2o grammes.
—   de girofle.................... 4 grammes.

Colorer en jaune foncé avec le caramel.

CRÈME DE FLEURS D'ORANGER.

Essence de néroli de Paris.............. 12 grammes.

CRÈME DE MENTHE.

Essence de menthe anglaise............ 35 grammes.

CRÈME DE NOYAUX.

Essence de noyaux..................... 4o grammes.

PARFAIT-AMOUR.

Essence de citron distillé.............. 5o grammes.
—   de cédrat distillé............. 2o grammes.
—   de coriandre .... 1 gramme.

Colorer en rouge au cudbéar.

HUILE DE ROSES.

Essence de roses...................... 8 grammes.

Colorer en rouge au cudbéar.

VESPÉTRO.

Essence d'anis .... 3o grammes.
—   de carvi.................... 2o grammes.
—   de fenouil doux............. 6 grammes.
—   de coriandre................ 2 grammes.
—   de citron distillé............ 1o grammes.

Liqueurs fines.

Même manière d'opérer que pour les liqueurs précédentes, en employant, pour 1 hectolitre, les doses
qui suivent :

Alcool à 85 degrés..................... 32 litres.
Sucre................................. 43 kilog. 750 gr.
Eau commune .... 39 litres.

ANISETTE.

Essence de badiane.................... 50 grammes.
—   d'anis .... 20 grammes.
—   de fenouil doux.................. 6 grammes.
—   de coriandre .... 1 gramme.
—   de sassafras.................... 4 grammes.
Extrait d'iris .... 40 grammes.
—   d'ambre non musqué.......... 6 grammes.

CRÈME D'ANGÉLIQUE.

Essence d'angélique .... 10 grammes.

CRÈME DE CÉLERI.

Essence de céleri...................... 20 grammes.

CENT-SEPT-ANS.

Essence de citron distillé............. 70 grammes.
—   de roses..................... 4 grammes.

Colorer en rouge au cudbéar.

CURAÇAO.

Essence de curaçao distillé........... 70 grammes.
—   de Portugal distillé.......... 25 grammes.
—   de girofle................... 5 grammes.
Infusion amère de curaçao, quantité suffisante.

Colorer avec le bois de Fernambouc ou l'hématine.

EAU-DE-VIE DE DANTZICK.

Essence de cannelle de Ceylan .... 4 grammes.
—   — de Chine .... 12 grammes.
— de coriandre .... 2 grammes.
— de citron distillé .... 25 grammes.
— de Portugal distillé .... 8 grammes.

CRÈME DE FLEURS D'ORANGER.

Essence de néroli de Paris .... 15 grammes.

ELIXIR DE GARUS.

Essence de cannelle de Chine .... 12 grammes.
— de girofle .... 6 grammes.
— de muscades .... 2 grammes.
Aloés succotrin .... 40 grammes.
Myrrhe .... 25 grammes.
Safran .... 4 grammes.

Après dissolution des essences, faire infuser l'aloès, la myrrhe et le safran pendant trois jours dans l'alcool. Colorer en jaune d'or avec le caramel.

CRÈME DE MENTHE.

Essence de menthe anglaise .... 50 grammes.

CRÈME DE NOYAUX.

Essence de noyaux .... 50 grammes.

PARFAIT-AMOUR.

Essence de citron distillé .... 60 grammes.
— de cédrat distillé .... 25 grammes.
— de coriandre .... 2 grammes.

Colorer en rouge au cudbéar.

HUILE DE ROSES.

Essence de roses .... 12 grammes.

Colorer en rouge au cudbéar.

EAU DES SEPT-GRAINES.

Essence d'angélique .... 3 grammes.
   —   d'anis .... 15 grammes.
   —   de céleri.................... 5 grammes.
   —   de coriandre................ 1 gramme.
   —   de fenouil doux............. 5 grammes.
   —   de Portugal distillé.......... 5 grammes.
   —   de citron distillé............. 5 grammes.

Colorer en jaune clair avec le caramel.

VESPÉTRO.

Essence d'anis...................... 40 grammes.
   —   de carvi .... 25 grammes.
   —   de fenouil doux............. 6 grammes.
   —   de coriandre................ 3 grammes.
   —   de citron distillé............ 15 grammes.

Liqueurs surfines.

Les doses à employer pour fabriquer 1 hectolitre de liqueur sont :

Alcool à 85 degrés .... 30 litres.
Sucre............................... 56 kilogrammes.
Eau commune........................ 26 litres.

Opérer suivant les prescriptions indiquées.

ANISETTE.

Essence de badiane.................. 70 grammes.
   —   d'anis...................... 20 grammes.
   —   de fenouil doux............. 8 grammes.
   —   de coriandre .... 1 gramme.
   —   de sassafras................ 6 grammes.
Extrait d'iris....................... 60 grammes.
   —   d'ambre non musqué .... 8 grammes.

I.   24

CRÈME D'ABSINTHE.

Essence d'absinthe . . . .   6 grammes.
—   de menthe anglaise . . . .   6 grammes.
—   d'anis . . . .   3o grammes.
—   de fenouil doux . . . .   8 grammes.
—   de citron distillé . . . .   3o grammes.

CRÈME D'ANGÉLIQUE.

Essence d'angélique . . . .   15 grammes.
—   de coriandre . . . .   2 grammes.
—   de fenouil . . . .   4 grammes.

CRÈME DES BARBADES.

Essence de cédrat distillé . . . .   6o grammes.
—   de Portugal distillé . . . .   3o grammes.
—   de cannelle de Ceylan . . . .   4 grammes.
—   de girofle . . . .   4 grammes.
—   de muscades . . . .   2 grammes.

CRÈME DE CÉLERI.

Essence de céleri . . . .   3o grammes.

LIQUEUR DITE DE LA GRANDE-CHARTREUSE.

Essence de mélisse citronnée . . . .   2 grammes.
—   d'hysope . . . .   2 grammes.
—   d'angélique . . . .   10 grammes.
—   de menthe anglaise . . . .   20 grammes.
—   de cannelle de Chine . . . .   2 grammes.
—   de muscade . . . .   2 grammes.
—   de girofle . . . .   2 grammes.

Colorer en jaune ou en vert suivant le besoin.

CURAÇAO.

Essence de curaçao distillé . . . .   100 grammes.
—   de Portugal distillé . . . .   4o grammes.
Infusion amère de curaçao, quantité suffisante.

Colorer avec le bois de Fernambouc ou l'hématine.

EAU-DE-VIE DE DANTZICK.

Essence de cannelle de Ceylan	5 grammes.
— de cannelle de Chine.........	15 grammes.
— de coriandre	2 grammes.
— de citron distillé.............	3o grammes.
— de Portugal distillé...........	10 grammes.

CRÈME DE FLEURS D'ORANGER.

Essence de néroli de Paris............	20 grammes.
Eau de fleurs d'oranger	2 litres.

ÉLIXIR DE GARUS.

Essence de cannelle de Chine	15 grammes.
— de girofle	8 grammes.
— de muscade	2 grammes.
Aloès succotrin	5o grammes.
Myrrhe	3o grammes.
Safran	5 grammes.

Après dissolution des essences, faire infuser les dernières substances dans l'alcool pendant trois jours.

HUILE DE KIRSCHENWASSER.

Essence de noyaux..................	4o grammes.
— de néroli de Paris...........	4 grammes.

CRÈME DE MENTHE.

Essence de menthe anglaise..........	6o grammes.

LIQUEUR DU MÉZENC.

Essence de muscade	5 grammes.
— de macis...................	2 grammes.
— de camomille romaine	10 grammes.
— de daucus..................	5 grammes.
— de coriandre	3 grammes.
Myrobolans	6o grammes.
Ambrette	6o grammes.
Vanille............................	6o grammes.

Après dissolution des essences, faire infuser les trois dernières substances dans l'alcool pendant quinze jours. Colorer avec le bois de Fernambouc ou l'hématine, ajouter quelques gouttes d'acide tartrique pour virer au jaune d'or.

CRÈME DE NOYAUX DE PHALSBOURG.

Essence de noyaux		5o grammes.
—	d'amandes amères	1o grammes.
—	de Portugal distillé	1o grammes.
—	de citron distillé	8 grammes.
—	de cannelle de Chine	4 grammes.
—	de girofle	2 grammes.
—	de muscades	1 gramme.
—	de néroli	2 grammes.

CRÈME DE ROSES.

Essence de roses	15 grammes.

Colorer en rouge à la cochenille.

EAU DES SEPT-GRAINES.

Essence d'angélique		4 grammes.
—	d'anis	2o grammes.
—	de céleri	6 grammes.
—	de coriandre	2 grammes.
—	de fenouil doux	4 grammes.
—	de Portugal distillé	1o grammes.

Colorer en jaune clair avec le caramel.

VESPÉTRO DE MONTPELLIER.

Essence d'anis		45 grammes.
—	de carvi	3o grammes
—	de fenouil doux	8 grammes.
—	de coriandre	4 grammes.
—	de citron distillé	2o grammes.

ANISETTE DE HOLLANDE.

Essence de badiane...................... 5o grammes.
—   d'anis......................... 5o grammes.
—   d'amandes amères............... 8 grammes.
—   de coriandre................... 1 gramme.
—   de fenouil..................... 2 grammes.
—   de roses....................... 2 grammes.
—   d'angélique.................... 4 grammes.

ALKERMÈS DE FLORENCE.

Essence de calamus..................... 3 grammes.
—   de cannelle de Ceylan.......... 2 grammes.
—   de girofle..................... 5 grammes.
—   de muscades................... 3 grammes.
—   de roses...................... 4 grammes.
Extrait de jasmin...................... 3o grammes.
—   d'iris........................ 3o grammes.

Colorer en rose avec la cochenille.

MARASQUIN DE ZARA.

Essence de noyaux...................... 35 grammes.
—   de néroli...................... 5 grammes.
Extrait de jasmin...................... 10 grammes.
—   de vanille..................... 15 grammes.

ROSOLIO DE TURIN.

Essence d'anis......................... 25 grammes.
—   de fenouil doux................ 3 grammes.
—   d'amandes amères............... 3o grammes.
—   de roses....................... 6 grammes.
Extrait d'ambre musqué................. 4 grammes.

Colorer en rose clair avec la cochenille.

CRÈME DE JASMIN.

Extrait de jasmin...................... 15o grammes.

CRÈME DE JONQUILLE.

Extrait de jonquille...................... 140 grammes.

Colorer en jaune clair avec le caramel.

CRÈME D'HÉLIOTROPE.

Extrait d'héliotrope...................... 180 grammes.

Colorer en rose très-clair avec la cochenille.

CRÈME DE RÉSÉDA.

Extrait de réséda........................ 175 grammes.

CRÈME DE TUBÉREUSE.

Extrait de tubéreuse..................... 150 grammes.

CRÈME DE MILLE-FLEURS.

Essence de néroli......................	5 grammes.
— de roses......................	2 grammes,
Extrait de jasmin......................	20 grammes.
— de jonquille......................	15 grammes.
— d'héliotrope......................	25 grammes.
— de réséda......................	20 grammes.
— de tubéreuse......................	20 grammes.

Observations. — En vieillissant, les liqueurs par essences perdent une grande partie de leur parfum ou prennent un goût de rance. Ce dernier inconvénient est dû souvent à la mauvaise qualité des essences qui, pour la plupart, sont mélangées ou vieilles. On doit donc s'attacher à se procurer ces produits chez des négociants loyaux, et les prendre de premier choix sans regarder au prix d'achat; car, dans cette circonstance comme dans beaucoup d'autres, *le bon marché coûte trop cher.*

CHAPITRE XVI.

DES EXTRAITS D'ABSINTHE ET DE DIVERS SPIRITUEUX
AROMATIQUES.

Les liquides dont nous allons parler sont de diverses natures : ceux-ci sont employés comme boissons, ceux-là servent à la toilette, d'autres enfin sont considérés comme médicaments. Tous ces liquides s'obtiennent par la distillation, l'infusion ou la dissolution des essences.

Extraits d'absinthe.

On nomme extraits d'absinthe les alcools chargés du principe aromatique de diverses substances et principalement de celui de l'absinthe. Ces liquides ne contiennent point de sucre, et leur degré de spirituosité, comme pour les autres alcools, peut s'apprécier au moyen de l'alcoomètre et du thermomètre.

Comme les liqueurs, les extraits d'absinthe se divisent en quatre classes : *absinthes ordinaires, demifines, fines* et *suisses*; ces dernières se subdivisent encore en *absinthes de Pontarlier, de Montpellier* et *de Lyon*.

Les absinthes ordinaires ne sont guère connues que dans Paris et dans quelques grandes villes; elles sont généralement fabriquées, ainsi que les absinthes demi-fines et les fines, par les liquoristes : aussi allons-nous en donner les recettes dans ce Traité. Quant à celles dites *absinthes suisses, de Pontarlier, de Montpellier* ou *de Lyon*, formant l'objet d'un commerce particulier et d'une fabrication spéciale, elles doivent naturellement trouver leur place dans le *Traité des alcools*.

ABSINTHE ORDINAIRE.

Grande absinthe sèche et mondée.....	2 kilog. 5oo gr.
Hysope fleurie sèche.................	5oo grammes.
Mélisse citronnée sèche	5oo grammes.
Anis vert pilé	2 kilogrammes.
Alcool à 85 degrés..................	16 litres.

Faire infuser le tout dans la cucurbite pendant vingt-quatre heures, ajouter 15 litres d'eau et distiller avec précaution pour retirer 15 litres de produit, auxquels on ajoute :

Alcool à 85 degrés...................	4o litres.
Eau commune........................	45 litres.

Produit : 100 litres à 46 degrés ; mélanger et laisser reposer.

La filtration n'est pas nécessaire pour les absinthes. Après un repos de quarante-huit heures elles s'éclaircissent d'elles-mêmes.

L'*absinthe verte* ordinaire se fabrique de la même manière : on ajoute du bleu préparé par le drap de laine, avec du safran et du caramel, suivant la nuance que l'on veut obtenir.

On exige quelquefois qu'en lui ajoutant de l'eau, l'absinthe ordinaire blanchisse fortement ; dans ce cas, il faudrait doubler la dose d'anis vert, ou faire dissoudre, dans l'alcool non distillé, 45 grammes d'essence de badiane.

On fabrique aussi l'absinthe ordinaire au moyen de la dissolution des essences; voici une recette très-usitée :

Essence d'absinthe (grande).........	3o grammes.
— de badiane................	6o grammes.
— de fenouil doux............	1o grammes,
Alcool à 85 degrés................	54 litres.
Eau commune	46 litres.

Produit : 1oo litres à 46 degrés.

ABSINTHE DEMI-FINE.

Grande absinthe sèche et mondée.....	2 kilog. 5oo gr.
Petite absinthe sèche et mondée.......	1 kilogramme.
Hysope fleurie sèche................	5oo grammes.
Mélisse citronnée sèche	5oo grammes.
Racines d'angélique................	125 grammes.
Anis vert	4 kilogrammes.
Badiane........................	2 kilogrammes,
Fenouil.........................	1 kilogramme.
Alcool à 85 degrés	21 litres.

Faire infuser pendant vingt-quatre heures, ajouter 20 litres d'eau, puis distiller pour retirer 20 litres d'esprit parfumé, auxquels on ajoute :

Alcool à 85 degrés................	38 litres,
Eau commune....................	42 litres.

Produit : 1oo litres à 49 degrés.

AUTRE.

Grande absinthe sèche et mondée.....	2 kilog. 5oo gr.
Petite absinthe sèche et mondée......	1 kilogramme.
Hysope	5oo grammes.

Menthe poivrée...................... 500 grammes.
Anis vert .... 4 kilogrammes.
Badiane............................ 2 kilogrammes.
Fenouil............................ 2 kilogrammes.
Coriandre.......................... 1 kilogramme.
Alcool à 85 degrés................. 26 litres.

Faire macérer vingt-quatre heures, distiller pour retirer 25 litres d'esprit parfumé, ajouter ensuite :

Alcool à 85 degrés................. 38 litres.
Eau commune....................... 37 litres.

Produit : 100 litres à 53 degrés.

L'*absinthe verte* demi-fine se colore de la même manière que l'ordinaire.

On peut encore préparer une absinthe demi-fine, par la dissolution des essences, en employant :

Essence de grande absinthe........... 30 grammes.
—   de petite   —   .... 10 grammes.
—   de menthe poivrée.......... 5 grammes.
—   d'hysope................... 2 grammes.
—   d'angélique............... 2 grammes.
—   d'anis.................... 60 grammes.
—   de badiane............... 30 grammes.
—   de coriandre .... 2 grammes.
—   de fenouil doux........... 15 grammes.
Alcool à 85 degrés.................. 62 litres.
Eau commune....................... 38 litres.

Produit : 100 litres à 53 degrés.

ABSINTHE FINE.

Grande absinthe sèche et mondée..... 2 kilog. 500 gr.
Petite   —   —   ..... 500 grammes.
Hysope fleurie sèche................ 1 kilogramme.
Mélisse citronnée sèche .... 1 kilogramme.
Anis vert .... 5 kilogrammes.

Badiane.................................... 1 kilogramme.
Fenouil.................................... 2 kilogrammes.
Coriandre.................................. 1 kilogramme.
Alcool à 85 degrés......................... 51 litres.

Faire macérer pendant vingt-quatre heures et distiller au bain-marie en ajoutant 25 litres d'eau; retirer 50 litres d'esprit parfumé; verser ensuite ce produit dans un tonneau ou dans un conge avec :

Alcool à 85 degrés..................... 30 litres.
Eau commune........................... 20 litres.

Produit : 100 litres à 65 degrés.

Le degré de cette absinthe étant trop faible pour soutenir la coloration par les plantes, et afin d'éviter le dépôt considérable qui se formerait dans les bouteilles, il est préférable de la colorer en vert olive avec le bleu et le caramel.

ABSINTHE FINE PAR ESSENCES.

Essence de grande absinthe.......... 30 grammes.
 —   de petite   —   .... 10 grammes.
 —   d'hysope..................... 6 grammes.
 —   de mélisse................... 6 grammes.
 —   d'anis .... 100 grammes.
 —   de badiane .... 100 grammes.
 —   de fenouil doux .... 30 grammes.
 —   de coriandre................. 2 grammes.
Alcool à 85 degrés................... 75 litres.
Eau commune .... 25 litres.

Produit : 100 litres à 65 degrés.

Spiritueux aromatiques divers.

GENIÈVRE.

Le véritable genièvre étant, ainsi que l'absinthe suisse, l'objet d'une fabrication spéciale, nous indiquons dans le *Traité des alcools* la manière de l'obtenir. Cependant, comme il peut arriver que le liquoriste ne puisse se procurer ce liquide aussi promptement ou aussi facilement qu'il le désirerait, voici comment il pourrait l'imiter :

        Baies de genièvre...................... 5 kilogrammes.
        Houblon............................... 5oo grammes.
        Alcool à 85 degrés..................... 3a litres.

Écraser les baies dans un mortier et faire macérer pendant vingt-quatre heures, distiller au bain-marie avec 3o litres d'eau pour retirer 3o litres d'esprit parfumé, auxquels on ajoute :

        Alcool à 85 degrés.................... a8 litres.
        Eau commune .... 4a litres.

Produit : 1oo litres à 49 degrés.

AUTRE PAR ESSENCE.

        Essence de genièvre.................. 1oo grammes.
        Alcool à 85 degrés................... 56 litres.
        Eau commune. .... 44 litres.

Faire dissoudre d'abord l'essence dans l'alcool et ajouter l'eau. Produit : 1oo litres à 49 degrés.

GENIÈVRE BRUT (1oo litres).

        Infusion de genièvre................ 6 litres.

Compléter avec de l'alcool à 85 degrés et réduire à 46 degrés; colorer au caramel (pur sucre).

On fait macérer à l'avance dans un fût de n'importe quelle grandeur et que l'on remplit aux deux tiers de baies de genièvre. Ce fût est rempli ensuite avec de l'alcool à 85 degrés, et après quinze jours de macération, en ayant soin de remuer, le genièvre se trouve alors bon pour employer. Il est convenable de laisser vieillir cette infusion.

EAU VULNÉRAIRE SUISSE.

Prendre 1 kilogramme de feuilles sèches de chaque plante dont les noms suivent :

Absinthe.	Lavande.	Romarin.
Angélique.	Marjolaine.	Rue.
Basilic.	Mélilot.	Sarriette.
Calament.	Mélisse.	Sauge.
Fenouil.	Menthe.	Serpolet.
Hysope.	Origan.	Thym.

Alcool à 85 degrés.................... 64 litres.

Faire infuser le tout pendant quarante-huit heures, ajouter ensuite 30 litres d'eau et distiller à feu nu, rectifier pour retirer 62 litres d'esprit parfumé, réduire ce produit avec 38 litres d'eau pour former 100 litres d'eau vulnéraire à 50 degrés.

On obtient aussi une eau vulnéraire par la dissolution des essences. Voici les doses à employer pour 1 hectolitre :

Essence d'absinthe....................	10 grammes.
— d'angélique....................	2 grammes.
— de fenouil amer....................	30 grammes.
— d'hysope....................	6 grammes.
— de lavande....................	50 grammes.

Essence de marjolaine.................... 15 grammes.
— de mélisse..................... 6 grammes.
— de menthe..................... 10 grammes.
— de romarin.................... 50 grammes.
— de sauge...................... 40 grammes.
— de serpolet.................... 50 grammes.
— de thym...................... 50 grammes.

Faire dissoudre le tout dans 57 litres d'alcool à 85 degrés et ajouter 43 litres d'eau pour réduire à 50 degrés.

L'eau vulnéraire est un remède populaire contre les contusions, les coups à la tête, les chutes, etc. On l'emploie à l'extérieur et à l'intérieur.

ÉLIXIR VULNÉRAIRE (*récalsif*).
Dose pour 25 litres.

Absinthe mondée...................... 130 grammes.
Angélique (semences).................. 130 grammes.
Basilic............................... 130 grammes.
Calament............................. 130 grammes.
Fenouil.............................. 130 grammes.
Hysope............................... 130 grammes.
Lavande.............................. 130 grammes.
Marjolaine........................... 130 grammes.
Mélilot.............................. 130 grammes.
Mélisse.............................. 130 grammes.
Menthe............................... 130 grammes.
Origan............................... 130 grammes.
Romarin.............................. 130 grammes.
Rue.................................. 130 grammes.
Sarriette............................ 130 grammes.
Sauge................................ 130 grammes.
Serpolet............................. 130 grammes.
Thym................................. 130 grammes.
Alcool à 85 degrés................... 12 lit. 50 centil.
Sucre blanc.......................... 6 kilog. 250 gr.

Distiller et rectifier deux fois.

EAU DES JACOBINS DE ROUEN.

Cannelle de Chine......................	60 grammes.
Santal citrin..........................	60 grammes.
— rouge.........................	30 grammes.
Anis vert.............................	40 grammes.
Baies de genièvre.....................	40 grammes.
Semences d'angélique..................	25 grammes.
Galanga..............................	15 grammes.
Bois d'aloès..........................	15 grammes.
Girofle...............................	15 grammes.
Macis................................	15 grammes.
Cochenille...........................	25 grammes.
Alcool à 85 degrés....................	10 litres.

Piler les substances et faire infuser pendant un mois,
filtrer ensuite et mettre dans des flacons carrés en
verre vert.

Cette eau est un excellent stomachique : prise à petite dose après le repas, elle diminue, dit-on, la con-
gestion du sang vers le cerveau, qui accompagne ordinairement les digestions laborieuses.

EAU DE MÉLISSE DITE DES CARMES.

Mélisse fraîche en fleur...............	3 kilog. 500 gr.
Sommités d'hysope fleurie	125 grammes.
— de marjolaine.............	125 grammes.
— de romarin...............	125 grammes.
— de sauge.................	125 grammes.
— de thym..................	125 grammes.
Racines d'angélique...................	125 grammes.
Coriandre............................	125 grammes.
Cannelle de Ceylan...................	60 grammes.
Girofle...............................	60 grammes.
Macis................................	15 grammes.
Muscades............................	45 grammes.
Zestes de citrons frais................	10 (nombre).
Alcool à 85 degrés....................	11 litres.

Faire infuser pendant trois jours, puis distiller au bain-marie en ajoutant 10 litres d'eau, rectifier pour retirer 10 litres de bon produit.

La recette que nous donnons n'est pas celle de la fameuse *eau de mélisse des carmes déchaussés* de la rue de Vaugirard à Paris : ce n'est qu'une simplification, qui ne lui cède en rien pour la suavité et les propriétés médicales.

L'eau de mélisse est regardée comme stomachique et vulnéraire, propre à dissiper les vapeurs et salutaire dans les attaques d'apoplexie, dans la léthargie, l'épilepsie, les coliques, etc. On l'administre par petites cuillerées, soit pure, soit en y ajoutant de l'eau commune.

On obtient l'*eau de mélisse jaune* en y faisant macérer un peu de safran. Cette dernière est plus spécialement employée à l'extérieur comme l'eau vulnéraire, et aux mêmes usages.

ALCOOL CAMPHRÉ.

Camphre..................................	1 kilog. 250 gr.
Alcool à 85 degrés.....................	10 litres.

Faire dissoudre et filtrer.

EAU-DE-VIE CAMPHRÉE.

Camphre..................................	300 grammes.
Alcool à 85 degrés.....................	6 litres.
Eau commune............................	4 litres.

Faire dissoudre d'abord le camphre dans l'alcool, ajouter ensuite l'eau et filtrer.

L'alcool et l'eau-de-vie camphrés sont employés dans les coups, contusions, entorses, douleurs, etc.

EAU BALSAMIQUE OU DE BOTOT.

Anis vert...........................	3oo grammes.
Cannelle de Chine...................	1oo grammes.
Girofle.............................	1oo grammes.
Essence de menthe...................	3o grammes.
Cochenille..........................	3o grammes.
Crème de tartre.....................	3o grammes.
Alun de Rome........................	5 grammes.
Alcool à 85 degrés..................	1o litres.

Faire infuser les aromates dans l'alcool, ainsi que l'essence de menthe; d'autre part, triturer la cochenille avec la crème de tartre et l'alun à l'aide d'un peu d'eau, ajouter ce mélange au premier, laisser infuser pendant dix jours et filtrer.

L'eau de Botot est employée comme dentifrice.

ÉLIXIR DE LONGUE-VIE VÉRITABLE (1).

Aloès succotrin	15o grammes.
Agaric blanc........................	2o grammes.
Gentiane............................	2o grammes.
Rhubarbe de Chine	2o grammes.
Safran gâtinais.....................	2o grammes.
Thériaque de Venise.................	4o grammes.
Alcool à 85 degrés..................	6 litres.
Eau commune.........................	4 litres.

Faire infuser les drogues dans 3 litres d'alcool pendant dix jours, puis tirer au clair, recharger avec les 3 autres litres restants et faire encore infuser pendant dix jours; réunir les deux produits avec l'eau et filtrer.

---

(1) *Elixir* paraît dériver de l'arabe *al-eksir*, qui dénote une action lente et prolongée.

Cet élixir est un purgatif célèbre dans la médecine populaire; la dose, pour l'usage journalier, est de huit à dix gouttes dans le double de vin rouge ou blanc, thé ou bouillon.

On prétend que la recette que nous publions a été trouvée dans les papiers du docteur Yernest, médecin suédois, mort à l'âge de cent quatre ans, d'une chute de cheval; le secret de l'élixir de longue-vie était dans sa famille depuis plusieurs siècles : son aïeul avait vécu cent trente ans, sa mère cent sept et son père cent douze : ils en prenaient sept à huit gouttes matin et soir, dans le double de vin, de thé ou de bouillon.

EAU DE COLOGNE ORDINAIRE.

Essence de cédrat....................	6o grammes.
— de bergamote................	6o grammes.
— de lavande..................	3o grammes.
— de romarin..................	3o grammes.
— de girofle	8 grammes.
Teinture d'ambre musqué............	8 grammes.
— de benjoin..................	6o grammes.
Alcool à 85 degrés....................	8 litres.
Eau commune.......................	2 litres.

Faire dissoudre les essences dans l'alcool en agitant de temps de temps; ajouter ensuite l'eau commune, et agiter encore; après vingt-quatre heures de repos, filtrer. Produit : 1o litres.

On prépare encore une eau de Cologne inférieure à celle qui précède, en employant :

Essence de citron...................	6o grammes.
— de Portugal.................	6o grammes.
— de lavande	3o grammes.
— de romarin.................	3o grammes.

Alcool à 85 degrés................... 7 litres.
Eau commune...................... 3 litres.

Opérer comme ci-dessus.

EAU DE COLOGNE FINE.

Essence de cédrat................   60 grammes.
  —   de bergamote..............   60 grammes.
  —   de néroli de Paris........... 10 grammes
  —   de lavande................   15 grammes.
  —   de romarin................   15 grammes.
  —   de cannelle de Chine........   8 grammes.
  —   de girofle.................   8 grammes.
Teinture d'ambre musqué...........   12 grammes.
  —   de benjoin................   60 grammes.
Alcool à 85 degrés................   10 litres.

Faire dissoudre les essences en agitant de temps en
temps, et après vingt-quatre heures de repos filtrer.

EAU DE COLOGNE DITE DE JEAN-MARIE FARINA.

Essence de bergamote.............   50 grammes.
  —   de cédrat.................   50 grammes.
  —   de citron.................   50 grammes.
  —   de cannelle de Chine........   20 grammes.
  —   de lavande................   20 grammes.
  —   de néroli.................   20 grammes.
  —   de romarin................   20 grammes.
Eau de mélisse dite des carmes.......   3 litres.
Alcool à 90 degrés................   8 litres.

Dissoudre les essences dans l'alcool à 90 degrés,
ajouter l'eau de mélisse et laisser macérer le tout dix
jours; distiller au bain-marie, en ajoutant 5 litres
d'eau pour 10 litres d'eau de Cologne. L'excédant de
la distillation peut servir à faire l'eau de la reine de
Hongrie.

Cette recette a été copiée sur celle déposée pour obtenir le brevet par Paul Feminis, de Cologne, son premier inventeur. Pendant longtemps, on attribuait à l'eau de Cologne une vertu miraculeuse; aujourd'hui elle n'est plus employée que pour l'usage de la toilette.

EAU-DE-VIE DE GAÏAC.

Bois de gaïac....................	250 grammes.
Citrons frais (zestes)............	10 (nombre).
Alcool à 85 degrés...............	10 litres.

Faire infuser pendant quinze jours en remuant de temps en temps, puis filtrer. Colorer en jaune avec le caramel.

EAU-DE-VIE DE LAVANDE.

Essence de lavande...............	150 grammes.
Alcool à 85 degrés...............	7 litres.
Eau commune....................	3 litres.

Faire dissoudre l'essence dans l'alcool et ajouter l'eau; colorer en jaune avec le caramel, et après repos filtrer.

L'*eau-de-vie de lavande ambrée* se prépare de la même manière, en ajoutant 15 grammes de teinture d'ambre musqué.

Ces eaux-de-vie sont employées pour la toilette des dames.

VINAIGRE AROMATIQUE ET ANTIPUTRIDE DE BULLY.

Eau..........................	7 litres.
Alcool........................	4 litres.
Essence de bergamote............	30 grammes.
— de citron aux zestes.........	30 grammes.
— de Portugal...............	12 grammes.
— de romarin...............	23 grammes.
— de lavande...............	4 grammes.
— de néroli...............	4 grammes.
Esprit de mélisse citronnée.........	50 centilitres.

Agiter de temps en temps, et après vingt-quatre heures ajouter :

Teinture de benjoin .... 60 grammes.
—   de Tolu..................... 60 grammes.
—   de storax.................... 60 grammes.
Esprit de girofle .... 10 centilitres.

Agiter de nouveau, puis ajouter :

Vinaigre distillé....................... 2 litres.

Filtrer au bout de douze heures et ajouter encore :

Vinaigre radical (acide acétique)...... 90 grammes.

Cette recette est la copie de celle déposée par l'inventeur pour l'obtention de son brevet.

Le vinaigre de Bully est en grande réputation, il est généralement employé pour la toilette.

VINAIGRE AROMATIQUE ET HYGIÉNIQUE.

Essence de cannelle .... 2 grammes.
—   de girofle .... 2 grammes.
—   de muscades.................. 1 gramme.
—   de néroli..................... 4 grammes.
—   de roses .... 2 grammes.
Teinture de Tolu...................... 1 litre.
—   de benjoin .... 1 litre.
—   de storax .... 2 litres.
Infusion d'iris........................ 1 litre.
Alcool à 85 degrés.................... 3 litres.
Vinaigre d'Orléans très-fort........... 1 litre 50 cent.
Vinaigre radical (acide acétique)...... 50 centilitres.

Produit : 10 litres. Opérer comme ci-dessus.

VINAIGRE ANTISEPTIQUE DIT DES QUATRE VOLEURS.

Grande absinthe	150 grammes.
Petite absinthe	150 grammes.
Romarin	150 grammes.
Sauge	150 grammes.
Menthe	150 grammes.
Rue	150 grammes.
Lavande	150 grammes.
Calamus	20 grammes.
Cannelle de Chine	20 grammes.
Girofle	20 grammes.
Muscades	20 grammes.
Ail	20 grammes.
Camphre	75 grammes.
Vinaigre radical (acide acétique)	150 grammes.
Vinaigre fort	10 litres.

Faire macérer pendant quinze jours les substances dans le vinaigre, passer, ajouter le camphre dissous dans l'acide acétique, filtrer.

Ce vinaigre est employé comme préservatif des maladies contagieuses. On s'en frotte les mains et le visage : on en brûle dans les appartements, on en garnit des flacons pour aspirer dans la syncope.

CHAPITRE XVII.

DES FRUITS A L'EAU-DE-VIE.

Parmi les produits du liquoriste, les fruits à l'eau-de-vie ont acquis, depuis plusieurs années, une certaine importance, et leur consommation augmente de jour en jour. Paris et plusieurs grandes villes de France en fournissent des quantités considérables, surtout depuis la création des nombreux établissements de liquoristes débitants, à l'instar de celui de la place de l'École, à Paris, connu sous le nom de *la mère Moreaux*, et dont la réputation, pour les prunes et les chinois, est universelle.

La fabrication des fruits à l'eau-de-vie, ainsi que celle des liqueurs, est une spécialité qui exige des connaissances particulières et des soins minutieux; elle demande aussi le concours de diverses opérations, connues sous les noms de *préparation, blanchiment* et *confection*.

PRÉPARATION DES FRUITS.

Le choix des fruits destinés à être mis à l'eau-de-vie fixera d'abord l'attention du liquoriste. Ils doivent être sains et charnus, cueillis avant leur maturité, pour qu'ils puissent conserver une certaine fermeté, principalement ceux qui sont d'une nature molle et fondante, comme les pêches et les abricots. En général, les fruits cueillis dans leur pleine maturité ont la chair trop pulpeuse : ils ne pourraient supporter une chaleur ni une macération suffisantes sans se briser ou se mettre en marmelade; puis, d'ailleurs, parfaitement mûrs, ils se pénètrent d'eau-de-vie avec une si grande facilité, aux dépens de leur propre suc, qu'ils deviennent peu agréables à manger. On doit également rejeter les fruits par trop verts ou tachés, meurtris, rabougris, fanés ou piqués des vers, frappés enfin d'une défectuosité, quelle qu'elle soit.

Les variétés de fruits ne sauraient être indifférentes, toutes ne sont pas également propres à être employées; celles qui ont le plus de parfum et de saveur doivent avoir la préférence. La nature du sol et le pays qui les produit influent considérablement sur la qualité des fruits; les années chaudes et sèches en produisent aussi de meilleurs que ceux des années froides ou pluvieuses.

Les fruits étant dans les conditions signalées et dans un état de parfaite fraîcheur, on devra éviter de les laisser se faner ou se ramollir; on les essuiera avec un linge pour enlever la poussière, ou bien on les frottera avec une brosse, s'ils sont couverts de duvet; on les piquera jusqu'au cœur et dans plusieurs endroits, afin d'éviter que la peau ne vienne à crever et pour qu'ils puissent se pénétrer de liquide avec plus de facilité; enfin on les jettera aussitôt dans un baquet d'eau de puits très-froide; l'eau contenant de la glace serait même préférable.

Le séjour des fruits dans l'eau froide ou glacée ne

doit pas être trop prolongé, car alors les fruits fini-
raient par acquérir une fermeté si grande, qu'ils seraient susceptibles de se fendre d'eux-mêmes ou de
résister au blanchiment. En général, quatre à cinq
heures suffisent par les raffermir convenablement.

BLANCHIMENT DES FRUITS.

Cette opération a pour but de priver les fruits du
principe acerbe et âcre dû à l'eau de végétation et à
l'acide malique qu'ils contiennent, principe qui les
empêche de se conserver et les fait noircir à l'intérieur
comme à l'extérieur. L'espèce de coction que subissent les fruits, par le blanchiment, supplée aussi au
degré de maturité qui leur manque, les rend plus
tendres et développe leur parfum.

Tout étant disposé ainsi qu'il est dit dans l'article
précédent, voici la manière de procéder au blanchiment :

Mettre sur le feu une bassine de cuivre rouge, plus
large que profonde, afin d'éviter que les fruits ne puissent s'écraser ; la remplir d'eau aux deux tiers environ ;
faire chauffer à un point voisin de l'ébullition (95 degrés) ; à cet instant, retirer les fruits du baquet d'eau
froide ou glacée avec une écumoire ou un tamis, suivant la nature des fruits, pour les jeter tous ensemble
dans la bassine ; lorsqu'ils seront tombés d'eux-mêmes
au fond de l'eau, étouffer le feu momentanément et
les laisser dans cet état pendant environ dix minutes.
Ce temps expiré, rallumer le feu et produire une chaleur graduelle jusqu'à ce que les fruits viennent se
présenter d'eux-mêmes à la surface de l'eau : avoir

soin de les exciter à remonter en passant avec précaution l'écumoire dessous; enlever doucement les fruits avec ce même instrument au fur et à mesure qu'ils surnageront, et les jeter dans un baquet d'eau très-froide ou glacée que l'on renouvellera plusieurs fois jusqu'à complet refroidissement.

Quelquefois on est obligé de pousser le feu très-fort, pour forcer les derniers fruits à monter, ou bien encore on les enlève avant qu'ils viennent à la surface de l'eau, pour éviter de les laisser entièrement briser par la chaleur.

Le blanchiment des fruits doit s'opérer très-vivement, afin que ceux-ci soient saisis, en passant par les divers changements de température qu'ils subissent. Sortant de l'eau froide qui a resserré leur chair, et jetés dans l'eau bouillante, ils pâlissent aussitôt; au bout de quelques instants, la chaleur leur donne en grande partie leur couleur primitive; l'immersion dans l'eau froide achève de la leur rendre entièrement. Si, au contraire, l'eau de la bassine n'était pas assez chaude, ou si celle des baquets n'était pas assez froide, on obtiendrait un mauvais résultat; car alors, les fruits refroidissant trop l'une et réchauffant trop l'autre, ne produiraient pas ces transitions de température qui, en les resserrant et les raffermissant, leur donnent et leur conservent la qualité des fruits mûrs.

La couleur de certains fruits, tels que l'abricot, la pêche, etc., étant extrêmement tendre et délicate, il est essentiel, pour la conserver, d'ajouter, dans chaque hectolitre d'eau froide, environ 40 à 50 grammes d'alun pulvérisé.

On observera que l'emploi de l'alun doit toujours
se faire dans l'eau de refroidissement et non dans celle
de la bassine, qui sert au blanchiment. Ainsi qu'il a
été dit, l'alun fixe les couleurs : il en résulte que, si
on le met dans l'eau chaude, il conservera la couleur
primitive des fruits et les privera de cette blancheur
et de cette uniformité de nuance qui font la beauté
des fruits blanchis.

CONFECTION DES FRUITS.

Les fruits étant entièrement refroidis et ayant re-
couvré, autant que possible, leur fermeté et leur couleur, on devra les enlever du baquet d'eau froide avec
précaution, les mettre égoutter sur des tamis de crin,
puis les porter à la cave dans des tonneaux, des jarres,
ou de grands pots de grès, contenant de l'eau-de-vie
à 53 ou 58 degrés, suivant la nature des fruits.

Après que les fruits auront séjourné pendant six
semaines environ dans l'eau-de-vie, on pourra commencer à les sucrer ; à cet effet, on les retirera du
vase dans lequel ils sont, on les rangera et disposera
avec soin dans des bocaux de verre, et on les couvrira avec le jus, c'est-à-dire l'eau-de-vie de laquelle
ils sortent, sucrée à 125 ou 250 grammes par litre,
suivant l'espèce de fruits ou la qualité que l'on veut
obtenir.

En général, les fruits à l'eau-de-vie ne doivent être
sucrés qu'au fur et à mesure des besoins, si l'on veut
qu'ils conservent leur fermeté et leur couleur.

Les bocaux doivent être fermés hermétiquement
avec un bouchon de liége garni de papier et de par-

chemin mouillé, et couverts également avec ce dernier, de la vessie, de la baudruche ou bien encore avec des feuilles d'étain. On doit les conserver dans un endroit tempéré et éviter de les exposer à l'action de l'air et du soleil : ce dernier fait noircir les fruits très-promptement.

Le mode de préparation qui vient d'être décrit n'est pas le seul employé : il en est un plus convenable, mais beaucoup plus dispendieux. Il consiste à blanchir d'abord les fruits, ainsi qu'il a été dit plus haut, et à leur donner une ou plusieurs façons au sucre qui, en les imprégnant de ce dernier, les empêche d'aspirer une trop grande quantité d'eau-de-vie et les rend plus délicats et plus fins.

On nomme *façon* l'opération de la mise au sucre. Pour arriver à obtenir un bon résultat, il faut que les fruits soient blanchis bien à point : s'ils l'étaient trop, ils tomberaient en marmelade; s'ils ne l'étaient pas assez, ils resteraient durs et, leurs pores se trouvant resserrés, le sucre n'y entrerait qu'imparfaitement. Il faut ensuite les conduire avec ménagement, et faire un sirop léger marquant 12 degrés au pèse-sirop, le jeter bouillant sur les fruits disposés dans une terrine, couvrir cette dernière et laisser les fruits dans cet état pendant vingt-quatre heures; recommencer la même opération, en faisant cuire le sirop à 16 degrés, et ainsi de suite tous les jours, en augmentant chaque fois de quatre degrés, jusqu'à ce que le sirop marque 36 degrés, ce qui s'obtiendra à la septième et dernière façon, et formera ce que l'on appelle les *fruits confits au sucre.*

Les fruits destinés à être mis à l'eau-de-vie n'ont

pas besoin d'être mis entièrement confits au sucre : trois façons suffisent généralement pour les rendre parfaits et leur conserver la fermeté désirable.

On remarquera qu'en mettant les fruits au sucre dans un sirop trop épais, leurs pores se resserrant, ils se racornissent et deviennent durs, au lieu de s'imbiber de sirop. Outre l'inconvénient que les fruits racornis ont moins d'apparence et sont moins bons, ils sont de plus sujets à la fermentation ; car, en se resserrant, ils conservent intérieurement des parties d'eau et d'air qui sont susceptibles, avec le temps, de les faire fermenter, si on voulait les conserver dans le sirop, au lieu de les mettre immédiatement dans l'eau-de-vie.

Les fruits à l'eau-de-vie préparés au sucre se mettent tout de suite dans un jus contenant, par hectolitre, 32 litres d'esprit à 85 degrés et 18 kilog. 750 gr. de sucre ; ils peuvent être sur-le-champ livrés à la consommation.

Il est certains fruits, tels que les ananas, les chinois, les cédrats, les marrons, les noix, etc., que le liquoriste a plus d'avantage à se procurer tout confits qu'à les préparer lui-même. Ces fruits se trouvent dans le commerce à un prix minime : il n'y a, avec leur prix de revient, qu'une légère différence, qui se trouve grandement compensée par les soins et le travail nécessités par la confection.

ABRICOTS.

Choisir des abricots d'un jaune clair, bien sains et sans être mûrs ; les essuyer avec un linge ou les brosser pour enlever la poussière ou le duvet qui peut se trouver dessus, puis les piquer jusqu'au noyau, en plusieurs endroits, avec une ou plusieurs épingles (celles d'argent sont préférables) : passant ensuite un poinçon à la place de la queue, détacher le noyau de la chair du fruit sans pour cela l'enlever, mais dans le but de faciliter le blanchiment; à mesure qu'ils sont piqués, jeter les abricots dans l'eau froide ou glacée.

Remplir d'eau, environ aux deux tiers, une bassine de cuivre rouge non étamé, faire chauffer cette eau à 95 degrés et y mettre les fruits pour les blanchir; suspendre le feu pendant dix ou quinze minutes, puis le rallumer par degrés afin de faire remonter les abricots sur l'eau; passer l'écumoire dessous les fruits pour faciliter cette ascension, et s'assurer qu'ils commencent à mollir; dès qu'ils paraissent à la surface de l'eau, ou qu'ils fléchissent sous les doigts, les enlever avec l'écumoire et les mettre à mesure dans un baquet ou des terrines contenant de l'eau très-froide ou glacée; renouveler plusieurs fois cette eau, jusqu'à refroidissement complet.

Si l'on désirait donner aux abricots une belle couleur jaune, il faudrait ajouter, dans la première eau de refroidissement, une petite quantité de sous-carbonate de potasse (5 grammes pour 20 litres), et continuer ensuite à les rafraîchir avec une eau *alunée* dans la proportion de 50 à 60 grammes par hectolitre pour fixer cette coloration; si au contraire on voulait leur conserver la couleur blanche que leur communique l'eau chaude, il suffirait de les plonger dans une eau froide contenant la dose d'alun connue.

Les abricots étant blanchis et rafraîchis ainsi qu'il

vient d'être dit, il faut les faire égoutter en les passant sur des tamis et leur donner une ou plusieurs façons au sucre, ou les porter simplement à la cave dans les vases destinés à les recevoir : dans ce dernier cas, on les couvrira avec de l'eau-de-vie blanche à 56 degrés.

Après six semaines de macération, on pourra commencer à sucrer les abricots en les mettant en bocaux, et en remplissant ceux-ci avec un jus de fruits composé comme il suit :

Esprit de noyaux......................	2 litres.
Alcool à 85 degrés	28 litres.
Sucre...............................	25 kilogrammes.
Eau commune........................	53 litres.

Produit : 100 litres de *jus de fruits fin*.

Le *jus de fruits ordinaire* se prépare de la manière suivante :

Esprit de noyaux......................	2 litres.
Alcool à 85 degrés	24 litres.
Sucre...............................	12 kilog. 750 gr.
Eau commune........................	65 litres.

Dans le cas où les abricots auraient reçu plusieurs façons au sucre, on les couvrirait avec un jus alcoolisé et sucré, ainsi qu'il a été dit en parlant de la confection, p. 395, en ajoutant en plus 2 litres d'esprit de noyaux.

PÊCHES.

Choisir avant leur maturité de belles pêches, dites *tetons de Vénus*, ou des pêches blanches de vigne, les préparer de la même manière que les abricots, puis les couvrir avec de l'eau-de-vie blanche, à 58 degrés.

Ce fruit étant extrêmement tendre, il est difficile de lui donner plus de deux façons au sucre. On peut aussi sucrer les pêches et les autres fruits à noyau avec les jus de fruits destinés aux abricots.

PRUNES DE REINE-CLAUDE.

Prendre des prunes de reine-claude bien fermes, non tachées et très-vertes; leur couper l'extrémité de la queue, les piquer jusqu'au noyau, puis les mettre dans l'eau froide pour les raffermir; faire ensuite chauffer l'eau à 95 degrés dans une bassine de cuivre rouge, en y ajoutant, pour 30 litres, une poignée de sel marin et 5 grammes de couperose bleue (sulfate de cuivre); jeter les prunes dans cette eau pour les faire blanchir et reverdir tout à la fois. Cette opération terminée, enlever les fruits aussitôt qu'ils montent sur l'eau et les mettre rafraichir à plusieurs reprises, pendant une à deux heures, dans une eau froide et alunée, afin de dissoudre et enlever le peu de couperose bleue qu'ils peuvent contenir.

La première bassinée de prunes ne donne jamais un résultat bien convenable : il faut que l'eau soit imprégnée d'une certaine quantité d'acidité contenue dans les fruits mêmes pour leur donner une belle nuance verte. On peut obvier à cet inconvénient en mettant, dans cette bassinée, une cinquantaine environ de prunes avariées ou trop mûres, qui lui donneront la vertu désirable.

Il faut aussi avoir soin de remplacer de temps en temps l'eau de la bassine que les prunes enlèvent, et quelquefois de la renouveler entièrement, car cette eau, se chargeant de plus en plus de celle de végétation et de l'acide malique des fruits, n'a plus la propriété de les verdir ni de les blanchir.

Les prunes étant blanchies, reverdies et rafraîchies, on les couvrira avec de l'eau-de-vie blanche à 53 ou 56 degrés, suivant qu'elles seront plus ou moins fermes, ou bien on leur donnera préalablement plusieurs façons au sucre.

Quelques liquoristes emploient le vinaigre pour faire reverdir les prunes; cette méthode est mauvaise: elle communique aux fruits une couleur sombre qui n'a rien d'agréable à l'œil; il en est de même de l'emploi du sucre de lait et du sel d'Epsom. Si l'on voulait ne pas employer la couperose bleue, on obtiendrait, en doublant la dose de sel marin, une couleur claire un peu jaunâtre, mais qui, dans tous les cas, serait préférable à celle qui est produite par le vinaigre ou par les sels qui viennent d'être cités.

En vertu d'ordonnances sévères, l'emploi du sulfate de cuivre a dû être abandonné.

On le remplace de la manière suivante : pour une bassine d'une contenance de 100 litres, après avoir entouré les parois de cette bassine de bruyère fraîche, ajouter les prunes à blanchir, en la remplissant aux deux tiers, mettre ensuite l'eau froide nécessaire avec le sel, et couper dans cette eau trois ou quatre citrons frais.

On aura soin, pour la première bassine, de chauffer graduellement, et ensuite on opérera comme il a été dit plus haut.

MIRABELLES.

On prépare les prunes de mirabelle de la même manière que les abricots, en ayant soin de les piquer et de leur couper la queue à moitié. On doit les couvrir avec de l'eau-de-vie blanche à 56 degrés.

POIRES.

On emploie, pour les mettre à l'eau-de-vie, trois espèces de poires : celles *de rousselet, d'Angleterre* et *de beurré*. Les deux dernières espèces sont plus grosses et plus blanches, mais celles de rousselet ont beaucoup plus de goût. Toutes trois se préparent de la manière suivante :

Choisir des poires encore un peu vertes, les piquer jusqu'au cœur et les jeter dans l'eau chauffée à 95 degrés pour les faire blanchir; les retirer aussitôt qu'elles s'amollissent, faire en sorte qu'elles ne puissent crever, puis les mettre dans de l'eau fraiche; après refroidissement, les peler avec un couteau à lame d'argent ou argentée; mettre de nouveau dans de l'eau fraiche contenant une cuillerée d'acide acétique ou le jus de trois citrons, pour les entretenir dans une blancheur parfaite.

Ainsi disposées, les poires peuvent recevoir le nombre de façons au sucre que l'on jugera nécessaire ou être mises tout de suite dans l'eau-de-vie blanche à 53 degrés.

Depuis plusieurs années, pour faciliter la vente des poires vieilles qui ont perdu leur blancheur, certains liquoristes les colorent en rouge en les laissant plu-

sieurs jours dans une couleur préparée au cudbéar ou
à la cochenille.

MARRONS.

Prendre des marrons glacés, les mettre dans une
bassine avec une petite quantité d'eau, pour qu'ils
puissent baigner seulement; chauffer légèrement afin
de faire fondre le sucre qui se trouve autour, puis
laisser refroidir; mettre ensuite les marrons dans une
liqueur composée comme il suit :

        Alcool à 85 degrés..................   3o litres.
        Sucre.............................   18 kilog. 75o gr.

Ajouter eau, quantité suffisante pour compléter
100 litres de liqueur, en employant celle dans laquelle
on a mis fondre le sucre des marrons glacés.

Dans le cas où l'on voudrait préparer soi-même les
marrons au sucre, voici la manière d'opérer :

Prendre de véritables et bons marrons de Lyon,
enlever la première peau et les jeter dans de l'eau
fraîche après les avoir lavés à plusieurs reprises; mettre
ensuite deux bassines sur le feu : lorsque l'eau de la
première bout, y jeter les marrons, et après quelques
bouillons les passer dans la seconde eau pour achever
de les blanchir, opération qu'on reconnaît parfaite
lorsqu'en passant une épingle à travers les fruits on
n'éprouve plus de résistance; retirer alors les marrons
avec l'écumoire et les mettre dans une terrine d'eau
chaude, puis les éplucher en les jetant à mesure dans
une terrine d'eau fraîche, où l'on aura jeté préalablement le jus d'un citron.

Les marrons étant blanchis, les faire égoutter, ver-

26.

ser dessus un sirop à 20 degrés, bouillant, et les laisser dans cet état jusqu'au lendemain ; recommencer en augmentant le sirop de 6 degrés, et donner la dernière façon à 38 degrés.

On ne donne que quatre façons aux marrons, attendu que leurs pores sont farineux et très-ouverts, et que ces fruits ont une tendance à noircir : du reste, à chaque façon, on les voit changer de nuance, ce qui explique pourquoi on doit leur donner le moins possible de façons.

NOIX.

Prendre des noix glacées et les traiter comme les marrons, les couvrir ensuite avec la même liqueur.

Si l'on voulait préparer les noix au sucre, voici comment il faudrait opérer :

Faire choix de noix vertes de la plus grosse espèce avant que le bois soit formé ; les peler jusqu'au blanc avec un couteau d'argent et les jeter dans l'eau fraîche, en ayant soin de les piquer auparavant ; mettre de l'eau dans une bassine sur le feu et, quand elle bout, y plonger les noix en ajoutant une poignée d'alun pour les blanchir parfaitement ; les sortir de la bassine lorsqu'une épingle les traverse facilement, et les mettre dans l'eau fraîche contenant le jus de deux citrons.

Les noix étant blanchies et égouttées, leur donner une première façon avec un sirop tiède marquant 18 degrés, c'est-à-dire faire couler ce sirop sur les noix qu'on aura soin de mettre dans une terrine ; répéter cette opération cinq fois de suite, de jour en jour, ou de douze heures en douze heures, en augmentant chaque fois le sirop de 4 degrés et en le faisant chauffer sans le faire bouillir, car une grande chaleur fait noircir les noix, qui d'elles-mêmes ont déjà une forte tendance à noircir.

CHINOIS.

Les chinois sont de petites oranges bigarades qui se choisissent vertes de la grosseur d'une noix, plus ou moins, et que l'on fait blanchir, avant de les confire, d'après la méthode suivante :

Mettre les chinois dans une bassine sur le feu, les faire bouillir jusqu'à ce qu'ils soient suffisamment amollis, ce qui se reconnaît quand une épingle peut les traverser sans résistance; les jeter ensuite dans de l'eau fraîche en les y laissant trois ou quatre jours, et en ayant soin de renouveler l'eau plusieurs fois par jour, afin de leur faire perdre leur goût d'amertume. Cette opération terminée, donner sept façons au sucre en commençant avec un sirop marquant 12 degrés et en augmentant chaque fois de 4 degrés comme pour les prunes.

Les chinois ainsi préparés seront couverts avec une liqueur faite comme il suit :

Alcool à 85 degrés.....................	32 litres.
Sucre...............................	8 kilogr. 750 gr.
Eau commune	55 litres.

Produit : 100 litres.

Il existe deux sortes de chinois, les blonds et les verts : ces derniers, après leur blanchiment, doivent être reverdis de la même manière que les prunes de reine-Claude.

Ainsi qu'il a été dit déjà, il est plus avantageux pour le liquoriste d'acheter certains fruits confits que de les préparer lui-même; dans ce cas, on traitera les chinois de la manière suivante :

Prendre les fruits glacés, les mettre sur le feu avec une petite quantité d'eau, suffisante pour qu'ils puissent tremper seulement; aussitôt que le sucre qui les enveloppe sera fondu, les enlever et les laisser refroidir dans cette eau, qui peut être employée pour fabriquer la liqueur qui doit couvrir les chinois; ces derniers étant froids, les mettre en bocaux, et ajouter la liqueur citée plus haut.

Si au contraire on veut acheter des chinois *égouttés*, c'est-à-dire sans être glacés, il suffit de les laisser infuser pendant plusieurs jours dans cette même liqueur, en ayant soin de les remuer de temps en temps.

CÉDRATS.

Prendre des quartiers de cédrats glacés, opérer comme pour les chinois, et couvrir les fruits avec la même liqueur.

Les *oranges*, les *figues* et les *alberges* se préparent de la même manière que les chinois et les cédrats.

ANGÉLIQUE.

Choisir de belles tiges d'angélique glacée et les couper par morceaux d'une longueur de 8 à 10 centimètres, puis opérer comme ci-dessus en couvrant les tiges avec la même liqueur que pour les cédrats.

ANANAS.

Prendre des ananas confits en entier ou en morceaux, les préparer et les couvrir comme les fruits ci-dessus.

CERISES.

Choisir de belles cerises bien fraîches, qui ne soient ni meurtries ni tachées; leur couper la queue environ à moitié et les mettre à mesure dans de l'eau froide pour les raffermir et les laver, ensuite les faire égoutter et les porter à la cave dans des tonneaux contenant de l'eau- de-vie blanche préparée comme il suit :

Esprit de coriandre	2 litres 50 cent.
— de cannelle de Chine	1 litre.
— de girofle	50 centilitres.
Alcool à 85 degrés	58 litres.
Eau commune	38 litres.

Produit : 100 litres à 53 degrés.

Après six semaines d'infusion, mettre les cerises en bocaux en les couvrant avec un *jus ordinaire* préparé ainsi qu'il suit :

Eau-de-vie provenant de l'infusion des cerises	60 litres.
Sucre	12 kilog. 500 gr.
Eau commune	31 litres.

Produit : 100 litres. Ajouter un peu de couleur de cudbéar dans le cas où l'on ne trouverait pas la couleur suffisamment rouge.

Le *jus de cerises fin* se prépare de la façon suivante :

Eau-de-vie provenant de l'infusion des
cerises.................................... 65 litres.
Sucre..................................... 25 kilogrammes.
Eau commune............................. 18 litres.

Produit : 100 litres. Colorer au besoin avec la cochenille.

Les cerises un peu mûres peuvent être mises dans de l'eau-de-vie à 56 ou à 59 degrés, suivant qu'elles sont plus ou moins avancées; la force du spiritueux les raffermit et les décolore, mais elle peut aussi les rider en les sucrant.

VERJUS.

Ce qu'on nomme ici *verjus* n'est pas le fruit de nos jardins, mais bien du raisin sec en caisse, provenant d'Espagne, et connu sous le nom de *raisin de Malaga.* Voici comment on le prépare :

Raisin sec de Malaga, une caisse ou.. 12 kilogrammes.
Alcool à 85 degrés...................... 24 litres.
Eau commune........................... 24 litres.

Détacher les grains de raisin des grappes au moyen de ciseaux et les mettre dans la cucurbite avec l'alcool et l'eau, luter et distiller pour retirer 12 litres d'esprit qui serviront dans une autre opération; ce produit obtenu, arrêter le feu et laisser refroidir à moitié; à cet instant, retirer le chapiteau de l'alambic et remuer le verjus avec l'écumoire pour faciliter le renflement des grains, puis recouvrir avec le chapiteau et laisser refroidir entièrement. Cette opération terminée, mettre le verjus en tonneaux.

Lorsqu'on veut livrer le verjus, on ajoute 60 grammes de sucre par chaque litre de jus.

Cette méthode de fabriquer le verjus donne d'excellents résultats, le fruit ne se ride jamais et la spirituosité est suffisante.

Le liquoriste devra faire sa provision de verjus pour l'année, dans les mois de janvier et de février; car plus tard les raisins secs sont *piqués*, ne renflent que difficilement, et causent beaucoup de perte, vu l'abondance des mauvais grains.

On doit choisir le raisin sec de *Malaga*, d'une nuance blonde et non violette. Le raisin sec dit *muscat* et celui de *Roquevaire* ne conviennent pas pour faire le verjus, leur forme est trop ronde et leur couleur est trop blanche.

CHAPITRE XVIII.

DES CONSERVES.

On nomme généralement *conserves* toutes espèces d'aliments cuits ou préparés avec soin dans des boîtes de fer-blanc, des bocaux ou des bouteilles de verre complétement privés d'air. Ces conserves peuvent se garder pendant plusieurs années sans rien perdre de leur saveur ou de leur qualité : à cet effet, on se sert de la méthode connue sous le nom de *conservation par le procédé d'Appert.*

Les conserves que le liquoriste prépare sont de deux sortes : *fruits au sirop* ou *compotes*, et *sucs de fruits* ou *conserves pour sirops*. La beauté et la qualité de ces conserves dépendent de plusieurs opérations qu'il est essentiel de signaler, avant de parler de la confection.

Bouteilles. — Les bouteilles pour conserves sont de deux genres, les unes de verre blanc et les autres de verre noir. Les premières flattent davantage la vue : leur grandeur varie depuis 25 centilitres jusqu'à 1 litre. Les secondes sont de différentes grandeurs, mais on doit se servir de préférence de celles contenant 1 litre de liquide.

Ces vases doivent être rincés avec soin et examinés attentivement, afin de s'assurer qu'ils n'ont pas la moindre petite étoile ou fêlure, et n'être remplis

que de manière à laisser un intervalle de 3 centimètres entre le fruit et le bouchon pour les bouteilles
blanches, et de 5 à 6 centimètres pour les bouteilles
noires à sucs.

Bouchons. — Le choix des bouchons doit se faire
avec attention : il faut les prendre du liége le plus fin
et le plus souple, et au besoin les mouiller avec un
peu de sirop ou de conserve afin de faciliter le bouchage. On ne doit pas regarder à leur prix d'achat : il
arrive quelquefois que la conserve, même bien faite,
vient à fermenter au bout d'un certain temps par suite
d'une petite vermoulure aux bouchons; car souvent,
quoique sains, ils ont dans l'intérieur des places
véreuses : il ne faut donc pas faire d'économie de ce
côté et hésiter à rejeter les bouchons qui suintent
après la mise en bouteilles.

Bouchage. — Le bouchage s'opère de deux manières :
à la *palette* et à la *presse* ou *machine à boucher.*

Le premier moyen consiste à boucher les bouteilles
en mâchant le bouchon environ aux trois quarts de sa
longueur, soit avec les dents, soit avec l'instrument
dit *mâchoire*, en commençant par le bout le plus effilé,
et en le frappant avec force à l'aide de la palette pour
l'introduire dans le goulot, sans cependant le faire
disparaître de plus des trois quarts de sa hauteur.

Le bouchage à la mécanique s'opère mieux et avec
plus de facilité que par la palette, mais souvent on
regarde à la dépense première qu'entraîne l'achat
d'une machine.

L'appareil à boucher ressemble beaucoup à celui

qu'on emploie dans la fabrication des eaux gazeuses. Comme avec ce dernier, le bouchon est mis dans un tube de cuivre et refoulé à l'aide d'un levier coudé; la bouteille est placée sur une pédale entourée d'un rebord assez élevé, afin de recueillir le liquide dans le cas où le vase que l'on veut boucher viendrait à casser. En appuyant sur cette pédale avec le pied, la bouteille vient se presser sous la partie inférieure du tube conique qui contient le bouchon et se trouve bouchée instantanément.

Quand on se sert de la machine à boucher, on doit faire usage de bouchons plus gros que d'habitude; le refoulement qu'ils éprouvent en passant dans le tube conique les malaxe et y forme souvent des passages que le liquide traverserait si le bouchon pouvait revenir à son volume primitif.

Ficelage. — La longueur du morceau de ficelle à employer pour cette opération dépend de la grosseur du vase bouché. Cette ficelle doit être de bonne qualité et de grosseur suffisante pour résister à la pression exercée par la chaleur. Un morceau de ficelle de 65 à 70 centimètres pour les carafes, et de 45 à 50 centimètres pour les bouteilles, suffit pour ficeler convenablement. Voici comment on opère :

Tenir dans la main gauche l'un des bouts de la ficelle, faire passer en dessus, près du pouce et de l'index, l'autre bout, de manière à former un cercle d'environ 4 centimètres de diamètre, passer la ficelle en dessous du cercle et l'enlever à la hauteur de 3 centimètres, de manière qu'elle forme comme l'anse d'un panier; appliquer cette ficelle ainsi préparée sur le bouchon, le cercle autour du col de la bouteille, immédiatement au-dessous de la cordeline : le morceau qui s'élève au milieu du cercle devra traverser le dessus du bouchon comme pour l'enfoncer dans le vase. Tirer ensuite les deux bouts qui se trouvent opposés de chaque côté du col de la bouteille et serrer fortement en nouant solidement, de manière que le bouchon se trouve bien comprimé.

Le nœud doit être simple, cependant il exige deux tours de suite d'un bout de ficelle sur l'autre. Couper ensuite les deux bouts au ras du bouchon : l'élasticité de ce dernier suffit pour empêcher le nœud de se défaire.

Mettre une seconde ficelle, de la même manière que la première, de façon que les deux ficelles croisant le bouchon forment une croix.

Une autre manière de ficeler est aussi en usage : elle consiste à doubler également la ficelle et à la passer autour du col de la bouteille en laissant les deux bouts de ficelle libres, puis à relever ces deux bouts pour les nouer ensemble sur le bouchon, en opérant du reste comme ci-dessus et mettant aussi une deuxième ficelle en croix.

Ficelage au fil de fer. — On emploie ordinairement du fil de fer n° 5 recuit, coupé par parties et d'une longueur en rapport avec les vases à ficeler; on le dispose de manière qu'en entourant parfaitement le col de ces vases, les deux bouts viennent se rejoindre sur le bouchon; on les tord ensemble avec une pince, de manière à bien comprimer ce dernier; puis, coupant alors le fil de fer à 1 centimètre du bouchon, on rentre la pointe en dedans en donnant dessus un léger coup avec la pince.

Afin d'éviter que le fil de fer coupe le bouchon, on peut poser sur celui-ci, avant de ficeler, un petit rond en tôle mince, qui prend parfaitement la forme du bouchon et de la ficelle.

Une autre méthode de ficelage au fil de fer est encore employée. Voici comment on la pratique :

Couvrir d'une petite bande de tôle ou de fer-blanc très-mince le bouchon coupé jusqu'au ras de la bouteille ou du bocal, et de manière que cette bande, dont la largeur sera en rapport avec le diamètre du bouchon (5 à 6 millimètres pour une bouteille de 1 litre), dépasse la cordeline ou bague d'environ 1 centimètre de chaque côté; fixer ensuite avec un fil de fer qui doit entourer le col du vase au-dessous de la bague et être serré fortement avec une pince, puis relever les deux extrémités de la bande, afin de former une espèce d'anse de panier.

APPLICATION DU CALORIQUE AUX CONSERVES.

(Procédé d'Appert.)

Le but de l'application du calorique aux conserves est de décomposer et de chasser l'air qui se trouve contenu dans ces dernières, et par suite de les préserver de toute espèce de fermentation.

Les chimistes ne sont pas encore parfaitement d'accord sur la théorie du procédé d'Appert. Les uns pensent que, par la chaleur, le ferment se coagule et perd ainsi sa propriété fermentescible; mais, s'il en était ainsi, la conserve, privée du principe qui seul peut causer sa destruction, devrait se conserver indéfiniment, ce qui n'existe pas; car, peu de temps après son contact avec l'air, la conserve se décompose. Les autres, et nous partageons cet avis, prétendent qu'à l'aide de la chaleur tout l'oxygène renfermé dans les vases est absorbé par une partie du ferment qui, par cet excès d'oxygénation, perd sa propriété fermentescible, tandis que le reste du ferment, ne trouvant plus d'oxygène, n'éprouve aucun changement.

Le succès du procédé d'Appert dépend principalement du parfait bouchage, de la manière d'appliquer la chaleur aux diverses substances que l'on désire conserver, enfin de l'espace de temps que doit durer l'opération.

Le calorique s'applique aux conserves : 1° par le bain-marie; 2° par la vapeur.

Bain-marie. — On se sert, pour cette opération, d'une grande bassine de cuivre à fond plat, dans laquelle on pose un clayon de bois; on garnit aussi intérieurement les parois avec deux ou trois cerceaux, afin d'empêcher les bouteilles d'être en contact avec la bassine; on range ces bouteilles debout dans cette dernière, en y ajoutant de l'eau de manière qu'elles baignent jusqu'à 3 centimètres au-dessous de la cordeline ou bague, et ayant soin de les envelopper dans de la paille ou du foin ou de les mettre dans de petits sacs en forte toile ou en treillis; puis on couvre ces vases avec des linges mouillés ou avec un couvercle, afin d'éviter la déperdition de la chaleur, et pour que, dans le cas où une bouteille viendrait à casser en faisant explosion, les éclats de verre ne puissent blesser personne.

Tout étant ainsi disposé, il faut chauffer lentement en commençant l'opération, pour que la chaleur pénètre l'intérieur des bouteilles d'une façon égale, et lorsque l'eau est parvenue à l'ébullition ou au degré convenable, continuer ou suspendre le degré de chaleur plus ou moins de temps, suivant la nature des substances sur lesquelles on opère; ce temps expiré, on enlève la bassine de dessus le feu et, après un quart d'heure de repos, on retire l'eau chaude au moyen d'un siphon ou en penchant la bassine avec précaution; une heure après, on enlève les bouteilles de la bassine en ayant soin de les préserver des courants d'air qui, en les frappant, les feraient casser.

Les vases étant refroidis, il est nécessaire de les goudronner et de les mettre à la cave ou dans un endroit très-frais; mais préalablement on les examine avec attention, afin de s'assurer si l'objet renfermé a filtré au dehors pendant la dilatation de l'air, ce qui se reconnaît aux taches qu'il laisse après le bouchon : les conserves défectueuses sont mises de côté pour être employées tout de suite, afin d'éviter les pertes.

L'emploi des sacs est préférable à celui du foin ou de la paille : ils remplissent moins la bassine, n'absorbent pas autant de liquide et permettent d'observer parfaitement l'ébullition; d'ailleurs, dans le cas où un vase viendrait à casser, il est beaucoup plus facile d'enlever les morceaux contenus dans un sac que de les chercher parmi la paille ou le foin.

Vapeur. — L'emploi de la vapeur pour les conserves s'applique, ainsi que nous l'avons dit p. 48, dans une armoire en chêne garnie de feuilles de zinc ou de cuivre et disposée à cet effet. Voici comment on opère :

Ranger les bouteilles sur les tablettes de fer, sans qu'elles touchent aux parois de l'armoire ; luter, avec des bandes de papier encollé, les jointures de la porte ; ouvrir d'abord peu à peu le robinet de la vapeur, afin d'introduire doucement cette dernière dans l'armoire, puis l'ouvrir entièrement aussitôt que le thermomètre marquera 40 degrés. Pousser ensuite le degré de chaleur jusqu'au point nécessaire à la conservation des substances soumises à l'action de la vapeur. L'opération étant terminée, n'ouvrir l'armoire que le lendemain et avec précaution, de manière que l'air ne puisse frapper subitement les conserves et n'occasionne, par cette circonstance, une casse inévitable.

La vapeur, en se répandant dans l'armoire, vient se condenser sur les parois de cette dernière, glisse au long ou tombe du haut en gouttelettes sur les bouteilles ; pour éviter cet inconvénient, qui pourrait les faire casser, le degré de température de cette eau condensée étant inférieur à celui du verre, on met sur la rangée supérieure un vieux paillasson ou un lit de paille qui, recevant ces gouttelettes, les divise et les réchauffe tout à la fois.

En suivant avec exactitude les indications qui précèdent, nous pouvons garantir avec certitude que pas une bouteille ne cassera pendant l'application du calorique, soit au bain-marie, soit à la vapeur.

La production de la vapeur et la manière de la diriger étant détaillées dans le *Traité des alcools*, il est inutile de faire connaître ici ces détails.

FRUITS AU SIROP OU COMPOTES.

Quoique ce genre de préparation appartienne plus au confiseur qu'au liquoriste, nous allons néanmoins l'indiquer, pour le cas où ce dernier voudrait se livrer à la fabrication de cette espèce de conserves.

ABRICOTS.

Choisir des abricots bien fermes et d'une belle couleur, les faire blanchir, ainsi qu'il a été dit pour les abricots à l'eau-de-vie, les enlever ensuite de dedans l'eau fraîche et les faire égoutter sur un tamis, puis sur une serviette ou un torchon propre, afin que la toile absorbe toute l'eau ; ranger les fruits dans les bouteilles de manière à en faire tenir le plus possible, mais sans les tasser ; remplir les bouteilles avec un sirop blanc à 26 degrés froid ; boucher, ficeler, mettre au bain-marie et faire bouillir pendant trois minutes.

Si l'on employait des abricots par trop mûrs, on pourrait se dispenser de les faire blanchir : on les couvrirait alors avec un sirop marquant 24 degrés froid et on les ferait bouillir également pendant trois minutes.

Les *abricots tournés*, c'est-à-dire *pelés*, se traitent de la même manière que les abricots mûrs.

ABRICOTS EN QUARTIERS.

Couper les abricots en deux parties égales et retirer les noyaux ; faire blanchir faiblement et égoutter les fruits comme ci-dessus ; les ranger dans les bouteilles, en s'aidant avec une petite spatule, de manière que le dessus du fruit se trouve en dehors; remplir avec un sirop blanc à 26 degrés froid; boucher, ficeler, mettre au bain-marie et faire bouillir pendant deux minutes.

On peut ajouter, dans les conserves d'abricots, des amandes de ces fruits; à cet effet, on casse les noyaux, on enlève la peau des amandes; les fendant ensuite en deux, on met environ une douzaine de morceaux dans chaque bouteille.

ANANAS.

Éplucher les ananas après les avoir brossés, les couper par tranches, en mettre ensuite dans les bouteilles environ aux deux tiers, puis remplir avec du sirop blanc à 26 degrés froid; boucher, ficeler, mettre au bain-marie et faire bouillir cinq minutes.

Les ananas entiers se conservent dans des boîtes de fer-blanc; après les avoir brossés et épluchés, on leur donne une légère *parure*, puis on les met dans des boîtes proportionnées à leur grosseur et remplies moyennement avec un sirop blanc à 15 degrés froid; on fait souder les couvercles et on met au bain-marie pour donner une heure et demie d'ébullition.

CERISES.

Prendre de belles cerises d'un beau rose, pas trop mûres et sans taches, couper les queues à 1 centimètre du fruit, remplir les bouteilles en tapant le fond de temps en temps pour en faire entrer le plus possible et couvrir avec un sirop blanc à 24 degrés froid; boucher, ficeler, mettre au bain-marie et faire bouillir pendant quatre minutes.

La conserve de *cerises sans noyaux* s'obtient de la manière suivante :

Retirer les queues et enlever les noyaux avec précaution, afin de ne pas déchirer les fruits, mettre les cerises en bouteilles, remplir avec un sirop blanc à 26 degrés et faire bouillir pendant trois minutes.

FRAISES.

Choisir de belles fraises dites *des quatre saisons*, bien saines et cueillies par un temps sec ; après les avoir épluchées, remplir les bouteilles en y ajoutant du sirop froid marquant 28 degrés ; boucher, ficeler et mettre au bain-marie pour donner un simple bouillon.

La couleur de cette conserve a besoin d'être un peu relevée par une addition de carmin ou de couleur préparée à la cochenille.

FRAMBOISES.

Prendre ces fruits avant leur maturité complète, d'un rouge clair, et fraîchement cueillis ; enlever les queues, les ranger dans les bouteilles sans les tasser, mais de manière à en faire entrer le plus possible ; remplir ensuite avec du sirop à 26 degrés froid, faire bouillir au bain-marie, et donner un seul bouillon.

GROSEILLES.

Prendre de belles groseilles rouges ou blanches, les égrener et en remplir les bouteilles ; ajouter ensuite du sirop à 36 degrés froid et donner un seul bouillon.

Les *groseilles épepinées* rouges ou blanches se préparent de la même manière, en ayant soin de retirer les pepins avec précaution.

La conserve de groseilles au sirop, quelle qu'elle soit, se met ordinairement dans des bouteilles de moyenne grandeur.

MARRONS.

Prendre de beaux marrons auxquels on aura donné trois façons au sucre, en remplir les bouteilles, y ajouter du sirop à 32 degrés froid et faire bouillir pendant trois minutes.

NOIX.

Les noix se préparent de la même manière que les marrons; seulement on fait bouillir pendant cinq minutes.

PRUNES DE REINE-CLAUDE.

Voir l'article *Prunes de reine-Claude* (FRUITS A L'EAU-DE-VIE). Lorsque les prunes seront blanchies, reverdies, rafraîchies et égouttées, les ranger dans les bouteilles et remplir avec du sirop à 26 degrés froid; boucher, ficeler et donner cinq minutes d'ébullition.

PRUNES DE MIRABELLE.

Ces prunes se préparent de la même manière que les reines-Claude; seulement, on ne les fait bouillir que pendant trois minutes.

PÊCHES.

La manière de préparer les pêches est la même que pour les abricots, soit en entier, soit par quartiers.

POIRES DE ROUSSELET.

Faire blanchir et égoutter les poires, leur donner quatre façons au sucre, les mettre en bouteilles et remplir avec un sirop à 28 degrés froid, puis faire bouillir pendant huit minutes.

On opère de même pour les poires d'Angleterre, de beurré, etc.

Lorsqu'on voudra obtenir des poires bien blanches, on les fera blanchir sans leur donner aucune façon au sucre, on remplira les bouteilles avec un sirop un peu chaud marquant 36 degrés, on les laissera refroidir avant de les boucher, puis on fera bouillir pendant quinze minutes.

Observation. — Il est essentiel de ne retirer de la bassine les conserves de fruits au sirop qu'autant que l'eau dans laquelle on les a fait bouillir est complétement refroidie ; car la chaleur qui se prolonge après l'ébullition est indispensable au succès de l'opération.

SUCS DE FRUITS OU CONSERVES POUR SIROPS.

On donne le nom de *suc* à la partie liquide des végétaux ou de leurs organes (quelle que soit leur nature), obtenue à l'aide de l'expression, et à laquelle on a fait subir quelques autres opérations, dans le but de rendre ce liquide plus propre aux usages auxquels on le destine.

Les sucs en général sont divisés en deux classes : les *sucs aqueux* et les *sucs huileux*. Les premiers se partagent en quatre ordres : *acides, sucrés, aromatiques* et *inodores*. Nous ne nous occuperons ici que des sucs acides, les seuls qui soient employés par le liquoriste dans la fabrication des sirops.

Les sucs de fruits exigent, pour être conservés, les mêmes soins que les fruits au sirop, tant sous le rapport des bouteilles et des bouchons que sous celui des opérations du bouchage, du ficelage et de l'application du calorique : ils exigent de plus une opération particulière, connue sous le nom de *fermentation*, dont nous allons dire un mot.

Fermentation. — Cette opération a pour but de décomposer le sucre, le mucilage et la gelée contenus dans les sucs de fruits, et de les convertir en liquides vineux ou alcooliques ; elle fait aussi disparaître, en les détruisant ou en les expulsant, toutes les matières qui troublent la transparence de ces liquides.

La fermentation des sucs de fruits s'opère dans des baquets ou tonneaux disposés à cet effet ; elle demande beaucoup de propreté et une température de 15 à 20 degrés centigrades ; dans ces conditions, le liquide s'échauffe et laisse dégager en abondance du gaz acide carbonique, qui soulève une partie du dépôt en une masse hémisphérique qui porte le nom de *chapeau ;* peu à peu l'effervescence diminue, le *chapeau* s'affaisse, et la conserve s'éclaircit. La durée de l'opération ne peut être précise : elle est subordonnée à la nature et à l'état des fruits, ainsi qu'aux influences atmosphériques ; elle s'opère en six, douze, vingt-quatre et quelquefois quarante-huit heures.

On reconnaît que la fermentation est terminée lorsque la croûte qui recouvre le suc commence à se fendre et que le liquide est bien clair sans être sucré. Le pèse-sirop peut aussi être employé pour cet usage : il doit marquer zéro ou 1 degré au plus, pour que l'opération soit satisfaisante ; mais, dans les années chaudes et sèches, lorsque les fruits sont très-riches en sucre ou qu'ils manquent d'acidité, cet instrument ne peut rendre aucun service : car souvent la fermentation est terminée alors que la conserve marque encore 4 ou 5 degrés au pèse-sirop ; dans ce dernier cas, la limpidité du liquide est le meilleur guide. La présence des moucherons voltigeant au-dessus du chapeau annonce aussi la fin de la fermentation.

CONSERVE DE GROSEILLES.
(Première qualité.)

Groseilles rouges bien mûres	5o kilogrammes.
Cerises aigres......................	7 kilog. 5oo gr.
Merises	7 kilog. 5oo gr.
Framboises........................	5 kilogrammes.

Écraser les fruits ensemble ou par parties dans une terrine de grès, passer le jus à travers un tamis de crin ou une toile grossière, presser le marc et réunir les deux produits pour les faire fermenter dans un baquet ou tonneau ; suivre ensuite les indications signalées plus haut. La fermentation terminée, tirer au clair et filtrer, mettre en bouteilles, boucher, ficeler, et faire chauffer au bain-marie jusqu'à 90 degrés centigrades ; à ce moment, enlever la bassine de dessus le feu et laisser refroidir aux trois quarts, avant d'en sortir les bouteilles.

L'écrasement des fruits, le tamisage ainsi que le pressurage, doivent se faire avec promptitude, prin-

cipalement lorsque la température est supérieure à
20 degrés : car la fermentation s'établit alors à mesure
que l'on écrase les fruits et est susceptible de se terminer dans une partie du liquide avant que d'avoir
commencé dans l'autre. Lorsque cet accident arrive,
on peut considérer la conserve comme perdue, car,
quoi que l'on fasse, il est impossible de l'éclaircir.

L'addition des cerises *aigres* dans la conserve de
groseilles est indispensable, elle facilite et accélère la
séparation de la matière mucilagineuse contenue dans
le liquide et agit comme clarifiant ; on évite, par ce
moyen, le goût désagréable que produirait une fermentation trop prolongée. Les cerises douces, au contraire, ne doivent pas être employées ; elles nuiraient
à la clarification. Les merises servent à colorer davantage les conserves, et les framboises à leur communiquer une odeur plus agréable.

Souvent le suc de groseilles, au lieu de se convertir
en liquide, se forme en gélée ; cet effet, dû à l'excès
d'une certaine quantité de principe gélatineux en dissolution dans les fruits, est connu sous le nom de *pectine*. Ce principe se joignant aux débris de la groseille,
divisés à l'infini dans le liquide, fait que ce dernier se
prend en une seule masse. L'insuffisance d'acidité
d'une part et l'abondance du principe sucré de l'autre
concourent également au développement de ce phénomène. On peut obtenir néanmoins une conserve limpide en mettant cette gelée dans des tamis posés sur
des terrines. Au bout de deux ou trois heures la gelée
est fondue, et le mucilage reste sur les tamis.

Il arrive quelquefois que la conserve de groseilles,
par suite de l'abondance du sucre ou du manque d'a-

cidité, ne s'éclaircit qu'avec difficulté ou presque point; il convient alors de la mettre sur le feu dans une bassine de cuivre non étamé, pour lui donner un bouillon couvert, puis de la mettre en bouteilles étant encore chaude; boucher, ficeler et opérer comme il est dit plus haut.

On pourrait faciliter la fermentation et la clarification de la conserve de groseilles, qui contient beaucoup de principe sucré, en lui ajoutant une certaine quantité d'eau ou d'acide tartrique, en rapport avec la quantité de sucre.

CONSERVE DE GROSEILLES.

(Deuxième qualité.)

La difficulté de pouvoir constamment se procurer les quatre fruits nécessaires pour fabriquer la conserve précédente fait que souvent on devra la préparer ainsi :

Groseilles rouges bien mûres.........	5o kilogrammes.
Cerises aigres.......................	1o kilogrammes.

Écraser les fruits et opérer en tout comme ci-dessus.

CONSERVE DE CERISES.

Prendre des cerises bien mûres, les écraser avec les mains sur un tamis de crin, pour en extraire le jus; soumettre le marc à la presse et faire fermenter le temps nécessaire à l'éclaircissement du liquide; filtrer, mettre et bouteilles et opérer comme pour la conserve de groseilles, en portant la chaleur à 9o degrés.

On ajoute quelquefois des merises à la conserve de cerises, afin de lui donner une coloration plus forte.

On peut encore obtenir la conserve de cerises sans fermentation : après avoir pressé les fruits, on filtre immédiatement le suc, on le met en bouteilles, puis on le traite exactement comme celui qui a fermenté.

CONSERVE DE MERISES.

Prendre des merises très-mûres, ôter les queues, faire fondre les fruits sur le feu dans une bassine de cuivre; après avoir donné un bouillon couvert, les faire égoutter sur des tamis de crin et soumettre le marc à la presse sans casser les noyaux; réunir les deux produits, mettre en bouteilles, boucher et opérer suivant les prescriptions indiquées, en portant la chaleur à 100 degrés.

La merise n'ayant ni odeur ni parenchyme, on peut, sans inconvénient, la mettre sur le feu : ce dernier, au contraire, développe son principe colorant à un point très-fort.

La conserve de merises n'étant guère employée que pour colorer d'autres conserves, on devra la mettre dans des bouteilles de moyenne grandeur.

CONSERVE DE FRAMBOISES.

Prendre un panier proportionné à la quantité de fruits que l'on veut employer, le garnir intérieurement avec de la paille bien saine; le mettre sur un baquet, jeter les framboises dans le panier, rabattre la paille par-dessus, ajouter un rond de bois sur cette paille et le charger ensuite avec des poids; recueillir le jus, lequel sera bien clair, et le mettre en bouteilles pour le conserver d'après la méthode indiquée précédemment, en portant la chaleur à 95 degrés.

On peut encore obtenir la conserve de framboises en mettant les fruits égoutter sur des tamis de crin ou dans un sac de toile claire; le jus qui s'écoule, par l'un ou l'autre procédé, est également limpide.

Observations. — Il est complétement inutile de faire bouillir les conserves destinées aux sirops, à l'exception de celle de merises. Une chaleur de 90 à 95 degrés au bain-marie suffit grandement pour décomposer et chasser l'air qu'elles contiennent; d'ailleurs une chaleur supérieure à celle que nous indiquons ne peut que leur être nuisible : elle détruit le goût et la couleur des conserves, en augmente le volume, vaporise la partie alcoolique, et par ces dernières causes amène la casse des bouteilles.

Les fruits produisent une quantité de suc proportionnée à leur état de maturité. En général, voici le rendement qu'on peut obtenir par 100 kilogrammes :

Cerises	55 kilogrammes ou litres.
Framboises	40 kilogrammes ou litres.
Groseilles	65 kilogrammes ou litres.
Merises	45 kilogrammes ou litres.

Les conserves pour sirops étant employées pendant dix mois de l'année, le liquoriste doit en fabriquer une quantité suffisante pour subvenir à ses besoins. Il n'y a aucun inconvénient à ce que sa provision les dépasse.

La conservation des sucs de fruits destinés aux sirops s'opérait autrefois au moyen du mutage, ou bien encore au moyen de l'huile. Le premier procédé se pratiquait en faisant brûler des allumettes ou de petits morceaux de mèches soufrées, dans le col des bouteilles contenant le suc, et à les boucher immédiatement sur le gaz produit. Le second procédé consistait à remplir les bouteilles de conserve autant que possible, pour qu'en les bouchant on ne pût les casser, et à verser à la surface une couche mince d'huile d'œillette. Ces deux procédés présentaient l'inconvénient, l'un de décolorer la conserve et de lui communiquer un goût sulfureux, et l'autre de lui donner un goût rance.

En terminant nos observations, nous croyons devoir faire connaître les degrés de chaleur que l'on doit appliquer aux conserves lorsque l'on emploie la vapeur au lieu du bain-marie.

FRUITS AU SIROP.

	Degrés.		Degrés.
Abricots entiers........	100	Marrons (trois façons)..	100
— en quartiers ..	98	Noix — ..	100
Ananas en quartiers ...	95	Reines-Claude	100
Cerises entières........	98	Mirabelles	100
Cerises sans noyaux....	95	Pêches entières	100
Fraises..............	95	— en quartiers....	98
Framboises	95	Poires (quatre façons)..	100
Groseilles entières.....	95	— blanchies........	100
— épepinées.....	92		

CONSERVES POUR SIROPS.

	Degrés.		Degrés.
Cerises..............	85	Groseilles.............	85
Framboises	88	Merises	90

CHAPITRE XIX.

DES VINS DE LIQUEUR.

Les vins, en général, se divisent en deux ordres très-distincts, les *vins secs* et les *vins sucrés* ou *vins de liqueur*.

Les vins de liqueur contiennent moins d'eau, plus de sucre, d'alcool, et développent un parfum plus prononcé que les vins secs ; ils offrent une consistance presque sirupeuse et une douceur qui les rend en effet plutôt *liqueurs* d'agrément que vins de consommation journalière.

La préparation des raisins pour les vins de liqueur s'opère de plusieurs manières. Dans les pays dont la température est élevée et où le raisin est de nature à offrir, lors de sa maturité, du sucre en abondance, le mode le plus généralement adopté consiste à interrompre le prolongement de la végétation, en tordant la grappe du raisin sur la vigne même, afin de lui faire perdre une partie de son eau de végétation par la dessiccation naturelle qu'opèrent les rayons du soleil. Par une autre méthode, on fait sécher les raisins après les avoir coupés, en les exposant aussi à l'ardeur du soleil sur des claies d'osier. Il résulte de ces préparations que la soustraction d'une partie de l'humidité du raisin concentre le principe sucré et rompt l'équilibre dans lequel il se rencontrait avec l'eau nécessaire au fruit.

La présence de l'eau dans la fermentation des vins étant d'une nécessité absolue pour que la puissance de désorganisation et de combinaison nouvelle puisse s'exercer sur les corps fermentescibles, il est facile de concevoir que le suc de raisin ne subit les lois de la fermentation que dans des proportions relatives à l'eau et aux autres principes qui constituent ce suc de raisin. Or, les vins de liqueur participent nécessairement du vin proprement dit, résultant de la fermentation, plus du principe sucré qui n'a pu fermenter à cause du défaut d'eau ; les molécules du sucre sont parfaitement interposées entre les molécules du vin ; les unes et les autres présentent un fluide qui s'éclaircit par le repos, chacune d'elles servant de condiment à l'autre ; le vin, ou plutôt l'alcool du vin, s'oppose à la fermentation du sucre, et celui-ci, de son côté, s'oppose à ce que le vin passe à l'état acide, pourvu toutefois que la liqueur soit conservée dans des vases fermés.

Lorsque le suc ou *moût* de raisin est plus aqueux qu'il ne convient, relativement aux proportions du principe sucré, on concentre ce moût par l'évaporation sur le feu ; on agit alors sur le principe sucré de manière à le rendre plus abondant que le principe aqueux.

La qualité des vins de liqueur se reconnaît à l'arome et à la saveur particulière qui appartiennent à chaque espèce et qui produisent sur l'organe du goût une sensation vineuse et sucrée plus ou moins forte.

Généralement, les vins de liqueur que l'on rencontre dans le commerce sont des *vins factices* (1), fabriqués, pour la plupart, à Cette et à Montpellier; ils sont constamment le résultat du mélange de différents vins, d'alcool, de matière sucrée et d'un *bouquet* extrait de diverses substances aromatiques, le tout dans des proportions en rapport avec la nature des vins à imiter.

Le public en général est persuadé que les vins de liqueurs factices sont nuisibles à la santé; c'est une erreur profonde : ces vins ne contiennent aucune substance malsaine, et la plupart, au contraire, sont plus digestifs que certains vins naturels.

Qu'on ne croie pas cependant que notre but, en publiant la manière de fabriquer les vins de liqueur, soit de vouloir encourager la falsification, qui vend pour naturels les vins imités; il a été seulement de faire connaître tous les procédés employés dans le midi de la France, et nous engageons fortement, au contraire, les négociants et débitants qui livrent ces vins à la consommation, à indiquer sur les étiquettes et sur les factures de livraison qu'ils sont d'imitation et non d'origine véritable.

IMITATION DES VINS DE LIQUEUR.

Les éléments constituant les vins de liqueur étant connus, il ne s'agit plus que de les réunir avec habi-

---

(1) Cette qualification est impropre : celle de *vins mélangés* serait plus convenable, puisque, quelle que soit la nature du vin que l'on veuille fabriquer, il faut toujours que le produit soit un mélange de vin.

leté et de les aromatiser convenablement pour obtenir de bons résultats. A cet effet, on emploie diverses préparations, connues sous les noms de : *sirop de raisin*, — *infusion de noix vertes*, — id. *de coques d'amandes amères torréfiées*, — id. *d'iris de Florence*, — *esprit de framboises*, — id. *de goudron.*

Avant de faire connaître les recettes à l'aide desquelles on peut imiter les vins de liqueur, il nous reste à parler de l'esprit de goudron et de l'infusion des coques d'amandes amères torréfiées, seuls liquides, pour ces imitations, dont nous n'avons pas encore indiqué la préparation.

ESPRIT DE GOUDRON.

Goudron de Norvège................. 5oo grammes.
Alcool à 85 degrés .... 2 litres.
Eau commune...................... 1 litre.

Distiller le tout avec précaution au bain de sable dans une cornue en verre, pour retirer 2 litres de produit.

INFUSION DE COQUES D'AMANDES AMÈRES TORRÉFIÉES.

Coques d'amandes amères .... 5 kilog. 5oo gr.
Alcool à 85 degrés................. 2o litres.

Faire torréfier les coques d'amandes dans un brûloir à café et les jeter toutes chaudes dans un vase contenant l'alcool; luter soigneusement afin d'empêcher l'évaporation, laisser infuser pendant un mois, puis tirer au clair et filtrer.

RECETTES DES VINS DE LIQUEUR.

Comme pour les recettes de liqueurs, celles qui suivent s'appliquent toutes à la fabrication de 1 hectolitre de liquide.

I.   28

ALICANTE.

Vin de Bagnols vieux..................	90 litres.
Sirop de raisin à 35 degrés...........	5 litres.
Infusion d'iris de Florence............	1 litre 25 cent.
— de brou de noix............	1 litre 10 cent.
Alcool à 85 degrés	3 litres.

Mélanger avec soin et laisser reposer pendant deux mois, coller ensuite avec la gélatine (15 grammes fondus dans un demi-litre d'eau) et soutirer après huit jours de collage.

CHYPRE.

Vin de Bagnols très-vieux............	86 litres.
Infusion d'iris de Florence............	1 litre 10 cent.
— de brou de noix............	1 litre 10 cent.
— de coques d'amandes amères torréfiées......................	2 litres.
Sirop de raisin à 35 degrés...........	5 litres.
Alcool à 85 degrés...................	5 litres.

Opérer comme ci-dessus.

CONSTANCE.

Vin de Bagnols très-vieux............	88 litres.
Infusion d'iris de Florence............	1 litre.
Esprit de framboises.................	2 litres 25 cent.
— de goudron...................	15 grammes.
Sirop de raisin à 35 degrés...........	5 litres.
Alcool à 85 degrés..................	4 litres.

Opérer comme ci-dessus.

GRENACHE.

Vin de Collioure vieux...............	89 litres.
Sirop de raisin à 35 degrés...........	6 litres.
Infusion de brou de noix.............	1 lit. 25 centil.
— de coques d'amandes amères torréfiées.....................	1 litre.
Alcool à 85 degrés..................	3 litres.

Opérer comme ci-dessus.

MALAGA.

Vin de Bagnols vieux...............	90 litres.
Sirop de raisin à 35 degrés..........	5 litres.
Infusion de brou de noix............	2 litres.
Esprit de goudron..................	30 grammes.
Alcool à 85 degrés.................	3 litres.

Opérer comme ci-dessus.

MALVOISIE DE MADÈRE.

Vin de Picardan doux...............	88 litres.
Infusion de coques d'amandes amères torréfiées.....................	2 litres.
Esprit de framboises...............	2 litres.
Fleurs de sureau...................	500 grammes.
Sirop de raisin à 35 degrés..........	5 litres.
Alcool à 85 degrés.................	3 litres.

Opérer comme ci-dessus.

MUSCAT DE LUNEL.

Vin de Picardan doux...............	90 litres.
Sirop de raisin à 35 degrés..........	6 litres.
Fleurs de sureau...................	750 grammes.
Alcool à 85 degrés.................	4 litres.

Mettre les fleurs de sureau dans un nouet, les faire infuser dans le liquide pendant deux mois, et opérer comme ci-dessus.

MUSCAT DE FRONTIGNAN.

Vin de Picardan sec...............	82 litres.
Sirop de raisin à 35 degrés..........	10 litres.
Fleurs de sureau...................	250 grammes.
Alcool à 85 degrés.................	8 litres.

Opérer en tout comme ci-dessus.

MADÈRE.

Vin de Picardan sec.................... 90 litres.
Infusion de brou de noix.............. 2 litres.
   — de coques d'amandes amères
torréfiées.......................... 2 litres.
Sirop de raisin à 35 degrés............ 2 litres.
Alcool à 85 degrés.................... 4 litres.

Opérer comme pour le vin d'Alicante.

XÉRÈS.

Vin de Picardan sec, très-vieux....... 88 litres
Infusion de brou de noix.............. 2 litres.
   — de coques d'amandes amères
torréfiées.......................... 3 lit. 50 cent.
Sirop de raisin à 35 degrés............ 2 litres.
Alcool à 85 degrés.................... 5 litres.

Opérer comme ci-dessus.

SHERRY CORDIAL (1).

Vin de Picardan sec, très-vieux....... 85 litres.
Infusion de brou de noix.............. 1 litre.
   — de coques d'amandes amères
torréfiées.......................... 3 litres.
   — d'iris de Florence.............. 1 litre.
Sirop de raisin à 35 degrés............ 8 litres.
Alcool à 85 degrés.................... 2 litres.

Opérer comme ci-dessus.

LACRYMA-CHRISTI.

Vin de Bagnols très-vieux............. 86 litres.
Teinture de cachou.................... 1 litre.
Infusion de brou de noix.............. 1 litre.
   — d'iris de Florence.............. 1 litre.
Sirop de raisin à 35 degrés............ 6 litres.
Alcool à 85 degrés.................... 5 litres.

Opérer comme ci-dessus.

---

(1) Expression anglaise qui signifie *xérès cordial.*

PORTO.

Vin de Collioure vieux	83 litres.
Infusion de merises	5 litres.
— de brou de noix	2 litres.
Esprit de framboises	2 litres.
Sirop de raisin à 35 degrés	5 litres.
Alcool à 55 degrés	3 litres.

Opérer comme ci-dessus.

ROTA.

Vin de Collioure vieux	88 litres.
Infusion de broux de noix	2 litres.
— de coques d'amandes amères torréfiées	1 litre.
Esprit de framboises	2 litres.
Sirop de raisin à 35 degrés	5 litres.
Alcool à 85 degrés	2 litres.

Opérer comme ci-dessus.

TOKAI.

Vin de Bagnols très-vieux	86 litres.
Infusion de brou de noix	1 litre.
— d'iris de Florence	1 litre.
Esprit de framboises	2 litres.
Sirop de raisin à 35 degrés	6 litres.
Alcool à 85 degrés	4 litres.

Opérer comme ci-dessus.

Observation. — Tous les vins gagnent à vieillir, mais particulièrement ceux de liqueur : on ne les livrera donc à la consommation qu'après s'être assuré qu'ils ne laissent rien à désirer. La limpidité est aussi une condition essentielle.

La fabrication des vins de Champagne est l'objet d'une industrie particulière; nous regrettons toutefois que les bornes de cet ouvrage ne nous permettent pas d'en faire connaître les diverses préparations.

VERMOUT DE TURIN.

Grande absinthe	125 grammes.
Gentiane................................	60 grammes.
Racines d'angélique	60 grammes.
Chardon bénit..........................	125 grammes.
Calamus aromaticus	125 grammes.
Aunée.................................	125 grammes.
Petite centaurée.......................	125 grammes.
Germandrée............................	125 grammes.
Cannelle de Chine......................	100 grammes.
Muscades	15 grammes.
Oranges fraîches coupées par tranches	6 (nombre).
Vin blanc de Piepoul doux	95 litres.
Alcool à 85 degrés	5 litres.

Faire infuser pendant cinq jours, tirer au clair et coller avec la colle de poisson; soutirer après huit jours de repos et recoller encore avant de mettre en bouteilles.

On peut remplacer le vin de Piepoul par du vin de Picardan doux, et celui-ci par du picardan sec; dans ce dernier cas, on ajoute 5 litres de sirop de raisin à 35 degrés.

Le vermout se fabrique ordinairement à Montpellier, à Cette ou à Lyon.

Souvent son amertume est trop prononcée : on est alors obligé de lui adjoindre une nouvelle quantité de vin, afin de corriger cette grande amertume. Voici une adjonction qui réussit toujours très-bien :

Vermout amer...................... 5o litres.
Vin blanc ordinaire................. 42 litres.
Sirop de raisin..................... 5 litres
Infusion de coques d'amandes amères
    torréfiées...................... 1 litre.
Alcool à 85 degrés................. 4 litres.

Colorer en jaune d'or avec le caramel et coller deux fois, ainsi que pour le précédent.

AUTRE VERMOUT D'ITALIE.

(Recette d'Ollivero.)

Coriandre......................... 5oo grammes.
Écorces d'oranges amères.......... 25o grammes.
Iris en poudre.................... 25o grammes.
Fleurs de sureau.................. 2oo grammes.
Quinquina rouge.................. 15o grammes.
Acore vrai........................ 15o grammes.
Grande absinthe.................. 125 grammes.
Charbon bénit.................... 125 grammes.
Racines d'aunée.................. 125 grammes.
Petite centaurée.................. 125 grammes.
Chamædrys...................... 125 grammes.
Cannelle de Chine................ 100 grammes.
Racines d'angélique.............. 6o grammes.
Muscades........................ 5o grammes.
Galanga.......................... 5o grammes.
Girofle........................... 5o grammes.
Cassie........................... 3o grammes.
Vin blanc de Picardan sec .... 100 litres.

Faire infuser pendant cinq ou six jours, tirer au clair, coller à la colle de poisson et laisser reposer pendant quinze jours.

Si l'on ajoute à cette recette 2 litres d'infusion de coques d'amandes amères torréfiées, et 3 litres de bon cognac, on obtiendra un vermout de première qualité.

VERMOUT (*bonne qualité*).

Pour 230 litres.

Absinthe mondée	5oo grammes.
— de petite	5oo grammes.
Quinquina rouge	5oo grammes.
Iris de Florence	4oo grammes.
Véronique	5oo grammes.
Pulmonaire	5oo grammes.
Chardon bénit	5oo grammes.
Fleurs de sureau	5oo grammes.
Rhubarbe	6o centigrammes.
Zestes d'oranges douces	5oo grammes.
Écorces de curaçao	125 grammes.
Noyaux de pêches	5oo grammes.
Origan	25o grammes.
Semen-contra	5o grammes.
Petite centaurée	125 grammes.
Germandrée	125 grammes.
Cognac à 4o degrés	16 litres.
Sucre blanc fondu dans le vin	6 kilogrammes.

Laisser infuser pendant deux mois, en ayant soin de battre tous les quinze jours; soutirer et reverser, coller ensuite, et mettre soit en fût, soit en bouteilles. Les madères de Cette ou de Picardan devront avoir la préférence. Il est bien entendu que le fût à infusion devra être d'une contenance d'environ 4oo litres, en raison de la place que les herbages occupent et pour la facilité du travail.

VERMOUT AU MADÈRE.

Grande absinthe	125 grammes.
Racines d'angélique	6o grammes.
Chardon bénit	125 grammes.
Pulmonaire	125 grammes.
Véronique	125 grammes.
Romarin	125 grammes.

Rhubarbe .... 3o grammes.
Quinquina rouge. .... 200 grammes.
Iris en poudre .... 25o grammes.
Infusion de curaçao .... 25 centilitres.
Vin de Madère ordinaire........... 92 litres.
Sirop de raisin .... 3 litres.
Cognac rassis...................... 5 litres.

Faire infuser pendant trois jours, tirer au clair et coller à la colle de poisson; après un repos de huit jours, soutirer et coller de nouveau avant de mettre en bouteilles.

On peut remplacer le vin de Madère par du picardan sec, auquel on ajoute 2 litres d'infusion de coques d'amandes amères torréfiées.

L'analyse du *véritable vermout con china di Firenze* nous a donné pour 1 litre le résultat suivant :

Alcool pur........................ 10 centilitres.
Sucre de raisin................... 38o grammes.

Le pèse-sirop plongé dans le liquide marque 16 degrés. Comme on le voit, ce vermout contient beaucoup de sucre; son amertume, due particulièrement au quinquina et à la rhubarbe, est très-prononcée; sa couleur est d'une nuance jaune foncé, et il forme un assez fort dépôt dans les bouteilles.

HYDROMELS.

L'eau à laquelle on ajoute du miel prend le nom d'*hydromel*, et n'est autre chose qu'une tisane : si ce mélange subit la fermentation, il constitue l'hydromel vineux : dans cet état, c'est une boisson stomachique et cordiale, plus en usage à l'étranger qu'en France.

On prépare l'hydromel de plusieurs manières; la plus usitée est celle-ci :

Prendre : miel blanc, 15 kilogrammes; crème de tartre, 500 grammes; fleur de sureau, 500 grammes; levûre de bière sèche, 500 grammes; faire infuser la fleur de sureau dans 100 litres d'eau bouillante; un quart d'heure après, ajouter la crème de tartre (qu'on peut rendre plus soluble par l'addition de 20 ou 30 grammes d'acide borique). Quand l'infusion commence à se refroidir (30 degrés centigrades), délayer le miel et la levûre, puis placer le tout dans un local ayant une température de 25 degrés environ. Lorsque la fermentation est terminée, tirer au clair et mettre dans un tonneau bien bouché.

On peut remplacer la fleur de sureau par d'autres substances, comme par exemple du thym, du romarin ou de la sauge.

En Pologne, on prépare l'hydromel en faisant tremper des cerises, framboises et mûres, pendant plusieurs jours, dans de l'eau pure; on ajoute ensuite du miel avec un morceau de pain trempé dans la lie de bière : on expose ce mélange, dans des tonneaux, à une chaleur de 20 à 25 degrés pour laisser fermenter pendant un ou deux mois; on laisse éclaircir et l'on met en bouteilles.

HYPOCRAS.

Les hypocras sont, en quelque sorte, des ratafias de vin. Ces préparations étaient autrefois très-recherchées, mais de nos jours elles sont presque tombées dans l'oubli; quoi qu'il en soit, nous allons indiquer la manière de les obtenir.

HYPOCRAS AUX ÉPICES.

Mettre infuser, pendant huit jours, dans 1 hectolitre de vin rouge ou blanc de Bordeaux ou de Bourgogne :

Cannelle de Chine pulvérisée...........	60 grammes.
Muscades...........................	15 grammes.
Macis..............................	15 grammes.
Girofle............................	15 grammes.

Tirer au clair, ajouter ensuite 12 kilog. 500 gr. de sucre fondu dans une très-petite quantité d'eau, puis 5 litres d'alcool à 80 degrés; coller fortement : après huit jours de repos, filtrer et mettre en bouteilles.

HYPOCRAS A L'ORANGE.

Employer les mêmes quantités de vin, de sucre et d'alcool que pour la recette précédente, en remplaçant les épices par vingt oranges coupées en tranches; faire infuser pendant huit jours, et opérer comme ci-dessus.

HYPOCRAS A LA VANILLE.

Cet hypocras se prépare de la même manière que les précédents; on emploie, pour l'aromatiser, 60 grammes de vanille du Mexique pilée avec le sucre ou infusée dans 1 litre d'eau bouillante.

HYPOCRAS SUPÉRIEUR.

Faire infuser pendant six ou huit jours dans 100 litres de vin de Chablis vieux :

Cannelle de Ceylan pulvérisée........ 3o grammes.
Macis.............................. 15 grammes.
Muscades........................... 15 grammes.
Amandes amères pilées .... 6o grammes.
Vanille pilée avec du sucre ou infusée
dans 1 litre d'eau bouillante........ 100 grammes.

Tirer au clair, ajouter ensuite 18 kilogrammes de sucre fondu avec une petite quantité d'eau et 10 litres d'alcool à 85 degrés bon goût. Opérer comme ci-dessus.

CHAPITRE XX.

DES EAUX ET BOISSONS GAZEUSES.

L'usage des eaux et des boissons gazeuses s'est tellement répandu depuis plusieurs années, que nous pensons être utile à nos confrères en leur indiquant la manière de les préparer, et en leur signalant les appareils de fabrication et les vases ou bouteilles siphoïdes qu'ils devront employer de préférence. D'ailleurs, le commerce des eaux-de-vie et des liqueurs en gros facilite considérablement la vente des liquides gazeux, et se trouve parfaitement en rapport avec ce genre d'industrie, les négociants en spiritueux se trouvant tous les jours en relations avec des clients qui vendent ces mêmes boissons.

La fabrication des liquides gazeux dont il est question ici a pour base uniforme le gaz acide carbonique, dont le dégagement est obtenu, soit avec l'acide sulfurique, soit avec l'acide chlorhydrique affaibli, mis en contact avec la craie ou le carbonate de chaux (blanc d'Espagne), lequel gaz sert à opérer la saturation de l'eau ou de tous autres liquides.

Les liquides saturés par le gaz acide carbonique ont une odeur piquante, une saveur aigrelette fort agréable ; ils moussent fortement par l'agitation ou au contact de l'air, parce que l'excès de gaz introduit dans ces liquides s'échappe avec promptitude dès que la pression qui le maintenait dans leur sein n'existe plus : c'est ce qui explique pourquoi les bouchons des liquides gazeux sautent avec bruit lorsqu'on coupe les ficelles qui les retenaient. C'est aussi la même cause qui fait que la bière, le cidre, le vin de Champagne, moussent et pétillent, ces liquides étant saturés d'acide carbonique par suite de la manière dont on les prépare.

Lorsqu'on débouche une bouteille d'eau gazeuse, aussi bien qu'une bouteille de cidre mousseux ou de vin de Champagne, le gaz se dégage avec une vive effervescence, mais le liquide en conserve toujours deux volumes de plus qu'il n'en devrait retenir réellement, sous la pression atmosphérique ordinaire. Aussi, lorsqu'on plonge dans le liquide un biscuit, une croûte de pain ou un corps poreux quelconque, à l'instant l'effervescence recommence, et le liquide abandonne une nouvelle quantité d'acide carbonique. On peut répéter à plusieurs reprises cette expérience, et obtenir à chaque fois un nouveau dégagement ; cependant, par son exposition prolongée à l'air, ce gaz disparaît entièrement.

Deux systèmes sont employés pour la fabrication des liquides gazeux : l'un est connu sous le nom de *système intermittent*, et l'autre sous celui de *système continu*. Nous parlerons successivement de ces deux systèmes ; mais avant d'entrer en matière, nous allons examiner succinctement les méthodes et les appareils qui ont été mis en usage à diverses époques.

Bien que l'art d'imiter les eaux minérales paraisse

dater du XVIIe siècle, où deux Anglais, Jenning et Howart, prirent une patente (brevet) pour la fabrication des eaux ferrugineuses, ce n'est qu'en 1799 que Paul de Genève substitua à des appareils complétement défectueux un appareil qui, pour charger les eaux d'acide carbonique, non-seulement remplissait parfaitement son but par sa simplicité, mais encore donnait les moyens d'obtenir une eau aussi chargée de gaz qu'on pouvait le vouloir, et surpassait de beaucoup, lorsqu'on le désirait, le produit de la nature.

Ce procédé de fabrication, auquel on donna le nom de *système de Genève*, s'opérait dans un récipient d'une assez vaste capacité, dans lequel l'eau se chargeait d'une grande quantité d'acide carbonique; et quand ce dernier était introduit au moyen d'une pompe foulante, on soutirait l'eau gazeuse pour recommencer ensuite une nouvelle opération.

Paul fonda l'*établissement de Tivoli* dans la même année 1790, d'après ce système, et M. Triayre, son associé, le dirigea jusqu'en 1820, époque à laquelle ils le cédèrent à M. Andeoud.

Le système de Genève, qui présentait l'inconvénient de fournir une eau gazeuse dont la force s'affaiblissait au fur et à mesure que le tirage s'avançait, devait nécessairement subir plus tard des modifications. MM. Vernaut et Barruel en apportèrent une très-importante en supprimant la pompe de compression, et en comprimant dans l'eau le gaz par lui-même. Ce système, à son tour, fut modifié et simplifié avec avantage par M. Savaresse. Les appareils à eaux gazeuses qui portent le nom de ce dernier ont eu pendant plusieurs années une vogue justement méritée.

L'amélioration la plus importante, apportée au système intermittent, a été faite par M. Ozouf. Cet habile constructeur a cru qu'il serait possible de ramener les appareils à eaux gazeuses, par une nouvelle combinaison de leurs organes, à une forme plus simple qui les rendrait d'un prix moins élevé, et permettrait par conséquent d'en répandre l'usage; c'est dans cette pensée qu'il a imaginé et construit l'appareil qui porte son nom, lequel se compose, en principe, de diverses pièces déjà précédemment employées. Il fait usage, par exemple, d'une capacité cylindrique en cuivre, coquillée en plomb, destinée à la production du gaz; d'un vase en plomb, avec tige à soupape, pour recevoir l'acide sulfurique; d'un vase laveur où se purifie le gaz produit; d'un récipient qui contient l'eau destinée à devenir gazeuse, et enfin d'un système de moussoir ou d'agitateur à ailes pour faciliter les mélanges.

Mais si l'on considère que le nouvel appareil atteint un degré de simplicité remarquable, qu'il occupe un très-petit espace, bien que suffisant à une fabrication de 150 à 900 bouteilles par jour, suivant le numéro; enfin, qu'il est d'un prix modéré, on concevra que M. Ozouf n'a pu obtenir ces résultats sans apporter dans la construction de sa machine des dispositions entièrement neuves et suffisantes pour constituer une véritable invention.

Nous donnerons plus loin la description complète, ainsi que la mise en train de cet appareil intermittent.

Le premier appareil à fabrication continue a été inventé à Londres, en 1819, par Bramah. Dans ce système, l'eau et le gaz sont aspirés et refoulés par une pompe dans un réservoir commun, lequel est d'une petite capacité, mais ne désemplit pas par le tirage de l'eau gazeuse, car la pompe donne, sans interruption, une nouvelle quantité de gaz et d'eau, de façon que le travail s'opère sans intermittence, c'est-à-dire d'une manière continue.

On n'a point à redouter, dans le système de Bramah, le changement de la nature des produits, comme dans le système intermittent ; l'eau reste chargée continuellement, pendant l'opération, d'une même quantité de gaz, et la fabrication s'y fait d'une manière plus expéditive. C'est à ces avantages que ce système a dû la préférence que lui ont accordée les établissements un peu importants.

Jusqu'en 1820, il n'existait à Paris qu'un seul établissement d'eaux gazeuses artificielles. A cette époque, trois pharmaciens de cette ville, MM. Planche, Boullay et Boudet, fondèrent l'établissement du Gros-Caillou (1), et firent venir de Londres un appareil construit par Bramah lui-même. Cette machine, qui est, nous croyons, la seule de ce système existant encore en France, fonctionne toujours dans l'établissement et a servi plus ou moins de modèle à tous les appareils à système continu construits depuis.

L'appareil de Bramah a été perfectionné aussi, à diverses époques, par MM. Selligue, Viel-Cazal, Stévenaux, et plus particulièrement par M. Cazaubon, qui en a fait, de nos jours, la machine la plus parfaite que l'on puisse désirer.

____

(1) L'établissement du Gros-Caillou a été dirigé pendant plus de vingt ans par l'honorable M. Berger.

APPAREIL CONTINU.

Voici la description de l'appareil continu construit par M. Cazaubon, ainsi que la manière d'en opérer la mise en train. (*Voyez* la *fig.* 1.)

P, générateur ou producteur du gaz acide carbonique.

m, bouchon de l'orifice par lequel on introduit l'eau et le blanc d'Espagne.

a, bouchon de la boîte de plomb dans laquelle se trouve l'acide sulfurique.

s, soupape de la boîte à acide.

m', manivelle d'un agitateur à ailes pour opérer la saturation de l'acide, c'est-à-dire la production du gaz.

b, bouchon de l'ouverture par laquelle on opère la sortie des matières épuisées.

L, premier laveur contenant l'eau nécessaire au lavage du gaz. Ce dernier arrive dans cette pièce par un tuyau cintré en communication avec le générateur P, et se rend au fond du laveur.

L', deuxième laveur en communication avec le premier, au moyen d'un autre tuyau cintré qui se rend également au fond de ce deuxième laveur.

e' e, bouchons des ouvertures supérieures des deux laveurs. Il existe aussi deux bouchons pour les ouvertures inférieures.

G, gazomètre contenant le gaz acide carbonique lavé, c'est-à-dire purifié. Cette pièce se compose d'une cuve cylindrique de bois, cerclée de fer, qu'on remplit d'eau, et d'une cloche de zinc surmontée d'un robinet de cuivre, dans laquelle le gaz se trouve renfermé. Un contre-poids, muni d'une corde qui passe sur deux poulies placées horizontalement, sert à maintenir l'équilibre de la cloche.

R, récipient ou appareil de production. Ce vase, d'une forme sphérique, est de cuivre doublé de plomb; il est surmonté d'un manomètre *Desbordes*, pour indiquer constamment la pression du gaz, et d'une soupape de sûreté, pour laisser échapper au besoin l'excédant de ce gaz ou pour expulser l'air atmosphérique que pourrait renfermer le récipient. Un niveau d'eau placé à droite sert à montrer la quantité de liquide contenue dans l'appareil.

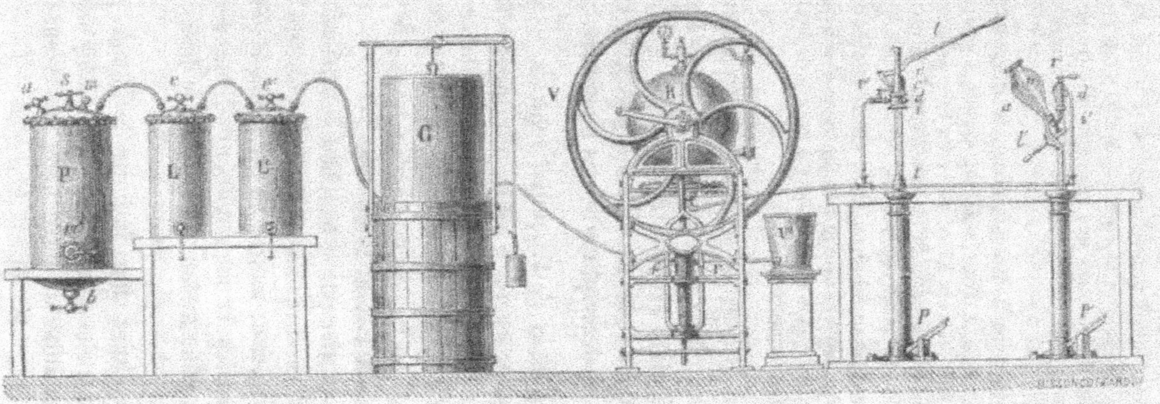

Fig. 1. — Appareil continu.

V, volant muni d'une manivelle, servant à mettre en mouvement la
   pompe aspirante et foulante qui amène l'eau et le gaz dans le
   récipient R. Le volant sert également à faire mouvoir dans ce
   dernier un agitateur à ailes, qui opère la saturation de l'eau par
   le gaz.

f, bague folle à pas de vis communiquant d'un côté avec le vase à
   eau V, vissée à l'extrémité du robinet à cadran *r*. Une autre
   bague folle est fixée à l'extrémité du tube de plomb qui prend le
   gaz sous le gazomètre, et est vissée aussi à la partie de la pompe
   opposée au robinet régulateur.

r, robinet régulateur à cadran, placé sur le côté de la pompe. C'est
   par l'aiguille de ce cadran que l'on règle l'ouverture du robinet,
   de manière que la pompe aspire à volonté de l'eau et du gaz ensemble ou séparément.

L'appareil continu se compose en outre d'un banc
de tirage de bois, sur lequel sont posés les tuyaux en
communication avec le récipient R, ainsi que les robinets à tirer et les machines à boucher. On trouvera
plus loin la description de ces machines.

Mise en train de l'appareil continu. — 1° S'assurer
si la soupape à acide *s* est bien fermée ; cette soupape,
qui est mue par un croisillon, est placée sur le couvercle du dégagement, c'est-à-dire du générateur ; elle
est fermée en faisant descendre le pas de vis, elle est
ouverte en le faisant remonter.

2° Introduire par le bouchon la matière *m*, 24 litres
d'eau et 6 mesures de 2 litres chacune de blanc d'Espagne pulvérisé ; mettre en mouvement pendant quelques secondes la manivelle *m'* du moussoir du cylindre P, pour mêler exactement le blanc d'Espagne
et l'eau.

3° Introduire dans la boîte de plomb, par le bouchon *a*, 4 litres d'acide sulfurique à 66 degrés.

4° Introduire de l'eau dans les laveurs L, L', par

les ouvertures *e*, *e'*, à peu près aux deux tiers de leur capacité, et fermer toutes les ouvertures.

5° Ouvrir d'un pas de vis environ le robinet à croisillon de la soupape *s*, afin de laisser tomber une faible quantité d'acide sulfurique sur le mélange d'eau et de carbonate de chaux contenu dans le cylindre, refermer la soupape et mettre en mouvement la manivelle *m'* du générateur P; répéter plusieurs fois cette opération jusqu'à ce que le gazomètre soit rempli d'acide carbonique. On doit comprendre que l'acide carbonique, produit de la décomposition du carbonate de chaux par l'acide sulfurique, passe du laveur sous le gazomètre.

Les matières épuisées se retirent par l'ouverture fermée avec le bouchon *b*. L'eau des laveurs est changée chaque jour; il est avantageux d'introduire quelques kilogrammes de charbon de bois entier dans l'eau du gazomètre, qui alors se conserve indéfiniment.

Le gaz étant préparé, on commence la fabrication de l'eau gazeuse.

Quand l'appareil est monté dans la disposition indiquée par la *fig.* 1, et l'aiguille inhérente à la clef du robinet *r* placée entre les n°⁵ 1 et 2 du cadran, on met la pompe en mouvement à l'aide du volant V : cette dernière, en fonctionnant, aspire d'un côté de l'eau, de l'autre de l'acide carbonique qu'elle refoule en même temps dans le récipient R pour produire l'eau gazeuse. Une fois la pompe en mouvement, tout le travail consiste à mettre l'aiguille du robinet *r* sur le numéro ou le point reconnu nécessaire pour obtenir, d'un côté, dans le récipient, de l'eau qui ne devra pas dépasser le milieu du niveau d'eau, et, de l'autre, donner au liquide gazeux une pression qui ne devra pas dépasser 8 atmosphères pour les eaux de Seltz et les limonades bouchées au liége, et 10 ou 12 atmosphères pour les liquides gazeux destinés aux vases siphoïdes ; ce qui revient à dire que, dans un temps donné, la quantité d'eau gazeuse produite doit être égale à la mise en bouteilles par le tireur. Si l'eau, pendant le travail, dépassait le milieu du niveau d'eau, il faudrait fermer un peu le robinet r ; si, au contraire, l'eau baissait au niveau d'eau, il faudrait ouvrir un peu plus le même robinet.

Observation. — Le robinet fixé à la partie supérieure du gazomètre ne sert que quand on veut mettre de l'eau dans la cuve de bois ; on conçoit que si l'air renfermé dans le gazomètre n'avait pas d'issue, il ne pourrait se remplir d'eau ; ce robinet n'est donc d'aucune utilité pour la fabrication de l'eau gazeuse.

Emplissage des bouteilles bouchées au liége. — On place la bouteille sur le tampon fixé à l'extrémité de la tige de fer t ; on introduit le bouchon dans le cône c de la machine à boucher ; on élève la bouteille, à l'aide de la pédale p, jusqu'à ce qu'elle touche au disque de cuir ou de caoutchouc placé à la partie inférieure du cône i ; on tourne vers soi la cuirasse, et on ouvre le robinet r' ; le liquide coule aussitôt dans la bouteille et comprime l'air qu'elle contient. Pour laisser échapper cet air, on presse d'un coup sec le bouton d ; l'air, trouvant une issue, s'échappe aussitôt et est remplacé immédiatement par une nouvelle quantité d'eau gazeuse ; on répète cette opération jusqu'à ce que la bouteille soit pleine. On enfonce alors le bouchon en abaissant le chasse-bouchon *c* à l'aide du levier *l*.

La cuirasse de cuivre garantit l'opérateur de tout accident provenant de la rupture des bouteilles, car l'embouteillage des eaux gazeuses n'est pas sans offrir quelque danger : il y a des bouteilles qui ne peuvent résister à la pression et qui volent en éclats; il est nécessaire que la main gauche de l'opérateur, qui saisit la bouteille, soit couverte d'un gant de buffle très-épais et assez montant pour garantir la moitié du bras. Un masque, semblable à ceux des maîtres d'armes, peut aussi être employé à préserver les yeux et le visage des éclats de verre.

La bouteille étant pleine et bouchée, on la saisit de la main gauche en mettant le pouce sur le bouchon et en appuyant fortement, puis on pose la bouteille dans le calébotin (1) du ficeleur et on maintient le bouchon jusqu'à ce que la première ficelle soit serrée sur lui. Une deuxième ficelle étant ensuite posée en croix, le ficelage est terminé. (*Voyez* p. 412 et 413, *Ficelage.*)

Les bouchons doivent être de première qualité et plus gros que ceux qu'on emploie pour le bouchage ordinaire des liquides, à cause du refoulement qu'ils éprouvent en passant par le tube en cône de la machine à boucher.

Le ficelage s'exécute avec de la ficelle de choix, connue chez les cordiers sous le nom de *ficelle à eau*

---

(1) Le calébotin est une espèce de calice de bois dans lequel on place la bouteille à ficeler; cet instrument est monté sur un pied à trois ou quatre branches.

de Seltz. On se sert aussi, pour cette opération, d'une espèce de trèfle ou croisillon de fer ayant un manche en forme de poire, et d'un couteau à lame arrondie et à deux tranchants pour couper indistinctement à droite ou à gauche. Ces instruments servent tous deux à serrer la ficelle, le premier à l'aide de sa tige de fer, le second avec son manche de bois.

L'eau employée dans la fabrication des liquides gazeux doit être très-claire; pour arriver à ce résultat, on peut se servir avec avantage du filtre indiqué p. 83 (*Filtration et conservation de l'eau*).

Une bonne précaution est celle qui consiste à placer l'appareil de production dans un local frais, le froid étant favorable à l'absorption du gaz. Pour atteindre ce but, M. Ozouf a imaginé un système de réfrigération qui permet de faire absorber aux liquides une quantité plus considérable d'acide carbonique.

Ce système, entièrement nouveau, a été suggéré à l'inventeur par l'expérience, qui lui a démontré les nombreux obstacles que l'on rencontre dans la fabrication des eaux gazeuses pendant les chaleurs de l'été. En effet, on sait que l'eau ne dissout l'acide carbonique qu'en raison inverse du calorique qu'elle renferme. Ainsi, pendant l'hiver, la fabrication est parfaitement bonne et régulière, tandis qu'en été elle est toujours mauvaise, l'eau ne dissolvant que peu d'acide carbonique, quoique la pression soit la même.

Cette invention nouvelle, pour laquelle M. Ozouf a pris un brevet, se compose :

1° D'un réservoir établi au pied de l'appareil de fabrication;

2° D'un serpentin réfrigérant de cuivre ou d'étain pur, de 3o à 4o mètres de longueur, placé dans ce réservoir.

On ajuste par un écrou à vis l'une des extrémités du serpentin à la douille de la soupape de refoulement de la pompe, puis l'autre également par un écrou à vis au récipient sphérique R de la machine à eaux gazeuses.

On fait arriver de l'eau de puits à la partie inférieure du réservoir, et on place un trop-plein ou tube d'écoulement à la partie supérieure, de façon que l'eau soit courante, comme cela a lieu dans la réfrigération de la distillation.

Tout étant disposé ainsi, et la pompe mise en mouvement, l'eau et le gaz aspirés sont refoulés dans le serpentin, qu'ils sont obligés de parcourir avant d'arriver dans le récipient R, où ils ne se rendent qu'après avoir perdu leur calorique et s'être mis en équilibre avec le milieu qu'ils ont dû traverser.

On conçoit facilement que ce moyen de refroidissement est constant et infaillible pour obtenir un liquide à une température basse, puisque l'eau de puits ne porte généralement que 1o degrés de calorique et que l'on n'a jamais constaté dans le réservoir, pendant le travail, une température plus élevée que 12 à 13 degrés, même pendant les plus grandes chaleurs de l'été.

On doit avoir soin aussi, quand on commence le travail de la journée, d'expulser par la soupape de sûreté l'air atmosphérique contenu dans l'appareil. Cet air, qui provient du générateur, des vases laveurs,

de l'eau, etc., augmente sans utilité la pression superficielle, nuit au mouvement de la pompe et rend plus
difficile l'absorption du gaz acide carbonique par
l'eau.

Emplissage des vases siphoïdes. — On place le vase *v*
dans l'appareil spécial *a*, on le recouvre de sa cuirasse
et on le fait monter en appuyant le pied sur la pédale *p'*, de manière que l'extrémité du tube du vase,
par lequel entre et sort le liquide, vienne presser contre des rondelles de buffle ou de caoutchouc
qui sont renfermées dans l'intérieur de la bague *i* du
robinet *r'*. On abaisse alors le piston ou le levier du
vase, à l'aide du levier *l'* ; on ouvre ensuite de la main
droite le robinet *r'*, l'eau gazeuse pénètre aussitôt dans
le vase ; quand elle cesse de couler, on le referme ; on
presse vivement deux fois de suite le bouton *d'* pour
faire sortir l'air comprimé dans la bouteille ; on ouvre
de nouveau le robinet *r'*, on le referme dès que le liquide gazeux cesse de couler dans le vase, on presse
encore vivement le bouton *d'*, et on répète cette manœuvre jusqu'à ce que le vase soit rempli à la distance
de 3 à 4 centimètres de l'appareil d'étain qui le sur-
monte. La main gauche abandonne enfin le levier *l'*,
on ferme le robinet de tirage de la main droite, et le
vase est remplacé immédiatement par un autre.

Dans cette mise en bouteilles, il est indispensable
de fermer le robinet *r'* avant d'appuyer sur le bouton *d'*,
car sans cette précaution ce ne serait plus l'air renfermé dans la bouteille qui s'échapperait, mais bien
l'eau gazeuse elle-même, attendu qu'il n'y a qu'une
seule issue pour l'air et l'eau gazeuse, et qu'il faut,

rigoureusement, que cette dernière ait laissé le passage libre pour que l'air comprimé dans le gaz puisse s'échapper.

La théorie de cette opération s'explique ainsi : au moment où le robinet de remplissage est ouvert, le liquide gazeux se précipite dans le vase presque instantanément ; l'atmosphère aériforme qu'il renferme se comprime, l'équilibre se fait alors entre le récipient d'eau gazeuse et le vase ; il faut détruire cet équilibre, en faisant sortir mécaniquement l'air comprimé dans le vase ; mais cette opération demande du soin et de l'intelligence, elle doit se faire par coups saccadés et précipités, pour que l'air chassé soit immédiatement remplacé par une nouvelle quantité de liquide gazeux, sans déperdition de gaz ; on doit la répéter jusqu'à ce que le vase soit rempli.

Si, pour fabriquer plus vite, on chassait d'un seul coup une grande quantité d'air comprimé, l'eau perdrait la majeure partie de son acide carbonique et n'aurait plus ensuite assez de force pour sortir du vase. Le coup de piston doit être donné de manière que l'eau ne blanchisse pas ; il faut encore avoir soin, après le dernier coup de piston, de rouvrir le robinet de tirage, pour que ce soit, en dernière analyse, la pression contenue dans le récipient qui se fasse sentir sur le liquide gazeux du vase. Si le contraire avait lieu ; si, par exemple, après avoir ouvert le robinet de tirage et l'avoir refermé, on appuyait sur le piston du dégorgeoir, l'eau gazeuse sortirait difficilement du vase et le consommateur aurait le droit de s'en plaindre.

La *fig.* 2 représente un appareil continu à colonne, garni de toutes ses pièces et pouvant remplacer l'appareil continu à bâti, indiqué *fig.* 1. Les lettres indicatives sont les mêmes pour ces deux figures.

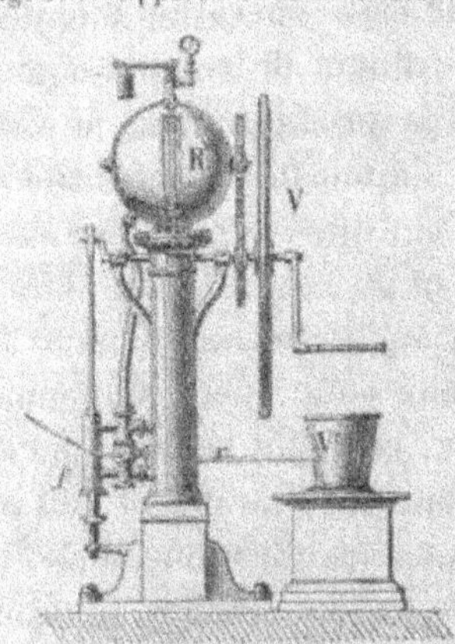

Fig. 2. — Appareil continu à colonne.

Diverses améliorations importantes ont été introduites dans les appareils continus, par M. Ozouf, notamment l'application de deux ou trois pompes placées sur une seule colonne ou support. (*Voyez* la *fig.* 3.)

L'une des difficultés de la construction des machines ou appareils à liquides gazeux consiste à obtenir la plus grande quantité de produit sous le plus petit volume et dans le moins de temps possible. L'appareil continu à deux ou trois pompes résout complétement ce problème :

Pour le volume, par l'emploi d'une simple colonne;

Pour la production, par la réunion de plusieurs pompes.

La manière de faire fonctionner cette machine ne diffère pas de la méthode employée pour les autres appareils continus.

L'eau est fournie par un conduit qui l'amène d'un puits ou réservoir R, sous l'action des pompes L, L', mues par un moteur quelconque et montées sur des supports venus de fonte avec la colonne P, qui porte à sa partie supérieure le récipient saturateur O, d'où part le tube de sortie F du gaz qui se rend aux siphons: le niveau d'eau D, le manomètre métallique B et la soupape de sûreté A sont montés sur la sphère.

Fig. 3. — Appareil continu à deux pompes.

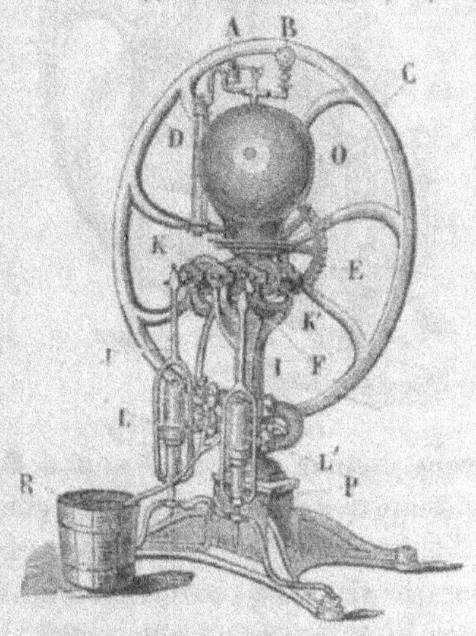

L'arbre moteur reçoit le mouvement, soit d'une machine à vapeur, soit de toute autre manière; il porte un pignon qui communique ce mouvement aux arbres K, K' des pompes, par l'intermédiaire des roues dentées.

Une autre roue dentée E, montée sur un arbre, communique son mouvement à la roue dentée qui com-

mande l'agitateur fonctionnant à l'intérieur de la
sphère.

La *fig.* 4 représente un appareil à trois pompes,
monté sur un bâti de fonte et marchant par la vapeur.

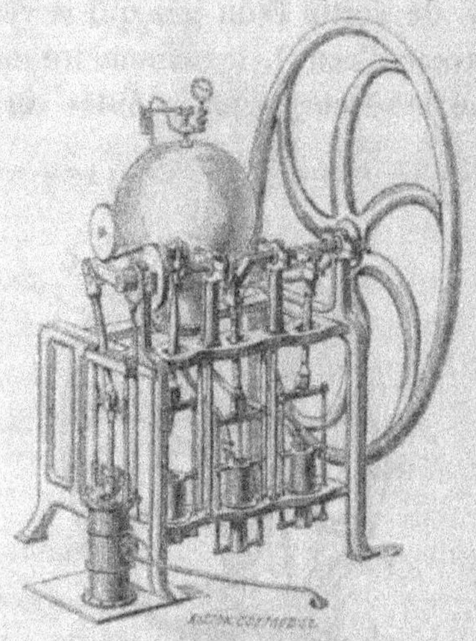

Fig. 4. — Appareil continu à trois pompes mues par la vapeur.

Nous devons ajouter que M. Ozouf a fait disparaître dans les appareils ces formes disgracieuses con-
sacrées par l'usage et qu'il a supprimé les producteurs
ou générateurs de plomb, les laveurs de bois, si peu en
harmonie avec le progrès et la mécanique. Il a aussi
remplacé le robinet de cristal, qui entraînait avec lui
de si graves accidents par la projection de l'acide
sulfurique.

Enfin, le premier de tous les constructeurs, M. Ozouf
a appliqué les petites machines à vapeur directement aux appareils eux-mêmes et sans transmission
de mouvement. On peut dire hautement qu'il a fait

une véritable industrie de cette fabrication, qui avant
lui était encore dans l'enfance. Son établissement de
Paris fabrique plus d'un million de bouteilles de liquides gazeux et justifie complétement notre appréciation.

APPAREIL INTERMITTENT.

L'appareil intermittent de M. Ozouf se compose
d'une sphère A, formée de deux hémisphères de cuivre rouge, coquillés de plomb à l'intérieur et ayant
chacun un rebord rabattu pour former un joint hermétique consolidé par deux cercles de fer, lesquels
sont traversés et fortement serrés par des boulons à
écrous. (*Voyez* la *fig.* 5.)

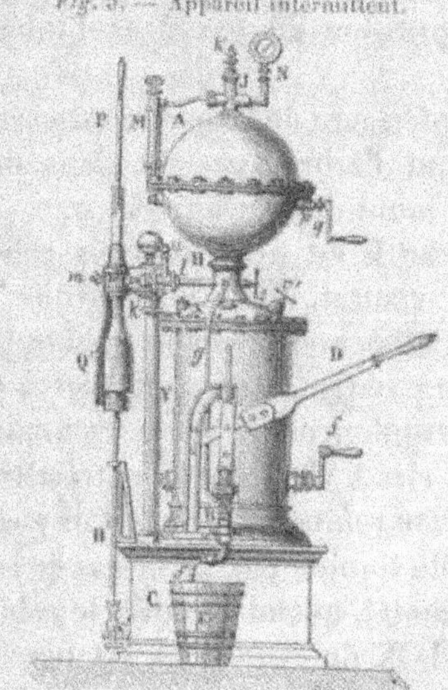

Fig. 5. — Appareil intermittent.

On introduit l'eau dans cette sphère, soit en la versant par un orifice fermé au moyen d'un bouchon à vis non indiqué dans les figures, soit à l'aide d'une pompe aspirante et foulante B, fixée sur un socle de bois C, qui porte tout l'appareil, et dont le piston est mis en action par un levier D; le liquide contenu dans un seau ou vase quelconque E est aspiré par un tuyau f, et renvoyé dans la sphère par un tuyau g, qui aboutit au tuyau central percé au milieu du piédouche H, auquel il est assujetti par un écrou à chapeau.

La sphère A est surmontée d'une tubulure J, dans laquelle est engagée une soupape de sûreté k, pressée par un ressort à boudin. La tubulure est percée d'un canal horizontal, aboutissant d'un côté à un tube à niveau d'eau M, dont la base correspond avec la sphère, et de l'autre avec un manomètre N, destiné à indiquer la pression du gaz dans l'intérieur de la sphère.

La partie inférieure de la sphère est occupée par un agitateur, dont l'arbre, passant dans une boîte à étoupe p, est muni d'une manivelle q.

Le piédouche H est percé de trois conduits verticaux : l'un, central, dont nous avons déjà parlé, est destiné à alimenter d'eau la sphère A; celui de droite sert au passage du gaz qui arrive par l'orifice inférieur, lorsqu'on ouvre cette communication en desserrant la clef à vis s, dont l'extrémité est garnie de cuir et forme robinet; le conduit de gauche permet l'évacuation du liquide chargé de gaz de la sphère par le canal horizontal, quand on ouvre le robinet à vis u.

Le couvercle X du cylindre Y est percé de quatre ouvertures, indépendamment de celle pratiquée au centre, et sur laquelle se montre le piédouche H. Les ouvertures sont fermées par des bouchons à vis; au-dessous de ce couvercle sont fixés deux réservoirs, dont l'un est un vase laveur, dans lequel plonge un petit tube pour conduire le gaz formé dans le cylindre, et l'autre un réservoir à acide sulfurique, de plomb, contenant une soupape, aussi de plomb, que l'on peut fermer et ouvrir de l'extérieur, en tournant le petit croisillon c'. Les deux réservoirs sont réunis au couvercle X par une forte soudure. L'un des bouchons à vis dont est garni le couvercle sert à fermer l'orifice par lequel on verse l'eau dans le vase laveur, l'autre à introduire l'eau et le carbonate en poudre dans le cylindre Y, le troisième à verser l'acide sulfurique dans le réservoir; enfin le dernier contient les dispositions supportant la soupape c'.

La partie inférieure du cylindre Y est occupée par un agitateur dont l'axe reçoit une manivelle f, après avoir traversé une boîte à étoupes; l'autre extrémité de l'arbre tourne dans une boîte à cuir semblable à celle de l'agitateur de la sphère A.

Dans le fond concave du cylindre Y est pratiquée une ouverture fermée par un bouchon à manivelle; cette ouverture sert à vider complétement le cylindre.

Sur le côté du socle C est déposé un support à bouteilles H', commandé par une pédale, à l'aide de laquelle on fait appuyer l'extrémité du goulot contre le dessous de la pièce à embouteiller k', garnie d'une rondelle de caoutchouc.

Manière de faire fonctionner l'appareil. — On commence par emplir d'eau pure la sphère A, par une ouverture pratiquée à sa partie supérieure; on introduit ensuite dans le cylindre Y, par l'ouverture destinée aux matières, l'eau et le carbonate de chaux ou blanc d'Espagne en poudre, que l'on mêle en mettant en mouvement le moussoir du cylindre Y.

On remplit le vase laveur d'eau pure ou bien encore d'une eau légèrement alcaline ; et la soupape à acide étant fermée hermétiquement, on introduit dans la boîte de plomb, par l'ouverture désignée, la quantité voulue d'acide sulfurique pur à 66 degrés, ou étendu au tiers de son volume d'eau ordinaire (ce mélange doit être refroidi avant d'être employé).

Autour de chaque ouverture est indiqué l'usage qu'on doit en faire, afin d'éviter toute erreur.

Ces différentes ouvertures, excepté celle par laquelle on introduit le carbonate de chaux et l'eau, étant recouvertes de leurs bouchons, que l'on serre soigneusement avec la clef, et sans trop forcer, de crainte de découronner les écrous, on fait tomber sur le mélange contenu dans le cylindre Y un peu d'acide sulfurique, en dévissant d'un pas à peu près le croisillon de la soupape à acide c', et le refermant presque aussitôt.

Cette opération dure quelques secondes, et a pour but de chasser l'air répandu sur les matières renfermées dans le cylindre et qui sort par l'ouverture restée libre.

On constate l'absence de l'air avec une allumette, ou tout autre corps enflammé, qui s'éteint subitement quand on le plonge dans le cylindre.

On applique le bouchon sur l'ouverture destinée aux matières qui était restée libre, et on procède à la saturation de l'eau par l'acide carbonique.

A cet effet, on ouvre le robinet *s* placé au centre du piédouche H (ce robinet permet d'interrompre ou d'établir la communication du gaz produit dans le cylindre avec la sphère); on ouvre ensuite la soupape à acide pendant quelques secondes; on la referme, puis on met en mouvement le moussoir du cylindre, pour faciliter le mélange de l'acide sulfurique et du carbonate de chaux. On doit avoir soin d'opérer lentement le mélange des matières, pour éviter de produire une effervescence trop vive.

L'acide carbonique se rend du cylindre dans la sphère par le vase laveur, et on soutire par le robinet du tirage *u* 2 litres d'eau, qui se trouvent remplacés par l'acide carbonique.

On met alors en mouvement accéléré le moussoir de la sphère A.

Après une minute à peu près, on ouvre de nouveau la soupape à acide pendant quelques secondes; on la referme; on met en mouvement le moussoir du cylindre, on revient à celui de la sphère, et on répète cette manipulation jusqu'à ce que le carbonate de chaux soit entièrement décomposé. La durée de cette opération est de dix à douze minutes. On reconnaît qu'elle est complète quand le gaz acide carbonique ne passe plus du cylindre dans la sphère, ou, en d'autres termes, quand ces deux vases sont en équilibre: le manomètre doit, dans ce cas, accuser de 8 à 9 atmosphères.

Pour s'assurer du degré exact de la saturation de l'eau par l'acide carbonique, il faut avoir soin de fermer le robinet de communication *s*, placé au centre du piédouche, de mettre en mouvement le moussoir de la sphère, et le point auquel l'aiguille s'arrêtera sera le véritable point de saturation de l'eau.

On procède alors à la mise en bouteilles.

Une fois la mise en bouteilles commencée, la fabrication de l'eau gazeuse destinée aux bouteilles à bouchon de liége peut se continuer en remplaçant de temps en temps l'eau qu'on enlève par de nouvelle eau que l'on introduit dans la sphère à l'aide de la pompe hydraulique B, et ce au moment où l'eau cesse d'être visible au niveau d'eau M; l'eau refoulée ne doit pas dépasser le n° 6 du niveau d'eau.

Il faut avoir soin, pendant cette introduction, de mettre de temps en temps en mouvement le moussoir de la sphère, afin que cette nouvelle eau puisse se saturer promptement d'acide carbonique.

Cette manière d'opérer avec la pompe ne s'applique qu'aux bouteilles à bouchons de liége, une première saturation étant indispensable à l'eau destinée aux bouteilles mécaniques, puisque ces bouteilles exigent une forte pression pour se vider promptement.

Pendant la mise en bouteilles, le robinet placé au centre du piédouche doit rester constamment ouvert; on doit également mettre en mouvement, à mesure que cinq ou six bouteilles ont été remplies, le moussoir de la sphère et celui du cylindre.

Quand l'eau n'est plus jugée assez chargée d'acide carbonique, il faut procéder au changement des matières; mais il n'est plus nécessaire d'introduire l'eau, comme dans la première opération, par l'ouverture pratiquée à la partie supérieure de la sphère; il faut se servir de la pompe et refouler l'eau jusqu'à ce qu'elle ait atteint le n° 6 du niveau d'eau; on ferme ensuite le robinet placé au centre du piédouche ; on dévisse à moitié les bouchons à matières et à acide sulfurique pour faire disparaître complètement la pression contenue dans le cylindre, puis, cette pression une fois détruite, on dévisse entièrement ces bouchons ; on retire le résidu de l'opération par l'ouverture pratiquée au fond du cylindre, et on le reçoit dans un baquet

Le bouchon remis en place, on procède à une nouvelle charge du cylindre en opérant de la manière décrite plus haut, sans toutefois soutirer 2 litres d'eau, comme dans la première opération, un vide nécessaire étant conservé.

Il est utile de faire échapper la pression contenue dans le cylindre par les bouchons à matières et à acide sulfurique, et non par l'ouverture destinée au vase laveur. En effet, si la pression s'échappait par cette ouverture, l'eau de lavage ne pourrait plus sortir, puisque la pression qui la force à remonter par le tube et à tomber dans le cylindre serait détruite.

L'emplissage des bouteilles au bouchon se pratique en tout point comme avec l'appareil continu, c'est-à-dire avec l'aide du robinet de tirage u, du piston m, de la machine à boucher p', du levier P et de la cuirasse Q'. Quant à celui des bouteilles *capsulo-mécaniques* et des vases siphoïdes, on peut le faire également ment en dévissant la bague folle qui réunit la machine à boucher au robinet u, et en la remplaçant par le robinet spécialement affecté à chacun de ces vases ou bouteilles.

APPAREIL INTERMITTENT-CONTINU.

Ce nouvel appareil, pour lequel M. Ozouf s'est fait breveter, possède à la fois les avantages des appareils continus et ceux des appareils intermittents, qui sont pour les premiers la non-solution de continuité dans le travail, et pour les seconds la complète saturation de l'eau par l'acide carbonique.

L'invention réside dans l'application de deux générateurs opérant alternativement et d'une petite pompe alimentaire fonctionnant simultanément avec le moussoir de la sphère : cet ensemble n'avait jamais été employé dans des conditions semblables dans les appareils intermittents. La dénomination et la disposition toute spéciale de la machine sont également nouvelles.

APPAREIL SEMI-CONTINU.

Cet appareil, pour lequel M. Ozouf a pris également un brevet (*voyez* la *fig.* 6), n'a pas les avantages de l'appareil intermittent-continu, mais il modifie encore essentiellement l'appareil intermittent en ce qu'il peut produire, avec un récipient d'appareil intermittent donné, trois fois plus d'eau gazeuse avec la même quantité de matières employées et en beaucoup moins de temps. De là une grande économie d'acide carbonique.

Comme dans l'appareil intermittent, il porte une pompe alimentaire qui fonctionne simultanément avec le moussoir de la sphère, et il faut aussi interrompre le travail pendant le renouvellement des matières.

Tout le système est commandé par une manivelle qui est emmanchée sur un arbre auquel elle fournit un mouvement circulaire autour d'un axe du volant L; sur l'axe de la manivelle est ajustée une bielle M, qui fait mouvoir verticalement de haut en bas la tige d'un piston dont l'action dans la pompe *o* comprime l'eau dans la sphère D, où le gaz est amené d'autre part.

Fig. 6. — Appareil semi-continu.

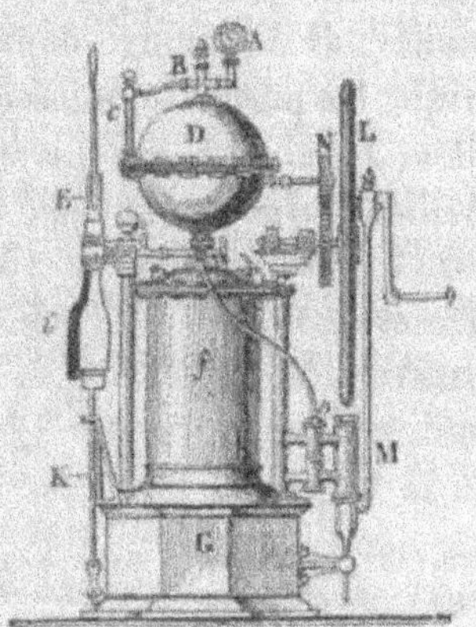

L'axe porte un pignon denté N, qui commande un autre pignon monté sur l'axe du moussoir de la sphère.

On n'a rien changé aux autres dispositions de l'appareil, qui, par ce mode de mise en mouvement, devient d'une grande commodité de main-d'œuvre, et par cela même avantageux pour tous les fabricants.

En terminant notre description des appareils à eaux gazeuses, nous dirons, sans crainte d'être taxé de partialité intéressée, que M. Ozouf est le seul constructeur qui ait apporté à ces appareils autant de modifications sérieuses.

Nous-même avons établi en 1852, à Versailles, une fabrique d'eaux gazeuses avec le concours de M. Ozouf, et nous sommes convaincu que cet habile et savant constructeur d'appareils avait parfaitement compris le genre de fabrication auquel il se livre, et dont il a fait sa spécialité depuis nombre d'années. Il ne s'est pas contenté de construire des appareils en suivant les anciens errements; il a apporté dans ce genre d'industrie mécanique les perfectionnements les plus réels et les plus utiles. Aussi a-t-il été justement honoré de plusieurs médailles d'argent, tant par la Société d'Encouragement qu'à l'Exposition de 1849 et par plusieurs Sociétés savantes; il a également obtenu à l'Exposition universelle de Paris, en 1855, une médaille de première classe.

BOUTEILLES ET VASES À EAUX GAZEUSES.

Bouteilles au bouchon. — Le choix de ces bouteilles doit fixer l'attention du fabricant d'eaux gazeuses; il faut les prendre de verre clair, bien recuit, d'une épaisseur convenable et régulière, afin qu'elles puissent recevoir au besoin une pression de 12 à 15 atmosphères.

Bouteilles ou carafes siphoïdes. — Le débouchage des bouteilles ficelées n'est pas sans désagrément; au moment où l'on fait partir le bouchon, il se produit, ainsi que nous l'avons dit plus haut, une vive effervescence qui souvent entraîne une partie du liquide et le répand au dehors avec force; d'un autre côté, le débouchage occasionne une déperdition de gaz chaque fois qu'on le renouvelle, et, pour peu qu'on tarde à boire la totalité d'une bouteille de boisson gazeuse, le dernier verre que l'on se verse est à peine chargé de gaz. C'est pour obvier à ces inconvénients qu'on emploie des vases siphoïdes.

Ainsi que les appareils à eaux gazeuses, les vases siphoïdes avaient besoin d'être perfectionnés. Cette tâche difficile, entreprise par M. Cazaubon, a été couronnée de succès; jusqu'alors, on n'avait pu clore hermétiquement les vases siphoïdes qu'à l'aide de la cire, du mastic, de la soudure à l'étain et du sertissage. Tous les praticiens connaissent les défauts de ces différents moyens : la cire et le mastic se ramollissent à la chaleur et se brisent au contact du froid; la soudure exige un ouvrier expérimenté; de plus, la chaleur nécessaire pour ce travail et la compression du caoutchouc qui fait fermeture à l'aide d'une presse, occasionnent une casse considérable. Le sertissage exige aussi une main habile.

Tous ces moyens ont été remplacés par l'application d'une seule vis de rappel qui résume tout le montage, dans lequel on trouve une adhérence parfaite et durable.

Mais ce n'est pas le tout que de monter des vases à la cire, à la soudure d'étain, et par le sertissage, il faut encore pouvoir les démonter en cas de réparation, et c'est un point des plus importants pour l'acquéreur de province. Les vases sortent bien tout montés des mains du fabricant; mais s'ils se brisent à l'usage ou s'ils fuient par une cause quelconque, que fera la personne éloignée de Paris qui ne sait manier ni le fer à souder ni le tour? Il faudra qu'elle renvoie, à grands frais, ses vases à Paris, ou bien qu'elle les laisse de côté.

Ces inconvénients ont disparu devant la bague de rappel dont M. Cazaubon est le seul propriétaire breveté : à l'aide d'une planche à monter, du prix de 45 francs, tout le monde peut réparer ses vases.

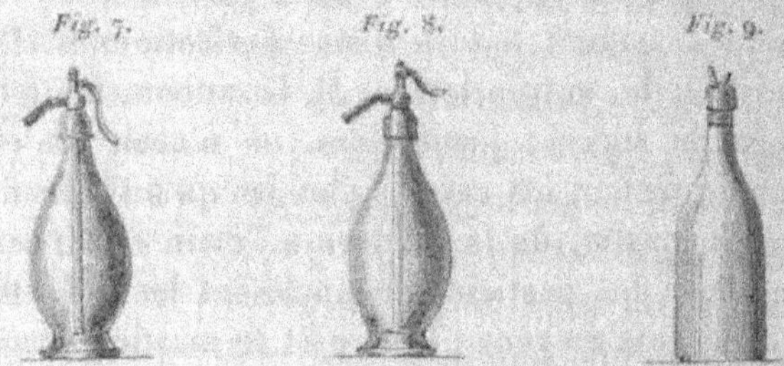

On fabrique par ce procédé, dans son établissement de la rue Notre-Dame-de-Nazareth, 45 : 1° bouteilles sans tube plongeur dites capsulo-mécaniques (*fig. 9*); 2° vases ou bouteilles siphoïdes à piston (*fig. 11*);

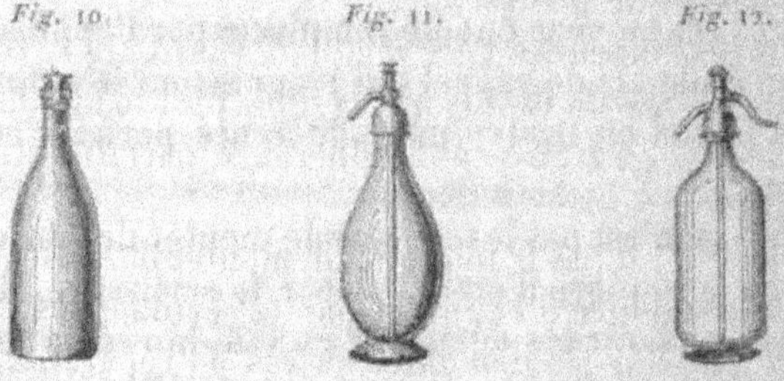

3° vases ou bouteilles siphoïdes à petit levier (*fig. 8*); 4° siphons grand levier, forme cylindrique (*fig. 12*); 5° vases ou bouteilles siphoïdes à grand levier (*fig. 7*).

Tous ces vases ou bouteilles sont de verre blanc ou bleu, cylindriques ou de forme ovale, tous à bague de rappel.

M. Cazaubon a également réussi à remplacer la ficelle, pour les bouteilles à bouchon, par un petit appareil nommé *bride mobile*, que nous recommandons aux personnes dans la fabrique desquelles les bouteilles rentrent régulièrement (*fig.* 10).

M. Cazaubon, que nous ne saurions trop recommander pour la perfection de ces appareils et leur simplicité qui permet à tous les praticiens de s'en servir, voire même à ceux qui sont peu versés dans cette industrie, a obtenu à l'exposition de Bayonne deux médailles d'argent, médailles qui sont les précurseurs d'une nouvelle récompense à l'Exposition française de 1867.

Eaux gazeuses.

La préparation de ces eaux se pratique d'une manière uniforme pour l'introduction du gaz acide carbonique, soit avec l'appareil continu, soit avec l'appareil intermittent, soit avec tout autre.

EAU DE SELTZ.

On nomme ainsi improprement dans le commerce l'eau acidulée gazeuse simple, c'est-à-dire sans mélange d'aucun sel.

Cette eau, dont il est fait un fréquent usage pour la table, est obtenue en chargeant de l'eau pure de cinq fois son volume de gaz acide carbonique, car, bien qu'on la charge à 7 ou 8 atmosphères, comme il est dit p. 454, il est certain qu'elle n'en contient que 5 au plus, à cause de la déperdition qui a lieu pendant l'emplissage des bouteilles.

EAU DE SELTZ ARTIFICIELLE MÉDICALE.

Carbonate de soude cristallisé............ 1 gramme.
—   de magnésie cristallisé....... 80 centigrammes.
Hydrochlorate de magnésie cristallisé.. 30 centigrammes.
Sel marin .... 1 gr. 30 cent.

Introduire ces sels en poudre dans une bouteille de 75 centilitres et remplir d'eau gazeuse chargée à 6 ou 7 atmosphères; boucher et ficeler.

EAU DE VICHY ARTIFICIELLE.

Carbonate de soude cristallisé......... 8 gr. 84 cent.
Sel marin .... 20 centigrammes.
Chlorure de calcium..................... 50 centigrammes.
Sulfate de soude........................ 50 centigrammes.
—   de magnésie..................... 15 centigrammes.
—   de fer......................... 6 centigrammes.

Opérer comme ci-dessus.

Il faut avoir soin de faire tremper pendant vingt-quatre heures les bouchons destinés à l'eau de Vichy, dans une eau contenant en dissolution quelques grammes de sulfate de fer, afin de neutraliser le tannin contenu dans le liége.

SODA-WATER (eau de Vichy anglaise).

Bicarbonate de soude............... 1 gramme.

Opérer comme ci-dessus. Les Anglais le prennent après le repas.

EAU DE SEDLITZ.

Sulfate de magnésie................... 8 grammes.

Opérer comme ci-dessus. L'eau de Sedlitz, suivant la quantité de sulfate de magnésie employée, se distingue en eau à 8, 15, 25, 30, 45, 60 grammes. La première est celle que l'on donne lorsqu'on ne spécifie pas la force.

Boissons gazeuses.

Les boissons gazeuses se préparent au moyen de certains sirops et de diverses infusions ou liqueurs. Voici comment on compose les sirops :

SIROP DE SUCRE.

Préparer ce sirop de la manière indiquée p. 179 et 180.

SIROP D'ACIDE TARTRIQUE.

Voyez, p. 187, la manière de préparer ce sirop.

SIROP DE GROSEILLES POUR SODA.

Préparer ce sirop comme il est indiqué p. 192, en ayant soin d'ajouter un demi-litre de couleur rouge ordinaire au cudbéar (*voyez* p. 206) pour colorer davantage.

SIROP DE LIMONADE ORDINAIRE.

Sucre blanc raffiné....................	50 kilogrammes.
Acide tartrique......................	600 grammes.
Esprit de citrons concentré...........	60 centilitres.
Eau.................................	29 litres.

Faire fondre à chaud le sucre avec l'eau seulement et écumer avec soin, puis passer le sirop à travers une chausse ou un blanchet; après refroidissement, ajouter l'acide tartrique fondu dans 1 litre d'eau (cette dissolution sera préalablement filtrée), ainsi que l'esprit de citrons concentré, et mélanger le tout.

SIROP DE LIMONADE FINE.

Sucre blanc raffiné	5o kilogrammes.
Acide citrique	200 grammes.
Acide tartrique	5oo grammes.
Esprit de citrons concentré	75 centilitres.
Eau	27 litres.

Opérer comme ci-dessus.

SIROP D'ORANGEADE.

Sucre blanc raffiné	5o kilogrammes.
Acide tartrique	5oo grammes.
Acide citrique	200 grammes.
Esprit d'oranges concentré	6o centilitres.
Eau	27 litres.

Opérer comme ci-dessus.

SIROP DE GRENADINE.

Sucre blanc raffiné	5o kilogrammes.
Acide tartrique	6oo grammes.
Esprit de citrons concentré	35 centilitres.
Esprit d'oranges concentré	35 centilitres.
Eau	29 litres.

Opérer comme ci-dessus.

Un grand nombre de fabricants de boissons gazeuses aromatisent leurs sirops de limonade avec des alcoolats de citron préparés par infusion ou avec une dissolution d'essence au zeste, ou bien encore au moyen du frottement des écorces de citrons sur des morceaux de sucre; toutes ces méthodes sont mauvaises : l'une donne des limonades peu aromatiques, l'autre communique aux limonades, au bout de quelque temps, un goût rance, et la dernière leur donne un aspect louche ou trouble (1).

RECETTES DES BOISSONS GAZEUSES.

LIMONADE ORDINAIRE.

Mettre dans chaque bouteille 10 centilitres de sirop de limonade ordinaire et remplir d'eau gazeuse chargée à 7 atmosphères; boucher, ficeler et couvrir le bouchon et une partie du goulot de la bouteille avec une feuille d'étain.

LIMONADE FINE.

Mettre 10 centilitres de sirop de limonade fine dans chaque bouteille et opérer comme ci-dessus. Les demi-bouteilles de limonade fine et de limonade ordinaire ne doivent recevoir que 6 centilitres de sirop.

ORANGEADE OU LIMONADE A L'ORANGE.

Mettre 10 centilitres de sirop d'orangeade dans chaque bouteille et 6 centilitres dans les demi-bouteilles; opérer comme ci-dessus.

GRENADINE.

Ce qu'on nomme ici grenadine n'est point une limonade préparée avec des grenades, mais bien une

---

(1) Il est cependant des consommateurs ignorants qui prétendent que les limonades troubles sont les meilleures; on peut facilement satisfaire cette bizarrerie en ajoutant au sirop le jus de 12 citrons et 15 grammes de gomme adragante dissoute dans 1 litre d'eau.

petite limonade aromatisée avec du citron et de l'o-
range. A cet effet on met 6 centilitres seulement de
sirop de grenadine et l'on opère comme ci-dessus ; on
ne fait point de demi-bouteilles de grenadine.

LIMONADE A LA VANILLE.

Mettre dans chaque bouteille 10 centilitres de sirop
d'acide tartrique aromatisé avec de l'infusion de vanille (*voyez* p. 241) dans la proportion de 5 centilitres
par litre de sirop : mettre aussi 6 centilitres de ce sirop
pour les demi-bouteilles. Opérer suivant la méthode
connue.

SODA OU LIMONADE A LA GROSEILLE.

Mettre 10 centilitres de sirop de groseilles pour
soda dans chaque bouteille et 6 centilitres dans les
demi-bouteilles ; opérer comme ci-dessus.

Les limonades *à la cerise*, *à la framboise* et *à la merise* se préparent de la même manière en employant
les sirops propres à chacune d'elles.

LIMONADE AU GINGEMBRE.

(*Imitation du* gingerbeer *anglais.*)

Faire macérer 40 grammes de gingembre pendant
quarante-huit heures dans 10 litres d'eau, puis filtrer
à la chausse ; ajouter ensuite 1 litre de sirop de sucre
et 50 centilitres de sirop de limonade fine ; mélanger
le tout et l'introduire dans la sphère à gazéifier, pour
le charger à 5 ou 6 atmosphères ; tirer, boucher et ficeler.

LIMONADE PURGATIVE OU LIMONADE AU CITRATE DE MAGNÉSIE.

Il existe plusieurs formules pour la préparation de cette limonade; voici celle qui est la plus simple et la plus usitée pour une bouteille :

	A 40 gr.	A 50 gr.
Carbonate de magnésie	15 gr.	18 gr.
Acide citrique	23	28
Eau	300	300

Faire réagir à froid ou à chaud dans un vase de terre, et lorsque la réaction, qui est assez prompte, sera terminée, filtrer et mettre dans une bouteille avec 75 grammes de sirop de limons; charger ensuite avec de l'eau gazeuse à 6 atmosphères, boucher et ficeler.

GROG AU COGNAC.

Mettre dans chaque bouteille 10 centilitres de sirop de limonade fine et 5 centilitres d'eau-de-vie de Cognac et remplir d'eau gazeuse chargée à 6 atmosphères; boucher et ficeler. Les demi-bouteilles doivent recevoir 6 centilitres de sirop et 3 centilitres d'eau-de-vie.

GROG AMÉRICAIN.

Préparer cette boisson comme la précédente en remplaçant l'eau-de-vie par du rhum de bonne qualité à 50 degrés centésimaux.

ABSINTHE GAZEUSE.

Cette boisson, pour laquelle nous avons pris un brevet en 1853, se prépare en introduisant dans chaque bouteille 8 centilitres d'extrait d'absinthe dite suisse,

I.

à 72 degrés, et en remplissant avec de l'eau gazeuse chargée à 6 atmosphères. Les demi-bouteilles ne doivent recevoir que la moitié de la dose d'absinthe, c'est-à-dire 4 centilitres.

Lorsqu'on verse de l'eau soit fraîche ou glacée, soit gazeuse, dans de l'extrait d'absinthe à 72 degrés, pour le faire blanchir, il se produit un dégagement de chaleur que l'on peut évaluer à 6 degrés centigrades environ, en plus de la température des deux liquides. Cet inconvénient, très-grave pour les amateurs de boissons fraîches, disparaît par la préparation de l'absinthe gazeuse. D'un autre côté, le mélange instantané de l'eau et de l'absinthe, fût-il même opéré depuis plusieurs heures, produit une âcreté et un mordant que les gourmets reprochent généralement à tous les spiritueux nouvellement réduits ; mais ce nouvel inconvénient disparaît encore, attendu que l'absinthe gazeuse doit être livrée à la consommation huit jours après sa fabrication.

L'Administration des contributions indirectes a décidé que l'absinthe gazeuse ne serait point sujette à l'exercice, et que le montant des droits à percevoir serait payé par le fabricant.

PUNCH GAZEUX AU RHUM.

Mettre dans chaque bouteille 15 centilitres de sirop fin de punch au rhum (*voyez* p. 197) et 5 centilitres de rhum fin à 50 degrés centésimaux, puis remplir avec de l'eau gazeuse chargée à 6 atmosphères et opérer suivant la méthode connue.

Les *punchs gazeux au kirsch* et *au cognac* se préparent de la même manière.

Observations générales. — Il y avait longtemps que
se faisait sentir le besoin d'un instrument propre à
répartir et à doser le sirop ou les solutions diverses
dans les bouteilles; mais ce besoin était bien plus
grand encore pour le dosage et l'introduction de ces divers liquides dans les vases siphoïdes. Tous ces avantages se rencontrent dans un instrument que M. Ozouf
a inventé et qu'il nomme *pompe à sirop* (*fig.* 13). Au

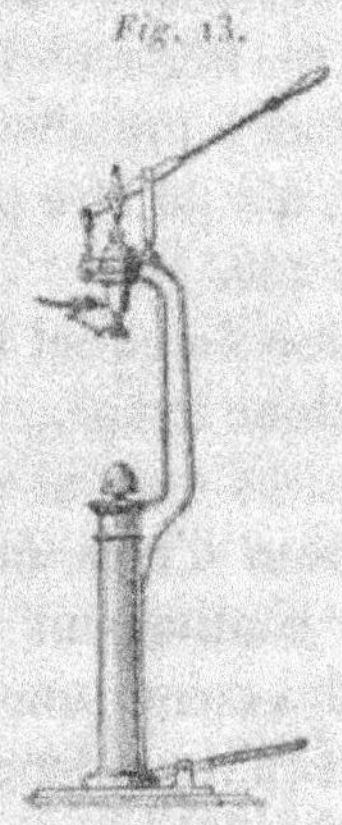

Fig. 13.

moyen de cette pompe, il suffit de donner un coup de
piston pour obtenir instantanément, dans une bouteille
à bouchon ou dans un vase siphoïde, la dose de liquide, que l'on désire. Avant cette invention, il fallait
introduire le sirop ou les solutions diverses dans les
bouteilles à bouchon, à l'aide d'une mesure et d'un
entonnoir.

Il est essentiel, lorsqu'on a introduit le sirop dans
les bouteilles et tiré l'eau gazeuse par-dessus, de cou-
cher ces bouteilles dans un lieu frais sans les agiter.
On ne doit opérer le mélange qu'au moment de livrer

la boisson. En agissant ainsi, on conserve les limonades beaucoup plus longtemps.

On ne doit préparer les limonades gazeuses qu'au fur et à mesure des besoins, car ces boissons se conservent difficilement. Quand elles doivent être expédiées au loin ou conservées pendant longtemps, il faut les muter en introduisant dans chaque bouteille, avant de la remplir d'eau, une dissolution contenant 6 centigrammes de sulfite de soude : on peut alors garder au moins une année ces limonades; sans cette précaution, elles sont sujettes à prendre un goût de moisi, qui, jusqu'à ce jour, n'a pu être prévenu sans le concours du sulfite de soude.

La saveur sulfureuse de ce sel disparaît complétement au bout de quelque temps.

Les boissons gazeuses contenant un liquide spiritueux n'ont pas besoin d'être aussi chargées de gaz que celles qui n'en contiennent point, attendu que l'alcool en dégage lui-même une certaine quantité, particulièrement lorsqu'il y a longtemps que la bouteille de boisson est fabriquée.

Lorsqu'on emplit des bouteilles de boissons gazeuses, il faut avoir soin de laisser un vide de 5 à 6 centimètres entre le liquide et le bouchon, pour que ce dernier puisse être expulsé avec force.

Les eaux et les boissons gazeuses, quelle que soit leur nature, doivent être conservées dans un lieu frais et à l'abri de la lumière du jour.

Vins mousseux factices.

Tous les vins peuvent être rendus mousseux, mais on doit choisir de préférence les vins légers et qui conservent leur blanc ; avant de s'en servir, il faut les coller et les soutirer au moins deux fois, pour empêcher qu'ils ne déposent dans les bouteilles ; ensuite on les sucre convenablement, c'est-à-dire en ayant égard à la nature des vins. Pour bien imiter le vin de Champagne, il convient de prendre du sucre candi de préférence et de le choisir très-blanc.

Voici la manière de préparer la *liqueur* que l'on ajoute dans les vins à gazéifier :

Prendre 5 kilogrammes de sucre candi qu'on fait fondre dans 5 litres de vin blanc ; après dissolution complète, ajouter 3 litres 5o centilîtres d'eau-de-vie blanche de Cognac à 58 degrés, et 5 grammes de teinture de vanille (1) ; mélanger et filtrer.

La liqueur étant préparée, ajouter 7o litres de vin blanc, et mettre le tout dans un vase en communication avec la pompe de l'appareil, de manière que le liquide soit aspiré en même temps que le gaz acide carbonique. On aura soin de ne pas saturer à plus de 6 atmosphères, car alors le vin aurait trop d'acidité.

Il est à remarquer aussi que le vin absorbe d'autant plus de gaz qu'il est plus riche en alcool.

Le vin étant convenablement chargé de gaz, com-

---

(1) On prépare cette teinture en faisant macérer pendant quinze jours 2oo grammes de vanille dans 1 litre d'esprit à 85 degrés.

mencer le tirage et retenir les bouchons des bouteilles à l'aide de deux ficelles posées en croix et d'un fil de fer, puis coiffer le tout avec une feuille d'étain.

Le produit de cette fabrication sera de 100 bouteilles d'une contenance de 80 centilitres chacune.

On fabrique le vin rosé mousseux en ajoutant deux ou trois gouttes par bouteille de liqueur colorante faite avec des baies de sureau infusées dans de l'eau-de-vie. On fait cette liqueur très-chargée en couleur. La coloration peut encore être faite avec du vin rouge très-foncé, dans la proportion de 10 pour 100.

La gazéification des vins présentait jadis des inconvénients sérieux, qui ont fait longtemps négliger cette industrie. Aujourd'hui cette fabrication est simple et facile, grâce surtout à l'*appareil à pression de résistance* de M. Ozouf. Au moyen de cet appareil ingénieux, on évite la production de la mousse pendant l'embouteillage, et le retour, dans l'appareil, de l'air contenu dans les bouteilles.

L'emploi du réfrigérant indiqué p. 457, lequel permet la saturation des liquides d'une manière plus complète, facilite aussi le travail.

BISHOP AMÉRICAIN.

Prendre 20 litres de vin rouge, auxquels on ajoute 150 grammes de sirop d'acide citrique et 3 kilogrammes de sirop de sucre, ainsi que 15 centilitres d'esprit de citron concentré. Faire griller ensuite une orange amère sur le feu et la presser pour en extraire le jus; après vingt-quatre heures d'infusion, filtrer et mettre le tout dans l'appareil pour charger à 6 atmosphères; tirer, boucher et ficeler.

Bière gazeuse.

On prepare cette boisson de deux manières : la première consiste à mettre dans chaque bouteille environ 5o centilitres de bière et à la remplir avec de l'eau gazeuse chargée à 7 ou 8 atmosphères; la seconde, à introduire d'une manière continue la bière dans la sphère à gazéifier, pour charger à 2 ou 3 atmosphères au plus.

Le *cidre gazeux* peut se préparer de la même manière que la bière.

Ici se termine notre petit travail sur les eaux et boissons gazeuses. Nous aurions désiré qu'il fût plus complet, mais les bornes de ce Traité s'y opposent; nous espérons publier prochainement un *Traité des liquides gazeux* qui contiendra la description de tous les appareils anciens et nouveaux, ainsi que toutes les recettes ou formules employées dans cette industrie. Nous parlerons aussi d'une nouvelle invention de M. Ozouf qui, pour compléter son système de fabrication économique, supprime la perte que l'on faisait chaque jour de l'acide carbonique renfermé dans les vases siphoïdes, au moment de leur emplissage, et qui opère le retour du gaz dans le gazomètre. L'économie obtenue par ce procédé peut être estimée au tiers de la dépense de l'acide sulfurique et du carbonate de chaux.

APPENDICE.

NOUVELLE MÉTHODE DE DISTILLATION DANS LE VIDE.

Depuis longtemps les pharmaciens et les liquoristes cherchaient vainement à opérer, d'une manière simple et facile, la concentration ou la distillation dans le vide. Ce problème intéressant a été heureusement résolu par M. 'Egrot; cet habile constructeur vient de prendre un brevet d'invention pour un nouvel appareil qui sert à la fabrication et à la concentration des extraits pharmaceutiques, et qui peut servir également à la distillation des eaux aromatiques ou autres et des alcoolats (esprits parfumés), soit dans le vide, soit à l'air libre.

Cet appareil, qui peut être chauffé à la vapeur ou à feu nu, est représenté *Pl. V, fig.* 1 et 2, chauffé par cette dernière méthode.

Manière de mettre en marche l'appareil dans le vide. — On emplit d'eau la chaudière A, jusqu'aux trois quarts de sa hauteur : le niveau de l'eau se trouve indiqué par le tube f; puis on porte à l'ébullition, de sorte que la vapeur formée s'échappe par le tuyau k, pour passer par le robinet j, et entrer dans l'évaporateur B; se renouvelant continuellement, la vapeur emplit cette pièce, puis passe, par le tuyau de communication q, dans le récipient C, pour sortir enfin de

l'appareil par le tuyau de vidange *t* et le robinet U.
Lorsque la vapeur sort par ce dernier, une grande
partie de l'air contenu dans l'appareil a dû être préalablement chassée, mais il convient de laisser échapper cette vapeur pendant douze ou quinze minutes,
afin que l'expulsion de l'air soit complète. On ferme
alors le robinet U, puis le robinet *j*. On ouvre ensuite le trop-plein de vapeur fourni par la chaudière A ; dans le même instant on ferme la porte du
cendrier ou on couvre le feu de cendres de manière à
ne donner que très-peu d'action au foyer (on trouvera
plus loin une description de la coupe du fourneau), et
pendant toute la durée de l'opération le feu doit être
dans le même état.

Tout étant ainsi disposé, on ouvre le robinet *l* d'un
tuyau qui va plonger dans un vase contenant le liquide à concentrer ou à distiller ; aussitôt tout ce liquide, en raison du vide formé, vient se rendre dans
l'évaporateur B, qu'on laisse emplir jusqu'à la ligne
pointée *f* ; quand le liquide est arrivé à ce niveau, on
ferme le robinet *l*, et, dix minutes après, l'évaporation
ou la distillation commence, c'est-à-dire que le liquide contenu dans l'évaporateur commence à bouillir.

Si l'ébullition ne paraît pas assez forte, ce que l'on
peut parfaitement voir par la lunette *n*, on envoie un
léger filet d'eau dans l'entonnoir *y*, et, immédiatement
après, l'ébullition se produit avec une grande effervescence, surtout quand le liquide que l'on fait évaporer est
très-mousseux ; c'est pour cette raison qu'au commencement de l'opération il ne faut donner qu'une très-
petite quantité d'eau froide dans le réfrigérant ; l'opération marchant régulièrement, le récipient se rem-

plit d'eau, qui doit rester froide à la partie inférieure et tiède à la partie supérieure. L'eau s'écoule par le trop-plein z.

L'appareil ainsi mis en marche fonctionne tant qu'il y a du liquide dans l'évaporateur ; il n'est besoin que d'une très-légère surveillance, qui consiste :

1° A examiner si le feu n'est pas trop vif ou s'il ne s'éteint pas : on s'aperçoit que le feu est trop vif, lorsqu'en regardant par la lunette n on voit l'ébullition trop tumultueuse, et si en tâtant le dessus de l'évaporateur, on ne peut y laisser la main.

2° A bien régulariser le filet d'eau dans le réfrigérant : il n'est pas nécessaire d'y porter autant d'attention qu'au feu, mais cependant il doit également, dans beaucoup de cas, régler l'ébullition du liquide.

L'évaporation est terminée quand le liquide ou l'extrait est arrivé au point voulu de concentration.

Lorsqu'on a une certaine quantité de liquide à évaporer et que l'on ne veut pas recommencer une autre opération, c'est-à-dire déluter ou luter à nouveau l'appareil, on renouvelle la charge sur l'extrait déjà fabriqué, en ouvrant le robinet l qui plonge dans le liquide ; l'aspiration se produit comme précédemment et l'on emplit de nouveau jusqu'à la ligne pointée f'. Après avoir concentré cette seconde charge avec la première, on peut en recharger une troisième sur elles, et ainsi de suite, jusqu'à ce que l'évaporateur contienne trop d'extrait pour pouvoir fonctionner convenablement ; alors on ouvre le robinet l, qui ne doit plus plonger dans aucun liquide, et l'opération est immédiatement arrêtée par l'introduction de l'air dans le vase évaporateur ; on ouvre ensuite le robinet U pour faire écouler le liquide évaporé et contenu dans le récipient, puis le robinet x pour décharger le réfrigérant de son eau. Enfin on ôte le serre-joint PP, et on retire le récipient de dessus l'évaporateur ; puis, avec un cassin ou une spatule, selon que le produit est liquide ou semi-fluide, on le retire de l'appareil.

Souvent, quand il s'agit de concentrer des liquides très-mousseux et qui, par leur nature, passeraient sans se volatiliser de l'évaporateur B dans le récipient C, on emploie une petite pièce appelée *brise-mousse*, que l'on pose à l'embouchure du tuyau q (voyez *fig*. 3 et 4) : dans la *fig*. 3, cette pièce est représentée coupée dans son axe perpendiculairement.

a, tuyau s'écartant à sa partie inférieure en forme d'entonnoir et portant dans sa partie la plus large une toile métallique ; la partie droite formant tuyau est introduite dans le tuyau q, et s'y maintient par son ajustage ; on peut donc le retirer et le mettre à volonté.

bb, patte rivée d'une part à la partie *a*, et tenant d'autre part à un cône renversé *c*, dont la base se retourne sur elle-même et forme rebord.

L'action de cette petite pièce a lieu ainsi : le liquide contenu dans l'évaporateur venant à monter rencontre d'abord le cône renversé, lequel, en raison de sa forme, refoule le liquide mousseux et apaise l'effervescence ; les mousses parvenant à vaincre cette résistance se trouvent arrêtées et brisées par la toile métallique posée directement au-dessus du cône *c*.

Parmi les différentes pièces qui composent l'appareil évaporateur dans le vide, il en est deux qui ne sont pas représentées dans les figures de la *Pl. V*. Ces pièces attenantes à la chaudière B sont : 1° une soupape de sûreté pour éviter une pression trop grande entre la chaudière et l'évaporateur; 2° une boîte à vis ou douille pour emplir d'eau la chaudière et servir au besoin de trop-plein de vapeur.

La *fig.* 2 représente la coupe en élévation du fourneau sur lequel on place l'appareil évaporateur :

aa, massif en briques.

b, foyer. Cette partie du fourneau doit être très-conique.

ccc, barreaux très-minces formant la grille; cette dernière ne doit avoir qu'une petite surface, afin de mieux régulariser le foyer.

D, cendrier. Il est nécessaire qu'on puisse bien clore cette pièce pour le cas où l'on voudrait apaiser ou éteindre le feu.

eee, carneau et tour à feu pour laisser circuler le calorique et tirer le parti le plus avantageux du combustible.

Les avantages que présente cet appareil, qui a été approuvé par l'Académie impériale de médecine, sont remarquables :

1° Par la simplicité de construction, ainsi que par l'économie et la bonne confection des pièces à ajustage, qui rendent impossible l'entrée de l'air.

2° Par un seul joint qui relie l'évaporateur au récipient condensateur; ce joint, extrêmement facile à faire et à défaire (point essentiel pour cet appareil qui doit être démonté très-souvent), consiste en deux cercles de cuivre *oo'*, soudés l'un à l'évaporateur, l'autre au récipient; ces deux pièces, comme l'indique le plan, se terminent en cône à leur surface extérieure; entre ces deux cercles on place une rondelle de caoutchouc non altérable, d'une épaisseur d'au moins 4 millimètres, puis on serre ce joint à l'aide d'un cercle mobile qu'on appelle *serre-joint*.

La forme de cet appareil nouveau de M. Egrot, ses

combinaisons, la disposition de ses joints, rendent inutile l'emploi de la pompe pneumatique, puisqu'elles suffisent à faire le vide pendant l'opération.

On peut se servir de cet appareil comme alambic, pour distiller soit à l'air libre, soit dans le vide. Lorsqu'on distille à l'air libre, on laisse le robinet U ouvert, et les vapeurs s'élevant de l'évaporateur B se condensent dans le récipient C, pour sortir par ce robinet. Si au contraire on distille dans le vide, il faut opérer comme précédemment et recevoir pour produit les vapeurs condensées dans le récipient C.

Dans le cas où l'on veut distiller des graines ou des plantes, il faut les poser sur la grille *xx*, que l'on dispose à cet effet, et, à l'aide d'un tuyau *z*, vissé sur le robinet d'introduction de vapeur, on porte la vapeur arrivant de la chaudière sous la grille, d'où elle se distribue et passe au travers des plantes aromatiques. Cette grille et le tuyau *z* peuvent s'enlever quand on destine l'appareil à d'autres usages.

LIQUEUR DE BÉRANGER.

(Recette composée par l'auteur.)

Amandes d'abricots..................	5 kilogrammes
Bois de sassafras	375 grammes.
Ambrette...........................	375 grammes.
Vanille du Mexique	100 grammes.
Alcool à 85 degrés, bon goût.........	40 litres.
Sucre raffiné blanc..................	45 kilogrammes.

Piler les amandes, l'ambrette et le sassafras, et faire infuser dans l'alcool pendant vingt-quatre heures, ajouter ensuite 20 litres d'eau et distiller pour retirer 36 litres de bon produit. Couper la vanille en petits morceaux et la piler avec une partie du sucre (environ 4 ou 5 kilogrammes); mettre ensuite dans le bain-marie d'un alambic le reste du sucre et le sucre vanillé avec 30 litres d'eau pour fondre à chaud; cette opération terminée, ajouter les 36 litres d'esprit parfumé, mélanger le tout et couvrir avec le chapiteau; après avoir bien luté, chauffer doucement l'alambic pour faire digérer convenablement, mais sans distiller; laisser refroidir sur le fourneau, colorer ensuite en rouge clair avec la cochenille, coller et après repos suffisant filtrer.

Produit : 100 litres de liqueur surfine.

Cette liqueur est supérieure à toutes celles vendues sous le nom de *liqueur de Béranger*.

Les doses de liqueur fine et demi-fine devront être ainsi pour 100 litres :

	Fine.	Demi-fine.
Amandes d'abricots........	4 kilogr.	2 kil. 500 gr.
Bois de sassafras	300 gr.	150 gr.
Ambrette...................	300 gr.	150 gr.
Vanille du Mexique........	80 gr.	40 gr.
Alcool à 85 degrés, bon goût	32 litres	28 litres.
Sucre raffiné blanc	37 kilog. 500 gr.	25 kilogr.

Opérer comme ci-dessus.

DICTIONNAIRE

DES

SUBSTANCES EMPLOYÉES PAR LE LIQUORISTE,

INDIQUANT LEUR PAYS DE PRODUCTION, LEUR CHOIX, LEURS PROPRIÉTÉS

ET LES MOYENS DE RECONNAITRE LEUR FALSIFICATION.

A

ABRICOTS. — Fruit d'un arbre très-connu, qui se cultive en plein vent ou en espalier. Celui de la première variété est plus sucré et plus savoureux : il doit être choisi de préférence. On emploie l'abricot avant sa parfaite maturité et entièrement privé de taches. Celui de Triel, village près Paris, est en réputation pour les liquoristes. Clermond-Ferrand en fournit aussi de très-estimés et en quantité considérable.

ABSINTHE (Grande). — Les feuilles et sommités fleuries d'absinthe, seules parties dont on fait usage, ont une odeur aromatique extrêmement forte et une saveur à la fois très-amère et chaude. La récolte de cette plante se fait deux fois par an ; la *première coupe* est préférable à la seconde. L'absinthe est cordiale, stomachique et fébrifuge.

On emploie encore diverses autres absinthes : 1° la petite absinthe, ou absinthe *pontique :* son odeur et sa saveur sont beaucoup moins fortes que celles de la grande absinthe ; 2° l'absinthe maritime, qui croît sur les bords de la mer et est fort peu en usage ; 3° le génépi (*voyez* ce mot).

ACÉTATE de plomb. — (*Voyez* t. II, *Dictionnaire des substances chimiques.*)

ACÉTATE (Sous-) de plomb. — (*Id.*)

ACIDE ACÉTIQUE. — (*Voyez* t. II, *Dict. des substances chimiques.*)

ACIDE BORIQUE. — (*Id.*)

ACIDE CHLORHYDRIQUE. — (*Id.*)

ACIDE CITRIQUE. — (*Id.*)

ACIDE HYDROCHLORIQUE. — (*Id.*)

ACIDE NITRIQUE. — (*Id.*)

ACIDE SULFURIQUE. — (*Id.*)

ACIDE TARTRIQUE. — (*Id.*)

ACORE VRAI. — Plante vivace qui croît dans les lieux humides, en France, en Allemagne et au Japon. La racine est grosse comme le doigt, noueuse, genouillée, d'une odeur agréable et d'une saveur âcre. Elle est rosée et spongieuse intérieurement; c'est un puissant stomachique.

AGARIC BLANC. — Plante de la famille des champignons, qui croît sur le tronc et sur les grosses branches de différents arbres, particulièrement sur le mélèze, dans le Dauphiné. Sa forme ressemble à celle d'un sabot de cheval. Il est dur, spongieux; sa surface supérieure est blanche, quelquefois roussâtre. Celui du commerce, qui vient de l'Asie, est blanc, léger, poreux, dépouillé de sa pellicule extérieure, facile à mettre en poudre, d'un goût amer et d'une odeur vive et pénétrante.

L'agaric blanc est un purgatif violent.

AIRELLE (Baies d'). — Fruits d'un petit arbuste commun dans les bois de la France, et connu aussi sous le nom de *myrtille*. A leur état de maturité, ses baies ont une couleur bleu-pourpre et une saveur mucilagineuse et acidulée agréable, qui les rapproche beaucoup des mûres et des groseilles. Elles contiennent une grande quantité de principe colorant rouge, et sont considérées comme très-astringentes.

ALBERGE. — Sorte de pêche précoce à chair jaune, rouge ou violette, suivant la variété. On donne également ce nom à des prunes qu'on prépare en Touraine, ainsi qu'à une espèce d'abricot estimé.

ALOÈS (Suc d'). — Le suc d'aloès est le produit d'un végétal qui croît généralement dans tous les pays chauds, et dont on retire, par expression, un suc gommo-résineux qui est de trois sortes :

1° L'aloès *saccotrin*, ainsi nommé de l'île de *Succotra* d'où il nous venait anciennement, est le meilleur; il est d'une couleur noirâtre, jaunâtre en dehors, rougeâtre en dedans, luisant comme s'il avait été verni; sa cassure offre un aspect uni; il est friable et d'une odeur aromatique particulière, ayant beaucoup de rapport avec celle d'une pomme pourrie; sa saveur est d'une très-grande amertume et durable. Réduit en poudre, il est d'une couleur jaune d'or. Le suc d'aloès succotrin est employé avec succès comme purgatif et vermifuge.

2° L'aloès *hépatique*, ainsi nommé parce qu'on en a mal à propos comparé la couleur jaune à celle du foie, et qui serait mieux appelé aloès jaune, a une odeur très-désagréable et un goût plus amer que celui de l'aloès succotrin.

3° L'aloès nommé *cabalin*, parce qu'on le recommande pour les chevaux, ne doit jamais être employé par le liquoriste. On le distingue facilement à son odeur fétide, à sa couleur noire et à ses impuretés.

ALUN. — (*Voyez* t. II, *Dictionnaire des substances chimiques.*)

AMANDES. — Substance contenue dans tous les fruits à noyau. Il y en a quatre sortes employées par le liquoriste.

1° *Amandes douces.* — Ce sont les fruits de l'arbre appelé *amandier*. Il y a deux sortes d'amandes douces : l'une à coque dure, appelée amande *à la dame*; l'autre à coque fragile, appelée amande *princesse*. On connaît aussi, dans le commerce, les amandes *dures, de Chinon, d'Espagne, de Milhaud, flots* et *triées*; mais, quelle que soit la sorte qu'on emploie, on doit choisir les amandes pleines, entières, bien nourries, sèches, bien saines et à la pellicule fine, jaune clair. Elles doivent être blanches dans l'intérieur, faciles à casser, et point rances. Lorsqu'on mâche les amandes douces, elles laissent un goût agréable approchant de celui de la noisette. Elles sont sujettes à être attaquées par les insectes ou rongées par les animaux. Dans un lieu sec on peut les conserver deux ou trois ans.

Les amandes douces sont considérées comme rafraîchissantes.

2° *Amandes amères.* — Les amandes amères doivent être choisies comme les amandes douces, dont elles ne diffèrent que par le goût, qui est extrêmement amer. Cette amertume est due à une portion d'acide hydrocyanique et à une huile volatile jaune, plus pesante que l'eau; aussi ces amandes, prises en grande quantité, exercent-elles sur l'économie animale une action délétère.

3° *Amandes d'abricots.* — Elles sont extraites des noyaux des fruits de l'abricotier. La composition de ces amandes est à peu près la même que celle des amandes amères; elles ont plus de parfum et moins de finesse de goût que ces dernières, mais contiennent davantage d'acide hydrocyanique; elles sont également sujettes à se rancir.

4° *Amandes de pêches*. — Elles sont extraites des noyaux des fruits du pêcher et ont le même caractère que les amandes d'abricots ; néanmoins, elles ont le goût plus fin et plus agréable.

AMBRE GRIS. — Cette substance a fait longtemps l'objet des recherches des naturalistes, curieux de connaître son origine. On l'a prise pour un bitume, pour une écume de mer desséchée au soleil, pour un amas de rayons de cire et de miel longtemps exposés à la même chaleur et convertis en ambre, etc.

Quoi qu'il en soit, on trouve l'ambre gris flottant sur la mer, aux environs des îles Moluques, sur les côtes du Brésil, d'Afrique, de la Chine et du Japon.

Matière concrète, d'une consistance tenace comme la cire, d'une odeur suave lorsqu'on la chauffe ou qu'on la frotte, l'ambre gris est souvent falsifié, mêlé avec diverses substances, qui altèrent sa qualité. On doit choisir l'ambre gris net, sec, léger, de couleur cendrée ; il est insipide, écailleux et n'exhale aucune odeur, à moins qu'il ne soit frotté ou échauffé. On reconnaît qu'il est pur aux signes suivants : sur l'eau il surnage, et se fond à la flamme d'une bougie sans donner de bulles ni d'écume. L'alcool n'a point d'action sur l'ambre gris à froid, mais il le dissout très-bien à chaud, et forme ce que l'on appelle la *teinture d'ambre*.

L'ambre est stomachique et cordial, mais son plus grand usage est pour les parfums ; on le mêle avec le musc, dont il tempère la vive odeur.

L'ambre gris est quelquefois imité par un mélange de résine et de baume; mais ces mélanges examinés ne présentent ni le même aspect, ni le même degré de sensibilité, ni les mêmes propriétés chimiques. Quelquefois l'ambre a été altéré par un séjour dans l'alcool faible, qui lui a enlevé quelques-uns de ses principes. On reconnaît à la cassure l'ambre qui a subi cette macération ; il est moins coloré à l'extérieur qu'à l'intérieur.

AMBRETTE (Graine d') ou GRAINE DE MUSC. — Semence odorante, ainsi nommée à cause de son odeur agréable qui approche de l'ambre et du musc. Elle se trouve dans un fruit d'une couleur brune et de forme pyramidale qui croît sur une plante originaire de l'Inde, appelée *abelmosc*. Les semences de cette plante nous viennent de la Martinique. Elles sont petites, brunâtres, irrégulières, et ont beaucoup de ressemblance avec la semence de choux ; elles sont spécialement employées comme parfum.

AMYGDALINE. — (*Voyez* t. II, *Dictionnaire des substances chimiques.*)

Ananas. — Fruit d'une plante vivace, originaire des deux Indes, et cultivée aujourd'hui dans plusieurs contrées du monde; de tous les fruits, l'ananas est le plus précieux par son parfum et son goût exquis.

Les îles d'Amérique expédient beaucoup d'ananas confits avec leur couronne, dont le goût et l'odeur sont très-agréables; mais le sucre et le feu altèrent nécessairement l'un et l'autre.

Aneth. — Plante annuelle qui a beaucoup de ressemblance avec le fenouil et dont l'odeur est moins agréable, ce qui lui fait donner le nom de *fenouil puant*.

Ses semences, qui seules sont employées dans les liqueurs, sont allongées, ovales et un peu comprimées, d'une odeur forte, d'un goût piquant, aromatique et âcre; elles jouissent à peu près des mêmes propriétés que celles du fenouil.

Angélique. — Belle plante qui croît naturellement dans les montagnes et dans les bois du midi de la France, et que l'on cultive aussi dans les jardins; elle répand une odeur forte et agréable; sa tige est cylindrique, dressée, creuse; ses feuilles très-grandes; sa racine vient de la Bohême, des Alpes et des Pyrénées. On doit la choisir grosse, rameuse, charnue, noirâtre et ridée à l'extérieur, blanche à l'intérieur, entière et non vermoulue, d'une odeur suave, d'un goût âcre et aromatique.

Les semences d'angélique sont ovoïdes, longues, un peu blanches et très-légères; elles sont regardées, ainsi que la plante et la racine, comme stomachiques, cordiales et vulnéraires.

Anis ou Anis vert. — Plante annuelle, originaire du Levant, et commune actuellement en Europe. Les semences, seulement employées par le liquoriste, sont petites, arrondies, terminées en pointe et cannelées, d'une couleur verdâtre, recouvertes d'un court duvet grisâtre; elles exhalent une odeur aromatique assez agréable; leur saveur est sucrée et pénétrante.

L'anis se cultive en France, particulièrement dans la Touraine; les environs d'Alby et de Cahors en fournissent également une très-grande quantité; le plus estimé est celui de Malte ou d'Espagne.

L'anis du commerce est souvent falsifié par l'addition de graines étrangères qui offrent quelque analogie avec lui, et surtout celles de céleri vieilles. On en constate facilement la fraude en les mettant dans l'eau: les fausses semences étant plus légères surnagent, tandis que les vraies vont au fond du vase.

L'anis est considéré comme carminatif, cordial, stomachique et digestif.

Anis étoilé. — (*Voyez* Badiane.)

Arnica (Fleur d'). — La plante qui fournit cette fleur croît dans les montagnes des Vosges et du Dauphiné ; sa tige, haute de 50 centimètres, porte une fleur d'un beau jaune. On la récolte en juillet un peu avant d'être épanouie ; on l'étend sur des claies garnies de papier, dans un lieu chaud et à l'ombre. Quand cette fleur est bien préparée, elle est d'un jaune éclatant, un peu pailleuse, s'attachant aux doigts. On l'emploie en médecine comme échauffante et sudorifique.

Aunée ou Enula campana. — Grande et belle plante qui croît dans les bois humides et que l'on cultive dans les jardins. La racine d'aunée, qui est la seule partie de la plante dont on fasse usage, a une saveur amère et aromatique, une odeur légèrement camphrée.

Cette racine est épaisse, allongée et de la grosseur du poing, d'un brun rougeâtre à l'extérieur et presque blanche intérieurement ; elle est tonique et stimulante.

Aubépine (Fleurs d'). — L'aubépine ou épine blanche croît dans toute la France ; on la trouve dans les haies et dans les buissons. C'est un arbuste épineux qui a l'écorce noirâtre, luisante et souvent marbrée ; son bois est dur et pesant ; ses fleurs, réunies en bouquet, sont petites, blanches, rosacées et formées de cinq pétales arrondis à leur partie supérieure ; elles s'épanouissent à la rentrée de la saison des plantes, et ordinairement sur la fin de l'hiver. Les fleurs d'aubépine ont une odeur fort agréable, qui guérit souvent des maux de tête. Elles sont céphaliques et antispasmodiques.

B

Badiane ou Anis étoilé. — Arbre toujours vert qui croît en Chine, au Japon et dans la Grande Tartarie ; ses fruits ressemblent à une étoile et sont composés par la réunion de cinq à douze coques épaisses, dures, ligneuses, d'un brun ferrugineux, comprimées, rugueuses, longues chacune de 9 à 12 millimètres, s'ouvrant par le côté supérieur au moyen d'une fente longitudinale contenant une cavité simple, une graine ovoïde, comprimée, très-lisse et luisante, d'une couleur brune, ayant une enveloppe mince et fragile, qui renferme elle-même une amande blanchâtre et huileuse.

La badiane répand une odeur agréable, analogue à celle de l'anis vert ; sa saveur est un peu âcre, aromatique et sucrée ; celle de la graine est beaucoup plus faible.

Les Chinois en mâchent souvent après le repas, pour faciliter la digestion, se parfumer la bouche et se fortifier l'estomac; c'est un puissant diurétique.

BALSAMITE. — Plante vulgairement désignée sous le nom de *grand baume* et de *coq des jardins*; elle croît naturellement dans les lieux incultes du midi de la France.

La balsamite a une odeur extrêmement forte, aromatique et agréable, une saveur chaude et amère. Elle est reconnue comme vermifuge.

BARYTE. — (*Voyez* t. II, *Dictionnaire des substances chimiques*.)

BASILIC. — Plante annuelle, originaire de l'Inde, généralement cultivée dans les jardins de l'Europe à cause de son odeur suave et aromatique.

On connaît plusieurs sortes de basilics qui croissent avec ou sans culture. La grande espèce seule est employée.

Cette plante est excitante et tonique.

BAUME DU PÉROU. — Suc produit par un grand arbre qui croît dans l'Amérique méridionale et particulièrement dans le Pérou.

On distingue trois variétés de baume du Pérou, le blanc, le roux et le noir. Les deux premiers sont assez rares dans le commerce, il n'en est pas de même du troisième; le baume du Pérou noir, qui est fort commun et expédié dans de petites courges, s'obtient par une décoction des branches et de l'écorce du *Myroxylum peruiferum*. Il est ordinairement d'une couleur rougeâtre-brun foncé, d'une consistance sirupeuse, d'une odeur forte et agréable, quoique légèrement empyreumatique, d'une saveur chaude, âcre et amère; projeté sur des charbons ardents, il s'enflamme, brûle avec facilité, répand une fumée blanche d'une odeur agréable, ayant quelque analogie avec celle de la vanille, et se dissout dans l'alcool rectifié, à l'exception d'un petit résidu pulvérulent.

On falsifie ce baume avec la seconde huile de benjoin qui passe en distillant cette résine dans une cornue ou avec la résine de copahu; ces fraudes sont difficiles à reconnaître, si ce n'est à l'odeur, qui est beaucoup moins suave et moins forte que celle du baume du Pérou très-pur.

Le baume du Pérou est excitant; on l'emploie dans les catarrhes chroniques.

BAUME DE TOLU. — Substance balsamique connue aussi sous le nom de *baume d'Amérique*, qui vient de l'Amérique méridionale et spécialement de la ville de *Tolu*, dans la province de Carthagène. L'arbre dont l'écorce produit, par incision, le baume de *Tolu*, est le *Myroxylum toluiferum*.

Ce baume est liquide, transparent, se dessèche à l'air et devient cassant ; il est tantôt d'un jaune tirant sur la couleur d'or, et tantôt d'un blond roussâtre, d'un goût doux et agréable, d'une odeur suave qui approche de celle du benjoin. Il est pectoral et s'emploie fréquemment dans les catarrhes pulmonaires.

Benjoin. — Ce baume solide est produit par le *Styrax benzoin*, qui croît à Sumatra, à Java et dans quelques autres îles de la Sonde. Il découle de l'arbre par des incisions que l'on pratique à son tronc ; il est d'abord liquide et blanchâtre, mais il ne tarde pas à s'épaissir et à se colorer par son exposition à l'air. Il y a deux espèces de benjoin : la première, qui est la plus pure, est le benjoin *en larmes*, ainsi nommé parce qu'il se compose de masses formées de larmes ovoïdes, blanchâtres, ayant la forme d'amandes cassées. La deuxième est le benjoin en *sorte* ; il est plus impur, en masse, et d'une couleur brun-rougeâtre ; on doit employer de préférence la première espèce.

Le benjoin a une odeur suave qui approche de celle de la vanille ; sa saveur, d'abord douce et aromatique, devient assez âcre pour irriter la gorge ; il se réduit facilement en poudre et se fond à la chaleur, brûle avec dégagement d'une fumée blanche très-odorante qui se condense en cristaux d'*acide benzoïque*. Il est entièrement soluble dans l'alcool ; la première dissolution porte le nom de *teinture de benjoin* ; en y ajoutant un peu d'eau, elle devient laiteuse ; c'est ce que l'on nomme *lait virginal*.

Le benjoin est stimulant et tonique ; il exerce une action spéciale sur les organes de la respiration.

Benzine. — (*Voyez* t. II, *Dictionnaire des substances chimiques*.)

Bergamote. — (*Voyez* Citron.)

Bigarade. — (*Voyez* Orange amère.)

Bois d'aloès. — Cette substance n'a rien de commun avec la plante connue sous le nom d'*aloès*, et qui fournit le suc dont il est parlé p. 496. Le bois d'aloès, ou ses variétés dont il est question ici (car son histoire est fort embrouillée), est connu aussi sous les noms de *bois d'Agaloche*, *d'Aigle*, *de Calambac*, *de Garo* ou *de Kilam*. On n'a donné à ces bois le nom de bois d'aloès que parce qu'ils ont tous une saveur amère analogue à celle qui porte son nom. Quoi qu'il en soit de ses origines, le bois d'aloès qui se trouve dans le commerce est dur, compacte, d'une couleur jaspée, luisante, plus ou moins brune à la surface, et quelquefois très-noueux. Scié, sa coupe est lisse, résineuse et parsemée de petits points blancs. Son odeur aromatique est douce et agréable.

Les bois d'aloès sont célèbres dans l'Orient à cause de la suavité de leur parfum. On en fait de petites boîtes aromatiques, et l'on en brûle des éclats pour parfumer les appartements.

Bois de Brésil. — Ce bois est produit par un grand arbre des Antilles et de l'Amérique méridionale; il est d'une couleur foncée et inodore; il a les mêmes caractères que le Fernambouc sans être aussi riche, et est employé pour la coloration de certaines liqueurs.

Bois de Fernambouc. — Variété du bois de Brésil, plus estimée et plus riche en matière colorante que les autres, et dont la couleur est plus belle.

Ce bois tire son nom de la ville de Fernambouc, d'où on l'expédie, et est le produit des grands et gros arbres tortueux et épineux qui croissent dans les vastes forêts du Brésil.

Bois de Rhodes ou de roses. — Ce bois, qui doit le premier de ses noms au pays d'où on le croit originaire, et le second à l'odeur de rose qui le caractérise, est dur, pesant, à couches concentriques très-serrées, d'un jaune fauve, plus foncé au centre qu'à la circonférence, d'une saveur amère et d'une forte odeur de rose qui se développe surtout lorsqu'on le râpe; la racine est encore plus chargée en principes odorants que le bois de la tige.

Borax. — (*Voyez* t. II, *Dictionnaire des substances chimiques.*)

Brou de noix. — On connaît sous ce nom l'enveloppe verte qui entoure la noix, substance charnue et chargée de matière colorante donnant des nuances brunes assez solides. La liqueur qu'il sert à préparer est considérée comme tonique et stomachique. On emploie le brou avant que la noix soit entièrement formée, de manière qu'une épingle puisse la traverser; c'est alors qu'elle est généralement connue sous la dénomination de *morceau*, et n'a pas le degré d'amertume désagréable qu'elle acquiert dans la suite.

C

Cacao. — Graines du cacaoyer, bel arbre qui croît dans les vastes contrées de l'Amérique méridionale. Ces graines, recouvertes d'une pulpe dure et sèche, ont la grosseur d'une petite fève et sont d'une couleur violette, roussâtre, d'un goût amer mais non désagréable; torréfié, mêlé ensuite avec du sucre, puis réduit en pâte et aromatisé avec de la cannelle ou de la vanille, le cacao constitue le *chocolat*, aliment très-estimé. Il est considéré comme tonique et stomachique.

CACHOU. — Suc gommo-résineux, nommé improprement autrefois *terre du Japon*, qui vient des Indes et du Malabar; on l'obtient, par décoction dans l'eau, des fruits et du bois du *Mimosa catechu*.

Le cachou se présente dans le commerce sous plusieurs aspects; tantôt il est en pains carrés du poids de 90 à 125 grammes, d'une cassure terne, d'une couleur rougeâtre, quelquefois marbrée. Il est friable, se fond dans la bouche et y produit une saveur astringente, un peu amère d'abord et suivie d'un goût agréable.

Quelques droguistes falsifient le cachou, soit en y mêlant d'autres extraits astringents, soit en y incorporant de la terre, du sable ou d'autres impuretés; mais le cachou auquel on a associé des extraits étrangers acquiert une couleur brun foncé tirant sur le noir, et perd aussitôt la saveur qui le distingue; quant au sable, à la terre et autres corps étrangers insolubles, les traitements successifs par l'eau et l'alcool auxquels on peut soumettre le cachou offrent un moyen aisé de séparer ces diverses substances.

Le cachou est un fort bon stomachique, amer, propre à donner du ton aux fibres de l'estomac; il est astringent et corrige la mauvaise odeur de l'haleine.

CAFÉ. — Graine du caféier, arbre originaire des parties les plus chaudes de l'Arabie et principalement de l'Yémen, près de la ville de Moka, d'où il a été transporté dans l'Inde, puis en Europe, et de là dans l'Amérique méridionale. Son fruit est une baie du volume et de la couleur d'une cerise, finissant par noircir à la maturité, ne renfermant que deux graines ou *fèves* de consistance et d'apparence cornées.

Il existe plusieurs sortes de café dont il serait trop long de donner les détails; deux seulement sont employées dans les liqueurs:

1° Le café Moka est le plus recherché de tous à cause de la suavité de son arome et de sa saveur. Il est en grains petits, jaunâtres et d'une forme arrondie qui résulte de ce que l'une des deux graines renfermées dans la baie, avortant presque constamment, la graine qui survit prend plus de développement et occupe la cavité entière du fruit.

2° Le café Martinique se reconnaît à la grosseur moyenne, à la couleur verdâtre et à la saveur herbacée et amère de son grain.

Le café, après sa torréfaction, produit une boisson digestive et stimulante, et cause dans le sang une fermentation utile aux personnes replètes, pituiteuses, et à celles sujettes aux migraines. Elle apaise les fumées du vin; cependant ses effets sont nuisibles aux personnes d'un tempérament ardent, sec et bilieux.

CALAMENT. — Plante qui croît naturellement dans les localités pierreuses de l'Europe méridionale; sa tige est rameuse et velue, ses feuilles sont arrondies, molles et dentées, ses fleurs sont analogues à celles du thym, qui est de la même famille.

Le calament a une odeur agréable, qui ressemble à celle de la mélisse; il a la propriété d'être stimulant et antispasmodique.

CALAMUS. — Plante croissant sur les bords des fossés et des étangs; on la trouve particulièrement en France, dans les Vosges, la Bretagne et la Normandie.

La racine desséchée de cette plante est employée sous le nom de *Calamus aromaticus*. De la grosseur du doigt environ, cette racine a une odeur aromatique particulière très-agréable. Sa consistance est spongieuse, sa couleur fauve et claire. Elle est très-sujette à être piquée des vers, fortifie l'estomac et facilite la digestion.

CAMOMILLE ROMAINE. — Petite plante commune dans les prairies et les pelouses des bois de la France et de l'Europe tempérée, dont les fleurs ont le centre jaune et les rayons blancs. Elles exhalent une odeur aromatique forte mais agréable pour beaucoup de personnes; leur saveur est extrêmement amère. On doit rejeter toutes celles qui ne sont pas d'un beau blanc et qui, n'ayant pas été convenablement desséchées, ont perdu une grande partie de leur arome. Les fleurs de camomille sont toniques, stomachiques et digestives.

CAMPHRE. — Huile volatile concrète qui existe en abondance dans presque toutes les espèces d'arbres de la famille des lauriers, et surtout dans le *laurier-camphrier* qui croît au Japon, à Java, à Sumatra et à Bornéo, d'où il vient brut. Le camphre raffiné a la blancheur, la demi-transparence de la glace; il est léger et se distingue aisément des corps avec lesquels on pourrait le confondre, par sa saveur chaude, amère, brûlante, et surtout par son odeur vive et pénétrante, qui reste aux doigts et se répand au loin : c'est presque l'odeur du romarin. Sa tendance à prendre l'état gazeux est si grande, qu'il se volatilise peu à peu dans l'air, sans laisser de trace de son existence, et qu'il se sublime toujours en petits cristaux brillants et transparents à la partie supérieure des vases dans lesquels on le conserve.

Le camphre est très-combustible et s'enflamme à l'approche d'une bougie. Il brûle alors sans noircir avec une flamme blanche et luisante accompagnée d'une fumée épaisse, piquante et très-odorante. Il ne laisse aucun résidu. Il brûle même après avoir été posé sur l'eau, où il surnage. L'alcool le dissout entièrement. Le camphre est un bon antiseptique ; aussi est-il utilisé pour les embaumements.

CANNELLE. — Écorce privée d'épiderme des branches du laurier-cannellier, arbre de moyenne grandeur que l'on cultive dans les Indes orientales, et principalement à l'île de Ceylan ; on le cultive aussi en grand en Chine, au Japon, aux Antilles, et dans quelques autres parties de l'Amérique méridionale.

Il existe plusieurs sortes de cannelles connues sous les noms de *cannelle de Ceylan*, *de Chine*, *de Cayenne*, *de Malabar*, *giroflée*, *mate* et *blanche*. Les deux premières seules doivent fixer l'attention du liquoriste.

La *cannelle de Ceylan* est la plus estimée de toutes les cannelles que l'on trouve dans le commerce. Elle est en faisceaux très-longs, composés d'écorces excessivement minces renfermées les unes dans les autres, ayant une couleur citrine blonde, une saveur agréable, aromatique, chaude, légèrement piquante et sucrée.

La *cannelle de Chine*, moins estimée que la sorte précédente, est en faisceaux plus courts, et se compose d'écorces plus épaisses et plus rouges ; son odeur est plus intense et sa saveur plus piquante.

La fraude, à l'égard de la cannelle, est de deux genres : le premier consiste à donner, comme cannelle de Chine, l'écorce du *Laurus cassia*, connue sous le nom de *Cassia lignea* ; cette écorce ressemble beaucoup à la cannelle de Chine, mais elle a moins de saveur et d'odeur ; elle est en tubes droits, cylindriques, très-gros et très-durs ; elle se distingue encore de la cannelle de Chine en ce qu'elle est recouverte de son épiderme, sur lequel on observe quelques petits lichens ; le second est assez facile à découvrir, car il s'agit de la cannelle qui a été distillée. En cet état elle conserve peu de parfum : étant dépouillée de la plus grande partie de son huile volatile, il ne lui reste qu'une saveur très-piquante et même assez désagréable. La cannelle s'emploie en médecine comme cordial et stomachique chaud.

CAPILLAIRE. — Il en existe deux sortes : celui *de Montpellier* et celui *du Canada*.

Le capillaire de Montpellier est une plante de la famille des fougères, qui croît dans les lieux humides et pierreux des contrées méridionales de l'Europe. Elle est légèrement mucilagineuse, d'une saveur et d'une odeur peu aromatique.

Le capillaire du Canada croît, non-seulement dans le Canada, mais encore dans plusieurs autres régions de l'Amérique septentrionale. Cette fougère se distingue de la précédente par ses feuilles plus grandes, ses pétioles plus longs et ramifiés seulement à leur sommet, de manière que toutes les branches partent en divergeant du même point ; son odeur est agréable et sa saveur douce. Le capillaire du Canada nous vient en bottes très-comprimées, aussi est-il quelquefois sujet à moisir en route.

Il est employé principalement dans les affections catarrhales.

CARBONATE D'AMMONIAQUE. — (*Voyez* t. II, *Dictionnaire des substances chimiques*).

CARBONATE DE CHAUX. — (*Id.*)

CARBONATE DE MAGNÉSIE. — (*Id.*)

CARBONATE DE POTASSE. — (*Id.*)

CARBONATE DE SOUDE CRISTALLISÉ. — (*Id.*)

CARDAMOME. — Fruits capsulaires qui sont apportés des Indes orientales et dont l'origine n'est pas bien déterminée ; on en distingue dans le commerce plusieurs sortes, dont deux seulement sont employées pour les liqueurs :

1° Le *cardamome mineur*, composé de coques trigones, un peu arrondies, d'un blanc jaunâtre, longues de 9 à 16 millimètres sur 7 à 10 d'épaisseur. Les graines qu'elles renferment sont brunâtres, irrégulières, bosselées à leur superficie, ressemblant un peu à des cochenilles, d'une saveur et d'une odeur vive et pénétrante.

2° Le *cardamome majeur*. Les péricarpes secs ou coques de ses fruits sont très-peu aromatiques, tandis qu'au contraire les graines le sont au plus haut degré ; celles du cardamome mineur cependant sont préférables par leur goût, leur odeur et leurs qualités. Le cardamome est carminatif.

CARVI. — Plante qui croît dans les prairies, les montagnes du midi de la France, dont les semences ovoïdes, allongées, striées et d'un vert obscur sont d'une odeur analogue à celle du cumin et d'une saveur âcre, chaude et piquante ; ses propriétés médicinales sont à peu près les mêmes que celles de l'anis vert.

CASCARILLE. — Écorce fournie par un arbrisseau qui croît dans diverses contrées de l'Amérique méridionale. L'écorce de cascarille est en fragments roulés, compactes, pesants, peu épais, ayant une cassure résineuse et rayonnée. Sa couleur est d'un brun obscur. Elle est couverte d'un épiderme blanc, rugueux, fendillé, comme celui du quinquina, et quelquefois couverte en quelques points de sa surface de plusieurs espèces de lichens. L'odeur de la cascarille est très-agréable, surtout quand on la brûle ; elle se rapproche alors de celle du musc très-faible. Sa saveur est aromatique, amère et légèrement âcre ; elle jouit de propriétés excitantes et toniques.

CASSIE. — Espèce d'acacia originaire de l'Inde et qui croît dans l'Europe méridionale et médiane. Ses fleurs ont une odeur des plus suaves et sont employées par les parfumeurs.

CASSIS OU GROSEILLIER NOIR. — Petit arbrisseau indigène des bois, que l'on cultive surtout aux environs de Paris. Il ressemble beaucoup au groseillier rouge ; ses feuilles ont la forme de celles de la vigne, mais elles sont trois fois plus petites ; elles ont une odeur extrêmement forte et agréable ; le fruit est comme une baie d'un noir foncé, ombiliqué à son sommet. Ses parois intérieures sont parsemées de vaisseaux ou réservoirs d'un principe particulier, dont l'odeur fortement aromatique est en général peu agréable lorsqu'on mange le fruit, mais qui se change en un parfum estimé lorsque l'on fait infuser le cassis avec de l'alcool. Il est considéré comme digestif et bon dans les maux de gorge inflammatoires.

On doit choisir le cassis gros et parfaitement mûr et ne pas employer celui qui est vert, échauffé ou pourri.

CÉDRAT. — (*Voyez* CITRON.)

CÉLERI (Semence de). — Le céleri est trop connu pour qu'il soit nécessaire de le décrire ; les semences de cette plante potagère sont composées de deux petits lobes cannelés, d'une couleur grise, d'une saveur âcre et d'une odeur aromatique ; elles ont la propriété d'être excitantes et apéritives.

CENTAURÉE (Petite). — Cette jolie plante, qui croît abondamment dans tous les bois de l'Europe et surtout dans le midi de la France, est remarquable par la couleur rose de ses jolies fleurs. Son amertume est très-forte. On la considère comme vermifuge et stomachique.

CERISES. — Fruits du cerisier, arbre qui n'existe à l'état sauvage que dans les forêts de l'Asie, d'où on l'a tiré pour le cultiver dans les jardins. Il est une opinion généralement reçue, que ce bel arbre a été apporté des environs de Cérasonte, ville de l'Asie Mineure, par Lucullus.

La culture a fait naître une foule de variétés dans les cerises, variétés qu'il serait superflu de faire connaître dans cet ouvrage; aussi ne parlerons-nous que de celles employées par le liquoriste.

Cerise commune hâtive. — Ce fruit est rouge clair, sa chair blanchâtre et acidule : c'est la plus cultivée aux environs de Paris.

Cerise de Montmorency. — Fruit rouge, gros, chair blanche, très-bonne; doit être employé de préférence.

Cerise gobet commune ou *cerise à courte queue.* — Fruit rouge, gros, chair blanchâtre et bonne.

On devra choisir les cerises avant leur maturité, bien saines, et rejeter celles qui sont écrasées ou tachées, ainsi que celles qui arrivent humides ou échauffées dans les paniers ou alosiers.

On ne devra pas employer la *cerise royale hâtive* ou *anglaise*, parce que cette cerise est trop rouge et trop sucrée, ni la *cerise royale nouvelle*, bien qu'elle soit grosse, d'un rouge très-clair et d'une forme arrondie : cette cerise pâlit beaucoup dans l'eau-de-vie et dans le sirop.

CHAMÆDRYS. — (*Voyez* GERMANDRÉE.)

CHARDON BÉNIT. — Plante qui croît dans les champs du midi de la France; sa tige est rameuse et porte des feuilles d'un vert pâle, allongées, offrant de grandes dentelures irrégulières terminées par une petite épine. Cette plante est amère; on l'emploie comme fébrifuge.

CHERVI. — Semence qui a beaucoup d'analogie avec celle du fenouil, mais elle est plus fine, étroite, cannelée sur le dos, de couleur sombre; on l'emploie comme condiment dans le Nord. Elle a la propriété d'être apéritive et vulnéraire.

CHÈVREFEUILLE (Fleurs de). — Le sous-arbrisseau qui fournit ces fleurs croît naturellement dans le midi de la France et assez abondamment dans nos bois. Sa tige sarmenteuse s'élève quelquefois à une grande hauteur sur les arbres contre lesquels elle s'appuie, et dont elle enlace les branches. Les fleurs, douées d'une odeur fort agréable, sont aussi légèrement amères et mucilagineuses. Le chèvrefeuille est plutôt cultivé pour l'ornement des jardins que pour ses propriétés médicinales.

CHINOIS. — Petites oranges vertes qui arrivent en caisses, toutes confites, de la Provence et principalement de Marseille, où il s'en fait un grand commerce. On choisit les chinois d'un beau vert clair, *glacés* ou *égouttés* et d'une consistance ferme; ceux d'un vert foncé sont moins estimés. Les chinois *blonds* sont d'une couleur jaunâtre qui n'a rien d'agréable à la vue, et leur consistance est molle.

CHLOROPHYLLE. — (*Voyez* t. II, *Dict. des substances chimiques.*)

CITRON. — Fruit du limonier, arbre toujours vert, d'une hauteur médiocre, et vulgairement appelé citronnier, qu'on cultive dans les pays chauds, en Italie, en Espagne, en Portugal et en Provence. Les fruits de cet arbre, que l'on appelle en France citrons, par suite d'un usage bizarre, sont appelés limons par le reste de l'Europe.

Le citron, dans son état de maturité, est oblong ou ovale, quelquefois sphérique, d'un jaune tendre et léger, mamelonné à son sommet, ayant l'écorce extérieure ou zeste tantôt lisse, tantôt raboteuse, et composée d'une infinité de vésicules remplies d'huile essentielle d'une odeur agréable et d'un goût piquant et aromatique. L'écorce qui est sous l'épiderme est épaisse, ferme et blanche ; sa chair ou substance intérieure est épaisse, molle, vésiculeuse, pleine d'un suc d'une acidité agréable et d'une odeur un peu aromatique.

Les citrons qui ont le plus de *suc* ou *jus* ne sont pas toujours les plus propres à la distillation ; les plus convenables pour le liquoriste sont ceux dont l'écorce est épaisse et tendre, parce qu'ils contiennent davantage d'huile essentielle que ceux dont la peau est lisse. Le citron est regardé comme vermifuge et cordial.

Le *cédrat* est une variété de citron, mais plus gros, plus odorant et plus aromatique, ayant toutes les propriétés du citron à un degré supérieur ; de tous les fruits à écorce, le cédrat est le meilleur : c'est à cette espèce qu'appartiennent les énormes *poncires* qu'on envoie tout confits de l'Italie.

La *bergamote* est encore une variété de citron. C'est le produit d'un citronnier enté sur un poirier bergamote. Son arome est très-agréable et très-fort ; son suc est légèrement acide. La bergamote ressemble, par la forme et la couleur, à la bigarade, excepté que la bergamote a l'écorce unie comme l'orange de Portugal.

COCHENILLE. — Insecte originaire du Mexique, qui croît sur une plante grasse garnie de piquants, nommée *nopal* ou *Cactus coccinilifer*. Elle se présente dans le commerce sous la forme d'un petit corps irrégulier, généralement convexe d'un côté, et légèrement concave de l'autre, ayant 3 millimètres de longueur environ et 2 millimètres de largeur, très-ridé à sa surface et présentant des lignes transversales assez apparentes.

La couleur de la cochenille varie ; elle est quelquefois d'un rouge foncé noirâtre et désignée dans le commerce sous le nom de *cochenille noire* ; d'autres fois elle est d'une couleur gris-blanchâtre jaspé de rose, et porte alors le nom de *cochenille grise jaspée* ou *argentée*.

Ces sortes de cochenilles ne sont qu'une seule et même espèce, et les différences qu'on y observe tiennent à ce que l'on est dans l'usage, pour faire périr la cochenille noire, de la plonger dans l'eau bouillante, qui la prive de la couleur blanchâtre dont elle est naturellement couverte. La cochenille grise, au contraire, que l'on fait mourir en l'exposant à la chaleur d'un four, conserve la couleur qui lui est propre.

Les cochenilles noires sont peu sujettes à être falsifiées ; mais il n'en est pas de même des cochenilles grises, que certains marchands jaspent artificiellement en les exposant dans un endroit humide ou à la vapeur d'eau et les brassant avec de la craie de Briançon dans un sac de peau long et étroit. Cette cochenille, qui, par cette préparation, acquiert du poids et un aspect argenté, est ensuite criblée pour la séparer de l'excédant du talc, et enfin livrée au commerce.

Cette falsification se reconnaît en faisant macérer la cochenille dans l'eau tiède ; l'insecte se gonfle, s'arrondit, et la poudre se détache et se rassemble au fond du vase. Avec un peu de patience, on peut aussi la séparer mécaniquement.

Le type de la bonne cochenille, quelle que soit d'ailleurs la nuance de sa couleur, devra toujours offrir des grains bien détachés les uns des autres, bien nourris, lourds, arrondis, peu ridés, mais présentant distinctement la forme et les anneaux qui sont propres à cet insecte.

COING. — Fruit du coignassier, arbrisseau originaire de l'île de Crète et cultivé dans les jardins. Le coing ressemble à une grosse poire ; il est odorant et recouvert d'un épiderme jaune clair, cotonneux ; sa chair, quoique ferme, est succulente ; son suc est un peu astringent, mais du reste son odeur est agréable. Le coing ne mûrit jamais bien, aussi n'est-il jamais bon à manger à cause de la grande âpreté de sa chair. C'est un bon stomachique.

COLLE DE POISSON OU ICHTHYOCOLLE. — La colle de poisson n'est autre chose que la membrane interne de la vessie natatoire de plusieurs espèces d'esturgeons très-communes dans le Volga et les autres fleuves qui se jettent dans la mer Noire et dans la mer Caspienne. Cette colle se prépare en Russie et particulièrement dans la province d'Astrakan ; elle se présente dans le commerce sous plusieurs formes, en grands cordons, petits cordons et en feuilles ; elle est blanche, sèche, fibreuse, tenace, demi-transparente, d'une saveur fade, insipide. Macérée dans l'eau froide, la colle de poisson se gonfle et se ramollit ; le vin, l'eau acidulée ou l'eau bouillante la dissolvent presque sans résidu ; cette dernière donne lieu, par le refroidissement, à une gelée demi-transparente et d'une consistance solide. La colle de poisson est de la gélatine presque pure. Si elle n'est pas cassante, comme la colle forte, cela tient à son tissu fibreux et élastique ; on préfère dans le commerce la plus blanche et celle dont le tissu est plus fin.

On livre quelquefois à la consommation une substance frauduleuse qu'on décore du nom de colle de poisson, et qui n'est autre chose qu'une membrane intestinale de veau ou de mouton ; elle est en feuilles régulières.

COQUELICOT ou PAVOT ROUGE (Fleurs de).—Fournies par une plante extrêmement abondante en Europe dans les champs de céréales. La dessiccation des pétales du coquelicot ne s'opère pas sans quelques précautions ; il faut avoir soin de les étendre sur des claies après les avoir séparés un à un pour qu'ils ne s'agglutinent point, étant très-sujets à moisir ; il faut les renfermer dans des bocaux bien fermés et à l'abri de toute humidité.

Les fleurs de coquelicot sont employées comme adoucissantes, béchiques et légèrement calmantes ; elles font partie des fleurs pectorales.

CORIANDRE. — Plante originaire de l'Italie, naturalisée en France et presque dans toutes les autres parties de l'Europe.

Son fruit, seule partie de la plante qui soit employée par le liquoriste, est une graine globuleuse, séparable en deux portions hémisphériques. La coriandre acquiert par la dessiccation une odeur et une saveur extrêmement agréables ; sa couleur est d'un jaune foncé. On devra rejeter celle qui serait un peu noirâtre et dont la grosseur serait par trop minime. Elle passe pour stomachique et carminative.

COUPEROSE BLEUE. — (*Voyez* SULFATE DE CUIVRE.)

CRÈME DE TARTRE. — (*Voyez* t. II, *Dict. des substances chimiques.*)

CUDBÉAR. — (*Voyez* ORSEILLE.)

CUMIN (Semences de).— Fournies par une plante originaire d'Égypte, très-cultivée maintenant dans les jardins d'Europe ; elles sont striées et d'un brun pâle ; leur odeur est forte, et leur saveur âcre, chaude et désagréable, est due à la grande quantité d'huile essentielle qu'elles contiennent. Sous le rapport des propriétés médicinales, elles peuvent être assimilées aux fruits de l'anis et du fenouil, mais elles possèdent une action stimulante plus énergique.

Curaçao de Hollande. — On nomme ainsi les zestes ou écorces d'un fruit d'une espèce particulière d'oranger bigaradier croissant dans l'île de Curaçao, l'une des Antilles, et qui tombe de l'arbre avant sa maturité. Ses écorces sèches sont douées d'une forte odeur aromatique très-agréable ; elles doivent être peu épaisses et d'une couleur vert bronzé. Les véritables écorces de curaçao de Hollande sont fort difficiles à trouver dans le commerce : on leur substitue souvent celles de *curaçao carton*, dont la valeur vénale est quatre fois moindre.

Curaçao commun ou carton. — Écorce sèche de l'orange du bigaradier commun qui croît en France, en Italie et en Espagne. Le produit essentiel de cet arbre est dans l'écorce de son fruit ; on la sépare de la pomme en la coupant par quartiers, puis on la fait sécher avant de l'expédier. Sèche, cette écorce est épaisse et son parfum très-léger. On trouve aussi dans le commerce un genre de curaçao commun en *rubans*, c'est-à-dire tourné et complétement privé de pellicule blanche, auquel on devra donner la préférence.

Certains droguistes choisissent avec soin les écorces de curaçao carton dont la pellicule blanche est mince et dont la couleur est bronzée, puis les vendent pour du curaçao de Hollande.

Curaçao doux ou Écorces d'oranges. — Enveloppe charnue du fruit de l'oranger. Cette écorce, d'une couleur jaune d'or, est amère et fortement aromatique, qualité qu'elle possède après sa dessiccation. Il existe aussi des zestes d'oranges sèches en *rubans*. Ce produit est employé comme tonique.

<h1 style="text-align:center">D</h1>

Daucus de Crète. — Semences fournies par l'*Athamenta cretensis*, plante qui croît en Égypte, dans l'Archipel grec et dans le midi de la France. Elles sont longues d'environ 5 millimètres, demi-cylindriques, légèrement cotonneuses, d'un gris verdâtre, d'une odeur aromatique et d'une saveur chaude. Les semences de daucus de Crète que l'on trouve dans le commerce sont toujours mélangées à des débris d'ombelles coupées menu, que le liquoriste aura soin de séparer avant de réduire les semences en poudre. On substitue souvent au daucus de Crète les semences du *Daucus carotta* ou *daucus du pays* ; mais ces dernières sont assez faciles à distinguer aux caractères suivants : elles n'ont guère que 2 millimètres environ de longueur, sont plates d'un côté, convexes de l'autre, hérissées de poils assez longs, bien différents du duvet cotonneux qu'on remarque sur le daucus de Crète; leur saveur est aromatique et leur odeur douce et agréable. Le daucus de Crète est considéré comme hystérique et carminatif.

E

ESPRIT DE NITRE DULCIFIÉ. — (*Voyez* t. II, *Dictionnaire des substances chimiques*.)

EAU DE BARYTE. — (*Id*.)

EAU DE CHAUX. — (*Id*.)

F

FENOUIL. — Plante herbacée qui croît dans les lieux pierreux des contrées méridionales de l'Europe. Sa semence est oblongue, peu comprimée, cannelée d'un côté et peu aplatie de l'autre, d'une couleur vert pâle, et non jaune ni brunâtre comme celle qui est vieille et altérée. Elle a une odeur agréable et une saveur sucrée un peu âcre. Il existe plusieurs variétés de fenouil; mais c'est celui qu'on nomme dans le commerce fenouil de Florence qui doit être employé par le liquoriste. Il se cultive de préférence en Languedoc. La semence est plus grosse et la saveur plus agréable que celle des autres espèces.

La tige et la semence du fenouil sont regardées, en médecine, comme apéritives.

FÉVE TONKA. — Fruit d'un arbre qui croît dans les forêts de la Guyane; il se compose d'une coque sèche, jaunâtre, fibreuse extérieurement et qui a la forme d'une grosse amande; elle renferme une seule graine aplatie, de 2 à 3 centimètres de longueur, luisante, d'un brun noirâtre, fortement ridée; sa saveur est agréable, huileuse; son odeur aromatique rappelle celle des fleurs de mélilot.

FIGUES. — Fruits d'un arbre originaire de la Carie, mais aujourd'hui très-commun dans tous les bassins de la Méditerranée, et particulièrement en Italie et dans le midi de la France.

Les variétés de figues sont presque infinies; leur forme, leur grosseur et leur saveur diffèrent beaucoup; on en rencontre qui sont longues, en forme de poires, d'autres rondes; les unes pas plus grosses que le pouce, d'autres ayant le volume du poing. Leur couleur est verte, ou jaune, ou blanche, ou d'un rouge violet. Dans le commerce, on distingue trois sortes principales : les jaunes, qu'on appelle *figues grasses*, les blanches ou *marseillaises*, et les *violettes* ou médicinales.

Les *figues vertes glacées*, c'est-à-dire les figues confites qu'on expédie de Clermont-Ferrand, sont celles que l'on doit employer pour mettre à l'eau-de-vie.

On considère les figues comme pectorales et émollientes. Elles sont employées aussi dans les gargarismes.

FLEURS D'ORANGER. — (*Voyez* ORANGE.)

FRAISE. — Fruit d'une plante basse et touffue qui croît abondamment dans toute l'Europe, dans les bois, sur les coteaux ombragés, et que l'on cultive aussi dans les jardins sous le nom de fraisier. La culture a fait naître un nombre très-considérable de variétés de fraises qui sont connues des jardiniers sous des noms particuliers, mais que les bornes de cet ouvrage ne permettent pas de mentionner. Le liquoriste emploiera préférablement les fraises dites des bois. Ces fruits sont d'un rouge foncé, allongés, quelquefois anguleux, pleins de suc, charnus, mous, remplis de graines menues, d'une odeur très-agréable, d'un goût doux, vineux, fort, exquis, et mûrissent quelquefois blancs. Les fraises sont rafraîchissantes.

FRAMBOISE. — Fruit du framboisier, arbuste épineux qui croît naturellement dans les bois de l'Europe, et que l'on cultive dans les jardins. Ce fruit est multiple, c'est-à-dire formé d'un grand nombre de baies succulentes, rouges ou blanches, serrées l'une contre l'autre. Il a une saveur acidule légèrement sucrée, et une odeur très-aromatique. Il existe deux sortes de framboises, l'une de forme conique, d'une couleur rouge tendre ; l'autre presque ronde et d'une couleur rouge foncé ; on devra employer cette dernière préférablement, son goût et son odeur étant plus suaves. Les framboises de Montreuil, village près Paris, sont très-estimées ; elles arrivent au marché, soit en paniers, soit en seaux ; les premières sont toujours plus fraîches, celles en seaux ont presque toujours un commencement de fermentation qui leur est très-nuisible. On devra également rejeter celles qui sont moisies.

G

GALANGA. — Racine d'une plante des Indes que l'on apporte sèche en Europe ; on en distingue de deux espèces, l'une majeure et l'autre mineure. Le galanga majeur est une racine assez grosse, couverte d'une écorce rougeâtre, solide, d'une saveur âcre et piquante. Le galanga mineur est une racine grosse comme le doigt, rougeâtre en dehors et en dedans, d'une odeur et d'une saveur plus aromatiques que le galanga majeur; aussi doit-on le préférer pour l'usage des liqueurs. Cette racine est stimulante et stomachique.

GAÏAC. — Arbre qui croît à Saint-Domingue et autres Antilles; son bois est dur, résineux, compacte, exhalant une légère odeur balsamique. On en extrait la résine par incision. Elle est en masses irrégulières, d'une couleur verdâtre, à cassures brillantes, d'une odeur agréable rappelant celle du benjoin; sa saveur est âcre et prend fortement à la gorge. Les acides lui font éprouver divers changements de couleur. Soluble dans l'alcool et l'éther, elle est presque inattaquable par l'eau. Elle a la propriété d'être puissamment excitante et stimulante.

GÉLATINE ou COLLE FORTE. — Matière animale extraite de certains tissus organiques par l'ébullition, devenant solide et tremblante par le refroidissement. Les muscles, tendons, membranes, os, etc., etc., sont propres à la fabrication de cette substance. La gélatine à l'état de pureté est diaphane, inodore, et sans aucune couleur, n'agissant ni sur la teinture de tournesol ni sur le sirop de violettes. Elle se dissout dans l'eau froide et mieux encore dans l'eau chaude. Abandonnée à l'air à l'état concret et tremblant, elle s'aigrit, devient liquide et se décompose rapidement en une fermentation putride. L'alcool et l'éther n'ont aucune action sur cette substance; les alcalis ni les acides ne la précipitent point de sa dissolution, ce que font l'alcool et le tannin, le premier en partie et le second entièrement.

GÉNÉPI ou GENIPI. — Cette plante est aussi appelée *absinthe des Alpes*; elle croît sur les bords des précipices des Alpes, de la Suisse ou de la Savoie et résiste au froid le plus rigoureux; elle pousse sous la neige. Néanmoins, elle ne fleurit qu'au retour de la belle saison. Cette plante est remarquable par sa saveur amère et son odeur pénétrante et aromatique; ses feuilles sont découpées, couvertes d'un duvet blanc, comme argenté; ses fleurs sont jaunes.

Le génépi offre les plus grands rapports botaniques avec l'absinthe et l'armoise; il en possède aussi toutes les propriétés médicinales.

GENIÈVRE (Baies de). — Fruits du genévrier, arbrisseau fort commun dans les lieux incultes et rocailleux de l'Europe, et surtout dans les pays septentrionaux; ordinairement il est petit et rabougri, mais quelquefois il acquiert un grand développement et forme un petit arbre de 2 à 3 mètres de hauteur. Ses fruits sont des baies grosses comme celles du lierre, sphériques, renfermant trois osselets très-durs, verts au commencement, rougissants et noircissants à mesure qu'ils mûrissent. À leur maturité, ils sont noirâtres, couverts d'une poussière glauque, renfermant un peu de pulpe rougeâtre, glutineuse, résineuse, aromatique, d'une saveur amère et peu sucrée. On doit rejeter les baies qui sont par trop sèches, attendu qu'elles ont peu d'arome, ainsi que celles qui sont d'une couleur blanchâtre ou qui ont une odeur de moisi.

Les baies de genièvre sont cordiales et stomachiques.

GENTIANE. — Fort belle plante qui croît naturellement dans les montagnes boisées de la France. Sa racine est une souche ou tige souterraine qui est vivace, d'un jaune brunâtre foncé, d'une odeur forte quand elle est fraîche, d'une amertume extraordinaire; elle est de la grosseur du doigt, spongieuse, très-rugueuse, et considérée comme un puissant fébrifuge.

GÉRANIUM. — La famille des géraniums (géraniacées), à laquelle le genre *géranium* a donné son nom, est une des plus nombreuses en espèces dans tout le règne végétal. Les géraniums, qu'on suppose originaires d'Italie, sont très-recherchés, soit à cause de leurs fleurs, soit à cause du parfum propre à toutes leurs parties. Les feuilles du *Geranium* (*Pelargonium*) *odoratissimum* donnent une huile volatile analogue à celle de rose, et les fleurs fournissent l'extrait connu dans le commerce sous le nom d'*extrait de géranium*.

GERMANDRÉE ou PETIT-CHÊNE. — Petite plante vivace, herbacée, qui croît naturellement dans toute la France, et particulièrement dans les bois montagneux et les sols arides et pierreux. Ses tiges, hautes d'environ 2 décimètres, sont rougeâtres, grêles, couchées, un peu ligneuses, garnies de feuilles pétiolées fortement crénelées, fisses, d'un vert gai en dessus, plus pâles en dessous. Ses feuilles offrent une imitation en miniature de celles du chêne, ce qui a valu le nom de petit-chêne à cette plante. La germandrée, sans avoir une odeur très-aromatique, se distingue par une amertume très-intense qui lui donne des propriétés toniques et stomachiques analogues à celles de la petite centaurée. On devra choisir, pour l'emploi, la germandrée fleurie.

GINGEMBRE. — Plante originaire des Indes orientales, cultivée actuellement aux Antilles et en Amérique. Sa racine est tuberculeuse, irrégulière, coriace et blanche à l'intérieur, d'une saveur aromatique très-âcre et très-piquante et d'une odeur pénétrante. Stimulant au suprême degré, le gingembre détermine une grande chaleur dans l'estomac. On connaît dans le commerce deux espèces de gingembre, c'est-à-dire le gingembre gris et le gingembre blanc : ce dernier paraît être le même et ne devoir cette différence de couleur qu'à la manière dont on l'a préparé.

GIROFLE OU GÉROFLE (Clous de). — Petits fruits ou plutôt boutons des fleurs du giroflier, grand arbrisseau du port le plus élégant, qui croît naturellement dans les Moluques, d'où il a été transporté aux îles de France et de Bourbon, à la Guyane et dans les Antilles. Après la floraison, on récolte les clous de girofle, qui sont le calice et le germe de la fleur desséchée. Les clous de girofle ont une longueur de 10 à 15 millimètres et sont presque quadrangulaires, ridés, d'une couleur brune plus ou moins foncée; leur sommet est garni de quatre petites pointes en forme d'étoiles, au milieu desquelles se trouve une sorte de petite tête ronde d'une couleur moins foncée; leur odeur est aromatique, agréable, pénétrante; leur saveur âcre et brûlante; ils sont facilement entamés par l'ongle et laissent alors apercevoir des traces d'huile volatile.

On rencontre quelquefois, dans le commerce, du girofle qui a été soumis à la distillation pour en extraire l'huile volatile. Cette fraude n'est pas toujours facile à reconnaître, parce que les fraudeurs ont soin de mélanger ce girofle ainsi épuisé avec du girofle de bonne qualité, qui, par un contact prolongé, finit par lui rendre une partie des principes volatils qu'il a perdus. D'autres se contentent de répandre sur le girofle une petite quantité de son huile essentielle et de le sasser dans un sac, afin de lui redonner du parfum.

Néanmoins, on remarque que le girofle qui a été distillé est moins pesant, d'une nuance moins foncée, et qu'il ne laisse pas exsuder d'huile lorsqu'on le comprime avec l'ongle.

On emploie beaucoup plus de clous de girofle comme aromates dans l'art culinaire, ainsi que dans celui du liquoriste, que comme médicament.

GOMME ADRAGANTE. — Cette gomme découle à travers l'écorce de deux arbrisseaux épineux qui croissent dans l'Asie Mineure et autres parties de l'Orient; ils sont appelés *Astragalus tragacantha* et *Astragalus verus*; ils contiennent dans leurs vaisseaux un suc gommeux très-épais qui a peine à se faire jour à travers leur écorce, aussi apparaît-il au dehors sous forme de lanières ou de fils minces, contournés ou vermiculés, blancs et opaques. C'est ce qu'on appelle gomme adragante. Cette gomme est dure, luisante, légère, difficile à piler, inodore, fade, inaltérable à l'air, insoluble dans l'alcool, très-soluble dans l'eau, cependant moins que les autres gommes, formant avec ce liquide un mucilage fort épais, gélatiniforme et trouble.

D'après l'analyse de Bucholz, la gomme adragante contient 57 parties d'une matière semblable à la gomme arabique, et 43 parties d'une substance particulière, susceptible de se gonfler dans l'eau sans s'y dissoudre, mais perdant cette propriété par l'action de l'eau bouillante, dans laquelle elle acquiert celle de se dissoudre et de former un liquide mucilagineux.

La gomme adragante pulvérisée, en raison de sa blancheur et de sa ressemblance avec une infinité d'autres poudres, est fort souvent mélangée. La gomme arabique est la substance qui est le plus employée. Le moyen de reconnaître la présence de cette dernière consiste à faire un mucilage avec la gomme que l'on suppose mélangée, et à y verser, en agitant continuellement, quelques gouttes de teinture alcoolique de gaïac. Si la gomme essayée contient de la gomme arabique, le mélange, après quelques minutes, devient d'une belle couleur bleue, tandis qu'il ne se colore pas lorsque la gomme adragante est pure. Par ce moyen, on peut facilement reconnaître un vingtième de gomme arabique. Il est à observer que, pour réussir constamment, on ne doit employer que très-peu de teinture de gaïac (4 à 6 gouttes pour 8 grammes de mucilage), et que lorsque la proportion de gomme arabique est très-petite, la coloration n'a souvent lieu qu'après trois ou quatre heures.

L'alcool à 90 degrés versé dans une dissolution de gomme adragante pure ne donne lieu qu'à quelques flocons qui nagent au sein du liquide sans altérer aucunement sa transparence; si, au contraire, elle est mélangée à de la gomme arabique, cet agent détermine, selon la quantité, ou une teinte opaline ou un précipité.

La gomme adragante est aussi quelquefois mélangée avec de la fécule de pomme de terre. Afin de reconnaître cette fraude, on traitera également la gomme par l'alcool.

Gomme arabique. — La gomme arabique est produite par plusieurs espèces de *mimosa* ou *acacia* qui croissent en Égypte, en Arabie ou au Sénégal.

Les gommes en général, quel que soit leur pays de production, affectent diverses nuances de couleur : tantôt elles sont en larmes sèches, dures, peu volumineuses, rondes, ovales ou vermiculées, ridées à l'extérieur, vitreuses et transparentes à l'intérieur, d'une couleur jaune très-pâle et presque blanche; tantôt elles sont en morceaux plus gros, pesant quelquefois jusqu'à un demi-kilogramme, moins secs, souvent chargés d'impuretés, néanmoins transparents et d'une couleur jaune ou rouge. Les gommes arabiques et du Sénégal sont entièrement solubles dans l'eau et donnent à ce véhicule une consistance mucilagineuse peu épaisse qui rougit le papier de tournesol et se précipite abondamment par l'oxalate d'ammoniaque, ce qui dénote leur acidité et l'existence de la chaux qu'elles contiennent à l'état de sel. Elles sont tout à fait insolubles dans l'esprit-de-vin; aussi, lorsque l'on verse un peu de ce liquide dans une dissolution de gomme, la liqueur devient blanche et trouble comme du lait, parce que la gomme est précipitée en flocons blancs, mous et opaques. Soumis à l'action de l'acide sulfurique faible, à la température de 96 degrés centigrades, les principes gommeux se trouvent convertis en sucre de raisin.

La gomme du Sénégal est souvent mélangée d'une certaine quantité de bdellium, que l'on devra séparer avec soin et qu'il est facile de reconnaître aux caractères suivants : il est en larmes beaucoup moins transparentes que la gomme, d'un gris verdâtre recouvert d'une poudre blanche, d'une cassure terne et cireuse, d'une saveur âcre et amère, adhérant fortement aux dents et entièrement insoluble dans l'eau. La gomme pulvérisée est quelquefois mélangée, soit avec de la farine de froment, soit avec de l'amidon ou avec de la fécule; pour s'assurer de sa pureté, il suffit de mettre une pincée de cette gomme dans une petite quantité d'eau froide et d'agiter quelques instants : la gomme se dissout promptement, et la farine ou la fécule se précipite au fond du verre. L'iode ou la teinture alcoolique de cette substance peut encore servir à faire reconnaître la présence de la farine ou de la fécule dans la gomme, lorsque cette dernière a été traitée par l'eau chaude. La gomme arabique jouit de propriétés adoucissantes; on l'administre dans tous les cas d'irritation de la membrane muqueuse intestinale et dans les maladies des appareils respiratoires.

GROSEILLES ROUGES. — Fruits d'un arbrisseau non épineux, indigène des bois, cultivé communément dans les jardins et les vergers, connu sous le nom de *groseillier rouge*. Ses baies sont grosses comme celles du genièvre, vertes d'abord, rouges étant mûres, sphériques et remplies d'un suc acide fort agréable au goût et à l'odorat, et de plusieurs petites semences : ce sont les groseilles rouges.

On doit les choisir parfaitement mûres, brillantes, fraîches, d'une couleur rouge prononcée, fournies en grains, et les acheter, autant que possible, en paniers et non en *bachats*. Il faut rejeter celles dont la couleur est rose et terne, celles dont la grappe est sèche et jaune, ou qui sont vieilles cueillies et qui ont un commencement de fermentation.

Les acides citrique et malique, qui dominent dans la groseille, lui communiquent des propriétés rafraîchissantes ; aussi emploie-t-on fréquemment ce fruit dans les inflammations aiguës, les fièvres inflammatoires, bilieuses, etc., etc.

GUIMAUVE. — Plante vivace qui croît avec abondance dans les lieux humides du midi de la France et principalement dans les environs de Narbonne, d'où nous vient la meilleure. Sa racine est blanche intérieurement, recouverte d'un épiderme jaunâtre, longue, grosse comme le pouce, ronde, bien nourrie, très-mucilagineuse, divisée en plusieurs branches, et renfermant un cœur ligneux qui ressemble à une corde. Toutes les parties de cette plante sont très-riches en mucilage et particulièrement la racine. On trouve celle-ci dans le commerce, en morceaux de 10 à 15 centimètres de longueur bien mondés de leur épiderme, très-blanche, sèche, d'une odeur faible, d'une saveur douce : dans cet état elle porte le nom de guimauve *ratissée*. Il faut, en outre, choisir les morceaux bien nourris et peu fibreux. La racine de guimauve est au plus haut degré émolliente, apéritive et béchique.

H

HÉLIOTROPE (Fleurs d'). — Produites par une plante qui s'élève à la hauteur d'environ 35 centimètres. Elles naissent aux sommités des tiges en manière d'épi blanc, long, laineux. Chacune de ces fleurs est un petit bassin figuré en entonnoir, découpé en cinq parties, parmi lesquelles on en trouve le plus souvent cinq autres plus petites, placées alternativement : leur couleur est cendrée et leur odeur extrêmement suave et balsamique. La plante porte le nom d'*herbe aux verrues*, parce que ses feuilles appliquées dessus les font disparaître.

HIÈBLE (Baies d'). — Fruits d'un petit arbrisseau très-commun dans les champs et les lieux cultivés de l'Europe tempérée et méridionale, où il est l'indice d'un bon terrain. L'hièble a les plus grands rapports botaniques avec le sureau commun, puisque ces plantes font partie du même genre. Les baies n'ont point d'odeur, mais elles ont une saveur acidule amère très-prononcée et fournissent un suc rouge très-foncé ; on les considère en médecine comme toniques, purgatives et échauffantes.

HOUBLON. — Plante qui croît dans les haies, le long des chemins et sur les bords des bois de l'Europe septentrionale ; on cultive le houblon avec grand soin en Angleterre, en Flandre et plusieurs lieux de la France, en soutenant sa tige avec des échalas, à la manière de la vigne. Ses fleurs pendent en forme de grappe ; elles sont composées chacune de cinq étamines qui naissent au milieu d'un calice formé de plusieurs feuilles disposées en rose ; ses fruits naissent sur des pieds différents qui produisent des pistils ; ce sont des têtes ordinairement ovales, composées de plusieurs feuilles en écailles de couleur blanchâtre tirant sur le jaune et d'une odeur forte.

Le houblon sert à conserver et à donner du goût à la bière ; il est employé, en médecine, pour fortifier l'estomac et purifier le sang.

Huile de ricin. — Cette huile, connue aussi sous les noms d'*huile de palma-christi* et d'*huile de castor*, est extraite des graines d'un arbre qui porte son nom, lequel croît en Amérique.

L'huile de ricin bien préparée est très-épaisse, transparente, presque incolore. Son odeur est nulle, sa saveur douce et fade est suivie d'un arrière-goût faiblement âcre. A l'état de pureté, elle doit être soluble entièrement dans l'alcool pur, et même dans 5 parties d'alcool à 90 degrés. Si elle était falsifiée par une huile fixe, sa dissolution ne serait pas complète, l'huile étrangère surnagerait sur l'alcool. La rancité de l'huile de ricin se reconnaît à une odeur forte, à une saveur âcre et à ce qu'elle rougit le papier de tournesol.

On emploie fréquemment l'huile de ricin comme purgatif.

Hyacinthe ou Jacinthe. — Plante herbacée qui naît d'une racine en forme d'oignon, dont les feuilles longues et presque linéaires sortent de terre en forme de gerbe et s'étalent de manière à former un tapis verdoyant au milieu duquel s'élève une hampe lisse, terminée par un joli panache de fleurs simple sou doubles. C'est la Hollande, et surtout Harlem, qui approvisionne de jacinthes les marchés de l'Europe ; car elles dédaignent de se naturaliser dans nos campagnes, et si nous obtenons qu'elles embellissent nos parterres, ce n'est qu'à force de soins empressés. Les plus jolies espèces de jacinthe sont : la jacinthe d'Orient, dont la hampe se termine par un épi de jolies fleurs blanches ou bleues, qui réunit à la délicatesse de ses formes l'odeur la plus suave ; la jacinthe des prés, la jacinthe des bois ou *scille*, la jacinthe de Rome, etc.

Hydrochlorate d'alumine. — (*Voyez* t. II, *Dictionnaire des substances chimiques.*)

Hysope. — Plante cultivée dans les jardins et qui vient naturellement dans les contrées méridionales de l'Europe. Sa tige, haute d'environ 30 centimètres, se divise en rameaux dressés, effilés ; ses feuilles sont longues, étroites, aiguës, et d'une belle couleur verte ; ses fleurs sont bleues, roses ou blanches, réunies plusieurs ensemble à l'aisselle des feuilles supérieures et tournées du même côté. L'hysope a une odeur aromatique assez forte et une saveur amère, un peu âcre ; ses sommités fleuries devront toujours de préférence être employées par le liquoriste : on les choisira bien sèches et privées de feuilles ou de fleurs noirâtres. Cette plante est regardée, en médecine, comme très-excitante. L'eau distillée d'hysope est recommandée dans certaines ophthalmies chroniques.

I

Indigo. — Matière tinctoriale bleue que l'on retire par fermentation de plusieurs plantes cultivées dans les Indes et dans les contrées chaudes de l'Amérique ainsi qu'aux Antilles. L'indigo n'est pas soluble dans l'eau, très-peu dans l'alcool et parfaitement dans l'acide sulfurique concentré ; sa dissolution, connue sous la dénomination de *bleu en liqueur*, se laisse facilement décolorer par le chlore et le chlorure de chaux ; il se sublime sous forme de vapeur pourpre, et, condensé, donne lieu à des aiguilles brillantes cuivrées : ce produit est connu sous le nom d'*indigotine*.

On qualifie les espèces d'indigo par le nom des contrées d'où on les tire ; celles du Bengale sont les plus recherchées.

Les indigos de Guatemala se divisent en plusieurs sortes, en raison de leur valeur, sous les noms de *flor*, *sobre* et *corte*, de manière que l'indigo flor indique la première qualité, et chacune de ces sortes se subdivise en nuances désignées par des noms particuliers.

Les bleus indigo ont une légèreté relative qui leur permet de flotter sur l'eau. Leur couleur se juge par la cassure fraîche qui varie entre le bleu foncé et le bleu violet clair velouté. Frottés sur les corps durs, ils prennent un éclat métallique, cuivré ; leur pâte doit être fine et homogène.

L'indigo du commerce présente de nombreuses imperfections assez difficiles à reconnaître : la principale consiste dans la grande quantité de menus et grabeaux qui caractérise la grande friabilité de la pâte trop sèche.

Quand il offre des crevasses, il est nommé *écartelé* ; *crasseux*, quand il est couvert d'une croûte noirâtre ; *brûlé*, lorsqu'il présente des taches brunes de mauvaise couleur ; *venteux*, lorsqu'il s'y trouve

des boursouflures; *rubanné*, lorsqu'il se compose de couches diverse-
ment nuancées; *piqueté*, quand il est parsemé de nombreux points
bleus.

La pâte d'indigo est souvent mélangée de sable, ce qu'il est facile
de reconnaître en le cassant et en plaçant la cassure entre l'œil et la
lumière; des points brillants décèlent la présence du sable. Dans
l'achat de cette matière, on doit éviter la poussière, qui est d'ordinaire mélangée de sable, argile et ardoises pilées.

Le moyen d'essai le plus simple consiste dans la calcination, car, la
matière colorante brûlée, on reconnaît, par le poids du résidu, la
quantité de substances étrangères.

Au reste, M. Houton, professeur de chimie à Rouen, est l'inventeur
d'un instrument connu sous le nom de *colorimètre*, qui indique les
qualités relatives de la substance qui fait l'objet ci-dessus, et que l'on
peut consulter avec un très-grand fruit. Lorsque la falsification est
faite au moyen du bleu de Prusse, on la reconnaîtra facilement : ce
dernier se décolore par le chlore, ne colore point en bleu l'acide sulfurique; les alcalis et la calcination le réduisent en une substance rougeâtre formée presque en totalité de l'oxyde de fer.

Iode. — (*Voyez* t. II, *Dictionnaire des substances chimiques.*)

Iris de Florence. — La racine d'iris de Florence est produite par
une plante qui croît en Italie et en Provence; à l'état de dessiccation, elle est grosse comme le pouce, oblongue, un peu aplatie, genouillée, de forme irrégulière, d'une couleur blanche, très-pesante,
d'une saveur âcre et amère et d'une odeur de violette très-prononcée.

On substitue quelquefois à la racine d'iris de Florence la racine de
l'*iris germanique*, cette dernière ayant une extrême ressemblance
avec la première, à l'exception d'une odeur moins vive et moins
agréable; mais afin de lui communiquer une odeur de violette plus
marquée, les fraudeurs la mettent en contact pendant quelque temps
avec de la poudre d'iris. Un moyen facile de reconnaître cette fraude
consiste à brosser fortement la racine d'iris, la laver, la sécher et la
concasser finement pour la comparer avec de l'iris de Florence de
bonne qualité. L'iris en poudre est fort souvent mélangé avec de la
fécule de pomme de terre, mais il est fort difficile de reconnaître cette
falsification, attendu que la racine elle-même contient beaucoup de
fécule naturelle : on doit donc employer la racine entière, sauf à la
pulvériser soi-même.

L'iris est fort peu employé aujourd'hui en médecine, on ne le considère plus que comme substance aromatique.

J

Jasmin. — Arbrisseau originaire des Indes, que l'on cultive en Italie, en Provence et dans les jardins; ses fleurs sont blanches, découpées par le haut en forme d'étoile; elles s'épanouissent dans les mois de juin et juillet, sont très-délicates, d'une odeur forte, mais recherchées par la suavité de leur parfum. Les fleurs de jasmin sont émollientes et résolutives.

Jonquille ou Narcisse majeur. — Cette plante fait l'ornement des jardins; on en distingue plusieurs espèces, savoir : à grandes fleurs, à petites fleurs et à fleurs doubles.

Les feuilles ressemblent à celles du jonc : ses fleurs naissent au sommet des tiges qui s'élèvent d'entre les feuilles; elles ont beaucoup d'analogie avec celles du narcisse, mais elles sont plus petites, jaunes partout et très-odorantes.

L

Laurier franc ou Laurier sauce. — Arbre de la famille des laurinées, indigène du midi de l'Europe et de l'Orient, à feuilles persistantes, d'un vert vif en dessus et plus pâle en dessous; elles sont aromatiques, d'une saveur amère et piquante, connues de tout le monde par leur emploi dans la cuisine.

Lavande. — Plante cultivée dans les jardins et dans les contrées du Nord, mais très-commune dans le midi de l'Europe, ayant la hauteur de 3o à 5o centimètres, de tige ligneuse, garnie de branches et de feuilles linéaires très-odorantes.

Toutes les parties de cet arbuste, et surtout la fleur, exhalent une odeur aromatique agréable quoique forte, qu'elles conservent fort longtemps après la dessiccation, et contiennent en abondance une huile volatile.

La lavande jouit, en médecine, de propriétés excitantes à un très-haut degré; elle est aussi employée par les parfumeurs dans la composition de plusieurs cosmétiques.

Lilas. — Arbrisseau originaire des Indes, qui présente des fleurs monopétales tubulées, disposées en grappes et très-odorantes. Il fleurit un des premiers du printemps et fait un des principaux ornements de nos jardins par la beauté et la suave odeur de ses fleurs. Les principales espèces de lilas sont : le lilas commun, le lilas moyen et le lilas de Perse. Les feuilles de lilas sont amères ; aussi ne les voit-on broutées par aucun animal herbivore, ni touchées par aucun insecte.

LIMON. — (*Voyez* CITRON.)

LIS. — Belle plante originaire d'Orient, mais depuis longtemps commune dans les jardins de l'Europe. Les fleurs sont grandes et forment un épi très-élégant au sommet de la tige ; leur blancheur éclatante est l'emblème de la pureté virginale, et elles répandent une odeur agréable, mais un peu forte, qui, lorsqu'on les enferme dans un appartement, occasionne des maux de tête et même des accidents graves aux personnes nerveuses. Les fleurs de lis servent à faire une huile qui constitue un remède populaire contre les maux d'oreilles et les coupures.

M

MACIS. — Seconde enveloppe du fruit du muscadier, d'une belle couleur rouge lorsqu'elle est récente, jaunâtre étant desséchée, d'une odeur agréable et d'une saveur âcre ; elle jouit des mêmes propriétés que la muscade.

MARJOLAINE. — Plante originaire d'Afrique, mais cultivée dans les jardins d'Europe. Sa tige est vivace, ligneuse dans la partie inférieure, ses feuilles sont blanchâtres et cotonneuses.

Cette plante exhale une forte odeur aromatique et contient du camphre ; elle est encore connue par ses propriétés stimulantes et toniques.

MÉLILOT. — Plante indigène et très-répandue à l'état sauvage dans les bois et les prés où elle fleurit tout l'été. Ses fleurs sont jaunes, petites, par grappes et très-nombreuses ; presque sans odeur à l'état de fraîcheur, le mélilot en acquiert une très-prononcée en séchant et qui offre quelque analogie avec la fève tonka ; il semble être démontré qu'il contient de l'acide benzoïque. L'arome du mélilot est très-fugace. On l'employait jadis dans la médecine pour les collyres ; son usage est presque nul actuellement.

MÉLISSE. — Plante du midi de l'Europe, mais cultivée dans les jardins pour la suavité de son odeur ressemblant à celle du limon, qu'elle exhale de toutes ses parties, surtout de ses feuilles étant froissées, et appelée pour cette raison *citronnelle* ou *herbe de citron*. Sa tige est haute, rameuse ; ses feuilles, en forme de cœur, sont ovales et opposées.

Ainsi que toutes les plantes de la famille des labiées, la mélisse est d'un goût âcre et d'une odeur aromatique. Ses feuilles servent de base à l'eau dite des Carmes ; elles ont la vertu d'être excitantes et antispasmodiques.

MENTHE POIVRÉE. — Plante aromatique, originaire de la Grande-Bretagne et cultivée généralement dans les jardins de notre continent ; sa tige, carrée et d'environ 5o centimètres de hauteur, est recouverte d'un léger velouté ; ses feuilles sont ovales, dentées et ses fleurs violettes. L'odeur de la menthe est très-agréable ; sa saveur est un peu piquante et laisse sur le palais une sensation de fraîcheur ; elle renferme en abondance une huile volatile qui sert à aromatiser de nombreuses compositions. La menthe poivrée est considérée en médecine comme antispasmodique et éminemment excitante.

MUGUET (Fleurs de). — Le muguet est une jolie petite plante printanière qui croît dans les endroits humides et à l'ombre des bois ; il donne une petite fleur blanche, dentelée en ses bords et en forme de grelot, dont l'odeur est délicieuse. La fleur de muguet est échauffante, irritante et sternutatoire.

MURES. — Fruit noir produit par le mûrier, et ayant quelque ressemblance avec la framboise pour la forme, inodore, d'une saveur douce, et contenant un suc noir, mucilagineux, dont les propriétés sont de calmer les inflammations de la gorge et de déterger les ulcères de la bouche.

MUSC. — Matière octueuse d'un brun noirâtre, d'une odeur forte, puissamment diffusible et d'un goût amer, fournie par un animal de l'espèce des ruminants habitant les montagnes de l'Asie centrale. La poche qui contient cette substance est placée sous le ventre entre le nombril et les parties génitales de cette espèce de chevreuil ; c'est une membrane non adhérente à la peau qui forme même, sur l'animal vivant, une masse sèche ; la femelle en est privée. La meilleure qualité de musc provient de Tonquin. La cherté de ce parfum a introduit de nombreuses falsifications dans le commerce de cette substance ; souvent la bourse, après qu'on en a extrait la matière odoriférante, est remplie de sang desséché ou de bitume. On reconnaît la première de ces sophistications en l'humectant et en l'exposant à une suffisante température, car alors le sang devient très-fétide ; dans la seconde, l'asphalte brûle avec flamme, tandis que le musc vrai est converti en charbon sans aucune trace de flamme.

Le musc est employé en médecine comme tonique et antispasmodique. Son principal usage est dans la parfumerie.

Muscade ou **Noix muscade**. — Fruit du muscadier, arbre naturel aux îles Moluques, cultivé actuellement à Cayenne et aux Antilles, mais pas en assez grande quantité pour suffire au commerce.

Aux fleurs femelles de l'arbre, qui s'élève à une assez grande hauteur, succèdent des fruits de la grosseur d'une pêche, traversés longitudinalement par un sillon, dans l'intérieur duquel est renfermée une grosse graine, ovoïde, dure, de couleur carnée : c'est cette graine qui est la muscade, et son enveloppe le macis.

Les fruits du muscadier livrés au commerce sont de deux espèces : l'une, allongée, est connue sous le nom de *muscade mâle*, peut-être parce qu'elle est plus grosse que l'autre; elle est inférieure à la muscade arrondie, beaucoup plus légère, bien moins aromatique et très-susceptible d'être piquée des vers. La muscade arrondie porte le nom de *femelle*, elle est d'une très-forte odeur aromatique et d'une saveur chaude et âcre.

Pour reconnaître la qualité des muscades, il faut les casser, car il se trouve souvent que les vendeurs, pour boucher les trous perforés par les insectes, les emplissent de pâtes préparées à ce sujet.

La muscade, plus employée comme aromate que comme médicament, entre dans l'assaisonnement des aliments, auxquels elle communique ses propriétés excitantes et digestives.

Myrobolans. — Fruits de divers végétaux originaires de l'Inde, dont les principaux appartiennent au *Terminalia chebula* ou *Myrobolanus chebula*. Ils sont allongés en forme d'olive, de la grosseur d'une datte, luisants, brunâtres, marqués de cinq côtes longitudinales apparentes; leur substance, de peu d'épaisseur, est brunâtre, croquante et acidulée. Dans l'intérieur de cette enveloppe charnue se trouve un noyau marqué de six côtes saillantes, dans la cavité centrale duquel est un embryon. Les fruits de myrobolans ne sont plus d'aucun usage en médecine.

Myrrhe. — Gomme-résine qui découle par incision d'un végétal très-commun en Arabie, mais dont l'espèce n'est pas bien déterminée jusqu'à présent. La myrrhe du commerce est en larmes plus ou moins grosses, demi-transparentes, rougeâtres ou brunes, pesantes, vitreuses lorsqu'on les casse; sa saveur est âcre, amère, son odeur très-agréable et fortement aromatique. Une autre espèce de myrrhe en grosses larmes, jaunâtres et également demi-transparentes, mais dont l'odeur et la saveur sont moins prononcées, est connue sous le